木材仿生智能科学与技术系列

木竹材仿生与智能响应

李 坚 孙庆丰 陈志俊 等 著

科 学 出 版 社

北 京

内 容 简 介

本书是在参考大量国内外文献，并总结著者课题组多年来独立研究成果的基础上编写而成；有针对性地介绍自然界中某些生物体所固有的智能行为和独特的自然属性，如变色龙的自适应变色行为、萤火虫夜晚发光特性等；详细阐述木竹材表面仿生功能构建方法、温度响应智能木材、光智能响应木材、生物质荧光及其功能利用、仿生智能竹材表面纳米结构构建、智能变色木材以及仿生磁致响应木材等研究内容。本书在内容上紧密吻合木材先进材料的发展前沿，同时阐述了纳米材料在木材仿生智能方面的研究进展和应用前景。

本书可供木材科学、新能源材料、仿生科学、纳米材料、林产工业、建筑、装饰、环境等学科和领域的科研人员、工程技术人员和高等院校的师生使用与参考。

图书在版编目(CIP)数据

木竹材仿生与智能响应 / 李坚等著. —北京：科学出版社，2020.5
(木材仿生智能科学与技术系列)

ISBN 978-7-03-065004-7

Ⅰ. ①木… Ⅱ. ①李… Ⅲ. ①竹材－仿生－研究 Ⅳ. ①S781.9

中国版本图书馆CIP数据核字(2020)第077345号

责任编辑：周巧龙　杨新改 / 责任校对：杜子昂
责任印制：吴兆东 / 封面设计：耕者设计工作室

科学出版社 出版
北京东黄城根北街 16 号
邮政编码: 100717
http://www.sciencep.com
北京中石油彩色印刷有限责任公司 印刷
科学出版社发行　各地新华书店经销
*
2020 年 5 月第　一　版　开本：720 × 1000 1/16
2020 年 5 月第一次印刷　印张：17 1/4
字数：340 000

定价：118.00 元

(如有印装质量问题，我社负责调换)

作 者 名 单

李　坚　　孙庆丰　　陈志俊
惠　彬　　李莹莹　　王　超

前　言

木材与竹材是一类天然的有机复合材料，由各种不同的组织结构、细胞形态、孔隙结构和化学组分构成，是一类自然界中可再生、可重复使用、可循环加工的绿色材料。从米级的树干与竹干，微米级的木材与竹材细胞，直到纳米级的纤维素分子，木竹材具有层次分明、复杂有序的多尺度分级结构。木竹材仿生智能科学就是通过研究自然界生物的结构、性状、行为以及与生存环境的响应机制，为木竹材的多尺度加工技术，诸如化学的、物理的或生物的加工，提供新的理念、新的设计、新的构成，而赋予木竹材新的功能或智能响应性的科学。

当前的科学文献显示，木竹材仿生智能科学这一概念，受到越来越多业界同仁的关注并吸引越来越多的年轻学者加入到该研究领域。随着“中国制造2025”的提出，毫无疑问，木材仿生智能科学将在推动木竹材加工智能与现代化领域中扮演越来越重要的角色。基于这些考虑，笔者决定将近期木材智能仿生领域的代表性研究工作与对木竹材仿生智能科学的一些学术见解整理成书，作为业已出版的《木材仿生智能科学引论》(科学出版社，2018年)的延续。

在从事木材仿生与智能响应的科学研究中，承蒙国家自然科学基金委员会面上项目(编号：31470584)、浙江省杰出青年科学基金项目(LR19C160001)、中国工程院战略咨询项目(NY5-2014)等的资助，特致殷切谢意。在本书编写过程中，科学出版社给予了大力支持和帮助，在此对周巧龙等各位编辑的辛勤工作和高度责任感表示深深的谢意和崇高的敬意！同时向关心和参与本书编写的所有全国同仁表示衷心感谢，向本书所引用的大量文献资料的作者表示诚挚谢意！

本书内容涉及面大、学科交叉外延广、理论基础跨度深，撰写难度高，旨在抛砖引玉，参考交流。书中欠妥和疏漏之处在所难免，恳请读者不吝赐教，谨致谢忱！

作　者

2020年4月

本书所涉及彩图及内容信息请扫描封底二维码扩展阅读。

目　　录

第1章 绪　论

1.1 引　言

人类的许多发明创造灵感源自大自然，植物、动物、微生物以奇特的结构形式来适应特殊环境的功能给人类设计新材料提供了很多思路。例如，水中的鱼类给了人们设计船、潜水艇、鱼雷等的启示；空中的飞鸟赋予了人类设计飞机、滑翔机等飞行器的灵感；陆上形形色色的动物甚至人类自身的生理构造也给了建筑师、材料科学家或机械制造师们构思新颖的建筑，设计更优良的材料，如人造器官、人造纤维、变色服饰、人造蜘蛛丝、层状复合材料、高黏附材料等的启发[1, 2]。人类从植物中也获取了更多的灵感：光合作用为绿色能源的构想带来了灵感；荷叶的“滴水不沾”为表面技术的研究思路做出了卓越的贡献[3]；茅草叶子边缘锋利的锯齿启发了锯片的发明；向日葵为旋转房屋提供了启迪。这些例子无一不涉及一个概念——仿生。

仿生学的概念是1960年9月在美国召开的第一次仿生学讨论会上，由J. Steele正式提出的，其定义为：仿生学(bionics)是模仿生物系统的原理来建造技术系统，或使人造技术系统具有类似于生物系统特征的科学。从仿生学英文名称变化可以看出其概念的发展。由于开始时着眼于电子系统的研究，20世纪60年代仿生学的英文名称为bionics；到90年代仿生学概念更多地是指模仿生物，英文名称为biomimetics；21世纪的仿生学概念更倾向于受生物启发而设计或研制材料，或受生物材料的形成过程启发获得新的工艺制作的灵感过程，英文名称为bioinspired[1]。由于此定义含义广且争论少，逐渐被材料界接受。

无机仿生合成材料是一种具有特殊性能的新型材料，它具有特殊的物理化学性能和广阔的应用前景[4]。无机仿生合成为制备实用新型的无机材料提供了一种新的化学方法。巧妙地选择合适的表面活性剂和反应溶剂，使其自组装成胶束、微乳、液晶和囊泡等作为无机物沉淀的模板，是仿生合成的关键。引入生物学中的概念，如形态形成、复制、自组织、模仿、协同和重构，有助于设计特殊无机材料的仿生合成工艺。

1.2 木竹材表面仿生功能构建概况

1.2.1 木材表面仿生功能构建研究现状

木材是一种天然的有机聚合物材料，具有大自然赐予的精妙多尺度分级结构、精细的分级多孔结构，奠定了木材仿生的基础。木材优良的结构与功能特性，如美观的纹理、高的强重比、热绝缘、隔声、调温、调湿、生物调节等，可应用在建筑、装饰、日常器具等生活领域，深受人们的喜爱[5-7]。然而，木材存在一些固有缺陷，如易腐、易燃、易开裂、易吸湿等。因此，对木材的功能性改良迫在眉睫。针对木材的缺陷，一些研究通过有机物改性、无机物改性或有机-无机杂化改性等技术手段对木材进行改性[8-22]，以提高木材的高附加值利用，并赋予木材新奇功能。

Merk 等[14]利用木材的各向异性和分级结构为导向模板，在木材内部制备了磁性尖晶石相结构 Fe_3O_4 微粒，采用电子显微镜、拉曼光谱等多种表征手段揭示了具有层状纳米微粒均匀地沉积在木材细胞壁的表面。Sun 等[23, 24]在木材表面构建锐钛型或金红石型 TiO_2 涂层，以使木材抵抗紫外线的照射、阻燃、疏水等多种功能于一体，并详细探讨了涂层防护机理与疏水机理。Hu 等[22]制备了具有热致变色功能的储能微胶囊，随后将其溶解在溶剂中做成涂料涂覆在纤维板表面，该微胶囊外壳的主要成分为三聚氰胺甲醛树脂、内核的主要成分为结晶紫内酯。当温度为 20～39℃时，制备木质基材料的表面颜色能从蓝色到浅棕色变化。当涂层中微胶囊的质量浓度从 2.5%增加到 10%时，总色差值从 31.26 升高到 57.03。此外指出，涂层中微胶囊质量浓度的下降对涂层与基质的结合强度几乎没有影响，但是显著降低了涂层的耐磨性能。Qu 等[25]采用 Na_2WO_4、Na_2SnO_3、Na_2MoO_4 无机盐阻燃剂处理了木材。这些阻燃剂能催化分子间的脱水反应，降低热解温度，减少易燃气体排出，且增加的灰分作为障碍，降低了热传导至内层，阻碍了易燃气体向外层流动，限制了木材燃烧。黄素涌等[26]利用溶胶-凝胶法制备了杉木/TiO_2 复合材料，该材料对金黄色葡萄球菌、大肠埃希氏菌、枯草杆菌和鼠伤寒沙门氏菌这 4 种代表性菌种都有显著的抗菌性，且抗菌性呈现出一定的稳定性与持久性。在自然光和日光灯下，此复合材料抗菌率高达 90%以上。Saka 等[27-31]将尺寸约为 100 nm 的 TiO_2、SiO_2、SiO_2-P_2O_5-B_2O_3 等无机微粒沉积在木材细胞壁上，以提高木材的力学强度、尺寸稳定性等机械性能。王立娟等[32, 33]在木材表面修饰了 Ni、Cu 等单质导电镀层，并充分研究了木材各向异性对木质镀层导电性能的影响，结果表明，其顺纹表面电阻率明显小于横纹表面电阻率，合成的复合材料在一定波长的电磁波干扰下进行测试，取得了良好的屏蔽效果。

1.2.2　竹材表面仿生功能构建研究现状

随着世界范围内的木材供需矛盾的日益加剧，寻求新的木材替代资源已成为科研界与工业界的焦点。竹林被誉为第二森林，而竹材具有生长周期短、强度高、韧性大、可再生、易加工等特点，作为一种很好的木材代用品越加受到重视，人们对其研究也越加深入[34-36]。竹材作为一种环境友好型材料，广泛应用于室内外家具、建筑、室内装修、乐器、餐饮、交通等领域，如图 1-1 所示。

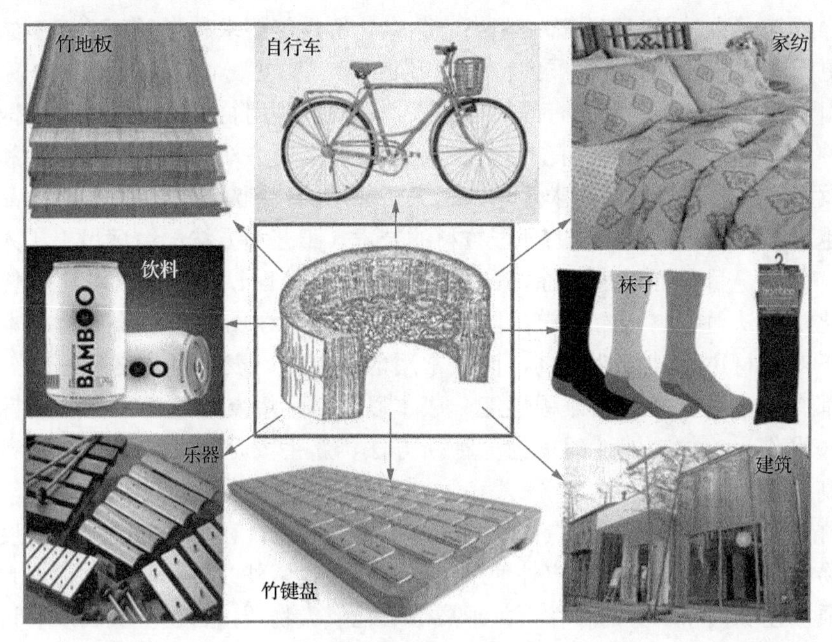

图 1-1 竹材的广泛用途

但竹材在利用过程中存在性能单一、附加值不高等问题，且由于竹材表面具有大量的亲水性基团和丰富的孔结构，长期暴露在相对潮湿的环境中容易从外界吸收水分，存在易吸湿变形、易光变色、易发霉、易菌变、易燃烧等缺陷(图 1-2)，

图 1-2 竹材的各种缺陷

从而导致其无法适用高档装饰、阻燃、耐老化等性能要求越来越高的建筑结构领域，更无法适应现代科技发展的特殊使用要求[37-39]。

由于竹材存在着这些固有的缺陷，人们在开发利用竹材的同时，不断地研发出各种对竹材进行功能性改良的新技术、新工艺和新方法。随着科技进步和社会飞速发展，人们对竹材的需求量越来越大，应用的范围越来越广，要求的品质也越来越高。与此同时，传统的处理竹材的技术、工艺和方法已经满足不了人们的需求。例如，目前通过表面涂饰、热处理、化学处理、化学药剂浸注等传统的物理化学方法对竹材也有一定的防护效果，但是至今不能在不改变竹材本色的前提下对竹材进行功能性改良，而且常用的防腐剂、表面涂饰材料等对人体和环境都有一定不良影响。兼顾性能、成本以及对环境友好这三个重要指标，将纳米技术作为竹材功能性改良的一种新方法、新手段是国内外木材科学界所关注的高新技术之一。

竹材含有丰富的淀粉、蛋白质和脂肪等营养物质，在适宜的温度、湿度条件下极易发生霉变、菌变，在户外使用时，竹材吸收紫外光后，其表面形成自由基类物质，在氧气和水分的存在下，形成过氧化氢类物质，自由基类物质和过氧化氢类物质可以引发一系列的分子链断裂，从而使竹材中的木质素、纤维素和半纤维素降解，使竹材的稳定性和耐久性受到较大程度的影响，这些缺陷极大地限制了它们的应用范围和效果。

目前国内外很多学者对竹材表面处理做了很多研究，他们采用表面涂饰、热处理、微波处理、化学药剂浸注和无机纳米修饰等多种物理化学手段对竹材进行功能性改良，取得了许多有意义的成果。Wada 等[40]利用氢离子光束照射竹材表面，从而有效地提高了竹材表面的润湿性；Salim 等[41]发现棕榈油作为一种传热媒介能够穿透细胞壁部分从而进入细胞；Chang 等[42-44]对经过磷酸铬铜、磷酸和三氧化铬等化学试剂处理后的麻竹进行紫外灯照射、室外老化以及室内照射，结果发现经过处理的麻竹颜色照射后不褪色，磷酸铬铜处理的麻竹样品颜色亮度增强；Chung 等[45, 46]对竹材进行含铜的水基溶剂处理、超声波处理等，发现竹材在100 A 的条件下，在 0.25%的氨溶烷基铜铵中软化 2 h 可有效保护竹材的天然绿色，且超声波处理比常规的水浴处理能更有效地保护竹材的天然绿色；陈广琪等[47]分析了液体在竹材表面的接触角，得出竹材表面自由能约为 0.0535 J/m^2，与大部分木材类似；侯玲艳等[36]分析了热处理对竹材表面润湿性的影响，与未处理竹材相比较，热处理后的竹材表面接触角均增大，水在竹材表面的接触角最大，而二碘甲烷在其表面的接触角最小，甲酰胺介于两者之间；田根林等[48]用三氯甲基硅烷为原料，利用常温、常压化学气相沉积法在竹材表面自组装形成直径 30～80 nm 的纳米棒阵列或纳米线网络结构，使竹材横切面对液态水接触角最大达到 157°，滚动角接近 0°，大幅度地提高了竹材的疏水性能；程文正等[49]初步研究了微波能量杀灭竹材料中的蛀虫和霉菌的效果与机理；杜官本等[50]采用微波等离子体对竹材表面进行处理，提高了竹材表面的润湿性；赖椿根等[51]以野生植物水抽提液为防霉剂对毛竹材进行防霉实验，结果发现野生植物水抽提液在低于20℃条件下，对竹材防霉是有效的，并以3%浓度处理60 min以上效果最好；关明杰等[52]用3种浓度的NaOH对毛竹进行处理，测定浸渍处理前后毛竹的淀粉含量，结果表明，碱液浸渍处理能够降低毛竹淀粉含量，抑制霉菌出现时间，降低毛竹横切面、径切面、竹黄面霉变率；周明明等[53]采用超声与铜唑浸渍的工艺对竹材进行处理，分析超声、铜唑浸渍以及两者联合处理对竹材防霉效果的影响，结果表明超声和铜唑浸渍都可降低竹材的霉变率，两者联合处理的霉变率为零；杨优优等[54]采用不同质量分数的载银二氧化钛纳米抗菌剂对毛竹材进行浸渍处理，并对处理后试件的防霉性能和阻燃性能进行研究，结果表明处理后毛竹材的霉变时间比未处理材推迟3周左右，防霉效果良好，纳米抗菌剂对毛竹材的燃烧性能无明显影响；杨优优等[55]在室温条件下采用不同浓度的纳米ZnO对毛竹试件进行处理，通过比较纳米ZnO处理前后毛竹防霉性能和阻燃性能的差异，得出纳米ZnO处理使毛竹的霉变时间推迟2～3周，并提高了毛竹的阻燃性能；钱素平等[56]以纳米TiO_2及纳米ZnO为原料，制备了不同配方的复合涂层，结果显示制备的复合涂层有较强的抑菌防霉效果，其中发现10%纳米ZnO的抑菌效果最强，纳米TiO_2和纳米ZnO混合物的防霉效果最强；李能等[57]为了提高竹材的耐光老化性能和延长竹制品户外使用寿命，采用正交试验法利用4种纳米颗粒(纳米TiO_2、纳米ZnO、纳米SiO_2和纳米银)和4种成膜物质(蒸馏水、丙烯酸树脂、三聚氰胺树脂和酚醛树脂)，测量了光老化使竹材表面色度变化，结果发现纳米颗粒分散效果较好，纳米涂层改性处理明显改善了竹材表面色度的光稳定性，涂刷了改性剂(用三聚氰胺与质量分数为10%的TiO_2配制的)的竹材，经过光老化处理之后，色度稳定性能最佳；江泽慧等[58]采用纳米TiO_2改性处理竹材，发现其可提高竹材抗光变色的性能，热处理温度为105℃、经3次负载后的改性竹材，在经过120 h加速老化后，其总色差约为空白试样的1/2；余雁等[59]在低温溶液反应体系下，通过晶种形成和晶体生长两步法在竹材表面培育了ZnO纳米结构薄膜，重点研究了种子液浸渍时间对纳米薄膜形态及竹材防霉和抗光变色性能的影响，研究结果表明，在生长时间一定的前提下，竹材在种子液中经过0.5 h、1 h和2 h的浸渍，其表面可形成壁厚为50～80 nm的网状薄膜，使竹材的防霉性能和光稳定性得到显著提高，当种子液浸渍时间增加到4 h时，网状结构薄膜则被大量直径约700 nm的ZnO圆片所覆盖，竹材的抗光变色保持不变，但防霉性能下降，表明纳米网状结构对于充分发挥保护性能起到重要作用；孙丰波等[60]利用溶胶-凝胶、浸渍提拉等方法完成了竹材的纳米TiO_2改性，着重研究了温度对TiO_2薄膜形态、晶体及抗菌防霉性能的影响，结果表明 3 种温度(20℃、60℃、105℃)处理的 TiO_2 改性竹材不仅完全保持了竹材的天然颜色、纹理、结构，而且有效提高了竹材的抗菌性能、抗老化性能；宋烨等[61]采用溶胶-凝胶法在低温条件下对竹材进行分析，得出竹材表面形成无定形态的纳米 TiO_2 薄层，通过进一步研究 TiO_2 对竹材颜色稳定性和防霉性能的影响，表明竹材颜色的稳定性显著增强，同时改性竹材的防霉性能也有一定程度增强；宋烨等[62]在低温溶液体系下，通过 ZnO 晶种形成和晶体生长两道工序在竹材表面自组装形成 ZnO 纳米薄膜，经过 120 h 加速老化试验，发现空白试样总色差是表面生长出 ZnO 纳米棒试样的 3 倍，改性试样表观颜色的光稳定性显著增强。

自然界在长期的演化过程中孕育了各种具有特殊结构功能的生物体，通过复制或者仿造生物体的结构或形成体系是新材料、新方法以及新方向的灵感来源[63]。“仿生”已被国内外科研工作者、企业界等认为是设计和制备新型材料的主要途径和解决众多问题的重要途径。*Nature*、*Science*、*Nature Communication*、*Advanced Materials* 等国际期刊均对仿生研究做了重点报道。目前，利用先进的组装技术，将微纳功能结构单元集合成具有多级微纳结构的宏观块材是纳米材料应用研究的重要方向[1]。一方面，通过微纳结构功能单元有序的组装，这些纳米结构单元的新颖性质在宏观块材中不仅能够得到保留，而且还通过各个结构单元之间的协同和复合展现出多重性质和特殊功能。另一方面，仿造生物的多级微纳结构设计和谐界面材料能够优化和提高材料的整体性质。如能将纳米材料科学、仿生科学与竹材进行有机交叉融合，将对竹材科学产生重要影响，同时会为开发高附加值竹质基新型功能性材料提供新的研究思路和方法[64]。

贝壳的断裂韧性比单相碳酸钙高达 3000 倍，而贝壳的这种轻质、高硬度和优异韧性与其层状微纳结构密不可分[4, 65-67]。在宏观尺度上，贝壳的大小能达到厘米尺度，包含了珍珠层的贝壳从断面展现出两层不同的微观结构，即一个棱镜方解石层和一个内部珍珠层。在微米尺度水平，珍珠层的结构像一个三维的“城墙”，“砖”是被一层 20～30 nm 厚度的有机物质密集连接的微观多边形霰石层片(直径为 5～8 μm，厚度约为 0.5 μm)。由于其高度有序的“砖-泥”结构，珍珠层有着优秀的机械性能。珍珠层最小的结构特征可以在纳米尺度找到。霰石层片电子显微镜图展示了层状结构中的纳米颗粒。霰石层片间 20～30 nm 的界面间隙和霰石层片表面的微凸也被观察到。

荷叶的“滴水不沾”特性是自然界中植物表面超疏水性能的典型描述[68-71]，该特性受益于荷叶表面的微纳乳突结构。荷叶表面具有大小 5～15 μm 的乳突，如图 1-3 所示；单个乳突又是由平均直径约为 124.3 nm 的纳米结构分支组成，乳突之间的表面同样存在纳米结构。乳突之间由直径约为 1 nm 的蜡质结晶物构成。

图 1-3　荷叶表面特性与结构：(a)滴水不沾特性；(b)微米级乳突结构；(c)纳米级分支结构；(d)乳突间的纳米结构

在竹材表面仿生贝壳的微纳层状结构、荷叶的微纳乳突结构，构筑有序组装的微纳米结构单元，一方面它可有效地改善和提高原材料和产品的性能(阻燃、尺寸稳定、装饰性能)，确保产品使用的可靠性和安全性，延长使用寿命，节约资源和能源，减少环境污染；另一方面还可赋予竹材特殊的物理和化学性能(疏水、抗菌、自清洁、降解有机物等特性)，从而制备新型高附加值的功能性材料，以开阔其使用领域，拓展其应用范围。

1.3　木竹材表面仿生功能构建方法

对自然界中的一些智能化表面的研究结果给予我们启示：通过对生物体表面的结构仿生可以实现结构与性能的完美统一。近年来，有关超疏水表面发表的文章数量明显增加，可见近年来一些学者和科研工作者对这一领域的研究热情不断高涨[69, 72-78]。仿生功能构建的方法有很多，如低温水热法、溶胶-凝胶法、层层自组装法、等离子体处理法、刻蚀法、气相沉积法、电化学法、模板法、直接成膜法等。随着研究的深入，制备技术呈现相互结合化、新颖化、多样化等特点，本节对比较常见的方法进行简要概述。

1.3.1 溶胶-凝胶法

Minami 等[79, 80]利用溶胶-凝胶(sol-gel)法在玻璃片上制备了 Al_2O_3 凝胶薄膜，然后在沸水中浸泡进行粗糙化处理，在 30 s 的短时间内即可得到具有类花状结构的多孔 Al_2O_3 薄膜，再利用氟硅烷修饰这种薄膜，可以获得与水的接触角为 165°的超疏水性透明薄膜。随着浸泡时间的增加，表面粗糙度增大。Shirtcliffe 等[81]利用溶胶-凝胶的相分离过程制备了超疏水性有机硅泡沫，将本体材料加热到 400℃或以上可以使其从疏水性变化到亲水性而结构基本不发生变化。Jiang 等[82]报道了一系列疏水/疏油表面的制备方法，在他们的报道中，采用聚丙烯酰胺(PAM)水凝胶在直径约 50 μm 的不锈钢网筛上包覆的方法，得到了一种在空气中具有超亲水性质，但在水下具有超疏油性质的水凝胶涂覆网筛，在水下对油的接触角可达 155°，而滚动角小于 3°，该网筛具有油水分离的效果(图 1-4)。

图 1-4　(a)水凝胶涂覆网筛的 SEM 图像，内插图为高倍 SEM 图像；(b)油滴在基底上的接触角图片；(c)和(d)油水混合液分离前后图像

1.3.2 层层自组装法

层层自组装(LBL)法是从分子的角度上借助静电和氢键作用来控制薄膜的厚度和化学组成的。Bravo 等[83]利用层层自组装法，先把玻璃基质浸泡在阳离子聚

合物聚丙烯胺盐酸盐中一段时间使基质表面带正电荷，紧接着把它浸入阴离子聚合物聚对苯乙烯磺酸钠中使其表面带负电荷，最后把聚丙烯胺盐酸盐和纳米二氧化硅粒子的混合体系自组装在最外层，经硅烷偶联剂表面修饰后，获得了接触角高达 160°的超疏水表面。Podsiadlo 等利用层层自组装技术制备了聚乙烯醇/蒙脱土透明层状复合材料，其拉伸强度和杨氏模量较纯聚乙烯醇材料分别提高了近 10 倍和 100 倍。Xie 等[84]采用原子转移自由基聚合(ATRP)方法制备了聚丙烯-*b*-聚甲基丙烯酸甲酯的嵌段聚合物(PP-*b*-PMMA)，该聚合物不同链段在二甲基甲酰胺溶剂中的溶解能力不同，自组装成以 PP 为核心、以 PMMA 为外壳的球形结构固体薄膜。该薄膜表面结构类似于自然界中荷花叶子的表面，经过接触角测试，角度高达 160°。Zhang 等[85]先在硅片上得到一层规整有序的二氧化硅纳米球，接着借助层层自组装技术在二氧化硅颗粒表面得到聚二烯丙基二甲基铵盐酸盐(PDDA)/硅酸钠双层膜，经过全氟硅烷表面修饰后，得到具有超疏水性的硅片，其水接触角可达 157°(图 1-5)。

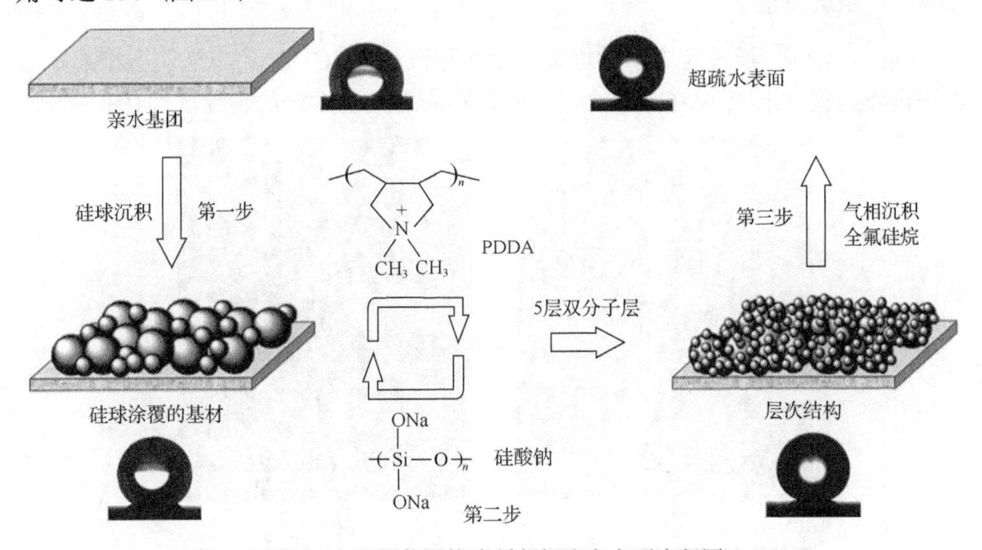

图 1-5　层层自组装法制备超疏水表面流程图

1.3.3　刻蚀法

刻蚀法通常是通过物理或化学的方法将物体表面微刻蚀成微粗糙形貌的过程，包括：化学刻蚀、光刻蚀、激光刻蚀、等离子体刻蚀等。He 等[86]先采用等离子体刻蚀法在硅片上深刻蚀得到微米尺寸的粗糙表面，然后经电流刻蚀在该硅片上沉积得到纳米尺寸的银粒子，微/纳米等级的粗糙结构赋予该硅片表面良好的超疏水性，其接触角可达 152°，滚动角小于 4°(图 1-6)。Qian 等[87]利用常见的酸刻蚀在铝、锌、铜等基底表面进行简单的化学刻蚀，得到粗糙的表面结构，经过全氟硅烷表面修饰后，得到接触角大于 150°的超疏水表面。Qu 等[88]利用硝酸和双氧水混合溶液在钢、铜表面刻蚀，利用氢氟酸在钛表面刻蚀，然后分别用全氟硅烷进行表面修饰，制得接触角分别为 161°、158°、151°的超疏水钢表面、铜表面、钛表面。

图 1-6 硅片表面经刻蚀后的 SEM 图像

1.3.4 气相沉积法

Lau 课题组[89]通过等离子体增强化学气相沉积(PECVD)的方法制备出超疏水的垂直阵列碳纳米管(VACNT)，得到的材料表面具备很好的超疏水性(图 1-7)，

图 1-7 (a)碳纳米管垂直阵列的微米结构；(b)碳纳米管垂直阵列的纳米结构；(c)碳纳米管垂直阵列的超疏水效果

水滴与这种超疏水性表面的前进角与后退角分别为 170°和 160°。江雷等[69]制备了类似于阵列形貌的碳纳米管(ACNT)超疏水薄膜，这种超疏水薄膜是通过化学气相沉积(CVD)的方法制备而成，它们的排列形态大部分与基底保持垂直，且直径比较均匀，平均的外直径为 60 nm 左右。经过测试得出，水与该超疏水薄膜表面的接触角是 158.15°±1.5°，经过全氟硅烷等低表面能的物质修饰后，接触角超过 160°。

1.3.5　水热法

水热法是一种具有悠久历史的人工晶体制备方法，Spezia 开创性的工作是其划时代的标志[90, 91]。它是在特制的密闭反应容器(高压反应釜)中，采用水溶液作为反应介质，通过对密闭反应容器进行加热、加压(或自生蒸汽压)，创造一个相对高温、高压的反应环境，从而进一步利用反应器中上下两部分的温度差产生的强烈对流使得通常难溶或者不溶的物质溶解成离子或者分子，并进行重结晶过程，从而制备出所需的材料。

与其他晶体生长方法相比，水热法具有以下特点：①生长温度相比熔体法和助熔剂法等低得多，可得到其他方法难以获取的低温同质异构体；②生长处于恒温等浓度状态，晶体热应力小，缺陷少，均匀性和纯度高；③生长在封闭系统中进行，可调控氧化或还原反应条件，生长其他方法难以制备的一些晶体[92]。进入 21 世纪以来，随着科学技术的飞速发展，对人工功能晶体材料提出了更高的要求，高质量、高性能的人工晶体材料成为高技术领域和国防科技不可缺少的材料，水热法因其制备的人工晶体材料质量好、均匀性高越来越受到人们的重视。图 1-8 是一些研究者们在木材表面采用水热法生长的不同种类的纳米晶体。

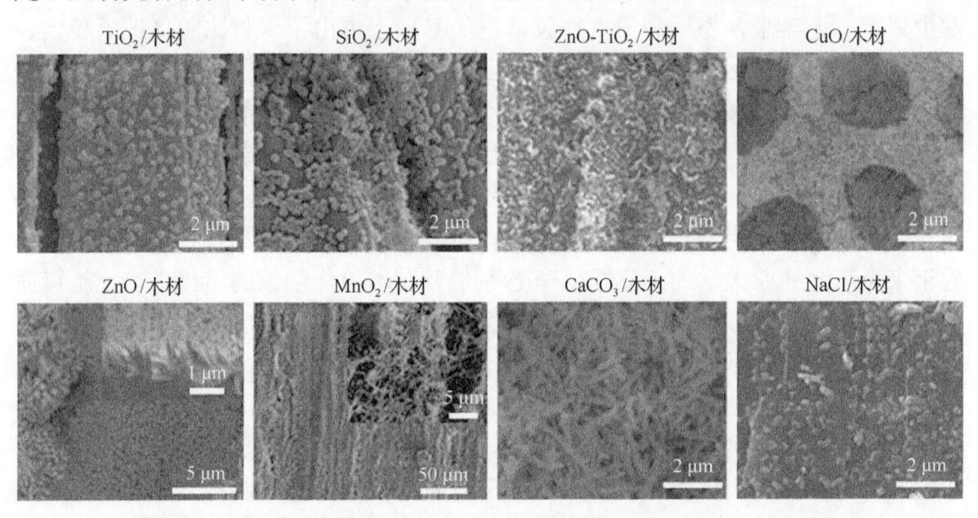

图 1-8　木材表面水热法制备不同的纳米材料(TiO_2、SiO_2、$ZnO\text{-}TiO_2$、CuO、ZnO、MnO_2、$CaCO_3$、$NaCl$)的 SEM 图像

1.3.6　化学镀法

化学镀也称无电解镀(electroless plating)或自催化镀(autocatalytic plating)，是指在无外加电流的情况下借助合适的还原剂，使镀液中的金属离子还原成金属，并沉积到基体表面的一种镀覆方法。其确切含义是在金属或合金的催化作用下，控制金属的还原来进行金属的沉积，与电镀相比，化学镀无须外界提供电源，可施镀表面不规则的试件且获得的镀层具有均匀、致密、硬度高、耐腐蚀等特点，因此化学镀得到了广泛的应用。

目前的化学镀中，镀镍[93-95]和镀铜[32, 96-98]最为常见，而镀镍铜磷三元合金或其他多元合金起步较晚，有研究表明，镍铜磷除了具有良好的热稳定性和电磁屏蔽效能外，还拥有较高的耐磨性和耐蚀性，不仅可以用于耐腐蚀材料的表面保护，还能作为硬磁盘底镀层，具有广阔的应用领域，因此受到许多研究者的关注[99-105]。

对于非极性疏水物质，在化学镀之前，必须进行粗化以提高亲水能力，而且一般非金属材料不导电，其表面没有催化活性中心，在镀液中不具备催化功能，因此对这些材料化学镀之前需要进行预处理。通过预处理，在基体表面形成一层连续的、均匀分布的金属颗粒，使之成为镀层金属进一步沉积的结晶中心或催化活性中心[95, 106, 107]。早期使用的活化工艺大多是通过敏化、活化两步法来完成，该方法成本较低，原料易获取，但是操作复杂，使用寿命较短，敏化液易氧化失效且不适合自动线生产，因此已很少使用。1961 年，美国学者 Shipley[108]首次提出了胶体钯活化液，其特点是溶液稳定，使用寿命长，催化性能好，尤其适用于面积大、形状复杂的镀件，但它的缺点在于胶体钯分散不均匀，稳定性差，容易发生聚沉。近年来，德国和日本在胶体钯的基础上推出了一种比胶体钯更稳定、镀层附着力更好的活化液，其被称为第三代离子钯活化液[109, 110]，本质上是一种钯的络合物的水溶液。氯化钯不易溶于水，却可以被过量的氯离子络合形成水溶性的$[PdCl_4]^{2-}$络离子，将待镀基体浸入上述溶液中，钯的络离子在基体表面吸附达到平衡，之后被还原成具有催化活性的金属微粒，使用的还原剂主要有水合肼、次亚磷酸钠和硼氢化钠。在表面生成具有催化活性的金属微粒后即可进行化学镀。近年来，东北林业大学的王立娟、李坚等[10, 33]在木材化学镀的活化工艺、施镀原理、镀液组成、反应参数与所得镀层的组分、结构的关系和废液再生等方面做了大量的研究并取得了相应成果。

1.3.7　其他方法

Jiang 等[111]以阳极多孔氧化铝为模板，通过模板挤压法制备了阵列聚乙烯醇(PVA)和聚丙烯腈(PAN)纳米纤维膜，该薄膜无须进一步的低表面能修饰就达到了超疏水性，其接触角在 170°以上。

Feng 等[112]通过热液法在玻璃基质上得到了超疏水性的 TiO_2 纳米棒阵列薄膜，该薄膜在紫外光的照射下，可以由超疏水性转变为超亲水性，在黑暗的环境中放置一段时间后，又恢复为原来的超疏水性(图 1-9)。

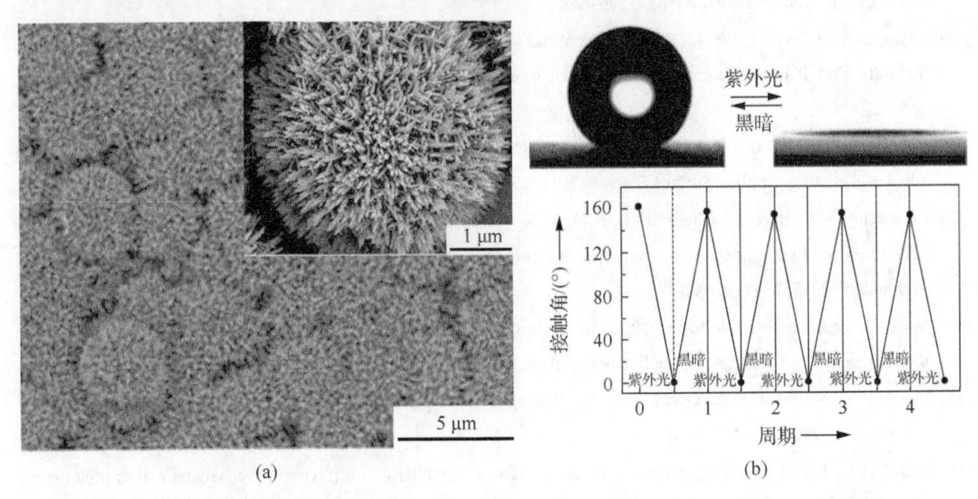

图 1-9 (a)玻璃表面 TiO_2 棒的场发射扫描电子显微镜(FESEM)图像，内插图为高倍 FESEM 图像；(b)紫外光照射下玻璃表面的超亲/疏转换周期曲线

Xu 等[113]将表面改性的 TiO_2 粒子掺杂在聚苯乙烯乳液中，然后喷涂在已抛光的铜基质表面，干燥溶剂得到了超疏水性的无机-有机复合薄膜，制备过程中讨论了改性 TiO_2 粒子的浓度及干燥温度对复合薄膜超疏水性能的影响。

参 考 文 献

[1] 刘克松, 江雷. 仿生结构及其功能材料研究进展. 科学通报, 2009, 54(18): 2667-2681.

[2] Liu K, Jiang L. Bio-inspired design of multiscale structures for function integration. Nano Today, 2011, 6(2): 155-175.

[3] Jiang L, Zhao Y, Zhai J. A lotus-leaf-like superhydrophobic surface: A porous microsphere/nanofiber composite film prepared by electrohydrodynamics. Angewandte Chemie, 2004, 116(33): 4438-4441.

[4] 毛传斌, 李恒德, 崔福斋, 等. 无机材料的仿生合成. 化学进展, 1998, 10(3): 246-254.

[5] Hoque M E, Aminudin M A M, Jawaid M, et al. Physical, mechanical, and biodegradable properties of meranti wood polymer composites. Materials & Design, 2014, 64(9): 743-749.

[6] Qu M, Pelkonen P, Tahvanainen L, et al. Experts' assessment of the development of wood framed houses in China. Journal of Cleaner Production, 2012, 31: 100-105.

[7] Wang L, Toppinen A, Juslin H. Use of wood in green building: A study of expert perspectives from the UK. Journal of Cleaner Production, 2013, 65(4): 350-361.

[8] Rehn P, Wolkenhauer A, Bente M, et al. Wood surface modification in dielectric barrier discharges at atmospheric pressure. Surface & Coatings Technology, 2003, s 174-175(3): 515-518.

[9] Mahltig B, Swaboda C, Roessler A, et al. Functionalising wood by nanosol application. JMaterChem, 2008, 18(27): 3180-3192.

[10] Li J, Wang L, Liu H. A new process for preparing conducting wood veneers by electroless nickel plating. Surface & Coatings Technology, 2010, 204(8): 1200-1205.

[11] Thygesen L G, Engelund E T, Hoffmeyer P. Water sorption in wood and modified wood at high values of relative humidity. Part I: Results for untreated, acetylated, and furfurylated Norway spruce. Holzforschung, 2010, 64(3): 315-323.

[12] Hsieh C T, Chang B S, Lin J Y. Improvement of water and oil repellency on wood substrates by using fluorinated silica nanocoating. Applied Surface Science, 2011, 257(18): 7997-8002.

[13] Levasseur O, Stafford L, Gherardi N, et al. Role of substrate outgassing on the formation dynamics of either hydrophilic or hydrophobic wood surfaces in atmospheric-pressure, organosilicon plasmas. Surface & Coatings Technology, 2013, 234(10): 42-47.

[14] Merk V, Chanana M, Gierlinger N, et al. Hybrid wood materials with magnetic anisotropy dictated by the hierarchical cell structure. ACS Applied Materials & Interfaces, 2014, 6(12): 9760-9767.

[15] Evans P D, Wallis A F A, Owen N L. Weathering of chemically modified wood surfaces. Wood Science and Technology, 2000, 34(2): 151-165.

[16] Bhat I U H, Khalil H P S A, Awang K B, et al. Effect of weathering on physical, mechanical and morphological properties of chemically modified wood materials. Materials & Design, 2010, 31(9): 4363-4368.

[17] Williams R S. Wood modified by inorganic salts: Mechanism and properties. Ⅰ. Weathering rate, water repellency, and dimensional stability of wood modified with chromium (Ⅲ) nitrate versus chromic acid. Wood & Fiber Science, 1985, 17(2): 184-198.

[18] Tingaut P, Weigenand O, Mai C, et al. Chemical reaction of alkoxysilane molecules in wood modified with silanol groups. Holzforschung, 2008, 60(60): 271-277.

[19] Ermeydan M A, Cabane E, Gierlinger N, et al. Improvement of wood material properties via *in situ* polymerization of styrene into tosylated cell walls. RSC Advances, 2014, 4(4): 12981-12988.

[20] Trey S, Olsson R, Strom V, et al. Controlled deposition of magnetic particles within the 3-D template of wood: Making use of the natural hierarchical structure of wood. RSC Advances, 2014, 26(1): 1-21.

[21] Keplinger T, Cabane E, Chanana M, et al. A versatile strategy for grafting polymers to wood cell walls. Acta Biomaterialia, 2014, 11(1): 256-263.

[22] Hu L, Lyu S, Fu F, et al. Preparation and properties of multifunctional thermochromic energy-storage wood materials. Journal of Materials Science, 2016, 51(5): 1-11.

[23] Sun Q, Yun L, Zhang H, et al. Hydrothermal fabrication of rutile TiO_2 submicrospheres on wood surface: An efficient method to prepare UV-protective wood. Materials Chemistry & Physics, 2012, 133(1): 253-258.

[24] Sun Q, Yu H, Liu Y, et al. Prolonging the combustion duration of wood by TiO_2 coating synthesized using cosolvent-controlled hydrothermal method. Journal of Materials Science, 2010, 45(24): 6661-6667.

[25] Qu H, Wu W, Wu H, et al. Thermal degradation and fire performance of wood treated with various inorganic salts. Fire and Materials, 2001, 35: 569-576.

[26] 黄素涌, 李凯夫, 佘祥威. 杉木/TiO_2复合材料的抗菌性. 林业科学, 2011, 47(1): 000181-000184.

[27] Miyafuji H, Saka S, Yamamoto A. SiO_2-P_2O_5-B_2O_3 wood-inorganic composites prepared by metal alkoxide oligomers and their fire-resisting properties. Holzforschung, 1998, 52(4): 410-416.

[28] Saka S, Ueno T. Several SiO_2 wood-inorganic composites and their fire-resisting properties. Wood Science and Technology, 1997, 31(6): 457-466.

[29] Miyafuji H, Saka S. Fire-resisting properties in several TiO_2 wood-inorganic composites and their topochemistry. Wood Science and Technology, 1997, 31(6): 449-455.

[30] Miyafuji H, Saka S. Topochemistry of rmSiO_2 wood-inorganic composites for enhancing water-repellency. Materials Science Research International, 1999, 5(4): 270-275.

[31] Miyafuji H, Kokaji H, Saka S. Photostable wood-inorganic composites prepared by the sol-gel process with UV absorbent. Journal of Wood Science, 2004, 50(2): 130-135.

[32] Sun N L, Li J, Wang L. Electromagnetic interference shielding material from electroless copper plating on birch veneer. Wood Science and Technology, 2012, 46(6): 1061-1071.

[33] Liu H, Li J, Wang L. Electroless nickel plating on APTHS modified wood veneer for EMI shielding. Applied Surface Science，2010, 257(4): 1325-1330.

[34] 孙芳利, 鲍滨福, 陈安良, 等. 有机杀菌剂在木竹材保护中的应用及发展展望. 浙江农林大学学报, 2012, 29(2): 272-278.

[35] 吴再兴, 陈玉和, 马灵飞, 等. 紫外辐照下染色竹材的色彩稳定性. 中南林业科技大学学报, 2014, 34(2): 127-132.

[36] 侯玲艳, 安珍, 赵荣军, 等. 竹材表面性能研究新进展. 西南林学院学报, 2010, 30(4): 89-93.

[37] 李能, 陈玉和, 包永洁, 等. 国内外竹材防腐的研究进展. 中南林业科技大学学报, 2012, 32(6): 172-176.

[38] 孙润鹤, 刘元, 李贤军, 等. 高温热处理对竹材糖分含量的影响规律. 中南林业科技大学学报, 2013, 33(6): 132-135.

[39] 张齐生, 孙丰文. 我国竹材工业的发展展望. 林产工业, 1999, 26(4): 3-5.

[40] Wada M, Nishigaito S, Flauta R, et al. Modification of bamboo surface by irradiation of ion beams. Nuclear Instruments and Methods in Physics Research Section B: Beam Interactions with Materials and Atoms, 2003, 206(5): 57-60.

[41] Salim R, Ashaari Z, Samsi H W, et al. Effect of oil heat treatment on physical properties of Semantan bamboo (*Gigantochloa scortechinii* Gamble). Modern Applied Science, 2010, 4(2): 107.

[42] Chang S-T, Yeh T-F. Effects of alkali pretreatment on surface properties and green color conservation of moso bamboo (*Phyllostachys pubescens* Mazel). Holzforschung, 2000, 54(5): 487-491.

[43] Chang S-T, Wu J-H. Stabilizing effect of chromated salt treatment on the green color of Ma bamboo (*Dendrocalamus latiflorus*). Holzforschung, 2000, 54(3): 327-330.

[44] Chang S-T, Yeh T-F, Wu J-H, et al. Reaction characteristics on the green surface of Moso bamboo (*Phyllostachys pubescens* Mazel) treated with chromated phosphate. Holzforschung, 2002, 56(2): 130-134.

[45] Chung M-J, Cheng S-S, Chang S-T. Environmentally benign methods for producing green culms of Ma bamboo (*Dendrocalamus latiflorus*) and Moso bamboo (*Phyllostachys pubescens*). Journal of Wood Science, 2009, 55(3): 197-202.

[46] Wu J-H, Chung M-J, Chang S-T. Green color protection of bamboo culms using one-step alkali pretreatment-free process. Journal of Wood Science, 2005, 51(6): 622-627.

[47] 陈广琪, 华毓坤. 竹材表面润湿性的研究. 南京林业大学学报: 自然科学版, 1992, 16(3): 77-81.

[48] 田根林, 余雁, 王戈, 等. 竹材表面超疏水改性的初步研究. 北京林业大学学报, 32(3): 166-169.

[49] 程文正, 叶宇煌. 竹材料微波杀虫防霉效果的研究. 福州大学学报: 自然科学版, 1999, 27(5): 28-30.

[50] 杜官本, 孙照斌, 黄林荣. 微波等离子体处理对竹材表面接触角的影响. 南京林业大学学报: 自然科学版, 2007, 31(4): 33-36.

[51] 赖椿根, 马灵飞. ZF 野生植物抽提液对竹材防霉效果的试验. 西南林学院学报, 1993, 13(4): 293-296.

[52] 关明杰, 莫翠招, 朱一辛. 毛竹碱液浸渍处理的霉变特性研究. 竹子研究汇刊, 2012, 30(4): 21-25.

[53] 周明明, 王路, 雍宬, 等. 超声与铜唑浸渍处理对竹材防霉效果的影响. 竹子研究汇刊, 2013, 31(4): 31-33.

[54] 杨优优, 卢凤珠, 鲍滨福, 等. 载银二氧化钛纳米抗菌剂处理竹材和马尾松的防霉和燃烧性能. 浙江农林大学学报, 2013, 29(6): 910-916.

[55] 杨优优, 鲍滨福, 沈哲红. 纳米 ZnO 处理对毛竹材防霉和阻燃性能的影响. 竹子研究汇刊, 2012, 31(1): 10-14.

[56] 钱素平, 邓云峰, 李世健. 纳米复合涂层用于竹制品表面的抑菌防霉效果. 林业科技开发, 2010, 24(6): 100-102.

[57] 李能, 陈玉和, 包永洁, 等. 纳米涂层对竹材色度稳定性的影响. 林产工业, 2014, 41(1): 19-22, 27.

[58] 江泽慧, 孙丰波, 余雁, 等. 竹材的纳米 TiO_2 改性及防光变色性能. 林业科学, 2010, 46(2): 116-121.

[59] 余雁, 宋烨, 王戈, 等. ZnO 纳米薄膜在竹材表面的生长及防护性能. 深圳大学学报: 理工版, 2009, 26(4): 360-365.

[60] 孙丰波, 余雁, 江泽慧, 等. 竹材的纳米 TiO_2 改性及抗菌防霉性能研究. 光谱学与光谱分析, 2010, 30(4): 1056-1060.

[61] 宋烨, 吴义强, 余雁. 二氧化钛对竹材颜色稳定性和防霉性能的影响. 竹子研究汇刊, 2009, 28(1): 30-34.

[62] 宋烨, 余雁, 王戈, 等. 竹材表面 ZnO 纳米薄膜的自组装及其抗光变色性能. 北京林业大学学报, 2010, 32(1): 92-96.

[63] 王女, 赵勇, 江雷. 受生物启发的多尺度微/纳米结构材料. 高等学校化学学报, 2011, 32(3): 421-428.

[64] 于文吉, 江泽慧. 竹材特性研究及其进展. 世界林业研究, 2002, 15(2): 50-55.

[65] Rubner M. Materials science: Synthetic sea shell. Nature, 2003, 423(6943): 925-926.

[66] Tang Z, Kotov N A, Magonov S, et al. Nanostructured artificial nacre. Nature Materials, 2003, 2(6): 413-418.

[67] 贾贤. 天然生物材料及其仿生工程材料. 北京: 化学工业出版社, 2007.

[68] Gao X, Jiang L. Biophysics: Water-repellent legs of water striders. Nature, 2004, 432(7013): 36.

[69] Feng L, Li S, Li Y, et al. Super-hydrophobic surfaces: From natural to artificial. Advanced Materials, 2002, 14(24): 1857-1860.

[70] Neinhuis C, Barthlott W. Characterization and distribution of water-repellent, self-cleaning plant surfaces. Annals of Botany, 1997, 79(6): 667-677.

[71] Barthlott W, Neinhuis C. Purity of the sacred lotus, or escape from contamination in biological surfaces. Planta, 1997, 202(1): 1-8.

[72] Jin C, Li J, Han S, et al. Silver mirror reaction as an approach to construct a durable, robust superhydrophobic surface of bamboo timber with high conductivity. Journal of Alloys and Compounds, 2015, 635: 300-306.

[73] Li J, Sun Q, Fan B, et al. Fabrication of biomimetic superhydrophobic plate-like $CaCO_3$ coating on the surface of bamboo timber inspired from the biomineralization of nacre in seawater. Nano Reports, 2015, 1(1): 9-14.

[74] Jin C, Li J, Han S, et al. A durable, superhydrophobic, superoleophobic and corrosion-resistant coating with rose-like ZnO nanoflowers on a bamboo surface. Applied Surface Science, 2014, 320: 322-327.

[75] Li J, Sun Q, Yao Q, et al. Fabrication of robust superhydrophobic bamboo based on ZnO nanosheet networks with improved water-, UV-, and fire-resistant properties. Journal of Nanomaterials, 2014, 2015: 431426.

[76] Jin C, Li J, Wang J, et al. Cross-linked ZnO nanowalls immobilized onto bamboo surface and their use as recyclable photocatalysts. Journal of Nanomaterials, 2014, 2014: 687350.

[77] Li J, Sun Q, Jin C, et al. Comprehensive studies of the hydrothermal growth of ZnO nanocrystals on the surface of bamboo. Ceramics International, 2015, 41(1): 921-929.

[78] Sun T, Feng L, Gao X, et al. Bioinspired surfaces with special wettability. Accounts of Chemical Research, 2005, 38(8): 644-652.

[79] Tadanaga K, Katata N, Minami T. Formation process of super-water-repellent Al_2O_3 coating films with high transparency by the sol-gel method. Journal of the American Ceramic Society, 1997, 80(12): 3213-3216.

[80] Tadanaga K, Katata N, Minami T. Super-water-repellent Al_2O_3 coating films with high transparency. Journal of the American Ceramic Society, 1997, 80(4): 1040-1042.

[81] Shirtcliffe N J, Mchale G, Newton M I, et al. Intrinsically superhydrophobic organosilica sol-gel foams. Langmuir, 2003, 19(14): 5626-5631.

[82] Xue Z, Wang S, Lin L, et al. A novel superhydrophilic and underwater superoleophobic hydrogel-coated mesh for oil/water separation. Advanced Materials, 2011, 23(37): 4270-4273.

[83] Bravo J, Zhai L, Wu Z, et al. Transparent superhydrophobic films based on silica nanoparticles. Langmuir, 2007, 23(13): 7293-7298.

[84] Xie Q, Fan N G, Zhao N, et al. Facile creation of a bionic super-hydrophobic block copolymer surface. Advanced Materials, 2004, 16(20): 1830-1833.

[85] Zhang L, Chen H, Sun J, et al. Layer-by-layer deposition of poly(diallyldimethylammonium chloride) and sodium silicate multilayers on silica-sphere-coated substrate-facile method to prepare a superhydrophobic surface. Chemistry of Materials, 2007, 19(4): 948-953.

[86] He Y, Jiang C, Yin H, et al. Superhydrophobic silicon surfaces with micro-nano hierarchical structures via deep reactive ion etching and galvanic etching. Journal of Colloid and Interface Science, 2011, 364(1): 219-229.

[87] Qian B, Shen Z. Fabrication of superhydrophobic surfaces by dislocation-selective chemical etching on aluminum, copper, and zinc substrates. Langmuir, 2005, 21(20): 9007-9009.

[88] Qu M, Zhang B, Song S, et al. Fabrication of superhydrophobic surfaces on engineering materials by a solution-immersion process. Advanced Functional Materials, 2007, 17(4): 593-596.

[89] Lau K K, Bico J, Teo K B, et al. Superhydrophobic carbon nanotube forests. Nano Letters, 2003, 3(12): 1701-1705.

[90] 施尔畏, 夏长泰. 水热法的应用与发展. 无机材料学报, 1996, 11(2): 193-206.

[91] 孙庆丰. 外负载无机纳米/木材功能型材料的低温水热共溶剂法可控制备及性能研究. 哈尔滨: 东北林业大学, 2012.

[92] 张昌龙, 左艳彬, 何小玲, 等. 水热法生长晶体新进展. 人工晶体学报, 2012, (S1): 242-246.

[93] Yang L, Li J, Zheng Y, et al. Electroless Ni-P plating with molybdate pretreatment on Mg-8Li alloy. Journal of Alloys & Compounds, 2009, 467(1): 562-566.

[94] Srinivasan K N, John S. Electroless nickel deposition from methane sulfonate bath. Journal of Alloys & Compounds, 2009, 486(1-2): 447-450.

[95] Jiang S Q, Guo R H. Effect of polyester fabric through electroless Ni-P plating. Fibers and Polymers, 2008, 9(6): 755-760.

[96] Lee Y F, Lee S L, Chuang C L, et al. Effects of SiC_p reinforcement by electroless copper plating on properties of Cu/SiC_p composites. Powder Metallurgy, 1999, 42(2): 147-152.

[97] Wei S, Yao L, Yang F, et al. Electroless plating of copper on surface-modified glass substrate. Applied Surface Science, 2011, 257(18): 8067-8071.

[98] Liao Y C, Kao Z K. Direct writing patterns for electroless plated copper thin film on plastic substrates. ACS Applied Materials Interfaces, 2012, 4 (10) : 5109-5113.

[99] Krasteva N. Thermal stability of Ni-P and Ni-Cu-P amorphous alloys. Journal of the Electrochemical Society, 1994, 141 (10) : 2864-2867.

[100] Aal A A, Aly M S. Electroless Ni-Cu-P plating onto open cell stainless steel foam. Applied Surface Science, 2009, 255 (13-14) : 6652-6655.

[101] Armyanov S. Electroless deposition of Ni-Cu-P alloys in acidic solutions. Electrochemical and Solid-State Letters, 1999, 2 (7) : 323-325.

[102] Guo R H, Jiang S Q, Yuen C W M, et al. Effect of copper content on the properties of Ni-Cu-P plated polyester fabric. International Journal of Applied Electromagnetics and Mechanics, 2009, 39 (6) : 907-912.

[103] Liu Y, Zhao Q. Study of electroless Ni-Cu-P coatings and their *anti*-corrosion properties. Applied Surface Science, 2004, 228 (1) : 57-62.

[104] Hsu J C, Lin K L. The effect of saccharin addition on the mechanical properties and fracture behavior of electroless Ni-Cu-P deposit on Al. Thin Solid Films, 2005, 471 (1-2) : 186-193.

[105] Larhzil H, Ciss M, Touir R, et al. Electrochemical and SEM investigations of the influence of gluconate on the electroless deposition of Ni-Cu-P alloys. Electrochimica Acta, 2007, 53 (2) : 622-628.

[106] Charbonnier M, Romand M. Polymer pretreatments for enhanced adhesion of metals deposited by the electroless process. International Journal of Adhesion & Adhesives, 2003, 23 (4) : 277-285.

[107] Schramm O, Seidel-Morgenstern A. Comparing porous and dense membranes for the application in membrane reactors. Chemicals Engineering Science, 1999, 54 (10) : 1447-1453.

[108] Shipley C R. Method of electroless deposition on a substrate and catalyst solution therefore: US, 3011920A. 1961.

[109] Harzanov O A, Stefchev P L, Iossifova A. Metal coated alumina powder for metalloceramics. Materials Letters, 1998, 33 (5-6) : 297-299.

[110] Stremsdoerfer G, Wang Y, Nguyen D, et al. ChemInform abstract: Electroless Ni as a refractory ohmic contact for n-InP. ChemInform, 1993, 140 (7) : 2022-2028.

[111] Feng L, Song Y, Zhai J, et al. Creation of a superhydrophobic surface from an amphiphilic polymer. Angewandte Chemie, 2003, 115 (7) : 824-826.

[112] Feng X, Zhai J, Jiang L. The fabrication and switchable superhydrophobicity of TiO_2 nanorod films. Angewandte Chemie International Edition, 2005, 44 (32) : 5115-5118.

[113] Xu X, Zhang Z, Liu W. Fabrication of superhydrophobic surfaces with perfluorooctanoic acid modified TiO_2/polystyrene nanocomposites coating. Colloids and Surfaces A: Physicochemical and Engineering Aspects, 2009, 341 (1) : 21-26.

第2章 温度响应智能木材

2.1 温度响应材料概述

生物最突出的衡量标准是拥有智能特性，因此，智能响应材料概念的提出基于仿生。材料是高科技产业的先导，随着科技的高速发展，材料逐渐向功能化、智能化、信息化和复合化方向发展。在全球新材料研究领域中，智能响应材料是目前世界各国技术战略发展中的竞争热点。

智能响应材料是指在受到光、热、压力和湿度等物理刺激，或者pH、离子、葡萄糖和酶等化学刺激下，其微观分子结构或分子构象发生转变，从而导致材料自身的结构、物理和化学性能等发生相应变化的材料[1-3]。因为其独特的刺激响应功能，智能响应材料成为药物载体、传感元件、分子开关、建筑工程材料等领域的研究热点[4, 5]。在所有智能响应中，温度响应具有其独特的优势，因为温度刺激可以很容易地从外部进行调控，并且温度响应不依赖于其他化学助剂，响应速度快而且剧烈，因此在众多环境刺激响应性聚合物中脱颖而出。

2.1.1 温度响应材料的分类及响应原理

温度是表示物体冷热程度的物理量，微观上来讲是物体分子热运动的剧烈程度。温度是生物生存的首要条件，生物的生存环境无一不与温度相关联。自然界中存在着很多刺激响应现象，例如避役(变色龙)。变色龙的皮肤会随着生存环境的变化而改变。雄性变色龙会将暗黑的保护色变成明亮的颜色来警告其他变色龙离开自己的领地。为了生存、自保、避免天敌袭击，有些变色龙还会将平静时的绿色变成红色来威胁敌人。与此现象相似，温度响应材料是一种能够感应外界温度的变化进而发生相对应响应的刺激响应型材料。由于温度变化不仅在自然界中广泛存在，同时靠人工也很容易实现，所以对温度响应材料的研究具有非常重要的现实意义。温度响应性能赋予了材料多种属性与功能，在信息存储、太阳能电池、能量储存与转换、传感器、生物医学等领域有广阔的应用前景[6-8]。下面我们将介绍应用范围较广的几类温度响应化合物[9]。

2.1.1.1 温度响应水凝胶

当水凝胶所处的环境刺激因素，如温度、pH、离子、电场、介质、光、应力、磁场等发生变化时，水凝胶的形状、力学、光学、渗透速率、识别性能也随之发生改变，称为突跃变化。水凝胶具有可逆性的突跃变化[10-12]。温度响应水凝胶是指能够感应环境温度变化，并且对周围环境变化做出对应变化的水凝胶。温度响应水凝胶往往具有一定比例的亲水性、疏水性基团，温度的变化会影响这些亲水性、疏水性基团的氢键作用和疏水作用从而改变水凝胶的网络结构，随之产生体积的变化[13, 14]。

临界溶解温度是聚合物溶液发生相分离时的温度，如果聚合物在某一温度以下溶解，而在此温度以上不溶解，则此温度称为低临界溶解温度[15, 16]。反之，如果聚合物在某一温度以上溶解，而在此温度以下发生相分离，则此温度称为高临界溶解温度[17, 18]。水凝胶通常具有低临界溶解温度或者高临界溶解温度。一般来说，对于具有低临界溶解温度的聚合物，其内部同时存在亲水基团和疏水基团，当温度低于低临界溶解温度时，亲水基团与水分子作用形成溶剂化层，使其具有一种伸展的无规则线团结构，此时聚合物呈亲水性；当温度高于低临界溶解温度时，溶剂化层被破坏，无规则线团结构变为紧密的胶状结构，此时聚合物呈现疏水性[19, 20]。所以此类聚合物通过无规则线团结构和胶粒结构之间的转变进而呈现对温度变化的响应。对于具有高临界溶解温度的聚合物，在环境温度低于高临界溶解温度时，聚合物分子间相互作用力占主导作用呈现出卷曲折叠的状态，此时聚合物溶液呈现两相状态；在环境温度高于高临界溶解温度时，聚合物体系完全相容呈现热力学稳定的均相体系[9, 21]。

温度响应水凝胶的分类方法有很多，按其溶胀机理可以分为两类：低温溶解型水凝胶和高温溶解型水凝胶。前者在升温条件下体积收缩，后者则在升温条件下体积溶胀。聚(*N*-异丙基丙烯酰胺)是一种典型的温度响应聚合物，也是被研究最多的温度响应材料之一。1984 年，Tanaka 等[22]发现，聚(*N*-异丙基丙烯酰胺)的低临界溶解温度大约在 32℃。聚(*N*-异丙基丙烯酰胺)在较小的温度范围内可表现出明显的疏水和亲水性变化。高于这个温度，就表现出疏水特性，而低于这个温度则会表现出亲水特性。如果在几毫升水中滴入几滴聚(*N*-异丙基丙烯酰胺)，随着温度的升高，水凝胶收缩，其溶胀比急剧下降。其原理如图 2-1 所示，当温度低于低临界溶解温度时，聚(*N*-异丙基丙烯酰胺)链段上亲水的酰胺基团与水分子形成氢键，聚(*N*-异丙基丙烯酰胺)分子显示亲水性，可与水互溶；当温度高于聚(*N*-异丙基丙烯酰胺)的低临界溶解温度时，氢键作用减弱，聚(*N*-异丙基丙烯酰胺)疏水性侧基之间的疏水作用增强，水凝胶会发生坍塌，可以导致在凝胶基质中的物质的爆发释放[23]。所以人们将其视为一种很好的智能药物载体材料。例如，Sershen 等将光学活性纳米颗粒应用于温度响应水凝胶，这种金硫化物纳米颗粒能强烈吸收近红外光并转换为热能，显著提高药物释放[23]。此外，日本横滨国立大学的 Takeoka 等利用聚(*N*-异丙基丙烯酰胺)在低临界溶解温度附近出现的低温溶胀高温收缩的体积变化构筑了具有温度响应性质的光子晶体膜[24]。因为体积变化会使光子晶体的晶格周期改变，使薄膜表现出明显的光子禁带和结构色的改变。

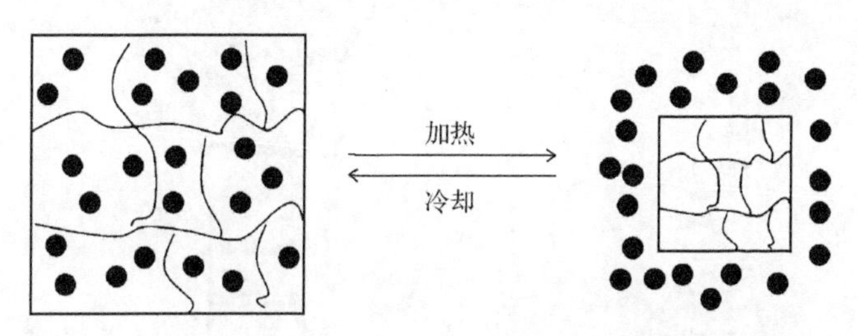

图 2-1　聚(*N*-异丙基丙烯酰胺)水凝胶加热冷却过程示意图

2.1.1.2　温度响应形状记忆材料

形状记忆效应(shape memory effect，SME)是指具有初始形状的制品经形变固定之后通过加热等外部条件刺激手段的处理又可以恢复初始形状的现象。形状记忆材料是指具有形状记忆效应的材料。形状记忆材料拥有集感知和驱动于一体的特殊功能，被广泛用于自动控制系统、医疗设备和能量转换材料等领域[25-29]。

1) 温度响应形状记忆合金

形状记忆合金(shape memory alloy, SMA)是指具有形状记忆效应的一系列合金的总称。具有这种形状记忆的材料通常是由两种以上的金属元素构成的合金，故称为形状记忆合金。在目前所研究的形状记忆合金中，具有实用价值的主要有三类，即 Ti-Ni 系合金、Cu 基合金和 Fe 基合金[30, 31]。这三种形状记忆合金在应用上各具特色：Ti-Ni 系形状记忆合金性能稳定，且因具有良好的生物相容性而得到广泛应用，特别是其在医学及生物学上的作用是其他形状记忆合金不可替代的。如图 2-2 所示，Ti-Ni 系形状记忆合金可以用来制作固定断骨的销子和接骨板。生物体内温度比室温高，所以合金一旦植入体内便立即收缩，使断骨处紧紧连接[32, 33]。Cu 基合金耐高温，在淬火条件下热弹性逆变温度可高达 400℃。有学者利用 Cu 基形状记忆合金较宽的相变温度以及其滞后效应研制了记忆管接头，目前 Cu 基形状记忆合金的改进型正用于军工研究中[34-36]。Fe 基形状记忆合金具有良好的单程形状记忆效应和形状记忆完全性，但由于昂贵的价格使其应用受到限制[37, 38]。

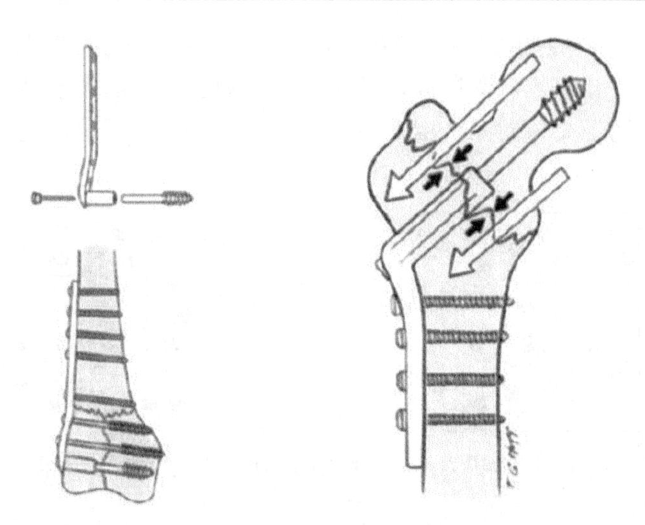

图 2-2 利用形状记忆合金固定断骨示意图

2) 温度响应形状聚合物

形状记忆聚合物(shape memory polymer)是一类新型的功能高分子材料，主要有交联聚烯烃、聚氨酯和聚酯等。此类聚合物利用物理方法或化学方法交联后，被加热到其熔点以上时不再呈熔融态，而是呈高弹态。因此，可以施加外力使此类聚合物变形，在其变形状态下冷却使结晶复出将应力冻结；当再加热到熔点以上时结晶熔化，材料在应力释放后恢复到原来的形状，从而完成一个记忆循环。在形状记忆聚合物中，大多数形状变化发生在指定温度并通过特定的温度开关来诱导。聚合物的形状记忆功能来自聚合物网络自身的熵弹性：当聚合物处于初始形状时，分子链的排布通常处于热力学稳定状态，应力平衡，形状始终保持稳定；当温度高于聚合物的转变温度后，分子链的活性会大幅度提高，施加外力可以改变链的构象使其形状发生改变[39-41]。

2.1.1.3 温度响应调光材料

温度响应调光材料是一类可以依靠环境温度的变化来改变自身对入射光线透过或吸收特性的光温功能材料。因为这类材料具有可逆的透明度和颜色转变特性，近年来逐渐成为智能窗户、温度传感器、热可逆记录等光温学领域的研究热点[42-45]。某些温度响应调光材料随着温度的变化呈现出可逆的透过率转变，例如体现出所谓的透明-浑浊转变；某些温度响应调光材料可以随着温度的变化改变自身对某一可见光波段的吸收特性；而某些材料集合上述两类材料的功能于一身，随着温度的变化同时发生透明度转变和颜色转变[46-48]。以下分别介绍液体类温度响应调光材料和固体类温度响应调光材料。

温度响应调光材料通常由透明聚合物基体和添加在其中的温度响应相变材料

组成。例如：聚(*N*-异丙基丙烯酰胺)在接近相变温度时有一个明显的相变过程并且具有温度可逆性质。将其应用到智能窗户上的工作过程如图 2-3 所示，将聚(*N*-异丙基丙烯酰胺)水溶液封存在透明密闭的容器中，在相变温度以下时样品清澈透亮；而当温度高于相变温度时样品变为白色浑浊；当聚(*N*-异丙基丙烯酰胺)水溶液再次降温时样品再次变为澄清，完成一个可逆循环。对于此类材料，在相变温度附近，聚合物基体和相变组分配合能够使材料表现出可逆的透明-浑浊转变[49-52]。基于此机理，学者们相继开发了一些具有温度响应功能的溶致性液晶聚合物以及共混物。但是，温度响应调光材料的应用需要通过吸收太阳辐射来使自身温度升高，因此在实现透过率调节的过程中响应时间基本上都要在 10～30 min，有些材料的响应时间可能更长，同时，对于液体类温度响应调光材料还存在着密封性和耐久性等问题，所以其应用还有待于进一步改善[53-57]。

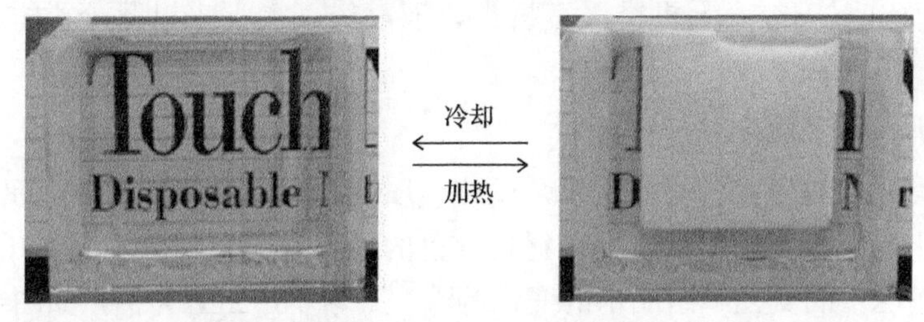

图 2-3　聚(*N*-异丙基丙烯酰胺)水凝胶透明-浑浊转变示意图[52]

基于此，学者们将研究重点转移到固体类温度响应调光材料，该类材料克服了水溶性材料在生产和使用过程中因材料中水分挥发和材料破坏等出现的性能逐渐下降的缺陷。二氧化钒作为调光材料的典型代表，目前最常见的晶体相包括：VO_2(B)、VO_2(A)、VO_2(C)及低温状态下的半导体 M 相和高温状态下的金属 R 相等。单斜结构 M 相和金红石结构 R 相两者间存在可逆的金属和绝缘体之间的转变，其相变温度在 68℃左右[58-61]。在环境温度低于其相变温度时，二氧化钒呈半导体态，具有较高的红外透过率，可允许大部分近红外光透过。当温度高于相变温度时，二氧化钒呈金属态，对近红外光有很高的阻隔率，其红外透过率降低。将二氧化钒这一特性应用于建材表面，使得建筑物根据环境温度自动调节太阳能摄入量。在夏季环境温度高时，二氧化钒聚合物可阻断大部分太阳光中的近红外光，降低室内温度，减少冷风空调使用量；在冬季环境温度低时，太阳能可辐射入室内产生热量，减少室内制热的能量[62-65]。此类材料可以获得“冬暖夏凉”式的舒适室内环境的同时减少空调系统消耗的能量。值得一提的是，掺杂是一种快捷简便改变 VO_2 相变温度的方法：可掺入大半径、高价态的阳离子如 W^{6+}、Mo^{6+}、Nb^{5+}、Ru^{4+}等替代 V^{4+}；或者用小半径、低价态的阴离子 F^-等替代 O^{2-}，可降低 VO_2 的相变温度，所以此类材料可以应用于不同的领域[66, 67]。

2.1.1.4 温度响应变色材料

温度响应变色现象最早报道于 1867 年，Fritsche 发现空气中的并四苯(tetracene)在光的作用下变为无色，加热后又恢复到橙红色[68]。此后，人们对温度响应变色现象进行了深入的研究，对温度响应变色材料的研究也已有一百多年的历史。而我国对温度响应变色材料的研究相对较晚，始于 20 世纪 60 年代。从最简单的金属、金属氧化物、复盐发展到现在的无机、有机、液晶、聚合物以及生物大分子等各类温度响应变色材料。经过多年的研究发展，温度响应变色材料的种类也越来越多。根据其相变温度的高低进行分类，可分为低温温度响应变色材料和高温温度响应变色材料；根据其变色是否可逆，分为不可逆温度响应变色材料和可逆温度响应变色材料；按化合物的性质，可将温度响应变色材料分为以下三类：无机类、有机类、液晶类。接下来以此分类方法进行分开讨论。

1) 无机类温度响应变色材料

无机类温度响应变色材料主要是过渡金属化合物，一般是多种金属氧化物的多晶体。引起无机类温度响应变色材料变色的原因有晶型转变、配体几何形状的变化、金属配位的变化和结晶水的变化等[69, 70]。以 Ag_2HgI_4 为例，如图 2-4 所示，在室温下，Ag_2HgI_4 化合物为黄色四方晶系结构(左图)。加热到相变温度以上时，Ag_2HgI_4 会经历相变，由四方晶系结构转变为立方晶系结构，同时，其颜色由黄色转变成橙色(右图)[71]。

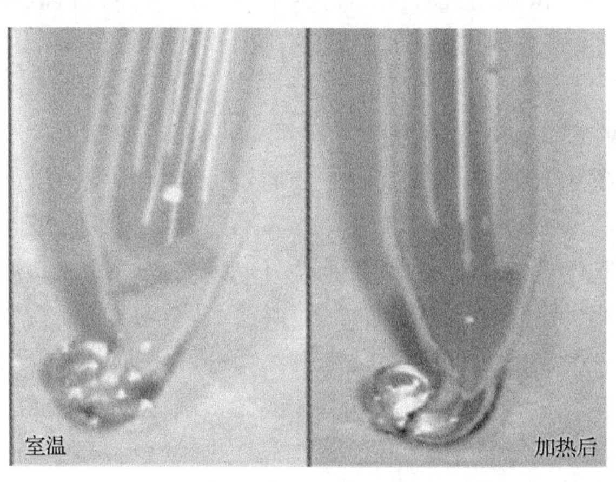

图 2-4 Ag_2HgI_4 在不同温度下的示意图[71]

无机类温度响应变色材料合成工艺简单、变色体来源较广、成本较低、受热后变色速度快，可以在较高的温度领域使用。目前无机类温度响应变色材料主要用于较高温度的热指示和热储存材料、测温材料、防伪材料以及少数生活用品[72, 73]。

因其具有温度变化单调、变色分散、变色灵敏度较差、颜色复原需要较长的时间、受环境影响较大、有较大的毒性和腐蚀性、无法自主选择所希望的变色温度和颜色等缺陷，这大大缩小了无机类温度响应变色材料的使用范围。

2) 有机类温度响应变色材料

大多数温度响应变色化合物是有机化合物，在大多数情况下，有机变色化合物变色过程是由互变异构引起的。互变异构现象是指某些化合物中的一个官能团改变其结构成为另一种官能团异构体并且能迅速地相互转换，两种异构体处在动态平衡中[72, 73]。温度响应变色机理随分子结构的变化而变化，种类包括两种分子物质之间的酸-碱平衡、酮-烯醇平衡、内酰亚胺-内酰胺平衡等[74-76]。有机类温度响应变色材料根据有机化合物的命名，具体可分为螺吡喃类、席夫碱类、二蒽酮类和三芳甲烷苯酞类等。

(a) 螺吡喃类

在 1926 年，学者描述了无色化合物对-β-萘螺吡喃在温度升高之后变成蓝紫色熔体，并在冷却后恢复无色状态的现象。自此之后，螺吡喃类温度响应变色材料逐渐成为研究热点。螺吡喃化合物因为具有快速的响应特性和明显的颜色变化等优良性能受到广泛的应用。同时该类化合物往往既有温度响应性又有光响应性。吲哚啉螺吡喃通常是含有两个芳香杂环的螺环化合物，其变色过程如图 2-5 所示，在加热前，螺碳原子为闭环结构 sp^3 杂化，由于其吸收的光大多数在紫外光谱区，此时的化合物没有颜色或颜色很浅。加热后，螺环开环成离子化结构，螺碳原子为 sp^2 杂化，整个分子处于共轭平衡，使其吸收光谱红移到可见光区，因此此时的化合物颜色变深呈现出较鲜艳的颜色。在温度的作用下，开环的螺环结构还可以恢复到原来的闭合状态，因此吲哚啉螺吡喃的温度响应变色过程是可逆的[77]。但其变色稳定性和耐疲劳度差，在经过数次可逆变色过程之后，螺吡喃化合物会因降解而失去变色能力，因此它的应用性能不尽如人意[78, 79]。

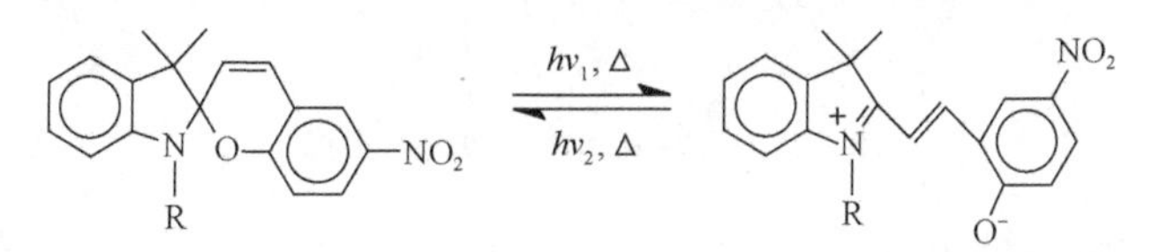

图 2-5　吲哚啉螺吡喃的温度响应变色[77]

(b) 席夫碱类

席夫碱及其衍生物除了是重要的分析试剂和有机中间体外，还是有机类温度响应变色材料的重要组成部分。席夫碱类大部分都是由含邻羟基的苯甲醛、菲醛及其衍生物、萘醛和胺类等合成制得，主要的种类有水杨醛类席夫碱、含邻羟基的菲类席夫碱、不含邻羟基的芳醛类席夫碱、含邻羟基的双席夫碱和席夫碱络合物等[80, 81]。其中，水杨醛类席夫碱及其衍生物是一种重要的温度响应变色材料，以水杨醛缩芳胺席夫碱为例，其变色过程中结构的变化过程如图 2-6 所示，变色原理是由于氢转移，此类化合物通过六元环结构的过渡态发生分子内质子转移，产生酮式-烯醇式互变异构从而产生不同的颜色[82]。

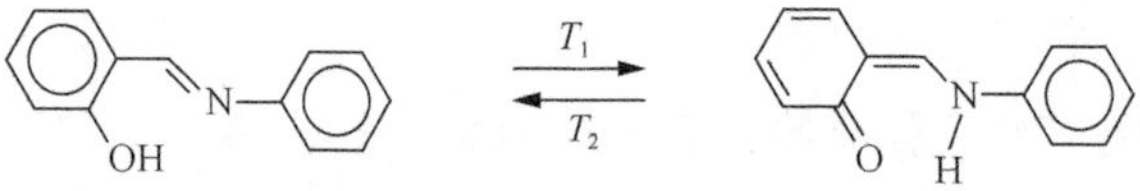

图 2-6　水杨醛缩芳胺席夫碱的温度响应变色[82]

(c) 二蒽酮类

二蒽酮的温度响应变色现象初次报道于 19 世纪初，是有机化合物中观察到的可逆温度响应变色最早的例子之一，它的温度响应变色现象引起了研究者相当大的兴趣并受到广泛关注。二蒽酮在溶液中的温度变色现象已被证明是由两种独特的、可互换的同分异构之间的平衡引起的[83-85]。如图 2-7 所示，二蒽酮在室温下为结构 A，是弯曲的并以黄色形式存在，每个基团中的芳香环都不是共面的。当温度升高后为结构 B，中心碳碳双键膨胀。这轻微的键膨胀使得基团与相对的另一个基团相互旋转，从而使得双键上的二面角趋于 90°。当这种情况发生时，先前提到的弯曲基团会随着空间斥力获得一个更平面的结构，随着中心键的旋转每个基团之间的距离会减少。邻近空间产生的强烈斥力使得每一层都有一个更平面的结构。此时，化合物以绿色形式存在。

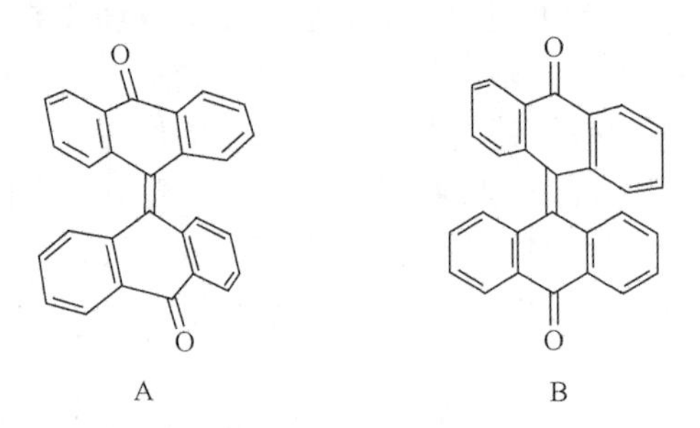

图 2-7　二蒽酮结构转变示意图[86]

(d) 三芳甲烷苯酞类

三芳甲烷苯酞类可逆温度响应变色材料由电子供体、电子受体以及溶剂组成。电子供体也称为发色剂，决定变色颜色。它在材料的变色过程中提供电子，通过向电子受体给出电子而显色，是提供温度响应变色色基的有机化合物，它本身不能直接发生温度响应变色现象[87, 88]。常用的三芳甲烷苯酞类电子供体有结晶紫内酯(CVL)、孔雀绿内酯、甲酚红等，其中最有代表性的是结晶紫内酯，具有显色鲜艳、升华性少、价格低等特点。

电子受体也称为显色剂，决定颜色的深浅，是引起温度响应变色的有机化合物，它接受电子供体提供的电子而产生颜色反应。显色剂决定温度响应变色现象是否发生以及变色颜色的深浅。常用的电子受体有酚羟基化合物及其衍生物、羧基化合物及其衍生物和一些可以给出质子的路易斯酸。随着温度变化，电子供体与电子受体之间会发生质子迁移作用，分子会发生可逆的结构转变，此现象在可见光吸收光谱上表现为吸收带的迁移或吸收强度的变化，即颜色转变。以结晶紫内酯为例，如图 2-8 所示，在相变温度以下，内酯环为无色的封闭形式，当加热到相变温度之后，电子供体与电子受体相互作用，内酯环就会打开形成开环形式，显现出蓝色[89, 90]。图中 H—EA 为电子受体。

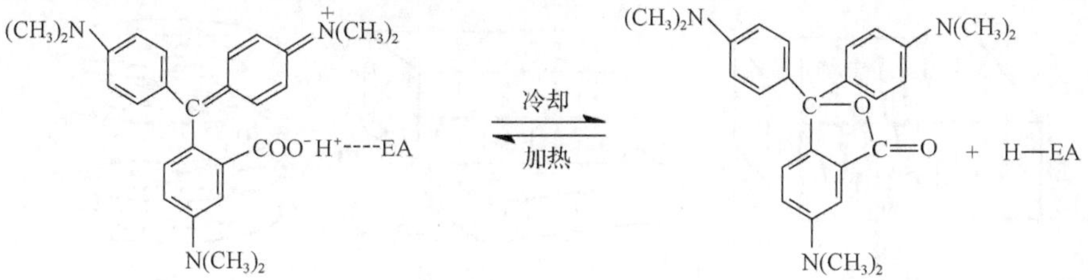

图 2-8　CVL 互变异构现象[90]

溶剂又称温度调节剂，决定变色温度。如果要调节变色材料的变色温度，可通过改变所用的溶剂种类来实现。温度调节剂大多使用醇类，其中正十二醇、正十四醇、正十六醇、正十八醇等应用较为广泛，并以熔点较低、价格便宜、性能稳定的正十六醇应用最多。此外，在实际应用的可逆温度响应变色材料中，除上述三种主要组成物质外，有时还会添加一些无变色性能的染料、颜料、可塑剂、增感剂、紫外光吸收剂、增稠剂、分散剂等添加剂。但在变色体系中电子供体、电子受体和溶剂起决定作用，其他添加剂仅是起调节发色灵敏度和增加颜色稳定性等作用。

目前，由电子供体、电子受体和溶剂组成的三组分有机类可逆温度响应变色材料凭借其变色灵敏、变色速度快、变色区间窄、变色温度可选择性大、色彩鲜艳等优势，成为使用最多、应用最广的可逆温度响应变色材料，现已在纺织品印染、商品防伪、建筑材料、装饰品、变色涂料、热储能部件等领域得到较广泛的应用[91]。尽管此类可逆温度响应变色材料具有变色温度可选择、颜色组合自由等优点，但在实际使用中，此类材料也存在变色性能易受溶剂或酸碱影响、化学稳定性差、热稳定性差、光稳定性差等缺点。

微胶囊是使用成膜材料包覆微小固体、液体或者气体的微球，其粒径一般为纳米至微米级。微胶囊化的目的是利用壁材包覆芯材，使芯材免受环境中水、光线等外界因素的破坏[92]。微胶囊可以起到调控物质释放速度、控制挥发溶解发色时间、将有毒有味物质与环境隔离的作用。微胶囊尺寸小、表面积大、稳定性好且半透明，所以学者们将三组分有机类可逆温度响应变色材料进行了微胶囊包覆，以此提高变色材料的稳定性和耐化学性，使之更适合实际生产使用。

3) 液晶类温度响应变色材料

某些物质在熔融状态或被溶剂溶解之后就会失去固态的刚性，同时获得液体的易流动性，并保留部分晶态物质分子的各向异性有序排列，形成一种既具备液体流动性又具备晶体有序系列的过渡态物质，这种由固态向液态转化过程中存在的取向有序流体称为液晶。按分子排列方式来划分，通常将液晶分子分为向列相液晶、近晶相液晶和胆甾相液晶三种类型，如图 2-9 所示。

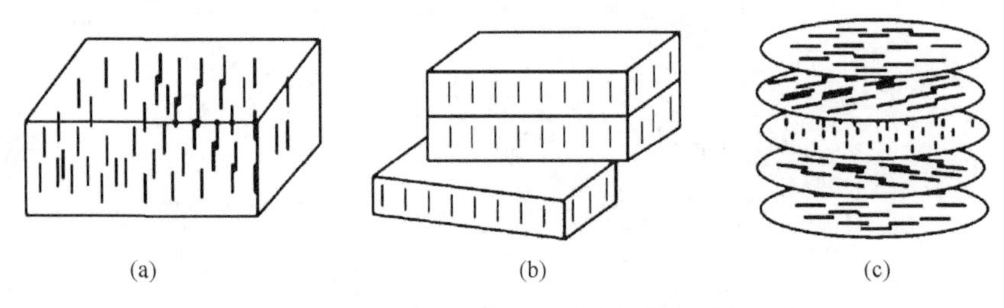

图 2-9　向列相(a)、近晶相(b)和胆甾相(c)液晶

向列相液晶分子大致朝一个方向排列。在向列相液晶中，分子的质心没有远程有序，即不再有晶体特征规则的点阵结构，只保持着一维有序性[93]；与向列相相比，近晶相液晶中的分子序更高，接近于晶体。从结构的观点来看，它由棒状或条纹状的分子组成，具有层状结构，层内分子长轴相互平行或接近于平行。因分子排列整齐接近晶体，具有二维有序性，有流动性但黏度很大。向列相和近晶相液晶拥有电工特性，因而常被用于电子设备显示器[94]。胆甾相液晶的分子排列结构是一维螺旋形的周期性结构。形成胆甾相液晶的分子都是手性化合物，即分子与其镜像对映体的构型不同，这是出现螺旋型扭变的根本原因。胆甾相液晶周期性的层间距称为螺距，对温度非常敏感，随着温度的变化螺旋结构的伸缩会产生变化，使反射光波长和透射光波长发生变化从而产生不同颜色变化[95, 96]。

液晶聚合物是在一定条件下以液晶相态存在的高聚物。与其他聚合物相比，它拥有液晶相所特有的分子取向序和位置序；与小分子液晶相比，它又有高分子量的特性，这导致液晶聚合物表现出优异的各向异性以及加工方便和分子设计的灵活性。但是液晶是非常不稳定的物质，不只对温度非常敏感，对化学物质也十分敏感，与其他物质接触时变色效果会变差，特别是对混在溶剂及其他有机物中的杂质敏感性更强，所以只能将液晶微胶囊化，添加在连接料制成的液晶油中使用。由于液晶聚合物色彩种类少、保存期较短、耐久性差、选择性较差、成本较高，较大程度上限制了其大范围的推广和应用。目前液晶类温度响应变色材料大多用于户外电子广告牌、织物印染中个别小面积花形图案的加工，如服饰、装饰品、水杯等生活用品。

2.1.2　仿生构建温度响应木质材料概念的提出

万物的造化令人惊奇，在经过亿万年漫长的优胜劣汰进化后，自然界形成了最优形态结构、最完美组织形态和最独特优秀性能的生物材料。自然界生物的奇异本领吸引着人们去想象和模仿。所以自古以来，自然界就是各种人类科学技术原理及重大发明灵感的源泉。人类运用观察思维和设计能力，以自然界生物体的“形”“音”“功能”“结构”等为研究对象，应用这些特征原理为设计提供新的思想，以促进产品功能改进或新产品功能的开发。生物最突出的衡量标准是拥有智能特性，因此，智能响应材料概念的提出基于仿生。在全球新材料研究领域中，智能响应材料是目前世界各国技术战略发展中的竞争热点[97, 98]。智能响应材料是对外界刺激能够做出相应智能响应的功能材料，是药物载体、传感元件、分子开关、建筑工程材料等领域的研究热点[99]。

作为人类使用最早的建筑材料之一，木材是一种天然且可再生的生物质材料，具有良好的结构和功能特性。因具有吸湿、轻质、美观、解吸、隔音、保温及生物调节功能、独特的质感和优越的加工性能，木材被广泛应用于建筑、室内装修、军工和能源等各种领域[100, 101]。当前优质木材稀缺，所以开发高性能的木质材料是当前研究的重要任务之一，在不改变木材原有性质的基础上提升其余方面性能是很有发展前景的研究方向。针对木材改性，国内外的学者已经做出许多成果，例如压缩木、高温处理木材等。

木材的纤维素、半纤维素和木质素构成了木材精妙的微结构，同时提供了许多官能团，其多层次孔状结构和独特的理化性质也为木材和其他功能材料的结合奠定了优良的基础[102, 103]。温度响应木材是一种新型的木质功能材料，在不同温度的作用下能够进行不同的刺激响应，是实现木质材料功能化的途径之一。本章采用多种方法将温度响应功能赋予木材，仿生构建出温度响应木材并尝试应用在传感器、储能节能、军事隐形、智能防伪等领域。木材的功能化对促进木质材料产品结构调整、推动行业进步和技术升级具有重要的理论和现实意义。

2.2　正向可逆温度响应智能木材的制备及研究

木材是一种轻巧、美观的生物质材料，具有吸湿、解吸、隔音、保温以及温度调节等功能。随着人口的增长，可再生材料日益受到关注，人们对木材的需求量也显著增加。为了满足市场要求，许多学者为创造新功能木材做出了尝试。高温热处理木材、阻燃处理木材、防腐处理木材和超疏水处理木材、木塑复合材等新兴木质材料都受到广泛的欢迎[104-106]。针对木材改性，国内外的学者已经做出许多成果。但是随着人们生活水平的提高，人们对产品性能的要求也逐渐提高，为了提高和其他先进材料的竞争力，学者们将更多新思想融入木材功能化。

伟大的自然孕育了人们的同时也给人们带来了科技发展的灵感。对不同的刺激进行相应的响应是一种自然现象，因为大多数生物分子对其局部环境的变化都会做出相应的反应。通过对这些最纯粹的自然现象的观察，应用这些启发提供的新思想，学者们仿生构建出品质性能更为优越的智能响应材料。温度响应变色木材根据切换特性，可分为正向和逆向温度变色，但逆向可逆温度响应变色木材的颜色在室温下有色，加热后变为木材本色，这会影响木材的观赏性。本节实验利用滴涂法制备了正向可逆温度响应智能木材，在常温下保存了木材原本美观的纹理。另外，本节还对温度响应变色木质材料的形态结构进行了表征，对性能进行了研究分析。

2.2.1 正向可逆温度响应智能木材的制备方法

1) 实验材料

落叶松，径切面，尺寸为 25 mm×50 mm×5.0 mm，将木片分别置于去离子水、乙醇和丙酮中超声清洗后置于(103±2)℃的烘箱中烘至恒重。乙醇(分析纯，天津市科密欧化学试剂有限公司)；丙酮(分析纯，天津市科密欧化学试剂有限公司)；聚乙烯醇(PVA)(醇解度 98.0%～99.0%，平均聚合度为 1750±50，天津市科密欧化学试剂有限公司)；糊精(DT)(天津市凯通化学试剂有限公司)；温度响应微胶囊(白色粉末，深圳市千色变新材料科技有限公司)；实验用水为蒸馏水。

2) 实验设备

超声波清洗机；电子天平；仪表恒温水浴锅；真空干燥箱；电热鼓风干燥箱；电动搅拌机。

3) 实验过程

具体实验过程如下，将 2 g 聚乙烯醇和 2 g 糊精溶解在 75℃的 100 mL 去离子水中搅拌 2 h。然后添加不同质量分数的温度响应微胶囊在 45℃下磁力搅拌 2 h，之后在常温下超声分散 30 min。将超声分散之后的可逆温度响应变色复合物于室温下静置 5 min，分别取 1 mL 不同质量分数的温度响应变色复合物滴涂于木材表面，于室温下静置使其自然干燥，得到正向可逆温度响应变色木质材料。

2.2.2 表征方法

采用型号为 Quanta200 的场发射扫描电子显微镜(荷兰 FEI 公司)对样品表面

形貌进行表征，在测试时，样品被粘在一个特定的支架上喷金以确保其导电性；样品的数码照片利用尼康 D7000 数码相机拍摄；利用傅里叶变换红外光谱仪(美国 Nicolet 公司)采集傅里叶变换衰减全反射红外光谱对表面化学组分的变化进行表征分析，扫描范围为 400～4000 cm^{-1}，分辨率为 4 cm^{-1}。样品的热稳定性使用热重分析仪(TA,Q600)进行分析，实验温度范围为 25～450℃，升温速率为 20℃/min，氮气氛围。本实验采用 QUV 紫外加速老化试验机，将样品置于几组不锈钢的支撑架中，利用波长为 340 nm 的紫外光灯，在配备的烘箱中进行紫外光加速老化处理以测量实际应用中样品的耐疲劳性能。设置实验条件为 60℃，辐射功率为 4 kW，辐照距离为 500 mm，光照时间为 0～240 h。

2.2.3　颜色测试

样品放入温度传感器的精度为 0.1℃的恒温箱中，其温度监测间隔为 200 s。数码相机放在固定位置记录整个升温过程，升温范围为 25～65℃。将这些记录导入到电脑中，使用 Adobe Photoshop CS6 软件按照国际照明委员会规定的标准来测量样品的明度指数(L^*)、红绿指数(a^*)和黄蓝指数(b^*)值。如图 2-10 所示，分别测量样品温变前后五个点的 $L^*a^*b^*$值。所得样品的颜色变化与发色基团的数量有关。总色差值 ΔE^*用以下方程进行计算：

$$\Delta E^* = \sqrt{(L_2^* - L_1^*) + (a_2^* - a_1^*) + (b_2^* - b_1^*)} \tag{2-1}$$

式中，L_1^*、a_1^*、b_1^*为加热前的颜色参数；L_2^*、a_2^*、b_2^*为加热后的颜色参数。在加热前和加热后的每个样品上选取五个不同的点进行颜色参数测量。L^*、a^*、b^*值为这五个点的平均值。

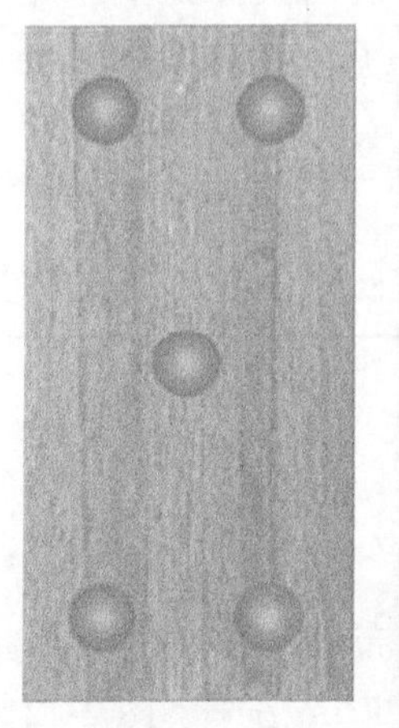

图 2-10　样品的测量位置

2.2.4　划格法漆膜附着力检测

划格法漆膜附着力测试所用的仪器为天津市精科材料试验机厂生产的QFH-A 型漆膜划格器。按照国家标准(GB/T 9286－1998)规定采用交叉切割法测定，将试样放置在坚硬、平直的表面上动手切割，切割方向要与木材成 45°的夹角。握住切割工具，使刀垂直于试样表面，握住刀柄均匀用力，划透至基材表面。同一方向均匀用力连续切割，形成六条平行线。重复上述动作，与原切割线垂直相交，切割相同数量的平行线，形成网格图形，每个方向上的切割间距应该相等。之后从胶带卷上取下两圈完整的胶带丢弃，然后以均匀的速度从胶带纸上取出长约 50 mm 的胶带纸，将胶带中心置于网格上方，方向与一组切割线平行，接着将网格上方部位的胶带纸用手指压平，确保胶带纸与薄膜接触良好。拿住胶带纸悬空的一端，使之与贴在网格上的部分成 60°夹角，在 0.5～1 s 之内平稳地撕去胶带纸。最后，在良好的照明环境下从不同的角度和方向仔细检查样品漆膜网格区域的表面情况，按照图示的说明，通过与标准文件中的“试验结果分级”的图示(表 2-1)比较，划格完成的图形分成六级，用以评定涂层从基材分离时的附着力。整组数据的取得采用三组实验，采用 3 个重复样品分别评级，以 2 个测试样一致的结果为评定值。不一致时，重复测试一次。

表 2-1　漆膜附着力评级标准

附着力/级数	薄膜损伤情况
0	切割的边缘完全是光滑的，没有一个方格脱落
1	在切口交叉处涂层有少许薄片分离，划格区受影响明显不大于 5%
2	涂层沿着切割边缘或切口交叉处脱落明显大于 5%，但受影响明显不大于 15%
3	涂层沿着切割边缘，部分和全部以大碎片脱落或它在格子不同部位上部分和全部脱落明显大于 15%，但划格区受影响明显不大于 35%
4	涂层沿着切割边缘大碎片脱落或者一些方格部分和全部出现脱落，明显大于 35%，但划格区受影响明显不大于 65%
5	甚至按 4 类也识不出其脱落程度

2.2.5　结果与讨论

2.2.5.1　微观形貌

图 2-11 为温度响应微胶囊的粒径分布图，可以观察到，微胶囊直径最大的不超过 4 μm，所占比例最大的直径范围在 1 μm 左右。图 2-12(a)为素材的扫描电镜图，可以清晰地观察到管胞和纹孔结构，管胞的平均直径大约为 25 μm，纹孔的

平均孔径约为 6 μm。图 2-12(b)为温度响应木材的表面，可以看到温度响应微胶囊呈现圆球状。从图中可以清晰地看到，这些小圆球可以完整地填充到木材的孔状结构中并且形成均匀的表面。

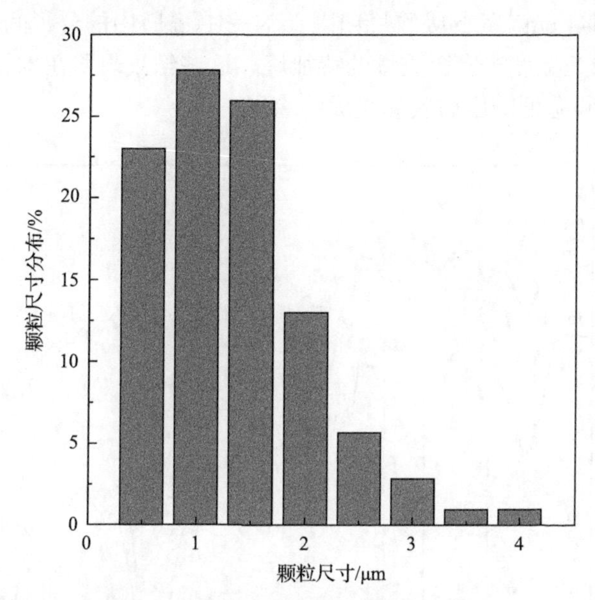

图 2-11　温度响应微胶囊的尺寸分布图

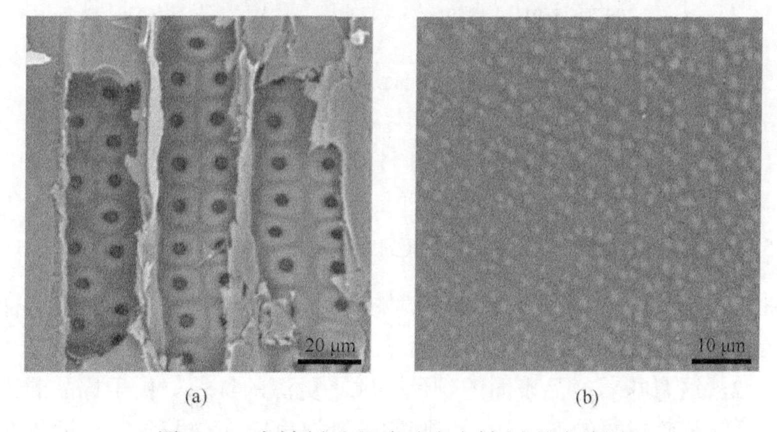

图 2-12　素材(a)和温度响应木材(b)的电镜图

2.2.5.2　红外光谱分析

素材、PVA/DT 涂层木材和温度响应木材的红外光谱如图 2-13 所示。与素材相比，PVA/DT 涂层木材出现了新的吸收峰。1234 cm^{-1} 和 1591 cm^{-1} 处的峰对应于 C—O 和 C═C 的拉伸振动。位于 630 cm^{-1} 处的吸收峰是由于 C—CO—C 平面弯曲振动引起的。如图 2-13(c)所示，与素材相比，温度响应木材的光谱中出现了一些新的吸收峰，位于 2923 cm^{-1} 处的峰对应亚甲基的脂肪族 C—H 的伸缩振动。位于 1691 cm^{-1} 和 670 cm^{-1} 处的吸收峰归因于 Ar—CO 的伸缩振动和 Ar—H 的弯曲振动。此外，1641 cm^{-1} 处的吸收峰归因于 N—H(酰胺中的分子间氢键)的弯曲振动，这些吸收峰是温度响应微胶囊的特征峰。这些结果表明在木材表面成功形成了由 PVA、DT 和温度响应微胶囊组成的涂层。

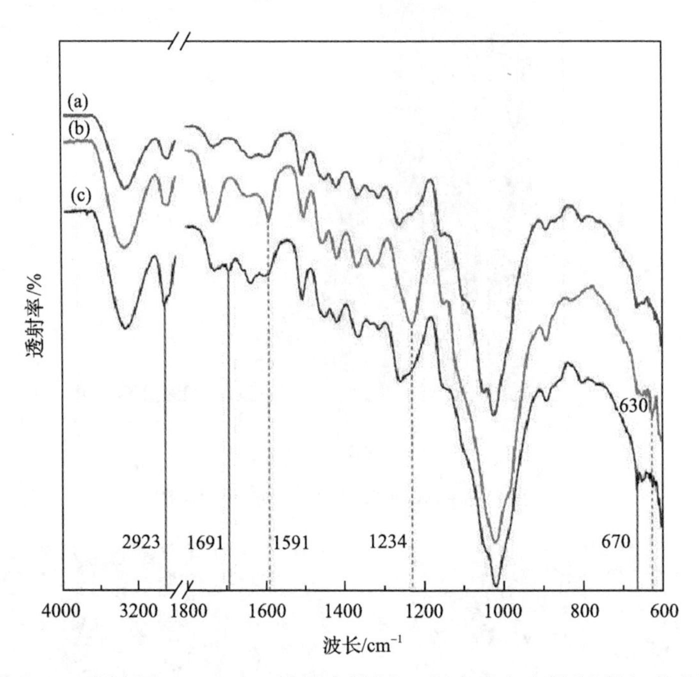

图 2-13　素材(a)、PVA/DT 涂层木材(b)、温度响应木材(c)的红外光谱

2.2.5.3　温度响应微胶囊含量对变色性能的影响

如图 2-14 所示，当温度响应微胶囊的含量从 0 增加到 4.0%时，试样的明度指数变化从–0.2 降低到–17.2，说明样品表面颜色加深。红绿指数变化从 0.6 显著增加到 36.2，这意味着样品表面的颜色变成了更深的红色。由于样品的色彩变化为红色，所以黄蓝指数的变化是不规则的。当温度响应微胶囊的含量从 0 增加到 3.5%时，ΔE^*值从 1.81 剧烈增加到 39.56，表现出十分优越的温度响应变色性能。然而，当温度响应微胶囊的浓度从 3.5%上升到 4.0%，色彩指数的变化浮动很小。基于以上结果可知，当温度响应微胶囊的浓度为 3.5%时，样品表面的颜色接近饱和，不需要再继续增加温度响应微胶囊的浓度。

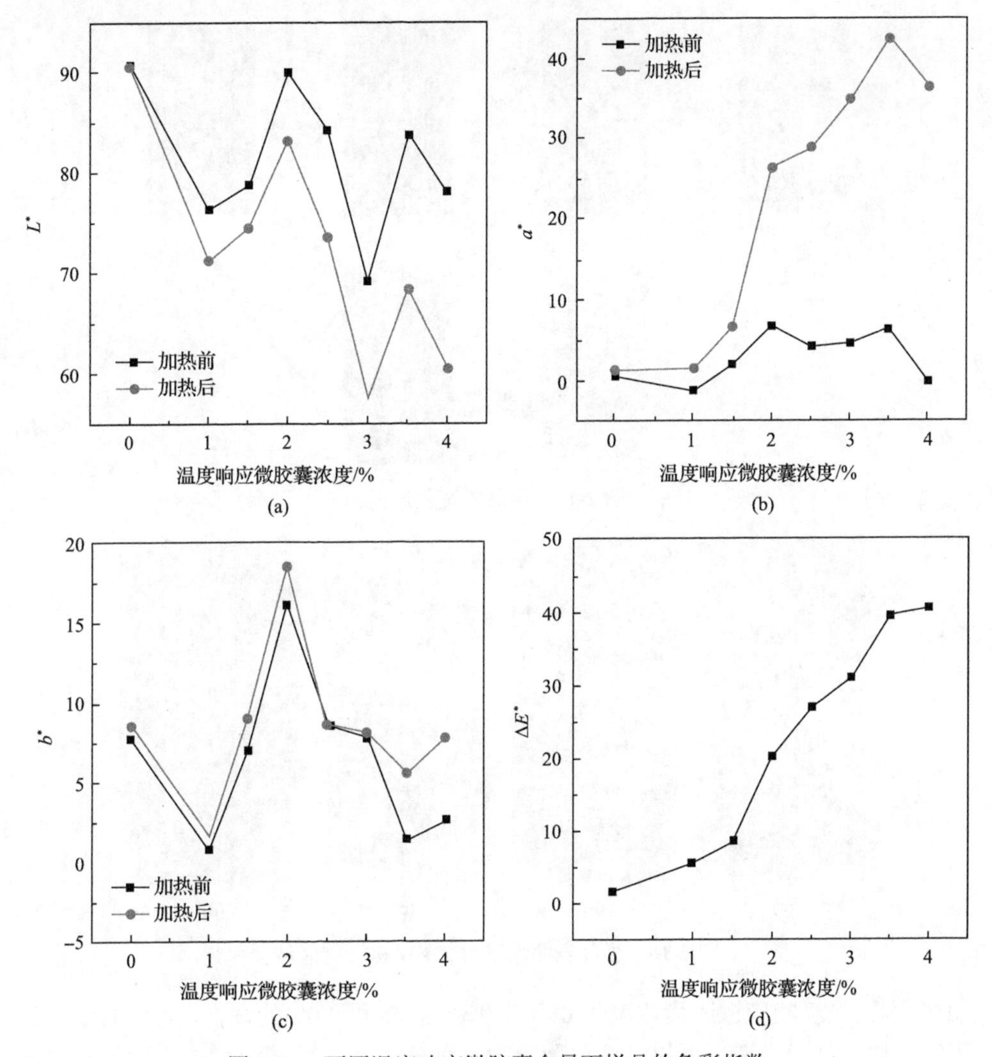

图 2-14　不同温度响应微胶囊含量下样品的色彩指数

图 2-15 展示了温度响应微胶囊浓度为 3.5%的温度响应木材的变色过程。常温下，温度响应木材呈现木材的自然色。随着温度从 25℃升高到 40℃，温度响应木材表现出良好的温度响应变色性能。在样品冷却到室温(25℃)后，木材又回到了木材的自然颜色，展现出良好的正向可逆变色性能。此外，因为聚乙烯醇涂层是无色透明的，所以木材表面的纹理依旧清晰可见。

2.2.5.4　温度响应微胶囊含量对薄膜附着力的影响

以 ISO 2409—2013 为标准，依据薄膜从划格区域底材上脱落的面积将附着力的级别分为 0～5 级：0 级为最好，5 级为最差。如图 2-16 所示，图(a)、(b)、(c)、

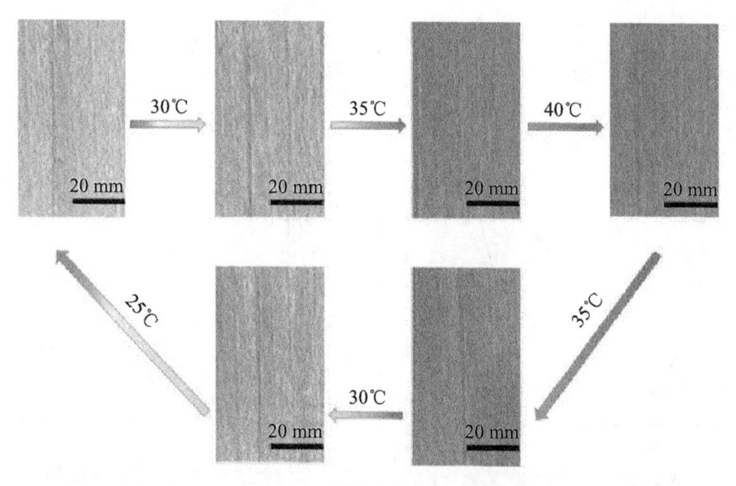

图 2-15　样品的变色过程

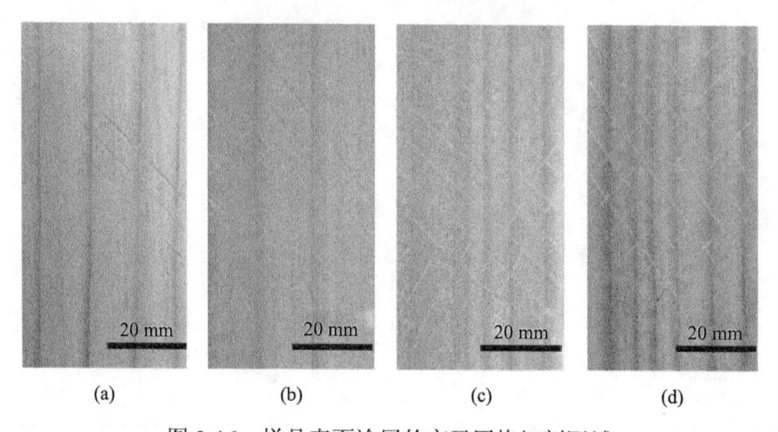

图 2-16　样品表面涂层的交叉网格切割区域

(d) 分别为温度响应微胶囊浓度为 0%、2.0%、3.0%和 4.0%的试样，可以看到，前三组的边缘都很光滑，所以其漆膜附着力被划分为 0 级。当温度响应微胶囊浓度达到 4.0%时，因为薄膜厚度的增加，附着力略有下降。从图 2-16 (d) 可以看出，试样表面边缘有小片的脱落，但切口交叉处无明显影响，评定漆膜附着力等级为 1 级，此等级的漆膜附着力完全可以满足家具行业的一般应用。

2.2.5.5　温度响应微胶囊含量对耐老化性能的影响

采用紫外老化实验来模拟样品在实际应用中的老化过程。样品 ΔE^*值的计算方法与 2.2.3 节相同。图 2-17 展示了温度响应微胶囊浓度为 0%、1.0%、3.0%和 4.0%时温度响应木材的 ΔE^*值。浓度为 4.0%样品的 ΔE^*值远高于其他样品，证明温度响应微胶囊浓度高的样品具有更好的抗老化性能。观察整个变化趋势，随着辐射时间增加到 100 h，ΔE^*值逐渐下降。当辐射时间继续增加到 150 h 时，ΔE^*值迅速下降。这说明随着辐射时间的增加，温度响应变色性能逐渐减弱。换句话说，本实验中制备的温度响应木材可以广泛用作室内材料，但是样品在长时间紫外照射下很不稳定，若作为室外材料应用还需要更多的探索。

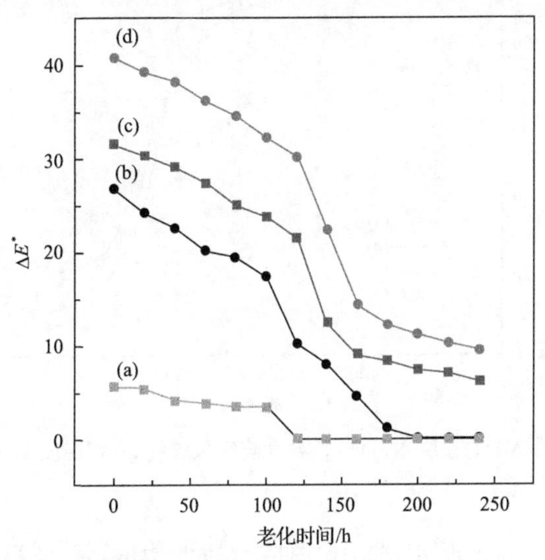

图 2-17　温度响应微胶囊浓度为 0%(a)、1.0%(b)、3.0%(c)和 4.0%(d)时温度响应木材老化过程的总色差变化

2.2.5.6　*热重分析*

为了研究产品的热稳定性，我们测量了素材、PVA/DT 涂层木材、温度响应微胶囊和温度响应木材的热重曲线。如图 2-18 所示，当温度从 50℃升到 150℃时，由于水分和高度不稳定的成分的挥发，素材展现出一个小的失重。素材主要的热解过程发生在 150～380℃，半纤维素和纤维素的分解分别发生在 200～380℃和 250～380℃，木质素的分解发生在 150～400℃。

从图 2-18(b)可以看出，PVA/DT 涂层木材的热重曲线与素材的热重曲线没有明显区别，说明 PVA/DT 涂层对样品热稳定性的影响可以忽略不计。图 2-18(c)为温度响应微胶囊的热重曲线，由于游离水和结合水的蒸发，到 220℃时样品只有 6%的质量损失。温度响应微胶囊的主要降解过程开始于 220℃，最大降解速率位于 315℃。在这一阶段，微胶囊发生破裂，主要核心材料开始蒸发，微胶囊此时完全失去了温度响应变色能力。基于上述分析可以证实，温度响应微胶囊在 220℃具有优良的热稳定性，在低于 315℃时可以保持稳定。从图 2-18(d)中可以得出，在 100～216℃的区间内，温度响应木材只有轻微的减少。在此温度范围内素材和 PVA/DT 涂层木材都有连续的质量损失。结果表明，温度响应微胶囊可以从环境中吸收能量从而在热解过程中保护木材。因此，温度响应木材比素材具有更好的耐热性能。

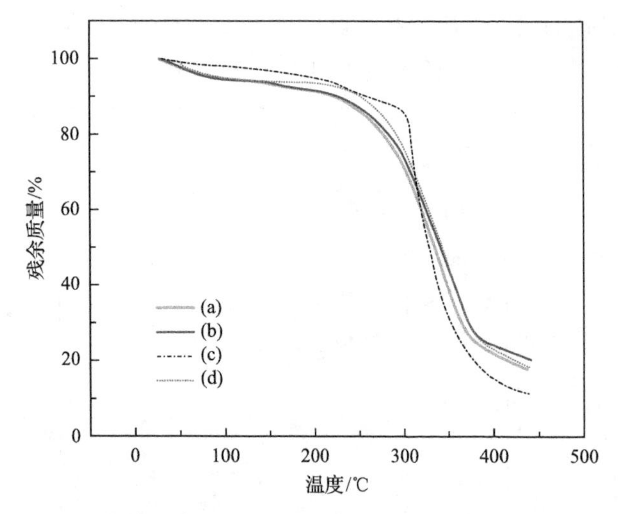

图 2-18　素材(a)、PVA/DT 涂层木材(b)、温度响应微胶囊(c)和温度响应木材(d)的热重曲线

2.3　疏水型温度响应木材的制备及研究

作为一种天然可再生的生物聚合物，木材被广泛用于建筑、装饰、工业和其他日常生活中。木材细胞壁的主要组成成分为纤维素、半纤维素和木质素，占总质量的 97%～99%。木材细胞壁的羟基和其他含氧基团可以通过氢键吸引和保留水分，所以木材具有亲水性。木材的亲水性让木材更有生命力，同时，也可以在木材的亲水性基团上接枝更多的功能性官能团从而赋予木材新的性能。但是木材的亲水性也给木材的应用带来困扰。木材在大气环境中会与周围环境发生水分交换而产生干缩与湿胀，引起尺寸变化，甚至会导致其变形或开裂，影响材料的耐久性[107, 108]。同时，吸湿后的木材易腐蚀、易被虫蛀，导致木材的力学性能显著下降，可能会造成严重的问题。本节制备了一种疏水型温度响应木材，在赋予木材温度响应性能的同时将产品的亲水性表面改性为疏水性表面。

2.3.1　疏水型温度响应木材的制备方法

1)实验材料

水曲柳，径切面，尺寸为 25 mm×50 mm×5.0 mm，将木片分别置于去离子水、乙醇和丙酮中超声清洗后置于(103±2)℃的烘箱中烘至恒重。无水乙醇(分析纯，天津市科密欧化学试剂有限公司)；丙酮(分析纯，天津市科密欧化学试剂有限公司)；聚乙烯醇(PVA)(醇解度 98.0%～99.0%，平均聚合度为 1750±50，天津市科密欧化学试剂有限公司)；温度响应微胶囊(TM)(粉末，深圳市千色变新材料科技有限公司)；3-氨基丙基三乙氧基硅烷(APTES)(上海萨恩化学技术有限公司)；实验用水为蒸馏水。

2) 实验设备

超声波清洗器；电子天平；智能磁力加热锅；真空干燥箱；鼓风干燥箱。

3) 实验过程

APTES/PVA 涂层木材的制备过程如下，将 4 g PVA 溶解在 75℃的 100 mL 去离子水中搅拌 2 h。将 1.5 mL APTES 加入到 8.5 mL 酒精溶液中，再将上述溶液逐滴加入到 20 mL PVA 溶液中得到混合溶液。分别设置六组独立实验，在 40℃下分别水解 20 min、25 min、30 min、35 min、40 min 和 45 min。接下来，将 1.0 mL 的混合溶液滴在木片上将样品放在 110℃的烘箱中干燥 10 min。

疏水型温度响应木材的制备过程如下，将 0.35 g 温度响应微胶囊和 1.5 mL APTES 添加到 8.5 mL 酒精溶液中，在室温下搅拌 10 min 后逐滴加入到 20 mL 的 PVA 溶液中，并在 40℃下磁力搅拌 30 min 得到涂层溶液。将 1.0 mL 的涂层溶液滴加到木材表面上。将样品在 110℃烘箱中干燥 1 h。最终得到 TM-APTES/PVA 改性木材。此外，我们还制备了 TM/PVA 涂层木材以便进行比较。

2.3.2 表征方法

利用型号为 Quanta200 的场发射扫描电子显微镜(荷兰 FEI 公司)对样品表面形貌进行表征，在测试时，样品被粘在一个特定的支架上，然后喷金以确保其导电性；样品的数码照片是利用尼康 D7000 数码相机拍摄；利用傅里叶变换红外光谱仪(美国 Nicolet 公司)采集傅里叶变换衰减全反射红外光谱对表面化学组分的变化进行表征分析，扫描范围 400～4000 cm^{-1}，分辨率为 4 cm^{-1}。采用 OCA40 全自动单一纤维接触角测量仪(德国 DataPhysics 公司)，在室温下将 5 μL 去离子水液滴滴在样品表面，测试其水接触角(WCA)。每个样品在 5 个不同的点上测量其 WCA，取平均值作为最终接触角值。颜色测试同 2.2.3 节。

2.3.3 响应时间测试

通过对相机采集到的图像进行分析来测量样品的响应时间。如图 2-19 中 a 阶段所示，随着温度的增加，ΔE^*值从初始值增加到最大值，当温度继续上升，ΔE^*值保持不变(图 2-19 中 b 阶段)。最后，随温度降低，ΔE^*值从最大值下降到初始值(图 2-19 中 c 阶段)。响应时间 Δt_1 被称为着色时间，相应地，响应时间 Δt_2 被称为褪色时间。

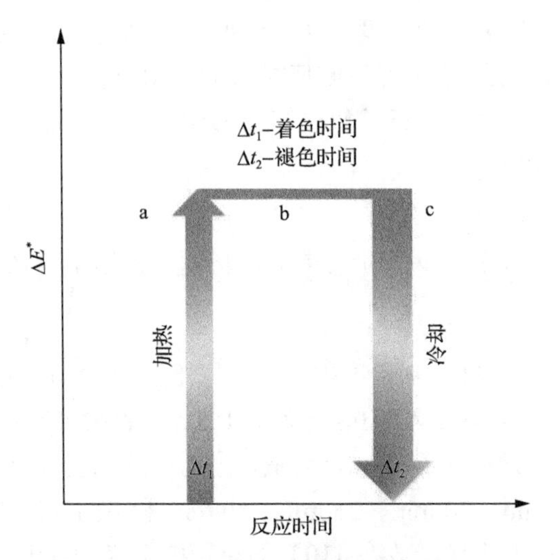

图 2-19　响应时间测试示意图

2.3.4　拉拔法附着力检测

根据标准 ISO 4624，涂层与木片之间的附着力采用全自动附着力测试仪(美国 DeFelsko PosiTest AT-A)来测试。图 2-20 为拉拔法附着力检测实验示意图。用环氧基氰基丙烯酸酯胶黏剂将直径为 20 mm 的锭子(经乙醇清洗后)粘贴在样品的表面。胶黏剂固化后，将锭子固定在附着力测试装置上，以 0.7 MPa/s 拉至断裂，此时的仪器示数记为附着力强度。每个测试使用三组样品重复实验，取其算术平均值。

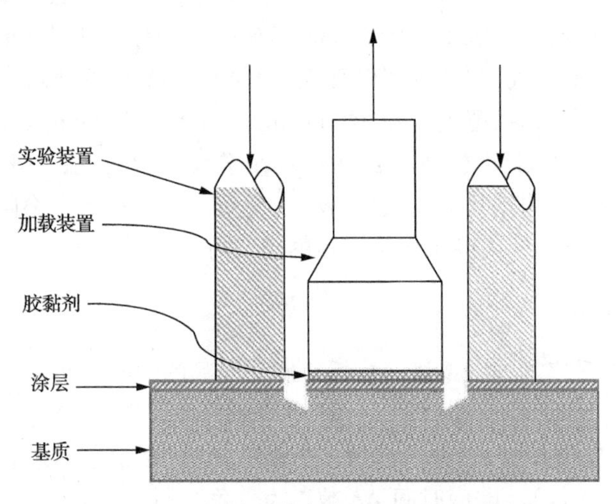

图 2-20　拉拔法附着力检测实验装置示意图

2.3.5　结果与讨论

2.3.5.1　温度响应变色性质

如表 2-2 所示，素材加热前后的 ΔE^*值为 0.2，证明素材不具备温度响应功能，也说明在加热过程中外界环境对实验结果的干扰可以忽略。在加热后，温度响应木材的明度指数 L^*呈下降趋势，表明样品表面的颜色加深；样品的 a^*值显著增大，说明表面颜色变为更深的红色；由于样品的颜色变化主要为红色，所以 b^*值的变化是不规则的。TM-APTES/PVA 改性木材和 TM/PVA 涂层木材的总色差变化分别为 41.0 和 38.2。证明此两种样品都具有较好的温度响应性能。

表 2-2　样品在加热前后的色彩参数变化

样品	L_1^*	L_2^*	a_1^*	a_2^*	b_1^*	b_2^*	ΔE^*
素材	74.8	74.9	7.2	7.4	14.8	14.8	0.2
TM/PVA 涂层木材	74.0	62.2	5.8	41.4	12.6	19.6	38.2
TM-APTES/PVA 改性木材	77.6	64	7.6	45.0	11.0	1.0	41.0

注：下角标 1 指加热前；2 指加热后。

图 2-21 为温度响应木材的变色过程。常温下，由于涂层的透明性，样品呈现木材本身的颜色。随着温度从 25℃升高到 40℃，温度响应木材变为紫红色。在样品冷却到室温后，又从紫红色恢复到木材本色。证明样品具有良好的可逆温度响应性能。也由此可见，因为温度响应变色涂层是透明的，所以样品在常温下的木材纹理完全不受影响。

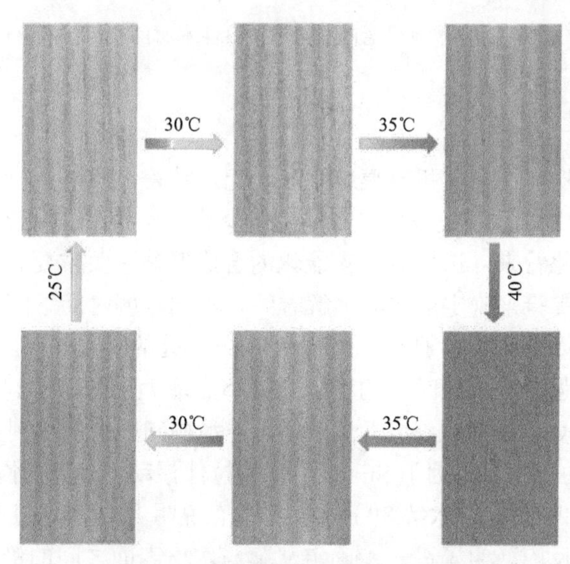

图 2-21　温度响应木材的变色过程

2.3.5.2　响应时间

响应时间包括着色时间和褪色时间，是实际应用中的一个重要参数。图 2-22 展示了温度响应木材的着色时间和褪色时间。由图 2-22(a)可知，TM/PVA 涂层木材的平均着色时间为 16.3 s，约为 TM-APTES/PVA 改性木材平均着色时间(4.4 s)的 4 倍。此外，如图 2-22(b)所示，TM/PVA 涂层木材的平均褪色时间(26.8 s)是 TM-APTES/PVA 改性木材平均褪色时间(7.4 s)的三倍还多。结果表明，TM-APTES/PVA 改性木材的响应时间远远小于 TM/PVA 涂层木材，证明 TM-APTES/PVA 改性木材的响应速度更快。TM-APTES/PVA 改性木材的响应时间更短的原因是由于其表面涂层中的微胶囊的分散性更好，使得样品具备更好的吸热和散热能力。

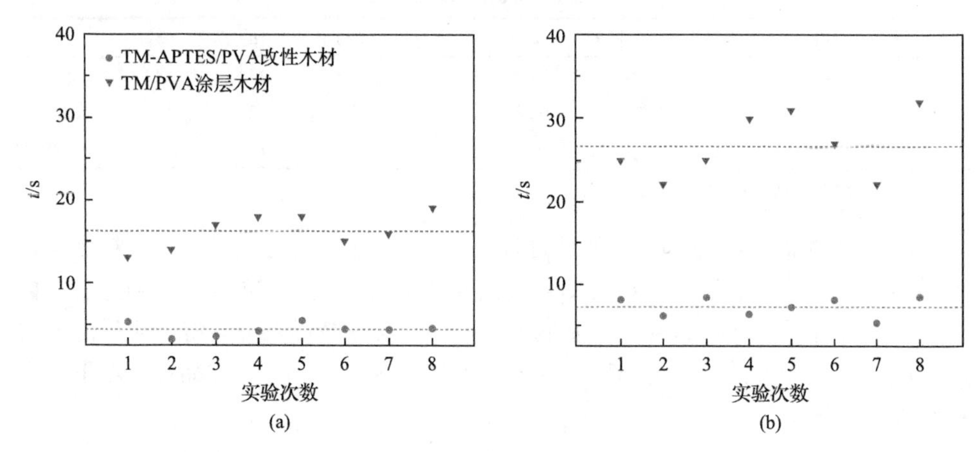

图 2-22　TM/PVA 涂层木材和 TM-APTES/PVA 改性木材的着色时间(a)和褪色时间(b)

2.3.5.3　官能团分析

为了有效地将木材基质和薄膜结合在一起，获得薄膜与木材表面之间的最佳黏结强度，在 APTES 水解过程中，应尽量减少其自身的缩合反应使水解硅醇的量达到最大值。由此看来，选择表面功能化的合成策略至关重要。在本节实验中，我们进行了六组实验来确定最佳的水解时间。不同水解时间下的 APTES/PVA 涂层木材的红外光谱如图 2-23 所示。位于 2840 cm^{-1} 处的吸收峰对应 $SiO—CH_3$ 的拉伸振动，其吸收强度随水解时间的增加先减小后增大。可以看到，在水解时间为 30 min 时，$SiO—CH_3$ 的吸收峰几乎消失，说明水解硅烷的量达到了最大值。此外，在 1026 cm^{-1} 处的吸收峰归因于 Si—O—Si 的拉伸振动，代表了水解硅烷的缩合反应。Si—O—Si 的吸收峰在水解 30 min 时最强，说明 APTES 在拥有最大水解硅烷量后进行了缩合反应。为了进一步确定薄膜与木材表面之间的最佳黏结强度，我们对 APTES/PVA 涂层木材进行了拉拔法附着力实验，结果见表 2-3。结果表明，在水解时间为 30 min 时，APTES/PVA 涂层木材的附着力强度最大。因此在本实验中采用的水解时间为 30 min。

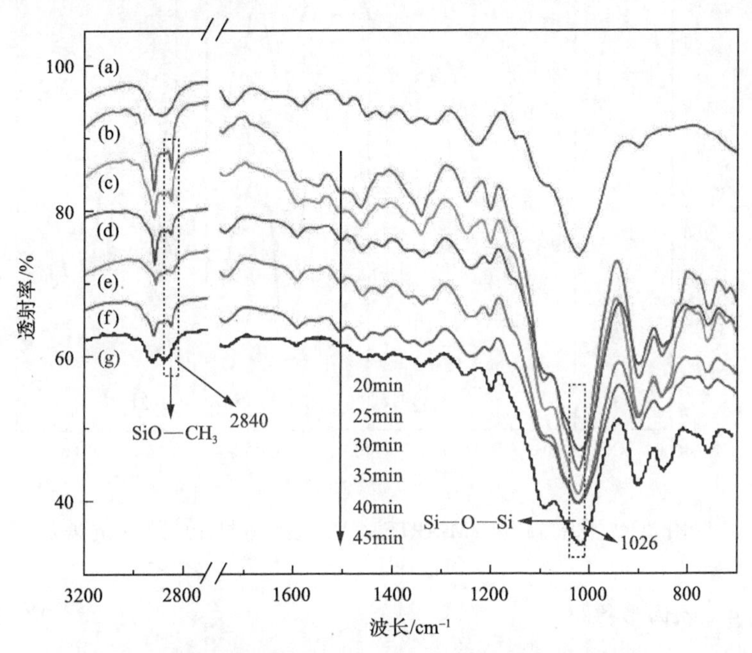

图 2-23　素材(a)和不同水解时间的 APTES/PVA 涂层木材的红外光谱[(b)～(g)]

表 2-3　APTES/PVA 涂层木材的拉拔法附着力测试结果

水解时间/min	附着力/MPa
20	2.7
25	2.9
30	3.8
35	3.6
40	3.0
45	2.9

图 2-24 为素材和 TM-APTES/PVA 改性木材的红外光谱。与素材相比，TM-APTES/PVA 改性木材的光谱出现了一些新的吸收峰。在 3301 cm^{-1} 处的吸收峰是仲胺的 N—H 伸缩振动引起的，位于 1415 cm^{-1} 处的吸收峰归因于 C—N 的伸缩振动。1085 cm^{-1} 和 1021 cm^{-1} 处的吸收峰是偶联剂中的 Si—O—Si 和 Si—O—C 振动引起的。这些结果证明木材表面已经成功地形成了 TM-APTES/PVA 聚合物涂层。

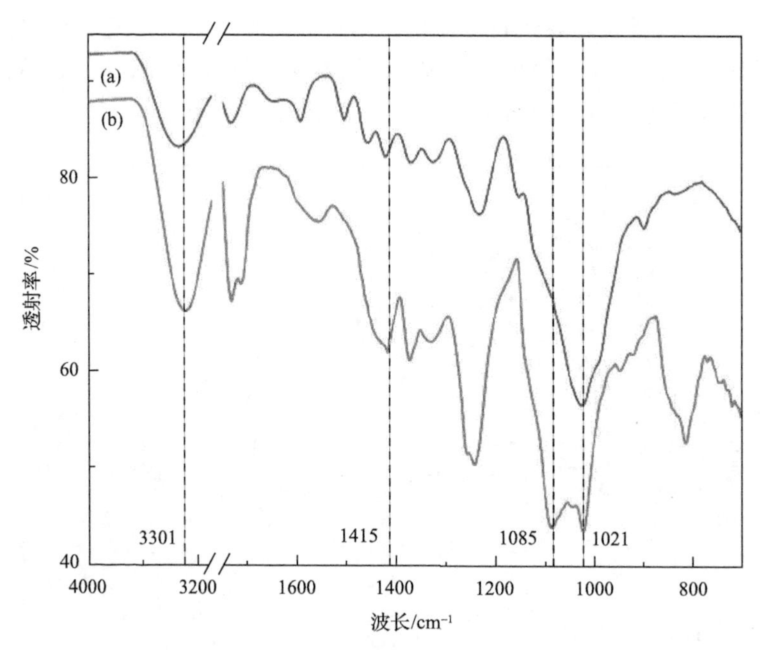

图 2-24　素材(a)和 TM-APTES/PVA 改性木材(b)的红外光谱

2.3.5.4　表面形貌

图 2-25 为 TM/PVA 涂层木材和 TM-APTES/PVA 改性木材的电镜图。由图 2-25(a)可见，温度响应微胶囊在涂层中分布得非常不均匀。反观图 2-25(b)，温度响应微胶囊在 TM-APTES/PVA 改性木材表面十分有规律且均匀地分布着。更有趣的是，这些光滑的球形颗粒排列成鱼鳞的形状，彼此紧密相连却完全没有发生团聚现象。

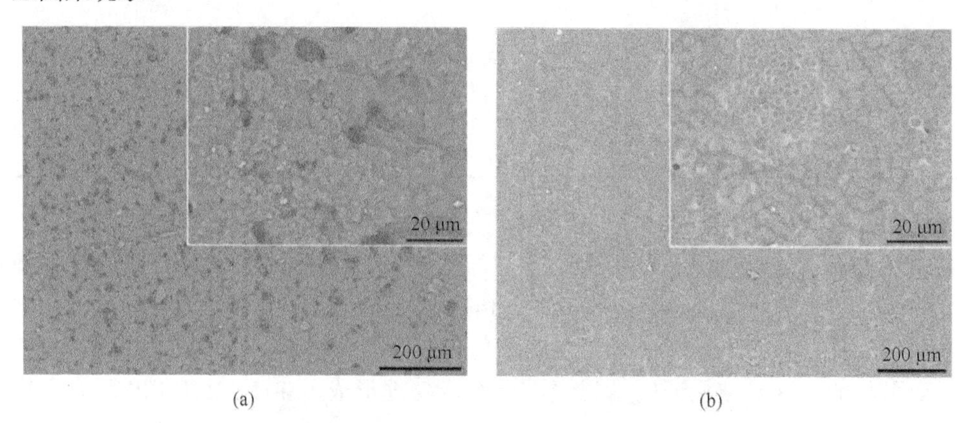

图 2-25　TM/PVA 涂层木材(a)和 TM-APTES/PVA 改性木材(b)
在低放大倍数和高放大倍数下的 SEM 图像

TM-APTES/PVA 改性木材的形成机理如图 2-26 所示。首先，通过水解烷氧基来激活 APTES 形成硅醇基团。活性硅醇与羟基反应的同时自身缩聚形成大分子网络。APTES 的双官能团分别与温度响应微胶囊、PVA 聚合物和木材表面发生反应形成化学键桥梁。TM/PVA 涂层木材与 TM-APTES/PVA 改性木材表面形貌的差异表明 APTES 成功地在物质界面间建立了化学键桥。

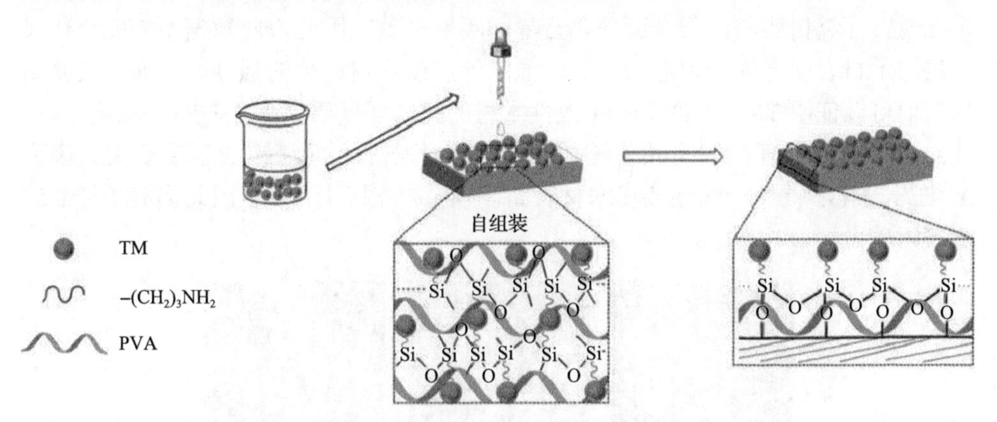

图 2-26　TM-APTES/PVA 改性木材形成机理示意图

2.3.5.5　拉拔法附着力测试

为了测试出试样的涂层与木材基质之间的黏结强度，我们对样品进行了拉拔法附着力实验。各种失效模式如图 2-27 所示：树脂破坏指环氧树脂与涂层之间发生失效，表明环氧树脂与涂层表面黏结不良；内聚破坏强度是衡量涂层本身黏合强度的指标；黏合破坏是指涂层与基体界面发生的黏结失效；基质破坏是指撕裂时发生的木材自身的破坏。

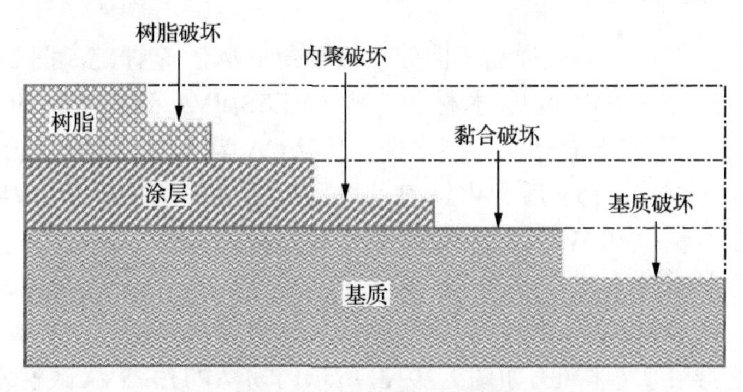

图 2-27　失效模式示意图

拉拔法附着力实验后样品表面如图 2-28 所示，上排为实验所用锭子，下排为实验样品。从图 2-28(a)可以看到样品涂层与基质之间无黏结破坏迹象，一定厚度的涂层仍然覆盖在基材上，大部分区域为内聚破坏模式。由此可见，TM/PVA 涂层木材需要提高涂层本身的内聚强度，此时仪器显示的强度为 1.21 MPa。图 2-28(b)、(c)分别为拉拔法附着力实验后 TM/PVA 涂层木材和 TM-APTES/PVA 改性木材的失效情况。其附着力强度分别为 1.57 MPa 和 3.01 MPa。样品大部分区域为黏合破坏模式，其余区域有环氧树脂破坏和基质破坏现象。由于木材的天然多孔性，环氧树脂与涂层表面的黏合界面不够平整。因此，此数据不能完全代表涂层与木材表面之间的附着力，只能显示涂层或木材部分的强度。然而，实验结果依旧可以证明 TM-APTES/PVA 改性木材的黏结强度要高于 TM/PVA 涂层木材。此结论被认为合理是因为共价键的强度比极性分子之间氢键的强度要大。因为 APTES 的化学键桥一端连接在木材表面，另一端连接聚合物，因此提高了样品的漆膜附着力。

图 2-28　拉拔法附着力实验后样品的外观

2.3.5.6　润湿性分析

样品的润湿性通过测量样品表面的水接触角(WAC)来评定。图 2-29 为素材、PVA 涂层木材、TM/PVA 涂层木材和 TM-APTES/PVA 改性木材的接触角。由图 2-29(a)可知，素材表面体现为亲水性，其 WCA 为 83.1°(水滴在表面的接触角小于 90°则为亲水性)，15 s 后，WCA 变为 53.0°。在木材表面涂了 PVA 涂层之后，样品表面呈亲水性，其 WCA 为 84.5°[图 2-29(b)]。如图 2-29(c)所示，TM/PVA 涂层木材表面具有疏水性，WCA 为 98°。但是接触角在 15 s 后变为 85°，体现为亲水性。这一现象归因于 PVA 聚合物的羟基。值得一提的是，TM-APTES/PVA 改性木材的润湿性明显降低。如图 2-29(d)所示，TM-APTES/PVA 改性木材的 WCA 为 123°，在保留 15 s 后接触角也有 118°。这证明 APTES 与木材表面的羟基发生反应，在膜表面凝结了大分子的网络结构。这一系列反应减少了木材表面的羟基，同时在膜表面形成的大分子疏水网络也阻断了这些吸湿的羟基位点。因此可证明，

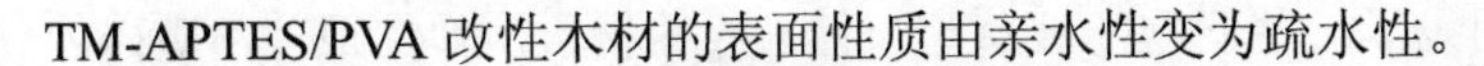

TM-APTES/PVA 改性木材的表面性质由亲水性变为疏水性。

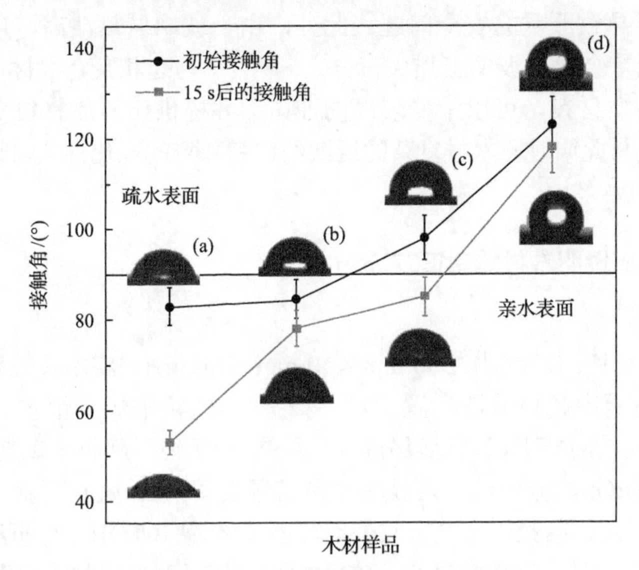

图 2-29　素材(a)、PVA 涂层木材(b)、TM/PVA 涂层木材(c)和 TM-APTES/PVA 改性木材(d)的接触角

2.4　温度响应透明木材的制备及研究

人为造成的气候变化有可能改变地球的温度、天气和海平面，从而导致洪水、疾病和珍稀物种的灭绝[7, 109, 110]。燃烧化石燃料、过度使用能源和其他人类活动是造成人为气候变化的主要原因。因此，大量的学者致力于提高能源效率、降低能源消耗和减少温室气体排放的研究[111]。在大多数国家，用于建筑环境中的能源使用量超过总能源使用量的 40%，因此学者们将注意力放到建筑环境节能上[112, 113]。为减少维持舒适的工作/生活环境所需的能量，许多节能产品和服务被研究设计和开发[114]。墙体和窗户是室内外环境的直接相连点，所以节能墙和节能窗被认为是减少室内和室外环境之间传热的第一步[115]。大多数用于节能材料的涂层分为三种：电致响应材料、光致响应材料和温致响应材料。其中，温度响应调光材料是温度诱导开关，用于长波辐射的透射/反射，因此不需要任何额外的能量[116-118]。

具有单斜晶系结构(M 相)的二氧化钒(VO_2)被广泛应用于节能窗，因为它在 68℃左右可以可逆地转变为四方相的金红石结构(R 相)[119]。其中，低于转变温度时二氧化钒为 M 相，是具有一定红外透射率的半导体；在高于转变温度时二氧化钒呈 R 相，是具有高红外反射的金属相[120, 121]。尽管 VO_2 节能窗已引起很多关注，但其玻璃基板引发了一些问题。玻璃是一种易碎的材料，弹性很差，破碎的玻璃碎片可能导致严重的安全问题。此外，由于玻璃导热性高，用于加热或冷却建筑物的能量会通过玻璃窗损失三分之一[122]。与之相反，木材作为一种天然可再生的生物质材料，可以承受较高的冲击力并提供比一般材料更好的隔热效果[100, 123, 124]。与此同时，木材复杂的层次结构和独特的理化性质可以作为一种理想的生物基模板[125-127]。

2.4.1 温度响应透明木材的制备方法

1) 实验材料

巴沙木，径切面，尺寸为 50 mm×50 mm×1.0 mm，将木片分别置于去离子水、乙醇和丙酮中超声清洗后置于(103±2) ℃的烘箱中烘至恒重。五氧化二钒(V_2O_5，分析纯，阿拉丁试剂有限公司)；草酸(分析纯，阿拉丁试剂有限公司)；正硅酸乙酯(TEOS，分析纯，阿拉丁试剂有限公司)；3-氨基丙基三乙氧基硅烷(APTES，分析纯，阿拉丁试剂有限公司)；氢氧化钠(NaOH，分析纯，上海萨恩化学技术有限公司)；亚硫酸钠(Na_2SO_3，分析纯，阿拉丁试剂有限公司)；二乙烯三胺五乙酸(DTPA，分析纯，阿拉丁试剂有限公司)；甲基丙烯酸甲酯(MMA，分析纯，阿拉丁试剂有限公司)；2,2′-偶氮二(2-甲基丙腈)(分析纯，阿拉丁试剂有限公司)；温度响应微胶囊(TM，深圳市千色变新材料科技有限公司)；无水乙醇(分析纯，天津市科密欧化学试剂有限公司)；丙酮(分析纯，天津市科密欧化学试剂有限公司)；硫酸镁(分析纯，阿拉丁试剂有限公司)；实验用水为蒸馏水。所有化学品均未经进一步纯化直接使用。

2) 实验设备

超声波清洗器；电子天平；智能磁力加热锅；真空干燥箱；鼓风干燥箱；高速离心机。

3) 实验过程

(a) VO_2(M)@SiO_2 纳米晶体的制备

纳米晶体通过水热法合成。将 0.25 g V_2O_5 加入到 80 mL 浓度为 0.15 mol/L 的草酸水溶液中形成黄褐色悬浮液。搅拌 3 h 后，将悬浮液转移到聚四氟乙烯内衬的不锈钢高压反应釜中，使其填充率约为 80%。将高压反应釜密封并在 240℃下保持 24 h 后冷却至室温。用去离子水和乙醇洗涤数次，通过离心收集产物，并在真空中干燥获得 VO_2 纳米颗粒。SiO_2 涂层工艺通过改进的 Stöber 方法进行。将 0.2 g VO_2 纳米颗粒分散在 30 mL 乙醇中，然后向溶液加入 10 mL 含有 300 μL TEOS 的去离子水。此后立即加入 6 mL 氨水以促进 TEOS 的水解，在 50℃下磁力搅拌 2 h。之后用去离子水和乙醇洗涤数次，通过离心收集样品，并在 60℃下真空干燥 12 h。

最后，将获得的 VO_2(M)@SiO_2 纳米颗粒储存在氮气中。

(b)脱木素木材的制备

将素材浸没在 NaOH(2.5 mol/L)和 Na_2SO_3(0.4 mol/L)的混合水溶液中煮沸处理 1.5 h。用蒸馏水彻底冲洗处理过的木材样品，然后浸入硅酸钠(3.0%，质量分数，余同)、NaOH(3.0%)、硫酸镁(0.1%)、DTPA(0.1%)和 H_2O_2(4.0%)的混合溶液，在 70℃下保持 3 h。将脱木素后的木材样品用去离子水洗涤并保存在去离子水中以备后用。

(c)节能透明木材的制备

首先，脱木素木材依次用乙醇和丙酮脱水。图 2-30 为制备节能型透明木材的实验过程。将 MMA 和 0.3%的 2,2′-偶氮二(2-甲基丙腈)在 80℃下搅拌 30 min 获得预聚合溶液，立即将容器转移到冰水中终止反应。将 0.5%的 VO_2(M)@SiO_2 和 1%的 TM 颗粒均匀分散在预聚合溶液中，然后加入适量 APTES 并搅拌 1 h 以稳定悬浮液。将脱木素木材加入到上述混合溶液中真空浸渍 30 min，该过程重复四次以确保溶液完全渗透到木材中。最后，将制备好的样品夹在两个载玻片之间，在 110℃下预固化 5 min，最后在 70℃下干燥 4 h。除了不加入 VO_2(M)@SiO_2 和 TM 颗粒外，其余所有制备透明木材的实验步骤都和制备节能型透明木材相同。

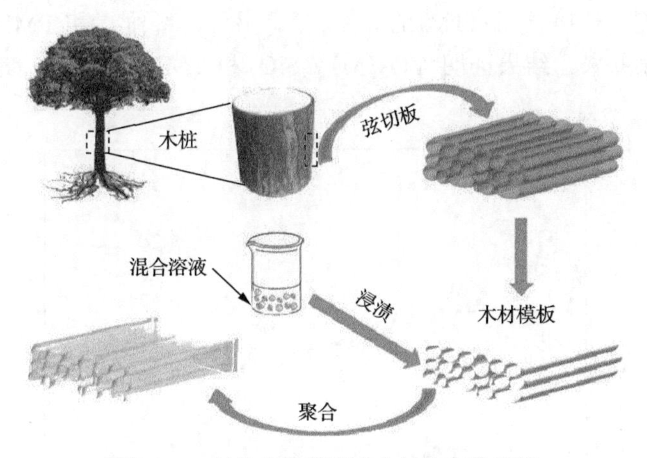

图 2-30 制备节能型透明木材的实验步骤

2.4.2 表征方法

采用型号为 Quanta200 的场发射扫描电子显微镜(荷兰 FEI 公司)对样品表面形貌进行表征，在测试时，样品被粘在一个特定的支架上，然后喷金以确保其导电性；样品的数码照片是利用尼康 D7000 数码相机拍摄；采用 D8 Advance 型 X 射线衍射仪(德国 Bruker 公司)进行物相分析，X 射线源为 Cu 射线，扫描范围为

5°～80°，步宽为 0.02°，扫描速率为 2°/min；利用傅里叶变换红外光谱仪(美国 Nicolet 公司)采集傅里叶变换衰减全反射红外光谱对表面化学组分的变化进行表征分析，扫描范围为 400～4000 cm^{-1}，分辨率为 4 cm^{-1}。样品的透光率通过 TU-1901 双光束紫外-可见分光光度计来获取(配备积分球附件)。使用 WDW-300 电子万能试验机对样品进行应力-应变的测试。根据 ASTM D1003 通过雾度计(CS-700)测量样品的雾度。样品的 DSC 分析实验是在 TA 公司的 Q100 DSC 上进行。在氮气氛围下，以 2℃/min 的速率进行，温度范围为 20～90℃。

2.4.3 结果与讨论

2.4.3.1 物相结构分析

利用 XRD 图谱来确定所得样品的晶体结构。素材、透明木材和节能型透明木材(EW)的 XRD 图谱如图 2-31 所示。以 16.1°和 22.2°为中心的衍射峰对应于木材中纤维素的(101)和(002)衍射面。在 2θ=15°和 30°处观察到的两个宽的衍射峰归因于透明木材中的 PMMA。由 EW 的 XRD 图谱可见，VO_2(M)的特征衍射峰位于 28.0°、34.2°、44.7°、53.1°和 73.7°，这与文献值(JCPDS 43-1051)一致。在 22°～23°(2θ)中心范围内的宽衍射峰归因于无定形的二氧化硅[VO_2(M)@SiO_2 的壳结构]和三聚氰胺甲醛树脂(TM 的壳结构)。另外，纤维素和 PMMA 的所有衍射峰都被保存下来。结果证明 VO_2(M)@SiO_2 和 TM 颗粒被成功地固定在透明木材模板中。

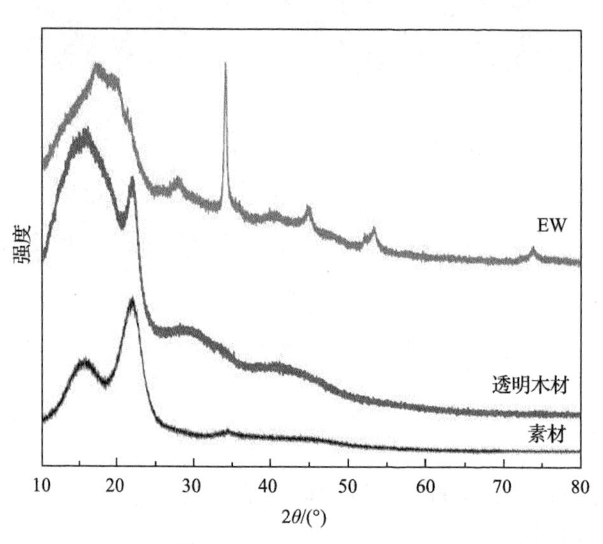

图 2-31 素材、透明木材和节能型透明木材(EW)的 XRD 图谱

2.4.3.2　红外光谱

图 2-32 为素材、脱木素木材、透明木材和 EW 的红外光谱。出现在 3351 cm^{-1} 和 2918 cm^{-1} 处的吸收峰为纤维素的特征峰。位于 1422 cm^{-1} 处的峰值归因于—CH_2 的剪切振动。—CH 的弯曲振动出现在 1375 cm^{-1} 处，C—O 的伸缩振动出现在 1035 cm^{-1} 处，对应于纤维素和半纤维素。在 1591 cm^{-1} 处出现的 C═O 拉伸振动、在 1504 cm^{-1} 处出现的芳香骨架振动、在 1235 cm^{-1} 处出现的紫丁香环的 C—O 振动和在 1108 cm^{-1} 处出现的 C—H 面内变形振动皆为木质素的特征峰。这些结果与早期文献中的结果一致。可以观察到脱木素木材在 1591 cm^{-1}、1504 cm^{-1} 和 1235 cm^{-1} 处的吸收峰强度降低。但是在 1108 cm^{-1} 处的吸收峰强度并没有降低，这意味着脱木素木材成功地保留了部分木质素。以上结果表明，素材中的一部分木质素被去除，同时纤维素、半纤维素和一部分木质素很好地保留下来。在透明木材的红外吸收光谱中出现的位于 2968 cm^{-1} 处和 1748 cm^{-1} 处的吸收峰分别归因于 C—H 和 C═O 的伸缩振动。而位于 1208 cm^{-1} 和 1166 cm^{-1} 处的吸收峰归因于 C—O—C 的伸缩振动。EW 位于 1453 cm^{-1} 处的吸收峰归因于苯环的骨架振动拉伸，位于 1349 cm^{-1} 和 710 cm^{-1} 处的吸收峰归因于三氮杂苯环的伸缩振动。上述吸收峰是三聚氰胺甲醛树脂(温度响应材料的壳结构)的特征峰。位于 1251 cm^{-1}、1128 cm^{-1} 和 1042 cm^{-1} 处的吸收峰分别对应于 Si—C、Si—O—C 和 Si—O—Si，这表明 APTES 形成了化学键。此外，980 cm^{-1} 和 530 cm^{-1} 处的新峰可分别归因于 V═O 和 V—O—V 的弯曲振动，这进一步证实了 VO_2(M)@SiO_2 纳米颗粒成功地添加到样品中。

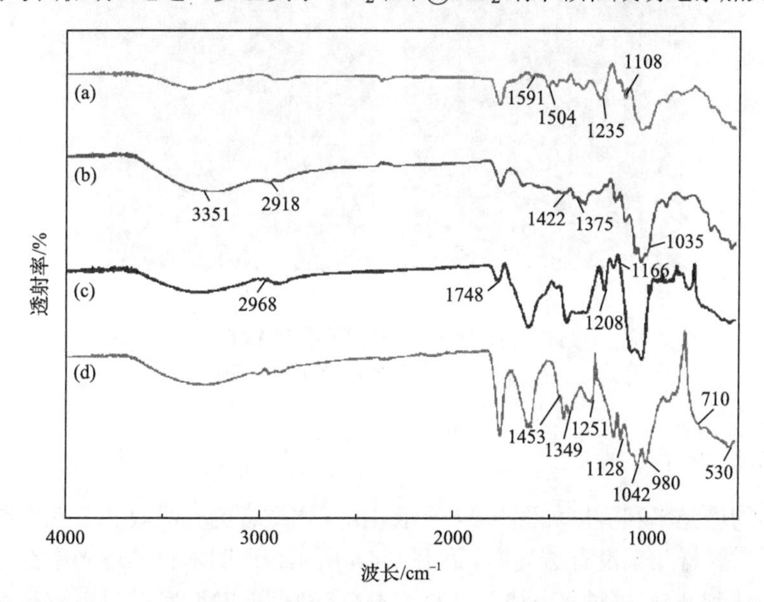

图 2-32　素材(a)、脱木素木材(b)、透明木材(c)和节能型透明木材(d)的红外光谱

2.4.3.3　表面形貌

利用电镜图来观察样品的微观结构和注入聚合物的空间分布。素材的蜂窝状多孔微结构如图 2-33(a)所示，为后期注入物质的聚合反应提供了反应场所。如图 2-33(b)所示，聚合反应在细胞腔中进行，产生了高度透明的木质复合材料。然而，当添加 VO_2(M)@SiO_2 和 TM 颗粒时[图 2-33(c)]，细胞腔和注入物质显示出较差的结合强度，它们之间的界面看起来脱离开了。造成这种现象的原因可能是它们之间的相容性不够好同时表面张力不能承受细胞腔中物质的重量。因此，本实验利用 APTES 来维系细胞腔中的物质和细胞壁。从图 2-33(d)中可以看出，在添加 APTES 后，注入物可以牢固地保持在细胞腔中，并且细胞壁之间的界面看起来很完整，表明注入的物质和木材模板之间的相容性得到了改善。

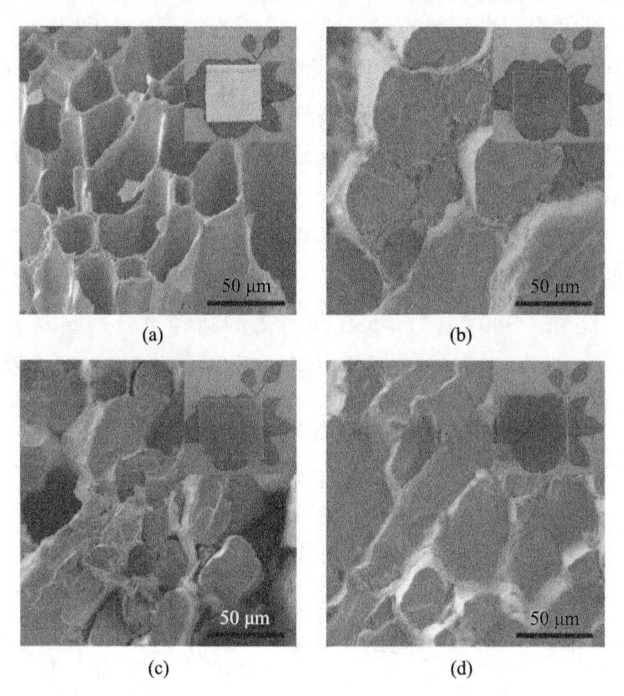

图 2-33　素材(a)、透明木材(b)、不添加 APTES 的节能木材复合材料(c)和节能型透明木材(d)

2.4.3.4　光学性能

样品的透光率和雾度如图 2-34 所示。由于木质素的光吸收和多孔木结构的光散射作用，素材几乎没有透光率。如图 2-34 所示，透明木材的透光率在可见光波长范围内达到 85%±1%。当加入 VO_2(M)@SiO_2 和 TM 颗粒时，透光率降低至

69%±1%。主要原因是颗粒团聚造成光学不均匀性，从而导致较低的透光率。有趣的是，EW 的透光率比不添加 APTES 的节能木材复合材料的透光率更高。可能是由于 APTES 的偶联作用将物质分布得更均匀。EW 的透光率为 78%±1%，足够应用于透明器件。插图为 EW 的雾度，样品的雾度覆盖了整个可见光波长(88%±1%)。此特性可用于有室内采光和隐私要求的材料。由于拥有适合的光学透光率和雾度，EW 有应用于透明建筑的潜力。

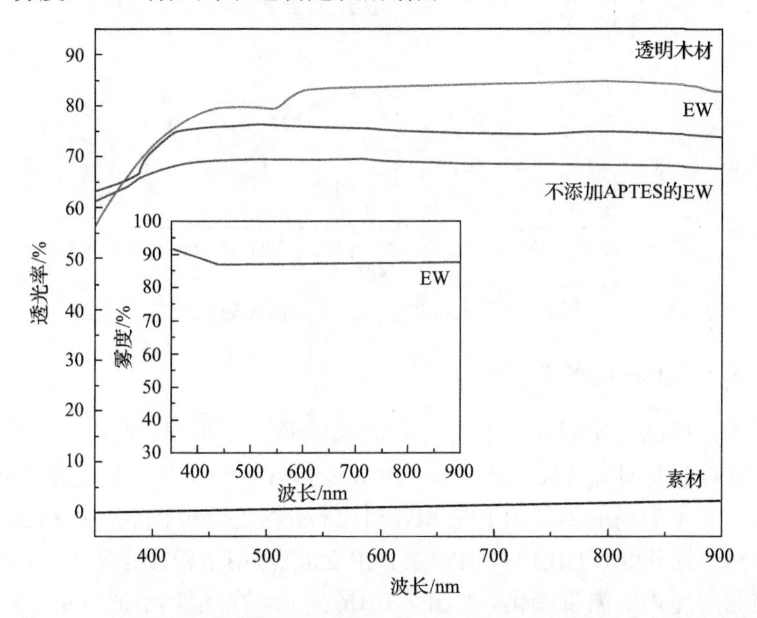

图 2-34　透明木材、节能型透明木材、不添加 APTES 的节能木材复合材料和素材的透光率(插图为节能型透明木材的雾度)

2.4.3.5　相变性能

通过 DSC 分析表征 EW 在加热和冷却循环期间的相变行为。从图 2-35 中可以看出，在加热和冷却循环期间存在明显的吸热和放热峰。在加热过程中位于约 64℃和在冷却过程中位于约 42℃的峰归属于 VO_2(M)@SiO_2，这与先前报道文献中的数据一致。此外，在加热和冷却循环期间，转变焓分别约为 21.9 J/g 和 18.6 J/g。曲线中出现的明显的一阶结构转变再次证明了 VO_2(M)@SiO_2 的形成。曲线在冷却过程中在 34.5℃出现的一个吸热峰和在加热过程中出现的分别位于 44.9℃和 59.0℃的两个放热峰归属于 TM。同时，计算出样品的储存热能和释放热能分别为 73.86 J/g 和 51.39 J/g。这些结果证实了 EW 可以有效应用于节能材料。值得一提的是，VO_2(M)@SiO_2 纳米晶体的相变温度可以利用掺杂剂调节，同时，对于不同相变温度的 TM 也有许多选择。也就是说，可以将样品调节到许多不同的相变温度，这为 EW 在不同应用领域奠定了基础。

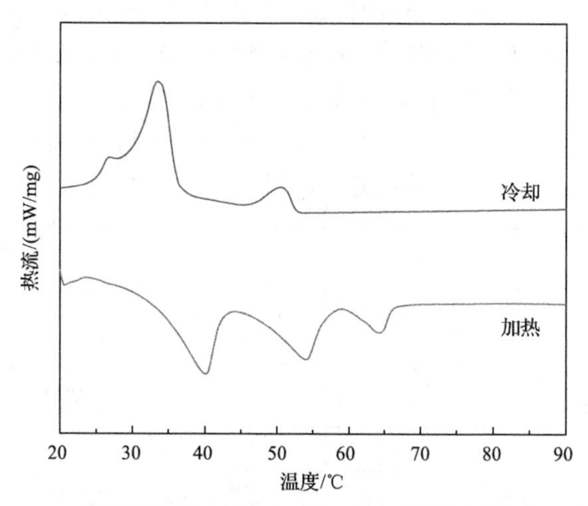

图 2-35 节能型透明木材在加热和冷却循环期间的 DSC 曲线

2.4.3.6 房子模型测试

为了验证样品在实际应用中的隔热和储能性能，利用模型房测试系统进行了 EW 和玻璃的温度调节效果对比实验。如图 2-36(a)所示，模型房屋由 1.5 cm 厚的木板制成，两个房间的屋顶由 EW 和玻璃(25 cm×25 cm)制成。在测试过程中，房间被密封。红外灯(PHILIPS，BR125，IR 250 W)用于模拟自然光，而两个温度计用于监测房屋内的温度变化。如图 2-36(b)所示，在连续光照 15 min 后，EW 屋顶模型房屋的温度比玻璃屋顶模型房屋的温度低约 33℃，这表明 EW 屋顶阻挡了大量的红外线。此外，关闭光源并使样品在室温(19℃)下冷却 30 min 后，EW 屋顶模型房的温度从 33℃降至 28℃，而玻璃屋顶模型房的温度从 64℃降至 20℃。结果表明，在加热和冷却过程中 EW 会保持稳定的温度范围，也就是说，EW 是可以应用于智能温度调节的理想材料。

2.4.3.7 机械性能

图 2-37 为素材、脱木素木材和 EW 的拉伸应力-应变曲线。据图所示，由于木材的多层次结构和木质素的相互结合作用，素材的断裂强度和模量分别为 31.86 MPa 和 5.26 GPa。因此，脱木质素处理后，脱木素木材的机械性能明显降低，断裂强度和模量分别低至 14.83 MPa 和 1.97 GPa。由于 PMMA、APTES 和木材之间的良好协同作用，EW 表现出优异的机械性能，其断裂强度和模量分别高达 50.05 MPa 和 2.54 GPa。此外，EW 具有 5%的应变，远高于素材。EW 具有的高断裂强度、高模量和延展性对于实际应用是非常有利的。

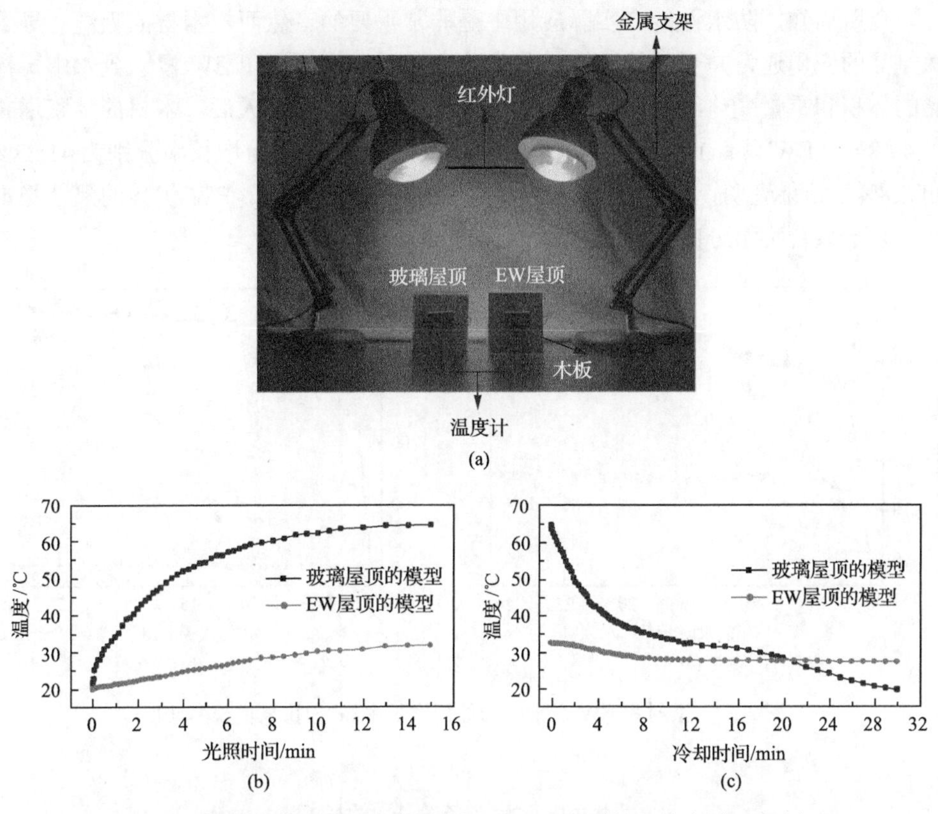

图 2-36　模型房测试系统示意图(a)、不同光照时间下的房屋温度(b)和不同冷却时间下的房屋温度(c)

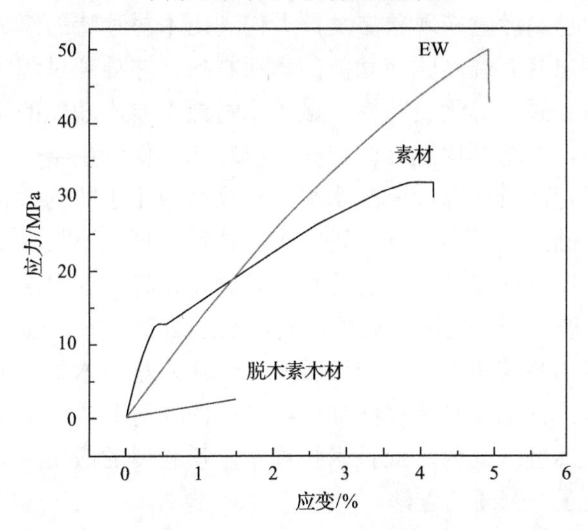

图 2-37　素材、脱木素木材和 EW 的拉伸应力-应变曲线

众所周知，防水性能在实际应用中是非常重要的。然而，木材的吸湿性导致木制品的应用通常是受限的。在本节实验中，我们将素材和 EW 浸入到水中，样品的体积和重量变化结果如图 2-38 所示。浸泡在水中 30 天后，木材的体积增长了 49.8%而 EW 只有 17.1%的体积增长率；素材和 EW 的重量增长率分别为 415.3%和 5.8%。结果表明，EW 在水中的尺寸稳定性远优于素材。EW 优异的尺寸稳定性归功于聚合物组分的阻挡。

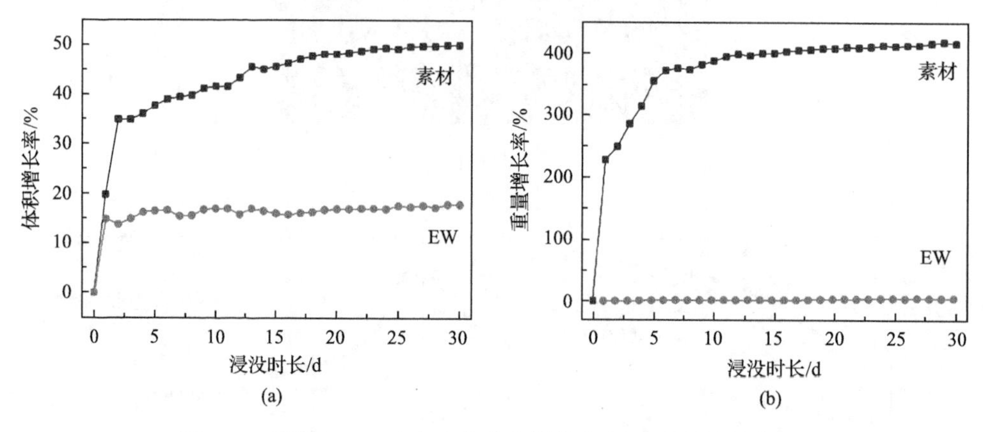

图 2-38 素材和 EW 在水中的体积增长率(a)和重量增长率(b)

2.5 本章小结

受自然界生物刺激响应现象启发，人们利用木材独特的组成成分和微妙的层次结构，制备出具有温度响应功能的木质材料。在处理过程中，保存了木材本身轻巧、美观和隔音等优良特性，赋予木材温度响应功能的同时解决了木材的某些自身缺陷。本章利用温度响应变色材料和环保涂层结合，利用滴涂法低价高效地制备了正向可逆温度响应木材，样品有望用于防伪、传感、信息存储等方面；在此基础上，采用偶联剂进一步修饰后，样品不仅具备防水功能，且样品涂层中的温度响应微胶囊分布更加均匀，使得样品的温度响应性能、漆膜附着力和防水性能进一步提高；此外，利用水热法制备了二氧化钒-二氧化硅核壳结构纳米颗粒，将其与温度响应微胶囊一同注入透明木材基质中得到了一种节能型透明木材。样品在具有屏蔽红外线功能的同时具有储能功能，且可以一直维持在稳定的温度区间内。此技术扩展了木质材料的应用领域，为木质产品的技术升级提供了一个新的方法。

参 考 文 献

[1] Wang Y, Kotsuchibashi Y, Liu Y, et al.Temperature-responsive hyperbranchedamine-based polymers for solid-liquid separation. Langmuir, 2014, 30 (9) : 2360-2368.

[2] Ding H-M, Ma Y-Q. Controlling cellular uptake of nanoparticles with pH-sensitive polymers. Scientific Reports, 2013, 3: 2804.

[3] Stuart M A C, Huck W T S, Genzer J, et al. Emerging applications of stimuli-responsive polymer materials. Nature Materials, 2010, 9: 101.

[4] Yan X, Wang F, Zheng B, et al. Stimuli-responsive supramolecular polymeric materials. Chemical Society Reviews, 2012, 41 (18) : 6042-6065.

[5] Chen C, Geng J, Pu F, et al. Polyvalent nucleic acid/mesoporous silica nanoparticle conjugates: Dual stimuli-responsive vehicles for intracellular drug delivery. Angewandte Chemie International Edition, 2010, 50 (4) : 882-886.

[6] Schulz D N, Peiffer D G, Agarwal P K, et al. Phase behaviour and solution properties of sulphobetaine polymers. Polymer, 1986, 27 (11) : 1734-1742.

[7] Brimelow J C, Burrows W R, Hanesiak J M. The changing hail threat over North America in response to anthropogenic climate change. Nature Climate Change, 2017, 7: 516.

[8] Alam U, Khan A, Bahnemann D, et al. Synthesis of iron and copper cluster-grafted zinc oxide nanorod with enhanced visible-light-induced photocatalytic activity. Journal of Colloid and Interface Science, 2018, 509: 68-72.

[9] 谢芳. 相变建筑材料在建筑节能中的应用研究. 广州: 华南理工大学, 2010.

[10] Grassi G, Farra R, Caliceti P, et al. Temperature-sensitive hydrogels. American Journal of Drug Delivery, 2005, 3 (4) : 239-251.

[11] Liu Y-Y, Fan X-D. Synthesis and characterization of pH- and temperature-sensitive hydrogel of *N*-isopropylacrylamide/cyclodextrin based copolymer. Polymer, 2002, 43 (18) : 4997-5003.

[12] Ruel-Gariépy E, Leroux J-C. *In situ*-forming hydrogels: Review of temperature-sensitive systems. European Journal of Pharmaceutics and Biopharmaceutics, 2004, 58 (2) : 409-426.

[13] Makino K, Yamamoto S, Fujimoto K, et al. Surface structure of latex particles covered with temperature-sensitive hydrogel layers. Journal of Colloid and Interface Science, 1994, 166 (1) : 251-258.

[14] Yoshida M, Asano M, Kumakura M. A new temperature-sensitive hydrogel with α-amino acid group as side chain of polymer. European Polymer Journal, 1989, 25 (12) : 1197-1202.

[15] Saeki S, Kuwahara N, Nakata M, et al. Upper and lower critical solution temperatures in poly(ethylene glycol) solutions. Polymer, 1976, 17 (8) : 685-689.

[16] Furyk S, Zhang Y, Ortiz-Acosta D, et al. Effects of end group polarity and molecular weight on the lower critical solution temperature of poly(*N*-isopropylacrylamide). Journal of Polymer Science Part A: Polymer Chemistry, 2006, 44 (4) : 1492-1501.

[17] Seuring J, Agarwal S. First example of a universal and cost-effective approach: Polymers with tunable upper critical solution temperature in water and electrolyte solution. Macromolecules, 2012, 45 (9) : 3910-3918.

[18] Seuring J, Agarwal S. Polymers with upper critical solution temperature in aqueous solution: Unexpected properties from known building blocks. ACS Macro Letters, 2013, 2 (7) : 597-600.

[19] Du H, Wickramasinghe R, Qian X. Effects of salt on the lower critical solution temperature of poly(*N*-isopropylacrylamide). Journal of Physical Chemistry B, 2010, 114 (49) : 16594-16604.

[20] 贾海香. 感温高分子研究进展. 山西化工, 2009, 29(06): 42-45.

[21] 凡雪迎. 温度响应性聚酒石酸材料的制备及性能研究. 保定: 河北大学, 2014.

[22] Hirokawa Y, Tanaka T. Volume phase transition in a non-ionic gel. AIP Conference Proceedings, 1984, 107(1): 203-208.

[23] Sershen S R, Westcott S L, Halas N J, et al. Temperature-sensitive polymer-nanoshell composites for photothermally modulated drug delivery. Journal of Biomedical Materials Research, 2000, 51(3): 293-298.

[24] Kumoda M, Takeoka Y, Watanabe M. Template synthesis of poly(*N*-isopropylacrylamide) minigels using interconnecting macroporous polystyrene. Langmuir, 2003, 19(3): 525-528.

[25] Zhang S, Yu Z, Govender T, et al. A novel supramolecular shape memory material based on partial α-CD-PEG inclusion complex. Polymer, 2008, 49(15): 3205-3210.

[26] El Feninat F, Laroche G, Fiset M, et al. Shape memory materials for biomedical applications. Advanced Engineering Materials, 2002, 4(3): 91-104.

[27] Boyd J G, Lagoudas D C. A thermodynamical constitutive model for shape memory materials. Part I. The monolithic shape memory alloy. International Journal of Plasticity, 1996, 12(6): 805-842.

[28] James R D, Hane K F. Martensitic transformations and shape-memory materials. Acta Materialia, 2000, 48(1): 197-222.

[29] Sun L, Huang W M, Ding Z, et al. Stimulus-responsive shape memory materials: A review. Materials & Design, 2012, 33: 577-640.

[30] Benard W L, Kahn H, Heuer A H, et al. Thin-film shape-memory alloy actuated micropumps. Journal of Microelectromechanical Systems, 1998, 7(2): 245-251.

[31] Mohd Jani J, Leary M, Subic A, et al. A review of shape memory alloy research, applications and opportunities. Materials & Design, (1980-2015), 2014, 56: 1078-1113.

[32] Otsuka K, Ren X. Physical metallurgy of Ti-Ni-based shape memory alloys. Progress in Materials Science, 2005, 50(5): 511-678.

[33] Saburi T, Nenno S, Fukuda T. Crystal structure and morphology of the metastable X phase in shape memory Ti-Ni alloys. Journal of the Less Common Metals, 1986, 125: 157-166.

[34] Liang W, Zhou M, Ke F. Shape memory effect in Cu nanowires. Nano Letters, 2005, 5(10): 2039-2043.

[35] Sutou Y, Omori T, Wang J J, et al. Characteristics of Cu-Al-Mn-based shape memory alloys and their applications. Materials Science and Engineering: A, 2004, 378(1): 278-282.

[36] Lexcellent C, Bourbon G. Thermodynamical model of cyclic behaviour of Ti-Ni and Cu-Zn-Al shape memory alloys under isothermal undulated tensile tests. Mechanics of Materials, 1996, 24(1): 59-73.

[37] Sato A, Chishima E, Yamaji Y, et al. Orientation and composition dependencies of shape memory effect in Fe-Mn-Si alloys. Acta Metallurgica, 1984, 32(4): 539-547.

[38] Kubota T, Okazaki T, Furuya Y, et al. Large magnetostriction in rapid-solidified ferromagnetic shape memory Fe-Pd alloy. Journal of Magnetism and Magnetic Materials, 2002, 239(1): 551-553.

[39] Yakacki C M, Shandas R, Lanning C, et al. Unconstrained recovery characterization of shape-memory polymer networks for cardiovascular applications. Biomaterials, 2007, 28(14): 2255-2263.

[40] Liu C, Qin H, Mather P T. Review of progress in shape-memory polymers. Journal of Materials Chemistry, 2007, 17(16): 1543-1558.

[41] Xie T, Rousseau I A. Facile tailoring of thermal transition temperatures of epoxy shape memory polymers. Polymer, 2009, 50(8): 1852-1856.

[42] Jeong B, Gutowska A. Lessons from nature: Stimuli-responsive polymers and their biomedical applications. Trends in Biotechnology, 2002, 20(7): 305-311.

[43] Chiper M, Fournier D, Hoogenboom R, et al. Thermosensitive and switchable terpyridine-functionalized metallo-supramolecular poly(*N*-isopropylacrylamide). Macromolecular Rapid Communications, 2008, 29(20): 1640-1647.

[44] Zhu X-X, Nichifor M. Polymeric materials containing bile acids. Accounts of Chemical Research, 2002, 35(7): 539-546.

[45] Yoshida R. Design of functional polymer gels and their application to biomimetic materials. Current Organic Chemistry, 2005, 9(16): 1617-1641.

[46] Lewis B G, Paine D C. Applications and processing of transparent conducting oxides. MRS Bulletin, 2011, 25(8): 22-27.

[47] Zhu M-Q, Wang L-Q, Exarhos G J, et al. Thermosensitive gold nanoparticles. Journal of the American Chemical Society, 2004, 126(9): 2656-2657.

[48] Nakamura K, Kobayashi Y, Kanazawa K, et al. Thermoswitchable emission and coloration of a composite material containing a europium(III) complex and a fluoran dye.Journal of Materials Chemistry C, 2013, 1(4): 617-620.

[49] Ueno K, Inaba A, Ueki T, et al. Thermosensitive, soft glassy and structural colored colloidal array in ionic liquid: Colloidal glass to gel transition. Langmuir, 2010, 26(23): 18031-18038.

[50] Zhang X-Z, Xu X-D, Cheng S-X, et al. Strategies to improve the response rate of thermosensitive PNIPAAm hydrogels. Soft Matter, 2008, 4(3): 385-391.

[51] Zhang X-Z, Chu C-C. Fabrication and characterization of microgel-impregnated, thermosensitive PNIPAAm hydrogels. Polymer, 2005, 46(23): 9664-9673.

[52] Wang M, Gao Y, Cao C, et al. Binary solvent colloids of thermosensitive poly(*N*-isopropylacrylamide) microgel for smart windows. Industrial & Engineering Chemistry Research, 2014, 53(48): 18462-18472.

[53] Hamner K L, Alexander C M, Coopersmith K, et al. Using temperature-sensitive smart polymers to regulate DNA-mediated nanoassembly and encoded nanocarrier drug release. ACS Nano, 2013, 7(8): 7011-7020.

[54] Anal A K. Stimuli-induced pulsatile or triggered release delivery systems for bioactive compounds. Recent Pat Endocrine, Metabolic & Immune Drug Discovery, 2007, 1(1): 83-90.

[55] Gutowska A, Bae Y H, Jacobs H, et al. Heparin release from thermosensitive polymer coatings: *In vivo* studies. Journal of Biomedical Materials Research, 1995, 29(7): 811-821.

[56] Zhang X-Z, Wu D-Q, Chu C-C. Synthesis, characterization and controlled drug release of thermosensitive IPN-PNIPAAm hydrogels. Biomaterials, 2004, 25(17): 3793-3805.

[57] Hoppe C E, Galante M J, Oyanguren P A, et al. Optical properties of novel thermally switched PDLC films composed of a liquid crystal distributed in a thermoplastic/thermoset polymer blend. Materials Science and Engineering: C, 2004, 24(5): 591-594.

[58] Vernardou D, Pemble M E, Sheel D W. The growth of thermochromic VO_2 films on glass by atmospheric-pressure CVD: A comparative study of precursors, CVD methodology, and substrates. Chemical Vapor Deposition, 2006, 12(5): 263-274.

[59] Valmalette J C, Gavarri J R. High efficiency thermochromic VO_2(R) resulting from the irreversible transformation of VO_2(B). Materials Science and Engineering: B, 1998, 54(3): 168-173.

[60] Wu C, Feng F, Feng J, et al. Hydrogen-incorporation stabilization of metallic VO_2(R) phase to room temperature, displaying promising low-temperature thermoelectric effect. Journal of the American Chemical Society, 2011, 133(35): 13798-13801.

[61] Ji S, Zhao Y, Zhang F, et al. Direct formation of single crystal VO_2(R) nanorods by one-step hydrothermal treatment. Journal of Crystal Growth, 2010, 312(2): 282-286.

[62] Wu C, Xie Y. Promising vanadium oxide and hydroxide nanostructures: From energy storage to energy saving. Energy & Environmental Science, 2010, 3(9): 1191-1206.

[63] Zhou M, Bao J, Tao M, et al. Periodic porous thermochromic VO_2(M) films with enhanced visible transmittance. Chemical Communications, 2013, 49(54): 6021-6023.

[64] Ooi Kelvin J A, Bai P, Chu Hong S, et al. Ultracompact vanadium dioxide dual-mode plasmonic waveguide electroabsorption modulator. Nanophotonics, 2013, 2(1): 13.

[65] Lu X, Sun Y, Chen Z, et al. A multi-functional textile that combines self-cleaning, water-proofing and VO_2-based temperature-responsive thermoregulating. Solar Energy Materials and Solar Cells, 2017, 159: 102-111.

[66] Hanlon T J, Coath J A, Richardson M A. Molybdenum-doped vanadium dioxide coatings on glass produced by the aqueous sol-gel method. Thin Solid Films, 2003, 436(2): 269-272.

[67] Manning T D, Parkin I P, Pemble M E, et al. Intelligent window coatings: Atmospheric pressure chemical vapor deposition of tungsten-doped vanadium dioxide. Chemistry of Materials, 2004, 16(4): 744-749.

[68] Fritsche J. Photochromism of tetracene. Comptes Rendus de l'Académie des Sciences, 1867, 69: 1035.

[69] Day J H. Thermochromism of inorganic compounds. Chemical Reviews, 1968, 68(6): 649-657.

[70] Chung P W, Kumar R, Pruski M, et al. Temperature responsive solution partition of organic-inorganic hybrid poly (*N*-isopropylacrylamide)-coated mesoporous silica nanospheres. Advanced Functional Materials, 2008, 18(9): 1390-1398.

[71] Schwiertz J, Geist A, Epple M. Thermally switchable dispersions of thermochromic Ag_2HgI_4 nanoparticles. Dalton Transactions, 2009, (16): 2921-2925.

[72] Gaudon M, Deniard P, Demourgues A, et al. Unprecedented "one-finger-push"-induced phase transition with a drastic color change in an inorganic material. Advanced Materials, 2007, 19(21): 3517-3519.

[73] Sobhan M A, Kivaisi R T, Stjerna B, et al. Thermochromism of sputter deposited $W_xV_{1-x}O_2$ films. Solar Energy Materials and Solar Cells, 1996, 44(4): 451-455.

[74] Samat A, Lokshin V. Thermochromism of organic compounds. Organic Photochromic and Thermochromic Compounds. Boston, MA: Springer, 2002: 415-466.

[75] Chowdhury M, Joshi M, Butola B. Photochromic and thermochromic colorants in textile applications. Journal of Engineered Fabrics & Fibers, 2014, 9(1): 107-123.

[76] Presti D, Labat F, Pedone A, et al. Computational protocol for modeling thermochromic molecular crystals: Salicylidene aniline as a case study. Journal of Chemical Theory and Computation, 2014, 10(12): 5577-5585.

[77] Song X, Zhou J, Li Y, et al. Correlations between solvatochromism, lewis acid-base equilibrium and photochromism of an indoline spiropyran. Journal of Photochemistry and Photobiology A: Chemistry, 1995, 92(1): 99-103.

[78] Zhou J, Sui Q, Wang Y, et al. Photoinduced dimer formation of the inclusion complexes of an indoline spiropyran with cyclodextrins. Chemistry Letters, 1998, 27(7): 667-668.

[79] Mardaleishvili I R, Kol'tsova L S, Zaichenko N L, et al. Spectral and luminescent properties of compounds based on indoline spiropyran and salicylideneimine. High Energy Chemistry, 2011, 45(6): 510-514.

[80] Wang S, Men G, Zhao L, et al. Binaphthyl-derived salicylidene Schiff base for dual-channel sensing of Cu, Zn cations and integrated molecular logic gates. Sensors and Actuators B: Chemical, 2010, 145(2): 826-831.

[81] Zhao L, Sui D, Chai J, et al. Digital logic circuit based on a single molecular system of salicylidene schiff base. Journal of Physical Chemistry B, 2006, 110(48): 24299-24304.

[82] Hadjoudis E, Mavridis I M. Photochromism and thermochromism of Schiff bases in the solid state: Structural aspects. Chemical Society Reviews, 2004, 33(9): 579-588.

[83] Bercovici T, Korenstein R, Muszkat K, et al. Dianthrone photochromism 1950—1970. Pure and Applied Chemistry, 1970, 24(3): 531-566.

[84] Peri J B, Daniels F. Isotopic exchange reactions of gaseous ethyl bromide with bromine, hydrogen bromide and deuterium bromide. Journal of the American Chemical Society, 1950, 72(1): 424-432.

[85] Korenstein R, Muszkat K, Sharafy-Ozeri S. Photochromism and thermochromism through partial torsion about an essential double bond. Structure of the B colored isomers of bianthrones. Journal of the American Chemical Society, 1973, 95(19): 6177-6181.

[86] Evans D H, Busch R W. Electron-transfer reactions and associated conformational changes. Extended redox series for some bianthrones, lucigenin, and dixanthylene. Journal of the American Chemical Society, 1982, 104(19): 5057-5062.

[87] Hanhong Z C X. Research development of reversible thermochromic compounds. Progress in Chemistry, 2001, 4: 003.

[88] Lopes F, Neves J, Campos A, et al. Weathering of microencapsulated thermochromic pigments. Research Journal of Textile and Apparel, 2009, 13(1): 78.

[89] MacLaren D C, White M A. Design rules for reversible thermochromic mixtures. Journal of Materials Science, 2005, 40(3): 669-676.

[90] Zhu C F, Wu A B. Studies on the synthesis and thermochromic properties of crystal violet lactone and its reversible thermochromic complexes. Thermochimica Acta, 2005, 425(1): 7-12.

[91] 高燕. 热致变色微胶囊的制备及在纺织上的应用研究. 上海: 东华大学, 2015.

[92] 谢海伟, 方远见, 吴礼珠, 等. 鲎素肽微胶囊的制备工艺及性能研究. 食品工业科技, 2016, 37(09): 112-116+122.

[93] 吴兵. 手性液晶化合物, 液晶手性掺杂剂的合成及性能研究. 合肥: 安徽大学, 2007.

[94] 王姗. 液晶聚合物类 β 晶成核剂诱导等规聚丙烯结晶行为的研究. 沈阳: 东北大学, 2011.

[95] Kopp V I, Fan B, Vithana H K M, et al. Low-threshold lasing at the edge of a photonic stop band in cholesteric liquid crystals. Optics Letters, 1998, 23(21): 1707-1709.

[96] 于永, 高艳阳. 三芳甲烷苯酞类可逆热致变色材料. 化工技术与开发, 2006, 35(10): 26-29.

[97] Wu D, Huang L, Pan B, et al. Experimental study and numerical simulation of active vibration control of a highly flexible beam using piezoelectric intelligent material. Aerospace Science and Technology, 2014, 37: 10-19.

[98] Yang H, Peng Z, Zhou Y, et al. Preparation and performances of a novel intelligent humidity control composite material. Energy and Buildings, 2011, 43(2): 386-392.

[99] Rogers C A. Intelligent materials. Scientific American, 1995, 273(3): 154-161.

[100] Cabane E, Keplinger T, Merk V, et al. Renewable and functional wood materials by grafting polymerization within cell walls. ChemSusChem, 2014, 7(4): 1020-1025.

[101] Buchanan A H, Levine S B. Wood-based building materials and atmospheric carbon emissions. Environmental Science & Policy, 1999, 2(6): 427-437.

[102] Cui Y, Lee S, Noruziaan B, et al. Fabrication and interfacial modification of wood/recycled plastic composite materials. Composites Part A: Applied Science and Manufacturing, 2008, 39(4): 655-661.

[103] Pandey K K. A study of chemical structure of soft and hardwood and wood polymers by FTIR spectroscopy. Journal of Applied Polymer Science, 1999, 71(12): 1969-1975.

[104] Liu M, Qing Y, Wu Y, et al. Facile fabrication of superhydrophobic surfaces on wood substrates via a one-step hydrothermal process. Applied Surface Science, 2015, 330: 332-338.

[105] LeVan S L, Winandy J E. Effects of fire retardant treatments on wood strength: A review. Wood and Fiber Science, 2007, 22 (1) : 113-131.

[106] Esteves B, Pereira H. Wood modification by heat treatment: A review. BioResources, 2008, 4 (1) : 370-404.

[107] Skaar C. Hygroexpansion in Wood. Wood-Water Relations. Berlin, Heidelberg: Springer, 1988: 122-176.

[108] Choong E T, Achmadi S S. Effect of extractives on moisture sorption and shrinkage in tropical woods. Wood and Fiber Science, 2007, 23 (2) : 185-196.

[109] O'Beirne M D, Werne J P, Hecky R E, et al. Anthropogenic climate change has altered primary productivity in lake superior. Nature Communications, 2017, 8: 15713.

[110] Rosenzweig C, Karoly D, Vicarelli M, et al. Attributing physical and biological impacts to anthropogenic climate change. Nature, 2008, 453: 353.

[111] Patz J A, Campbell-Lendrum D, Holloway T, et al. Impact of regional climate change on human health. Nature, 2005, 438: 310.

[112] D'Oca S, Hong T, Langevin J. The human dimensions of energy use in buildings: A review. Renewable and Sustainable Energy Reviews, 2018, 81: 731-742.

[113] Iwaro J, Mwasha A. A review of building energy regulation and policy for energy conservation in developing countries. Energ Policy, 2010, 12: 7744-7755.

[114] Powell M J, Quesada-Cabrera R, Taylor A, et al. Intelligent multifunctional $VO_2/SiO_2/TiO_2$ coatings for self-cleaning, energy-saving window panels. Chemistry of Materials, 2016, 28 (5) : 1369-1376.

[115] Pacheco R, Ordóñez J, Martínez G. Energy efficient design of building: A review. Renewable and Sustainable Energy Reviews, 2012, 16 (6) : 3559-3573.

[116] Yuan T, Vazquez M, Goldner A N, et al. Thermochromic materials: Versatile thermochromic supramolecular materials based on competing charge transfer interactions. Advanced Functional Materials, 2016, 26 (47) : 8566.

[117] Liu X, Padilla W J. Thermochromic infrared metamaterials. Advanced Materials, 2015, 28 (5) : 871-875.

[118] Gao Y, Wang S, Luo H, et al. Enhanced chemical stability of VO_2 nanoparticles by the formation of SiO_2/VO_2 core/shell structures and the application to transparent and flexible VO_2-based composite foils with excellent thermochromic properties for solar heat control. Energy & Environmental Science, 2012, 5 (3) : 6104-6110.

[119] Dai L, Chen S, Liu J, et al. F-doped VO_2 nanoparticles for thermochromic energy-saving foils with modified color and enhanced solar-heat shielding ability. Physical Chemistry Chemical Physics, 2013, 15 (28) : 11723-11729.

[120] Kamalisarvestani M, Saidur R, Mekhilef S, et al. Performance, materials and coating technologies of thermochromic thin films on smart windows. Renewable and Sustainable Energy Reviews, 2013, 26: 353-364.

[121] Li D, Li M, Pan J, et al. Hydrothermal synthesis of Mo-doped VO_2/TiO_2 composite nanocrystals with enhanced thermochromic performance. ACS Applied Materials & Interfaces, 2014, 6 (9) : 6555-6561.

[122] Zhu M, Song J, Li T, et al. Highly anisotropic, highly transparent wood composites. Advanced Materials, 2016, 28 (26) : 5181-5187.

[123] Li T, Zhu M, Yang Z, et al. Wood composite as an energy efficient building material: Guided sunlight transmittance and effective thermal insulation. Advanced Energy Materials, 2016, 6 (22) : 1601122.

[124] Wassilieff C. Sound absorption of wood-based materials. Applied Acoustics, 1996, 48 (4) : 339-356.

[125] Sheng C, Wang C, Wang H, et al. Self-photodegradation of formaldehyde under visible-light by solid wood modified via nanostructured Fe-doped WO_3 accompanied with superior dimensional stability. Journal of Hazardous Materials, 2017, 328: 127-139.

[126] Wang H, Yao Q, Wang C, et al. Hydrothermal synthesis of nanooctahedra $MnFe_2O_4$ onto the wood surface with soft magnetism, fire resistance and electromagnetic wave absorption. Nanomaterials, 2017, 7(6): 118.

[127] Chen Y, Wang H, Yao Q, et al. Biomimetic taro leaf-like films decorated on wood surfaces using soft lithography for superparamagnetic and superhydrophobic performance. Journal of Materials Science, 2017, 52(12): 7428-7438.

第3章　光智能响应木材

3.1　仿生构建光响应木质材料概念的提出

“物竞天择，适者生存”是指物种之间及生物内部之间相互竞争，物种与自然之间抗争，能适应自然者被选择存留下来的一种丛林法则。为了适应生存环境，自然界的生物在不停进化，逐渐形成了较完善的组织形态和结构功能。因此，大自然一直是人类许多重要发明的灵感来源。大自然向我们展示了大量智能响应材料的例子，例如，变色龙的颜色变化取决于周围环境因素如光线、温度以及情绪(惊吓、开心或沮丧)，在不同环境的刺激下，其身体颜色能变成绿色、黄色、米色或深棕色等[1]；向日葵的茎干上有一种神奇的生长素，可以刺激茎干细胞的生长，它们比较怕阳光，多聚集在茎干上背光的部分，让背光面的茎干长得比向光面的快，于是又称其为“向阳花”[2]；光合作用是绿色植物和藻类在太阳光的刺激下将二氧化碳和水转化为碳水化合物和氧气的智能过程；等等。基于这样的自然现象启发，很多学者一直在努力寻找对外界环境刺激具有智能响应的功能材料，也就是智能响应材料[3-5]。光智能响应材料的刺激环境容易取得和调控，并且光响应不依赖于其他化学助剂，因此光刺激响应性聚合物具有广泛的应用[6-8]。

木材由于具有机械性能好、热膨胀低、强重比高、美观、成型性好、可持续性强等优异特点，自古以来就被人类所使用，是人类继石头之后使用的最古老的建筑材料。由于人口增长和不可再生材料的使用，人们对可持续性材料的关注与日俱增，对木材的需求显著增加。此外，随着生活水平的提高，人们倾向于选择具有多种功能的材料。众所周知，木材是由纤维素、半纤维素和木质素组成的天然复合材料。这些成分交错复杂的排布构成了木质材料多尺度的各向异性取向的孔道结构，同时也为其提供了渗透性和反应活性。因此，木材独特的组成和微妙的层次结构使其成为一个理想的生物模板，为木质材料与功能性材料的结合提供了有利的基础。为了满足消费者市场的要求并与其他先进材料进行竞争，相关研究人员在木材功能化方面已经做出了许多努力。通过仿生手段进行木材智能响应功能化使木材具有更加良好的性能，具有重要的意义和光明的前景。我们都知道，树木在阳光下可以通过光合作用吸收大气中的二氧化碳并将其转化成氧气等，这是自然界存在的光智能响应现象。然而，当树木被加工成木材产品时，就会失去它们的这种光响应能力。本章采用多种方法，人为地将光智能响应能力重新赋予木质材料，制备出的产品在传感器、智能家居、太阳能转换等领域具有广阔的应用前景。

3.2 无机-有机杂化光响应木材的制备及研究

作为一种天然可再生的生物材料，木材被广泛用于建筑、装饰、军工和其他日常生活领域中。众所周知，木材有三个主要组成成分，包括纤维素、半纤维素和木质素。这些组成成分和平行导管结构构成了复杂的网络层次结构，也正是木材的成分和结构决定了木材的亲水性和渗透性。因此，木材的这些特征也为功能化提供了令人兴奋的机会。光响应变色材料是一种智能刺激响应材料，由于其在光存储介质、光子器件和光电传感器中的潜在应用而引起了广泛关注[9, 10]。基于光响应变色材料的性质，光响应木材可以分为两种不同的类型。有机光响应木材的特征是具有可逆的颜色变化和快速的响应速率，但有机光响应变色材料通常是有毒且昂贵的[11]。无机类型的光响应木材具有优异的热稳定性和广泛的原材料来源，一般情况下仅对紫外光响应[12]。但是人造紫外光源很昂贵并且会消耗大量的电能，因此，具有可见光响应的光响应木材在实际应用中具有更多的前景。作为纳米尺寸的过渡金属氧化物簇，磷钼酸具有典型的Keggin结构。由于其独特的结构，磷钼酸提供了有利于电子转移的空d轨道[13]。同时，磷钼酸可以在没有任何结构变化的情况下进行多电子氧化与还原反应。磷钼酸优异的物理化学性质使其适合用作光响应材料。此外，磷钼酸和聚乙烯吡咯烷酮相互作用后可以对可见光进行响应，符合本节实验的目的。本节以木材独特的微结构为基底，制备了无机-有机杂化光响应木材(PPW)。

3.2.1 无机-有机杂化光响应木材的制备方法

1) 实验材料

单板取自哈尔滨地区的桦木，尺寸为20 mm×20 mm×0.6 mm，将单板分别置于去离子水、乙醇和丙酮中超声清洗后置于(103±2)℃的烘箱中烘至恒重；无水乙醇(分析纯，天津市科密欧化学试剂有限公司)；丙酮(分析纯，天津市科密欧化学试剂有限公司)；聚乙烯吡咯烷酮(PVP，K29-32，购自阿拉丁生化科技有限公司)；磷钼酸(PMA，购自国药化学试剂公司)；实验用水为蒸馏水。

2) 实验设备

超声波清洗器；电子天平；智能磁力加热锅；真空干燥箱；鼓风干燥箱。

3) 实验过程

将0.07 g的PMA和0.05 g的PVP溶解在20 mL乙醇中，磁力搅拌1 h后，将木材样品加入上述溶液中真空浸渍 15 min，随后将所得样品移至 80℃下的真空干燥箱中直至样品干燥。最后获得的无机-有机杂化光响应木材在黑暗中储存在氮气气氛下直至分析。所有实验过程都要在黑暗中进行。

3.2.2 表征方法

采集傅里叶变换衰减全反射红外光谱对表面化学组分的变化进行表征分析，扫描范围为 400～4000 cm^{-1}，分辨率为 4 cm^{-1}。采用型号为 Quanta 200 的场发射扫描电子显微镜(荷兰 FEI 公司)对样品表面形貌进行表征，在测试时，样品被粘在一个特定的支架上，然后喷金以确保其导电性。样品的表面形态和样品表面的元素组成分析由扫描电子显微镜 X 射线能谱仪(SEMEDS)分析。使用 X 射线光电子能谱分析样品的组成成分。样品的紫外-可见漫反射光谱通过 TU-1901 双光束紫外-可见分光光度计来获取(配备积分球附件，使用 $BaSO_4$ 作为基线校正)。在温度 25℃，相对湿度 25%的环境条件下进行原子力显微镜(AFM)测量。

3.2.3 颜色测试

利用太阳光模拟器作为光响应性能实验的光源，并且利用数码相机记录整个实验过程。光源和样品之间的距离是 20 cm，光照过程中样品暴露在空气中。将这些记录导入到电脑中，使用 Adobe Photoshop CS6 软件按照国际照明委员会规定的标准来测量样品的明度指数(L^*)、红绿指数(a^*)和黄蓝指数(b^*)值。分别测量样品光照前后五个点的 $L^*a^*b^*$值。ΔE^*值用方程式(2-1)进行计算，此时，L_1^*、a_1^*、b_1^* 为光照前的颜色参数；L_2^*、a_2^*、b_2^* 为光照后的颜色参数。

3.2.4 结果与讨论

3.2.4.1 表面形貌分析

图 3-1 为素材、PPW 的 SEM 图像和 EDS 图谱。素材的主要微结构例如纹孔和导管都清晰地显示在电镜图中[图 3-1(a)]。在图 3-1(b)中，我们可以观察到 PMA/PVP 复合材料均匀地涂覆在木材表面上。木材微结构变得粗糙但仍清晰可见，表明 PPW 仍然拥有木材微妙的多尺度层次结构。素材和 PPW 的表面元素组成使用 EDS 图谱进行分析，分别如图 3-1(c)和(d)所示。我们在素材中发现了碳、氧和铂元素。铂元素源自在电镜测试期间用于导电的涂层。在图 3-1(d)中观察到的位于 2.0 keV 和 2.3 keV 附近的强峰证实了在木材表面存在磷元素和钼元素。

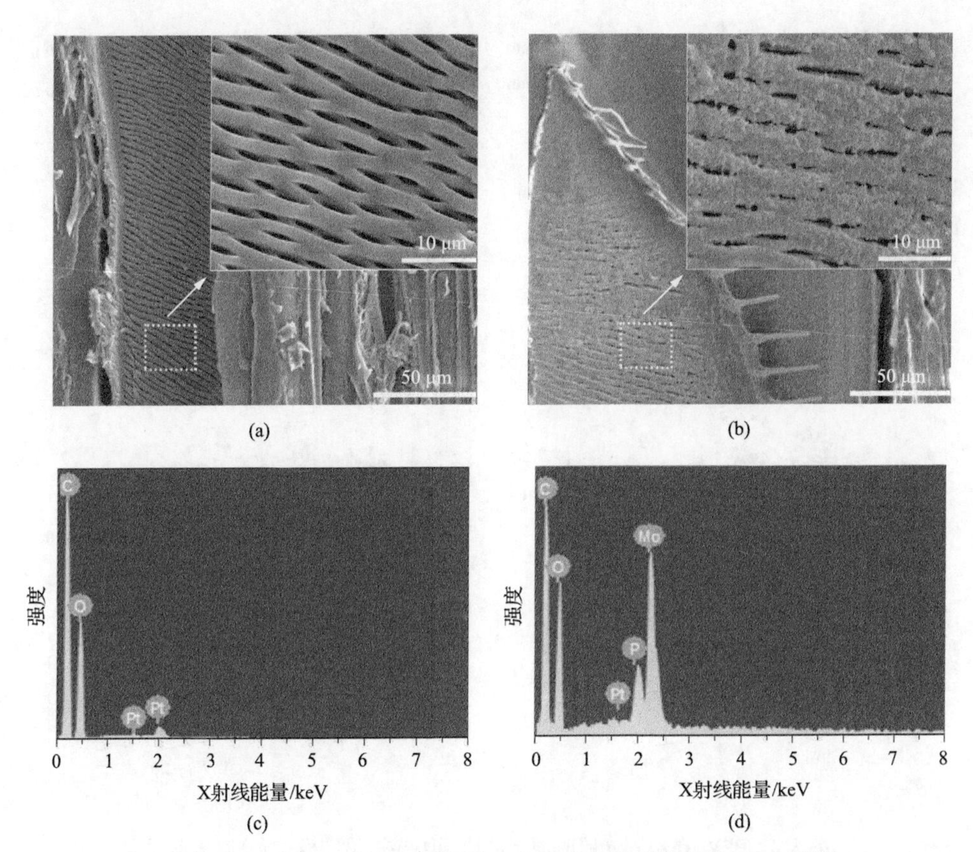

图 3-1　素材(a)和 PPW(b)的低放大倍数和高放大倍数的 SEM 图像
及素材(c)和 PPW(d)的 EDS 图谱

此外，我们利用原子力显微镜进一步对样品在光照过程中表面形态变化的细节进行了研究。利用原子力显微镜的轻敲模式测量了样品在可见光照射前后的表面形貌。图 3-2 为 PPW 在可见光照射前后的原子力显微镜图像，在样品表面可以观察到紧凑的具有相似形状和尺寸的峰，其线性形状的结构排列来自木质纤维素。图 3-2(b)为样品暴露于可见光下 2 min 后的原子力显微镜图像，图中峰的形状依旧保持相似，但是峰的高度低于图 3-2(a)中峰的高度。光照 20 min 后，样品表面形貌从山峰状变为山丘状[图 3-2(c)]，同时样品的表面趋于光滑，并且复合颗粒的尺寸变大，出现这种现象可能是因为形成了杂多蓝。如图 3-2(d)所示，当样品暴露在可见光下 50 min 后，样品表面山丘状结构粒子的形状和大小几乎不变，但是更均匀更光滑。除此之外，与图 3-2(c)相比，粒子高度有所增加。

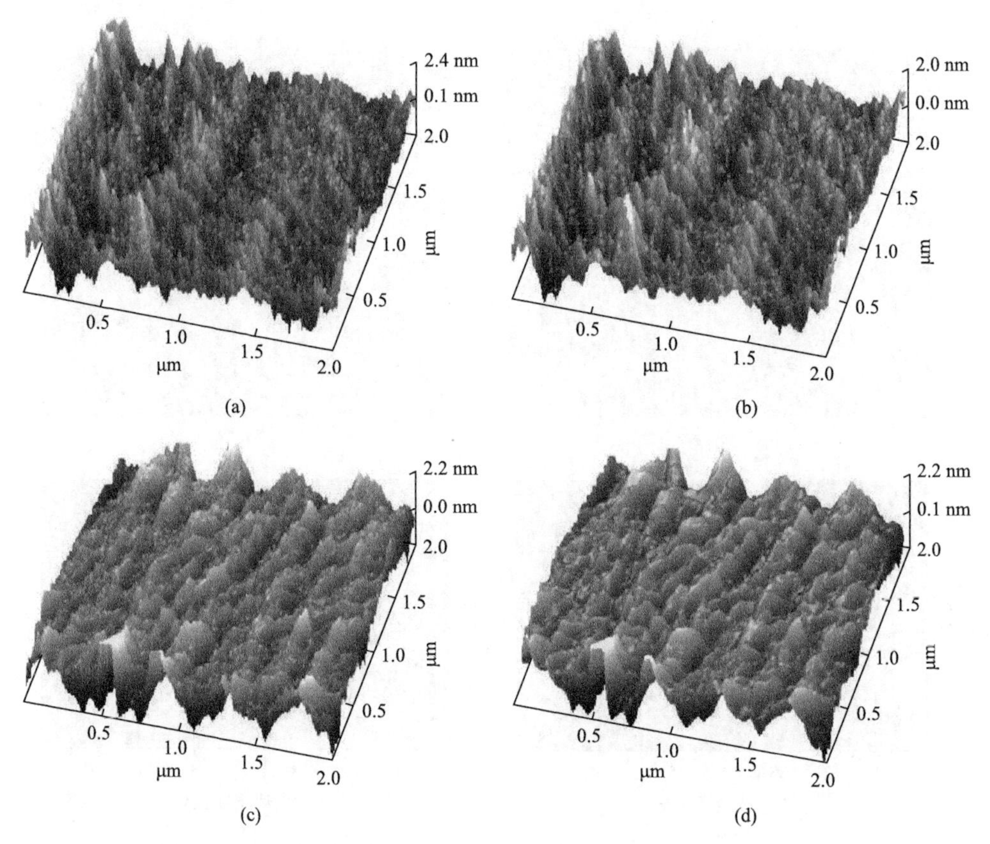

图 3-2　PPW 在不同光照时间下的原子力显微镜图像：(a)照射前；(b)2 min；(c)20 min；(d)50 min

3.2.4.2　红外光谱分析

图 3-3 为素材和 PPW 在可见光照射之前和照射之后的红外光谱图。如图 3-3(b)所示，与素材相比，PPW 的红外吸收光谱有几个新的峰值出现。在 1658 cm^{-1} 和 1290 cm^{-1} 处的峰值分别归因于 C═O 和 C—N 的伸缩振动，这两个吸收峰归属于 PVP 中的有机基团。此外，在 1060 cm^{-1}、963 cm^{-1}、875 cm^{-1} 和 799 cm^{-1} 的吸收峰为 Keggin 结构的特征吸收峰。这些峰归属于 P—O、Mo═Ot、Mo—Oc—Mo 和 Mo—Oe—Mo。其中，Ot、Oc 和 Oe 指的是位于终端、拐角和边缘的氧分子，这个结果与早期的报道吻合[14]。位于约 3300 cm^{-1} 波段宽钝的吸收峰是由 N—H 和 O—H 振动引起的，这是 PMA 中的氧原子和胺基中的活性氢之间的相互作用导致的。值得注意的是，从图 3-3(c)中可以看出，在光照射之后，样品位于 3330 cm^{-1} 处的吸收峰峰值降低，表明在光照期间 N—H 键的振动受到干扰，这可能是 PVP 和 PMA 之间的氢键相互作用引起的。此外，PMA 和 PVP 的相关吸收

峰都被保留了下来，证明了在可见光照射后，Keggin 的基本结构和有机聚合物基体都未被破坏。

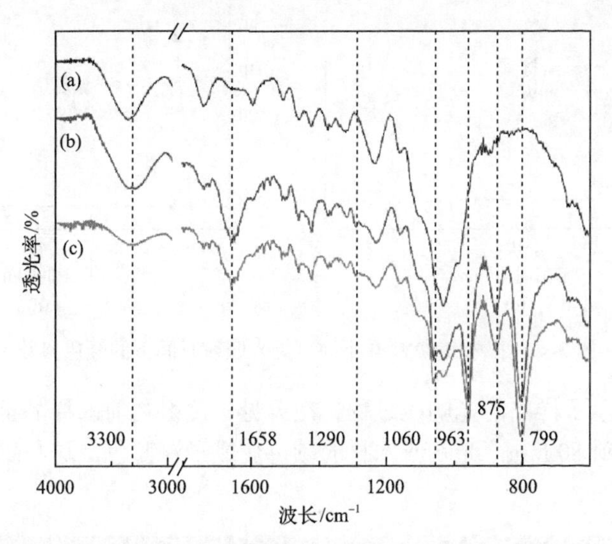

图 3-3　素材(a)、PPW 在可见光照射之前(b)和照射之后(c)的红外光谱

3.2.4.3　光致变色行为

图 3-4 为素材和 PPW 在不同可见光照射时间下的颜色参数。将制备好的样品放置于太阳光模拟器下(调节至 AM1.5G，600 W/m^2)照射不同时长。在可见光照射后，素材的颜色参数几乎不变，表明素材不具备光响应能力。当 PPW 在可见光下照射 80 min 后，样品的明度指数 L^*从 69.8 降至 23.2，证明样品表面的颜色变得更暗。随着光照时间的增加，a^*值首先从 4.0 减少到–3.0 然后逐渐增加到–1.0，表示样品表面颜色变成灰绿色。b^*值从 28.6 降至–2.0，说明样品表面从黄色变成深蓝色。此外，ΔE^*值大幅度增加到 56.0，证明样品具有优异的光响应性能。

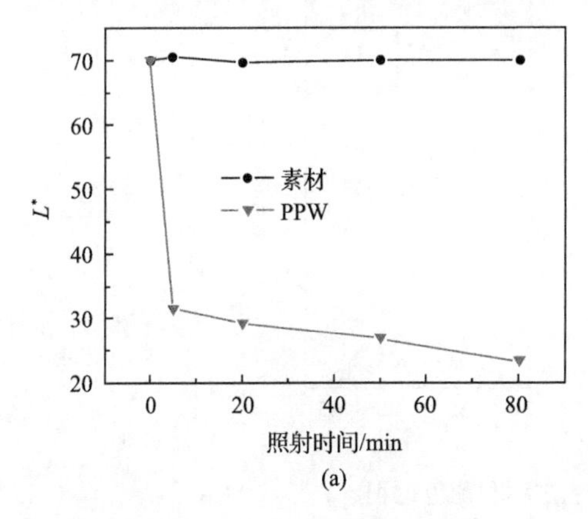

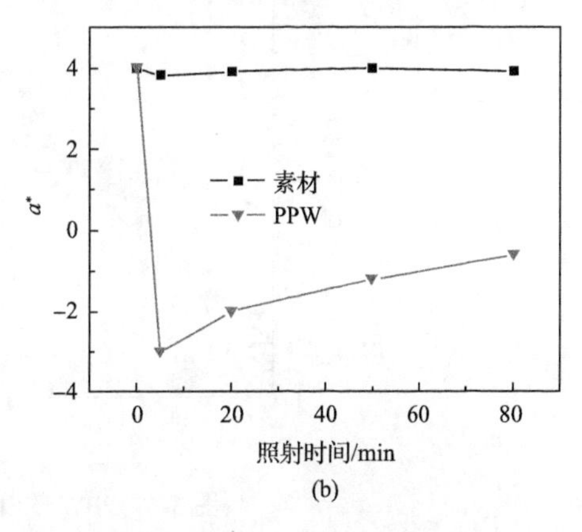

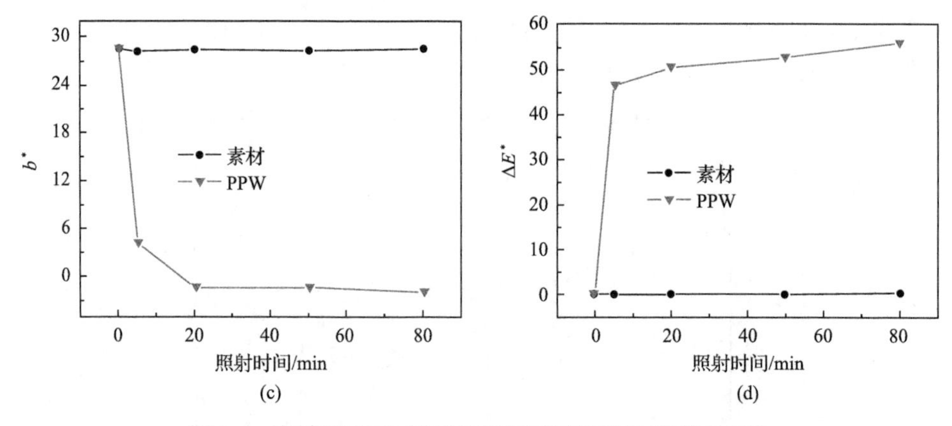

图 3-4　素材和 PPW 在不同可见光照射时间下的颜色参数

图 3-5 展示了样品的光响应过程。在可见光照射之前，样品呈浅黄色。随着照射时间增加到 80 min，光响应木材的颜色变成了深蓝色，这与颜色参数的分析结果相符合。

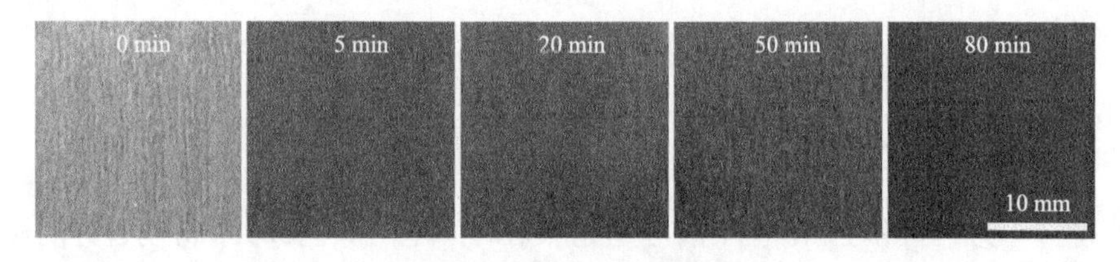

图 3-5　PPW 的光响应过程

此外，样品光照 5 min 的着色过程和关闭光源后的褪色过程如图 3-6 所示。样品在光源关闭后在空气中逐渐褪色，褪色的样品再次暴露在可见光下又会变成深蓝色，证明样品的光响应过程可以重复多次。

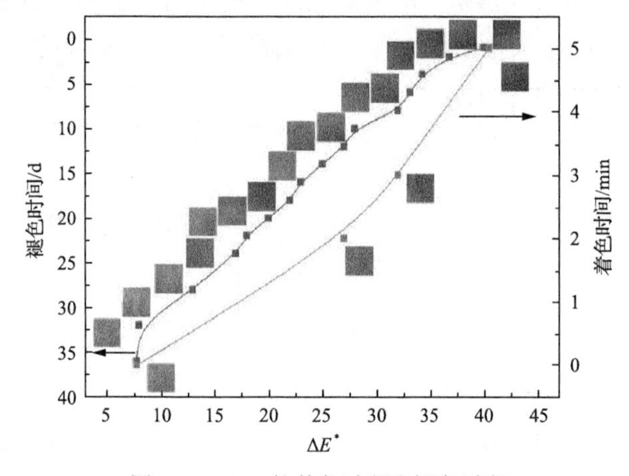

图 3-6　PPW 的着色过程和褪色过程

3.2.4.4　XPS 分析

利用 X 射线光电子能谱(XPS)进一步分析钼元素中氧的价态。将所测得的光谱去卷积后进行高斯拟合。图 3-7 为暴露于可见光照射前后的 PPW 样品位于 Mo 3d 能级的 XPS 图谱。图 3-7(a)为样品光照前的图谱，位于 232.7 eV 的 $3d_{5/2}$ 轨道和位于 235.8 eV 的 $3d_{3/2}$ 轨道的两个峰出现的原因是 Mo^{6+} 自旋轨道的分裂。如图 3-7(b)所示，在样品暴露在可见光下后，可以观察到这两个峰变得宽阔且不对称，在去卷积后被分为四个峰。第一个双峰分别位于 235.8 eV 和 232.7 eV，是 Mo^{6+} 的特征峰。此外，位于 231.6 eV 和 234.6 eV 的峰值分别归因于 Mo^{5+} 的 $3d_{5/2}$ 轨道和 $3d_{3/2}$ 轨道。这些结果证明样品在可见光照射过程中产生了 Mo^{5+}，也就意味着光还原反应的发生。基于上述结果分析，推测样品的光还原和氧化过程如图 3-8 所示。

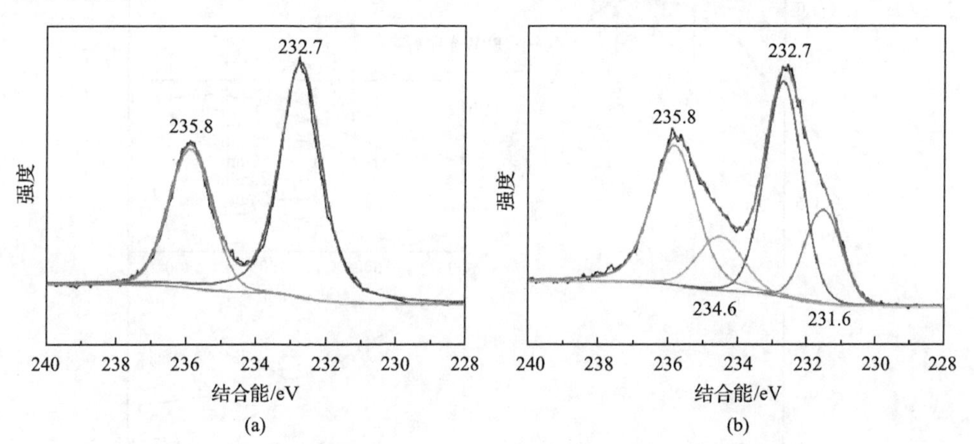

图 3-7　PPW 光照前(a)和光照后(b)位于 Mo 3d 能级的 XPS 图谱

图 3-8　样品的光还原/氧化过程

3.2.4.5　紫外-可见吸收光谱

为了解释光响应机制，图 3-9 展示了素材和 PPW 在可见光照射前后的紫外-可见吸收光谱。由图可知，素材的最大吸收峰强度位于 289 nm，归因于 C—C 键的 $\pi\to\pi$ 转变。可见光照射之前的 PPW 样品位于 289 nm 处的峰值红移至 369 nm，这是由于样品表面 Mo═O 键的出现。此外，吸收峰的低能量尾转移到蓝光区域 (400～500 nm)。可见光照射后的 PPW 样品出现了两个宽的吸收带，分别归因于在 530 nm 处的金属和金属之间的 d-d 转变以及位于 711 nm 处的价层电荷转移 (IVCT) ($Mo^{6+}\to Mo^{5+}$)。这些结果证明了光还原反应的发生，并且在可见光照射的过程中样品生成了杂多蓝。综上所述，随着照射时间的增加，两个吸收带的强度不断增加，证明了光响应过程的发生，所制备的样品有望用于高密度数据存储。

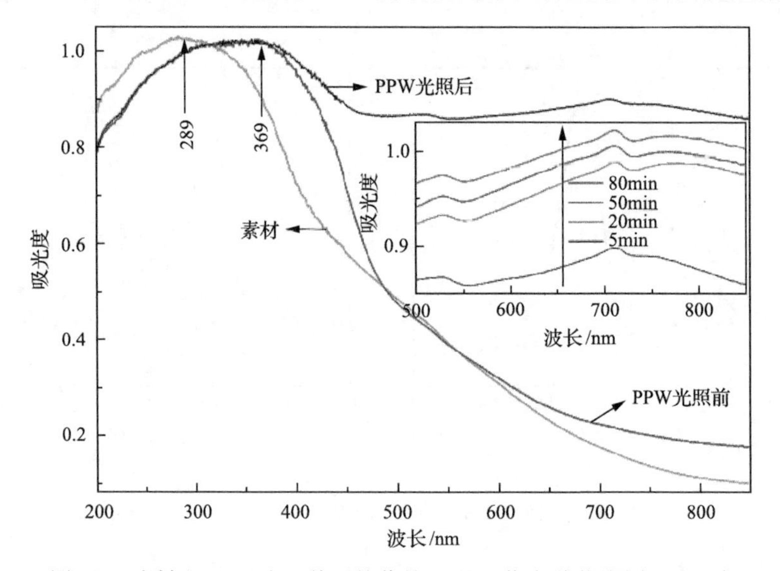

图 3-9　素材和 PPW 光照前后的紫外-可见吸收光谱(插图为 PPW 在不同光照时间下的紫外-可见吸收光谱)

3.3　高灵敏度光响应木材的制备及研究

木材细胞壁的主要组成物质是纤维素、半纤维素和木质素，占总质量的 97%～99%。这些组成成分拥有许多官能团，为木材的功能化奠定了坚实的基础。光响应木材具有许多有前途的应用领域，如传感器、能量储存与转换、智能家居和太阳能转换。对于某些应用领域，仅具备良好的光响应性能是不够的，还需要较高的灵敏度和响应速率。在 3.2 节实验的过程中我们注意到，在某些情况下，PMA

会表现出较差的光响应性能，同时，为了实现各种木质材料的实际应用，PMA 必须易于加工成涂层或任何其他形式。因此利用具有成膜性能的有机质子供体与 PMA 结合是一个可行的方法。甲壳素是继纤维素之后第二丰富的多糖，它通常存在于真菌、昆虫和甲壳类动物外骨骼的细胞壁中，甲壳素的成本低廉且容易获得。壳聚糖(CS)是甲壳素的衍生物，无毒性、抗菌性和生物相容性的特征使其受到广泛应用，值得一提的是，壳聚糖上游离的氨基和羟基可以作为电子供体并与 PMA 相互作用[15]。本节实验构建了高灵敏度的光响应木材。

3.3.1　高灵敏度光响应木材的制备方法

1) 实验材料

木块取自哈尔滨地区的落叶松，尺寸为 20 mm×50 mm×5 mm，将木板分别置于去离子水、乙醇和丙酮中超声清洗后置于(103±2) ℃的烘箱中烘至恒重。无水乙醇(分析纯，天津市科密欧化学试剂有限公司)；丙酮(分析纯，天津市科密欧化学试剂有限公司)；聚乙烯醇(PVA)(醇解度 98.0%～99.0%，平均聚合度为 1750±50，天津市科密欧化学试剂有限公司)；壳聚糖(CS，购自阿拉丁生化科技有限公司)；乙酸(分析纯，天津市科密欧化学试剂有限公司)；聚乙烯吡咯烷酮(PVP，K29-32，购自阿拉丁生化科技有限公司)；磷钼酸(PMA，购自国药化学试剂公司)；实验用水为蒸馏水。

2) 实验设备

超声波清洗器；电子天平；磁力加热锅；真空干燥箱；鼓风干燥箱。

3) 实验过程

制造高灵敏度光响应木材的主要实验步骤如图 3-10 所示。将 0.4 g CS 溶解到 100 mL 乙酸溶液中并在 60℃下连续搅拌 90 min 后得到 CS 溶液。将 0.2 g PVP 分散在 70 mL 乙醇溶液中并加入到 CS 溶液里，在室温下搅拌 60 min。之后，将 0.3 g PMA 分散在 30 mL 去离子水中并加入到上述混合物溶液中搅拌 30 min。使用滴涂法将溶液沉积在木材表面上，并在室温下自然干燥 24 h。最后获得 CS/PVP-PMA 复合木材。除此之外，我们还制备了 PVA/PVP-PMA 涂层木材样品用于比较。除了用 4 g PVA 代替 0.4 g CS 之外，其余所有实验步骤都和制备 CS/PVP-PMA 复合木材相同。本实验中应该注意的是，所有实验步骤都需要避光。最后将制备的样品在黑暗条件下储存在氮气中直至分析。

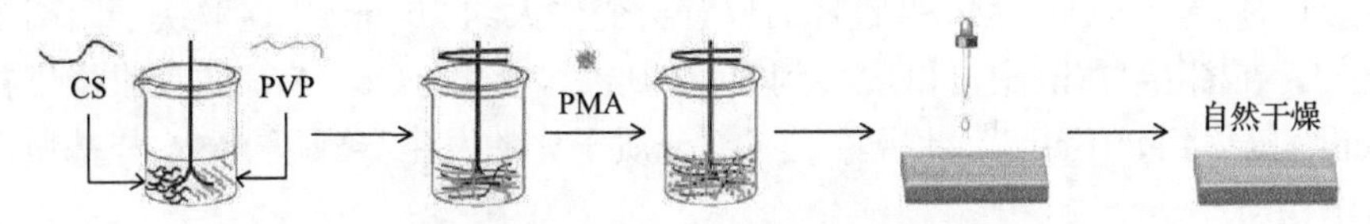

图 3-10　制备高灵敏度光响应木材的主要实验步骤

3.3.2 表征方法

采集傅里叶变换衰减全反射红外光谱对表面化学组分的变化进行表征分析，扫描范围为 400～4000 cm^{-1}，分辨率为 4 cm^{-1}。采用型号为 Quanta 200 的场发射扫描电子显微镜(荷兰 FEI 公司)对样品表面形貌进行表征，在测试时，样品被粘在一个特定的支架上，然后喷金以确保其导电性。样品的表面形态由扫描电子显微镜分析。使用 X 射线光电子能谱分析样品的组成成分。样品的紫外-可见漫反射光谱通过TU-1901双光束紫外-可见分光光度计来获取(配备积分球附件，使用$BaSO_4$作为基线校正)。样品的热重分析实验是在德国 NETZCH 公司的 TG 209 热重分析仪上进行。在温度 25℃，相对湿度 25%的环境条件下进行原子力显微镜(AFM)测量。光致变色实验利用一个 500 W 的氙灯作为光源，并且利用数码相机记录整个过程。氙灯和样品之间的距离是 20 cm，可见光照射过程中样品暴露在空气中。颜色测试同 3.2.3 节。拉拔法附着力测试同 2.3.4 节。

3.3.3 结果与讨论

3.3.3.1 红外光谱分析

图 3-11 为素材、CS 涂层木材、PMA 粉末和 CS/PVP-PMA 复合木材的红外光谱。图 3-11(a)展现了素材的主要吸收峰。图 3-11(b)为 CS 涂层木材的红外光谱，与素材相比，光谱中出现了几个新的吸收峰，位于 1653 cm^{-1} 和 1558 cm^{-1} 处的吸收峰归因于酰胺Ⅰ中 C═O 的拉伸和酰胺Ⅱ中 NH_2 的弯曲振动，出现在 1338 cm^{-1} 处的吸收峰为酰胺Ⅲ中 CO—NH 的变形振动。上述提到的吸收峰均为 CS 的特征峰。PMA 粉末的红外图谱见图 3-11(c)。PMA 的特征吸收峰出现在 1060 cm^{-1}、957 cm^{-1}、889 cm^{-1} 和 780 cm^{-1} 处，这与先前的研究一致[16]。CS/PVP-PMA 复合木材中位于 1651 cm^{-1} 处的峰是由 PVP 中 C═O 键的伸缩振动引起的。此外，位于 1558 cm^{-1} 处 NH_2 的弯曲振动和位于 1338 cm^{-1} 处 CO—NH 的变形振动的吸收峰几乎消失，这是 PMA 与 CS/PVP 共混物之间的强相互作用引起的，表明 PMA 颗粒已掺入 CS/PVP 共混物中。值得一提的是，当加入 PMA 颗粒时，位于 1060 cm^{-1}、957 cm^{-1} 和 889 cm^{-1} 处的吸收峰分别移动到 1055 cm^{-1}、953 cm^{-1} 和 879 cm^{-1} 处。此现象可归因于 CS/PVP 共混物和 PMA 颗粒之间通过电子转移结合形成的强吸附和静电结合引起的相互作用。在文献中，当 PMA 阴离子对中和作用有影响时，Mo—Oc—Mo 吸收峰的位置会变化大约 20 cm^{-1}，这取决于阳离子的种类[17]。在图 3-11(d)中可以观察到类似的现象，Mo—Oc—Mo 的吸收峰位置从 780 cm^{-1} 蓝移到 801 cm^{-1}。此现象说明部分质子化的发生导致了 PMA 与基质之间的静电作用。

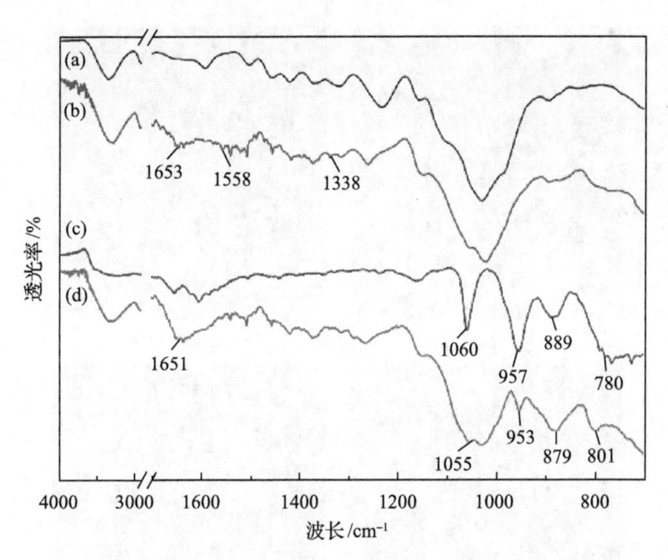

图 3-11　素材(a)、CS 涂层木材(b)、PMA 粉末(c)和 CS/PVP-PMA 复合木材(d)的红外光谱

3.3.3.2　表面形貌分析

拍摄了高、低放大倍数的电镜照片来观察样品表面的微观形貌和确定样品内部的空间分布。如图 3-12(a)所示，在落叶松木材的表面可以观察到纹孔和管胞等微结构，没有其他物质的沉积。在涂覆了壳聚糖溶液之后可以观察到，木材表面被非常光滑和均匀的薄膜覆盖。在图 3-12(c)、(d)中可以看到，在 CS/PVP-PMA 复合木材表面已经成功构建了相互连接的网络结构并分散在整个木材表面，同时 PMA 颗粒被 CS/PVP 共混物包裹。此外，图 3-12(e)、(f)为 PVA/PVP-PMA 复合木材的电镜图，与 CS/PVP-PMA 复合木材相比较，PVA/PVP-PMA 复合木材中的 PMA 颗粒发生团聚并且分布得很不均匀。这些结果表明 CS 和 PVP 可以构建良好的网络结构，同时 PMA 颗粒嵌入并均匀分散在 CS/PVP 网状结构中。

为了获得光响应过程中样品表面形态变化的信息，我们测量了在轻敲模式下 CS/PVP-PMA 复合木材光照前后的原子力显微镜图。照射前的样品如图 3-13(a)所示，可以在样品表面观察到尖锐的峰。照射后样品表面的峰变的钝且光滑，表明杂多蓝的形成。此现象与以往的文献不同，在前人的文献中，当 PMA 杂化膜暴露于可见光后，膜的表面变得更粗糙，并且复合颗粒的尺寸变得更大，颗粒的聚集现象更加明显[18, 19]。此种差异的出现可能是因为本样品中的 PMA 颗粒被 CS/PVP 共混物包围在木材中，因此光照前后的原子力显微镜图没有观察到明显的变化。

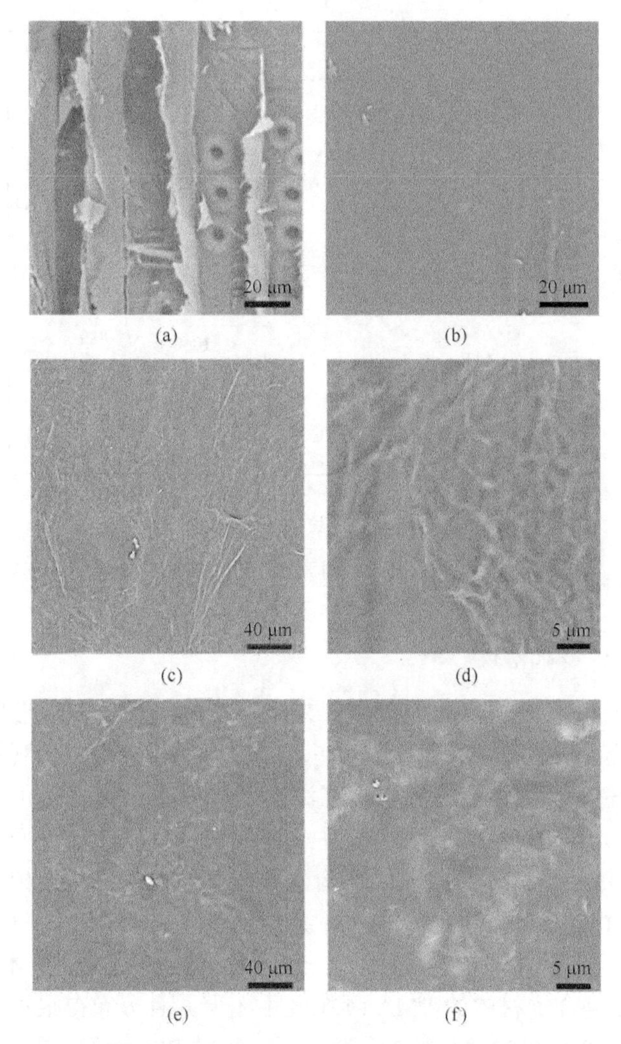

图 3-12　素材(a)、CS 涂层木材(b)、CS/PVP-PMA 复合木材[(c)、(d)]和 PVA/PVP-PMA 涂层木材[(e)、(f)]的电镜图

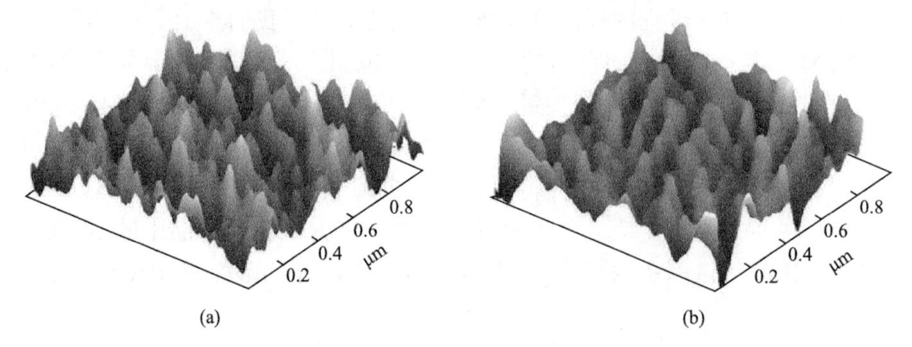

图 3-13　CS/PVP-PMA 复合木材光照前(a)、后(b)的原子力显微镜图像

3.3.3.3　光响应性能

光响应变色性能是本研究的重要研究对象，直接影响产品的应用性能。本节利用比色分析来进行样品间感知色差的定量分析。将制备好的样品放置于太阳光模拟器下(调节至 AM1.5G，600 W/m^2) 30 min。素材(样品 A)、PVA/PVP-PMA 涂层木材(样品 B)和 CS/PVP-PMA 复合木材(样品 C)的颜色参数如图 3-14 所示。可以看出，所有的样品在照射前都具有较高的 L^*值和 b^*值，表明样品具有淡黄色表面。对于光响应木材，光照后明度指数 L^*降低，说明其表面颜色变暗。此外，a^*和 b^*值的减小说明样品表面颜色分别趋向变为绿色和蓝色。由这些结果可以得出，光响应木材在光照前具有浅黄色表面，在光照后表面颜色变成深蓝色。

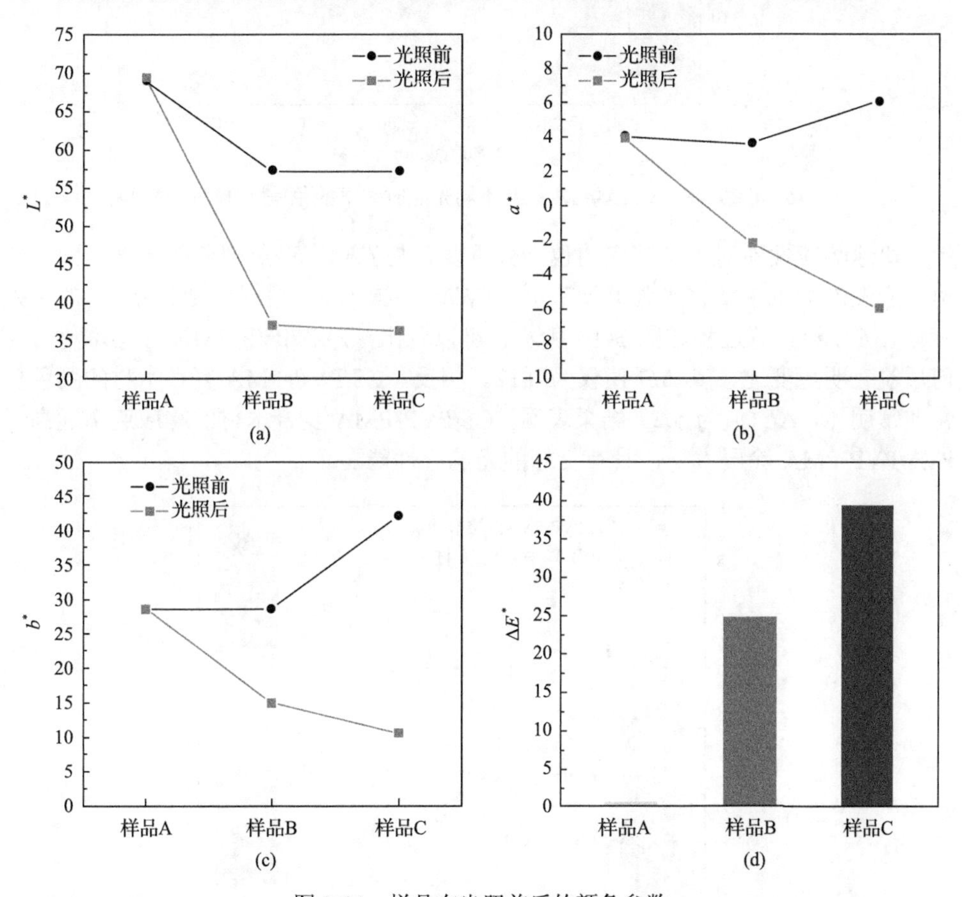

图 3-14　样品在光照前后的颜色参数

图 3-14(d)为样品的总色差值(ΔE^*)变化。光照后，素材的总色差值几乎不变，表明素材不具备光响应能力。但是光照后光响应木材的总色差值急剧增加。PVA/PVP-PMA 涂层木材和 CS/PVP-PMA 复合木材的总色差值分别为 24.8 和 39.8，

证明 CS/PVP-PMA 复合木材具有更好的光响应性能。

图 3-15 为 CS/PVP-PMA 复合木材的变色过程。在可见光照射前，样品具有浅黄色表面。随着照射时间增加到 90 min，样品表面的颜色变为深蓝色，这与颜色参数的分析结果一致。

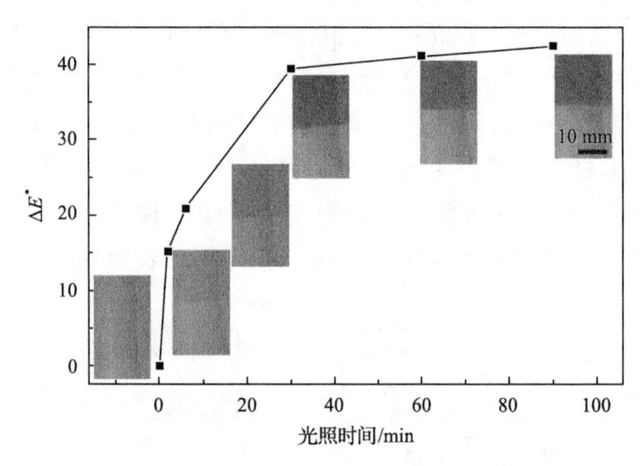

图 3-15　CS/PVP-PMA 复合木材在不同光照时间下的色差变化和变色过程

快速响应性能对于某些应用也十分重要。与光响应变色部分的测试不同，快速响应性能测试中，将光强度调节至 20 W/m^2 AM1.5G。样品光照 40 s 后的色差变化(ΔE*)和变色过程如图 3-16 所示。可以看出，PVA/PVP-PMA 涂层木材光照前后没有明显变化，其 ΔE*值仅为 0.12。相反，CS/PVP-PMA 复合木材的颜色变化非常明显，ΔE*值为 5.2。结果表明，CS/PVP-PMA 复合木材的响应速率远高于 PVA/PVP-PMA 涂层木材，具有良好的光响应性能。

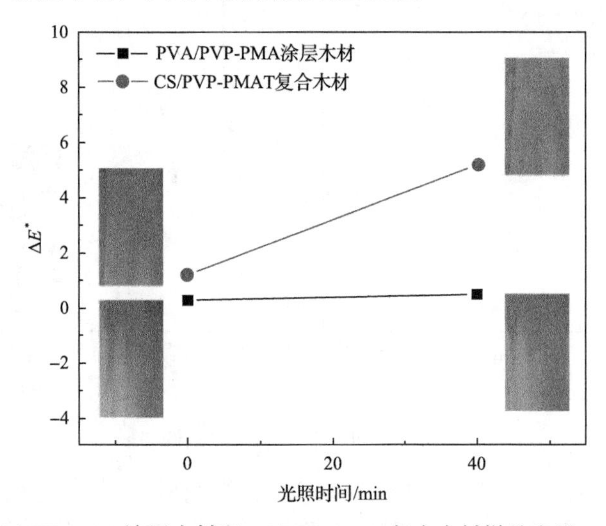

图 3-16　PVA/PVP-PMA 涂层木材和 CS/PVP-PMA 复合木材样品光照 40 s 的变色过程

3.3.3.4 XPS 分析

为了确定样品表面的化学组成和元素的价态，我们进一步进行了 X 射线光电子能谱(XPS)的测试。图 3-17(a)、(b)为 CS/PVP-PMA 复合木材光照前后的 Mo 3d 能级的 XPS 图谱。从光谱可以清晰地看到钼原子存在两种化学环境。出现在 232.9 eV 和 236.0 eV 处的峰归属于 Mo^{6+}；位于 231.3 eV 和 234.6 eV 处的峰归属于 Mo^{5+}。样品光照前出现的归属于 Mo^{5+}的峰可能是由 X 射线激发引起的。如图 3-17(b)所示，样品在光照后的峰变得宽且不对称，Mo^{5+}的峰值显著增加，表明在光照过程中产生了 Mo^{5+}。图 3-17(c)为 PMA 粉末 O 1s 能级的 XPS 图谱，532.1 eV 处的峰归属于 O—H 键，531.1 eV 处的峰归属于金属氧化物核心的 O^{2-}[20]。在与 CS/PVP 混合后，光谱上归属于 O—H 键的峰消失，同时检测到位于 532.9 eV 处的 O—H—O 电荷转移桥，表明在 PMA 和 CS/PVP 混合物之间发生了相互作用。

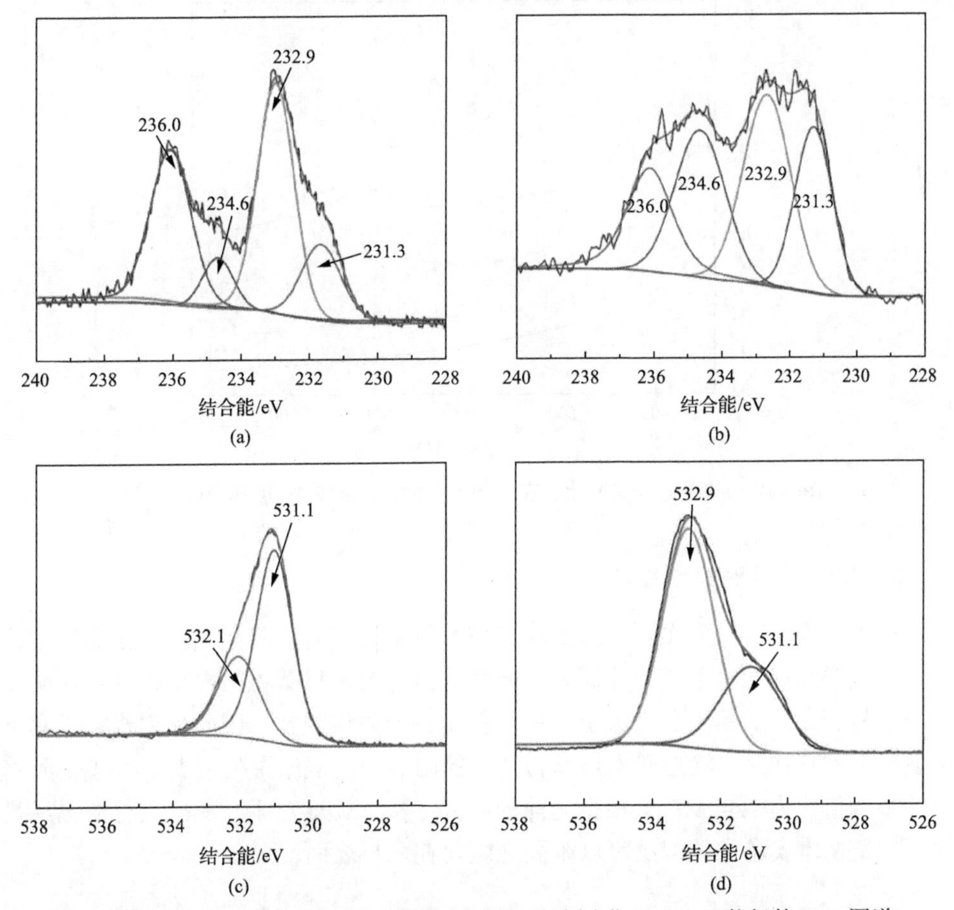

图 3-17 CS/PVP-PMA 复合木材光照前(a)和光照后(b)位于 Mo 3d 能级的 XPS 图谱，PMA 粉末(c)及 PMA 和 CS/PVP 结合后(d)位于 O 1s 能级的 XPS 图谱

3.3.3.5　光学性质

为了进一步了解在光照过程中样品的变化，我们测量了 CS/PVP-PMA 涂层在不同照射时间下的紫外-可见吸收光谱。如图 3-18 所示，光照前样品在 345 nm 附近出现了 PMA 的特征吸收峰，归属于氧到钼的电荷转移跃迁。当样品光照 2 min 后，可以观察到位于 345 nm 处的吸收峰跃迁到 350 nm 处，这可能是由 PMA 和 CS/PVP 混合物之间的相互作用引起的[21]。此外，711 nm 处出现的宽吸收带归因于 Mo^{6+}→Mo^{5+}的价层电荷转移。随着光照时间的增加，位于 711 nm 处的吸收峰强度增大，在 523 nm 附近出现的另一个弱吸收带归因于 d-d 跃迁。这些吸收峰的出现证实了电子转移的发生，样品中的电子转移导致长期的电荷分离状态，形成了杂多蓝(Mo^{V}/Mo^{VI}的络合物)，因此样品呈现蓝色。

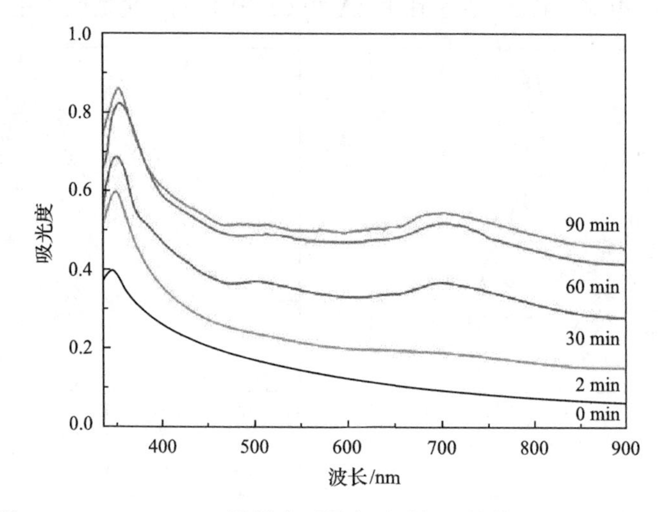

图 3-18　CS/PVP-PMA 涂层在不同光照时间下的紫外-可见吸收光谱

3.3.3.6　漆膜附着力测试

利用拉拔法附着力实验来测量涂层与木材基材间的附着力强度。在实验过程中，一些样品在木材基质部分撕裂，此时的拉力为木材基材的内聚强度，表明涂层与木材表面之间的附着力大于木材基材本身的内聚强度，因此我们选择了具有高质量的木材样品。涂层和木材基材之间的附着力测试结果列于表 3-1 中。附着力的平均值约为 2.44 MPa。根据之前的研究，2.32 MPa 对于一般家具行业已经足够强，证明本实验中的涂层可以牢固地黏附在木材表面。

表 3-1　附着力测试结果

样品	附着力/MPa
1	2.42
2	2.55
3	2.31
4	2.75
5	2.42
6	2.51
7	2.35
8	2.46
9	2.33
10	2.28

3.3.3.7　热重分析

样品的热稳定性利用热重分析进行评估。图 3-19 为热解过程中纯 PMA、CS/PVP-PMA 涂层、素材和 CS/PVP-PMA 复合木材的 TG 和 DTG 曲线。从图中可以看到，素材在 700℃时的总质量损失约为 90%。纯 PMA 在 700℃时质量损失仅约为 9%，证明 PMA 拥有优异的热稳定性。CS/PVP-PMA 涂层的总质量损失约为 20%。因此，在涂层的保护下，CS/PVP-PMA 复合木材的质量损失在整个热解过程中都小于素材。结果证明 CS/PVP-PMA 复合木材具有比素材更好的热稳定性。

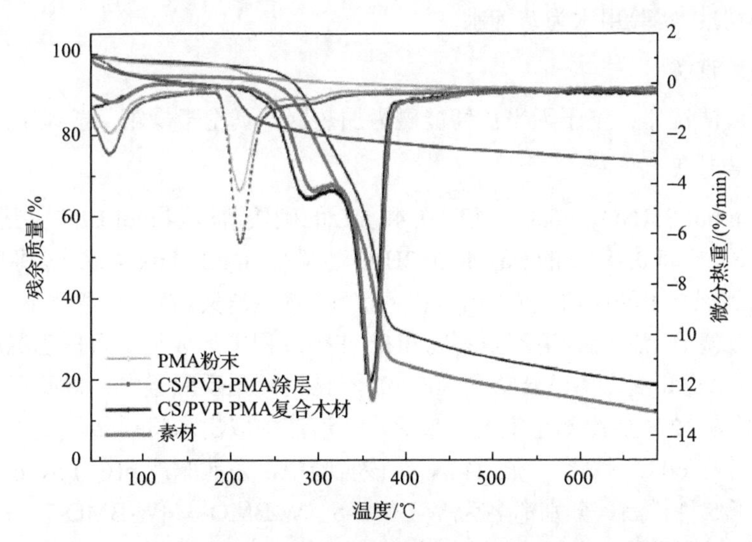

图 3-19　PMA 粉末、CS/PVP-PMA 涂层、CS/PVP-PMA 复合木材和素材的热重曲线和微分热重曲线

3.4 木质基蛋壳形钼酸铋光催化剂的制备及研究

众所周知，木材有三种主要成分，即纤维素、半纤维素和木质素。木材的这些化学组分和多尺度孔状结构为木质材料提供了渗透性、可湿性和反应性。因此，木材这些独特的组成和微妙的层次结构为其进一步功能化奠定了基础。近年来，TiO_2、ZnO、ZrO_2 等半导体光催化材料由于其潜在的特性受到越来越多的关注。其中，铋基化合物因具有特殊的层状结构和适当大小的禁带宽度备受关注。许多研究表明，由于具有合适的禁带宽度和优越的光谱特性，钼酸铋可以作为一种很好的用于污染物降解、水分解和 CO_2 减排的光催化剂和太阳能转化材料。本节制备了一种生长在木材基质上的蛋壳形钼酸铋催化剂。

3.4.1 木质基蛋壳形钼酸铋光催化剂的制备方法

1) 实验材料

木片取自白杨，尺寸为 15 mm×15 mm×0.5 mm，将木片分别置于去离子水、乙醇和丙酮中超声清洗后置于(103±2)℃的烘箱中烘至恒重。无水乙醇(分析纯，天津市科密欧化学试剂有限公司)；丙酮(分析纯，天津市科密欧化学试剂有限公司)；硝酸铋(分析纯，阿拉丁试剂有限公司)；钼酸钠(分析纯，阿拉丁试剂有限公司)；氨水(天津市科密欧化学试剂有限公司)；罗丹明 B(阿拉丁试剂有限公司)；硝酸(分析纯，上海萨恩化学技术有限公司)；氢氧化钠(分析纯，上海萨恩化学技术有限公司)；实验用水为蒸馏水。

2) 实验设备

超声波清洗器；电子天平；智能磁力加热锅；真空干燥箱；鼓风干燥箱。

3) 实验过程

将 4 mmol $Bi(NO_3)_3 \cdot 5H_2O$ 溶解在 40 mL 的硝酸溶液(4 mol/L)中并搅拌 5 min 得到混合溶液。将 0.484 g 的 $Na_2MoO_4 \cdot 2H_2O$ 溶解在 36 mL 去离子水中。将 Na_2MoO_4 溶液滴加到混合溶液中时，首先出现白色沉淀，然后消失。在搅拌条件下用 2 mol/L NaOH 溶液调节上述混合溶液至不同 pH，在该过程中形成无定形白色沉淀。搅拌 3 h 后，将木片和混合溶液转移到 100 mL 不锈钢高压反应釜中。将反应釜密封在 140℃下保持 12 h 后冷却至室温。最后，从溶液中取出木材样品，用去离子水洗涤数次，并在 60℃下真空干燥 24 h。在该实验中，在前驱液 pH 为 5、6、7、8 和 9 下制备了 5 种样品，分别命名为 W-BMO-5、W-BMO-6、W-BMO-7、W-BMO-8 和 W-BMO-9。此外，在相同 pH 条件下制备了 Bi_2MoO_6 粉末用于比较。

3.4.2　表征方法

采用型号为 Quanta 200 的场发射扫描电子显微镜(荷兰 FEI 公司)对样品表面形貌进行表征，在测试时，样品被粘在一个特定的支架上，然后喷金以确保其导电性；样品的数码照片是利用尼康 D7000 数码相机拍摄；采用 D8 Advance 型 X 射线衍射仪(德国 Bruker 公司)进行物相分析，X 射线源为 Cu 射线，扫描范围为 5°～80°，步宽为 0.02°，扫描速率为 2°/min；样品的紫外-可见漫反射光谱通过 TU-1901 双光束紫外-可见分光光度计来获取(配备积分球附件，使用 $BaSO_4$ 作为基线校正)。样品表面的元素组成分析由扫描电子显微镜 X 射线能谱仪(SEMEDS)完成。使用 X 射线光电子能谱(XPS)分析样品的组成成分。BET(Brunauer-Emmet-Teller)比表面积是通过测试每个样品在–196℃下的氮吸附-脱附等温线得到；用 FluoroMax-4 分光光度计获得样品的光致发光光谱。

3.4.3　光催化活性实验

使用 500 W 太阳光模拟器(XES-40S3-CE，SAN-EI Electric)加载一个滤波器作为可见光光源，通过罗丹明 B(RhB)的降解来评价样品的光催化性能。将样品放置在离光源 15 cm 处，实验在室温下进行。每组实验中，将光催化木材加入到 50 mL 的罗丹明 B 水溶液(10 mg/L)中。光照前，将样品在黑暗中磁力搅拌 3 h 使得染料和催化剂之间建立吸附-解吸平衡。在指定的光照时间间隔内，提取 3 mL 溶液并离心以除去潜在的杂质。用紫外-可见分光光度计检测离心后的溶液。

3.4.4　结果与讨论

3.4.4.1　物相结构分析

通过 XRD 分析很好地证实了所制备样品的形成。图 3-20 为素材和在不同 pH 下制备的 W-BMO 的 XRD 图谱。位于 16.1°和 22.2°处的衍射峰对应木材中纤维素的(101)和(002)衍射面。水热处理后，样品在保持上述两个峰的同时出现了一些新的峰。当反应体系中的 pH 为 5 和 6 时，我们可以观测到位于 10.8°、28.0°、31.9°、32.5°、46.2°、46.6°、54.9°、55.4°和 57.7°处的峰。这些峰与 Bi_2MoO_6(JCPDS 21-0102)的晶面相匹配。此外，在前驱液 pH 为 9 时制备的样品出现位于 26.9°、31.0°、44.1°、52.7°和 55.1°处的衍射峰，与 $Bi_{3.64}Mo_{0.36}O_{6.55}$ 的(111)、(200)、(220)、(311)和(222)晶面相匹配(JCPDS 43-0446)。随着 pH 从 5 增加到 9，Bi_2MoO_6 的衍射峰逐渐消失，而 $Bi_{3.64}Mo_{0.36}O_{6.55}$ 的衍射峰逐渐出现，没有检测到其他杂峰。上述结果表明，通过水热法在木材表面成功地生长了钼酸铋。

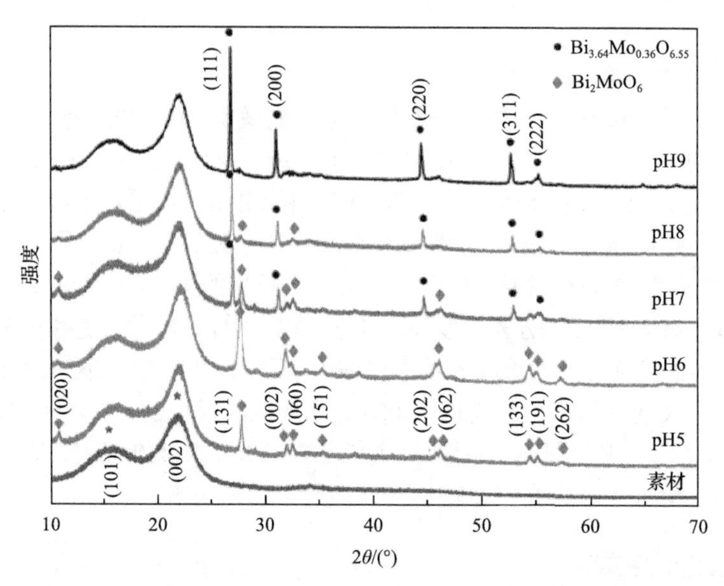

图 3-20　素材和在不同 pH 下制备的 W-BMO 样品的 XRD 图谱

3.4.4.2　表面形貌分析

为了观察样品的表面微观结构、确定晶体的形态与空间分布，测试了样品的电镜图。图 3-21 为素材和不同 pH 条件下制备的 W-BMO 样品的微观形态，右上

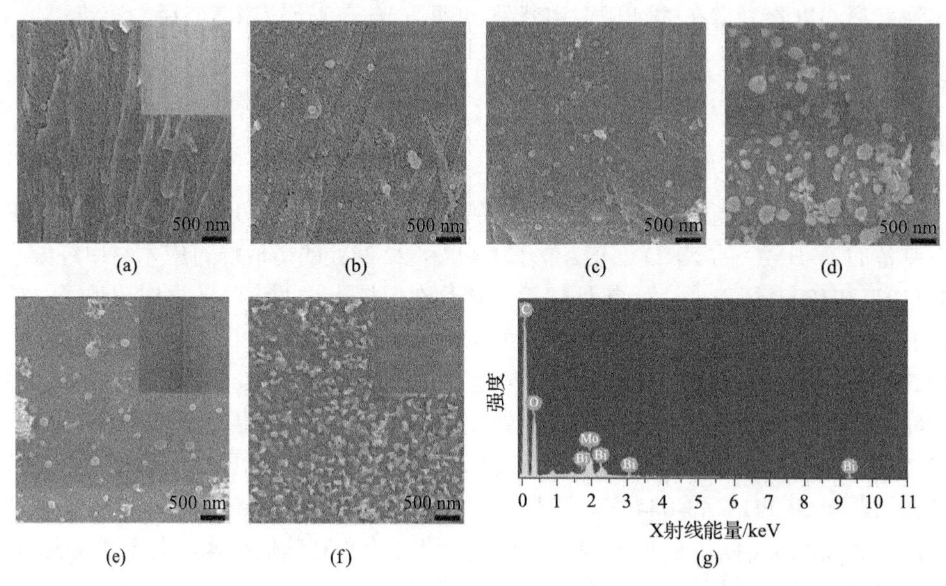

图 3-21　素材(a)、W-BMO-5(b)、W-BMO-6(c)、W-BMO-7(d)、W-BMO-8 (e)、 W-BMO-9(f)的电镜图和数码照片，W-BMO-6 的能谱图(g)

角的插图为样品的数码照片。图 3-21(a)为素材的微观结构，可以看到素材表面光滑且没有其他物质附着。图 3-21(b)为 W-BMO-5 的表面，可以清晰地看到有着粗糙表面的木材微结构。在图 3-21(c)中可以清晰地看到，蛋壳形晶体均匀地分布在木材表面。当前驱液 pH 增加到 9 时，样品表面附着了均匀的立方晶体。由此可见，改变前驱液的 pH 会改变样品表面的晶体形状。由 W-BMO-6 的能谱图可知，样品表面存在 C、Bi、Mo 和 O 元素[图 3-21(g)]，证明钼酸铋通过水热反应生长在了木材表面，这与上述 XRD 结果一致。

此外，在不同 pH 条件下制备的钼酸铋的电镜图如图 3-22 所示，纯 Bi_2MoO_6 的形态与在木材表面上生长的钼酸铋的晶型不同。由此可得，W-BMO 样品表面的晶体形态很大程度上取决于前驱液的初始 pH 和木材基质的存在与否。

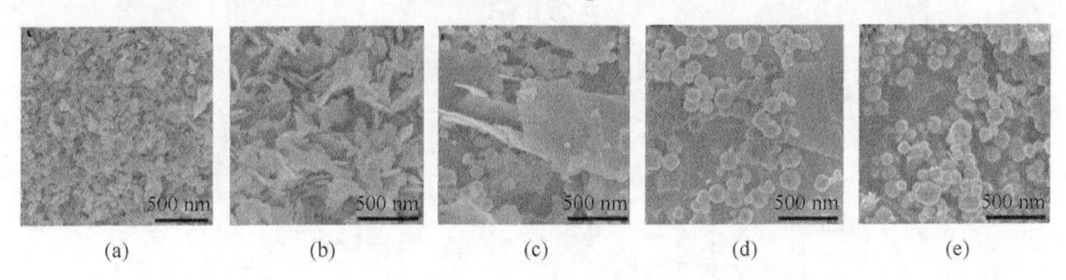

图 3-22 在不同 pH 条件下制备的 Bi_2MoO_6 的电镜图

(a)～(e)分别对应 pH 5、pH 6、pH 7、pH 8 和 pH 9

3.4.4.3 光学性质

通过在不同 pH 下制备的 W-BMO 样品和钼酸铋的紫外-可见漫反射光谱来探究样品的光学性质。从图 3-23 可以看出，样品的紫外-可见漫反射光谱的形状几乎相同，并且在可见光范围内表现出强烈的吸收，表明样品在可见光照射下具有光活性。此外，所制备样品的吸收强度随不同前驱液的 pH 而变化。在可见光区域中，除 W-BMO-8 外，W-BMO 样品的吸收强度均高于钼酸铋的吸收强度。其中，W-BMO-6 的可见光响应性能最好，因此与纯钼酸铋相比，它具有更强的光催化活性。此外，钼酸铋的带隙约为 3.17 eV，这与文献中的数值一致[22]。

3.4.4.4 光催化性能

利用降解罗丹明 B 染料的能力作为评估样品光催化活性的标准。在光照之前，对素材、钼酸铋和不同 pH 下制备的 W-BMO 样品进行暗吸附。图 3-24 为各个样品降解罗丹明 B 染料的动力学曲线。由图可知，所有样品在 180 min 内均达到吸附-解吸平衡。C 是光催化过程中罗丹明 B 的浓度，C_0 是光照前罗丹明 B 的初始浓度(在 554 nm 处检测)。

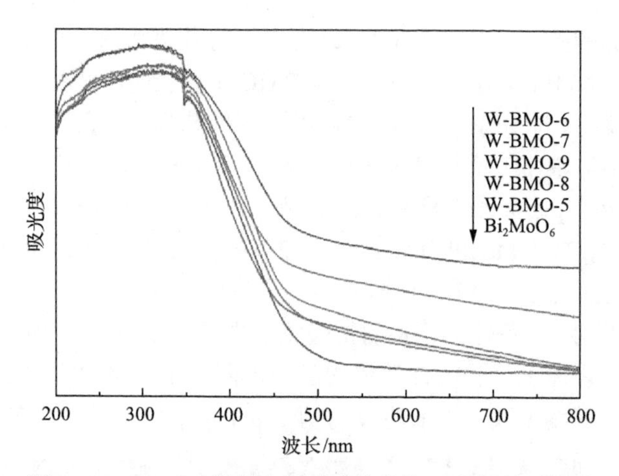

图 3-23　W-BMO 样品和钼酸铋的紫外-可见漫反射光谱

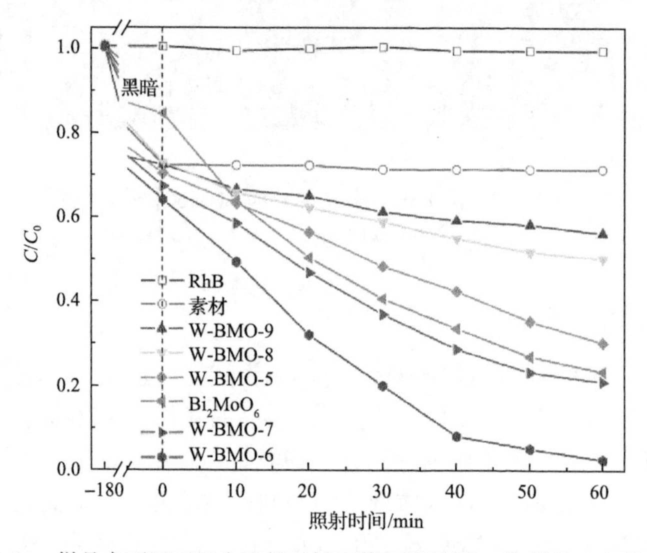

图 3-24　样品在不同可见光照射时间下降解罗丹明 B 染料的动力学曲线

在没有任何催化剂的情况下，在可见光照射 60 min 后仅检测到小于 0.5%的罗丹明 B 分解。因此，在可见光照射下罗丹明 B 的直接光解可忽略不计。在木材存在下，罗丹明 B 的浓度几乎没有变化，表明素材不具备光催化能力。可见光照射 60 min 后，在 W-BMO-6 存在的溶液中罗丹明 B 的光降解效率接近 99%。在上述结果的基础上可知，W-BMO-6 在所有样品中具有最强的光催化活性。

图 3-25 为 W-BMO-6 在前四个连续光催化循环中的光催化性能。可以看到，降解罗丹明 B 的效率从 99%(第一个循环)降低到 90%(第四个循环)。此外，由图 3-26 可见，新制备样品的 XRD 图和循环反应后回收样品的 XRD 图几乎相同，证明 W-BMO-6 具有良好的稳定性和耐久性。

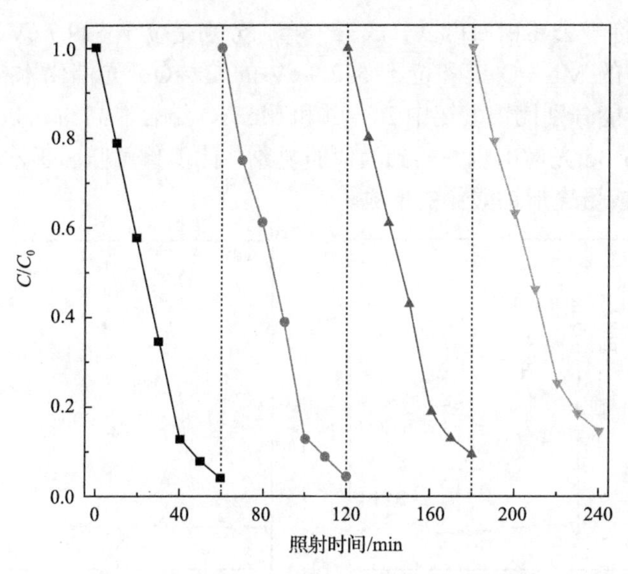

图 3-25　W-BMO-6 降解罗丹明 B 染料的循环

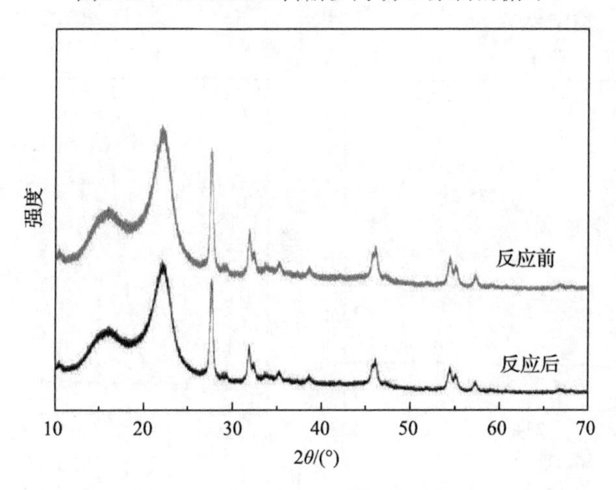

图 3-26　新制备样品和光催化循环后样品的 XRD 图谱

3.4.4.5　XPS 分析

测试了素材和 W-BMO-6 的 XPS 图谱用以确定其化学组成和元素的化学状态。图 3-27(a)为素材和 W-BMO-6 的 XPS 全扫描谱图。由图可知，W-BMO-6 表面上存在 Bi、Mo、O 和 C 元素，证明成功在木材上负载了钼酸铋晶体。图 3-27(b)为 W-BMO-6 位于 Bi 4f 轨道的 XPS 光谱图。位于 158.9 eV 和 164.2 eV 的两个峰归属于 $4f_{7/2}$ 和 $4f_{5/2}$ 轨道。图 3-27(c)中位于 232.1 eV 和 235.2 eV 的峰归属于 Mo $3d_{5/2}$ 和 Mo $3d_{3/2}$，表明有 Mo^{6+}存在于样品中。在 W-BMO-6 位于 O 1s 轨道的光谱中，宽的不对称峰去卷积后可以分成三个峰。分别是位于 529.7 eV 的 Bi—O 键，位于 531.3 eV 的 Mo—O 键和位于 532.9 eV 的 C═O。光催化木材中 Bi—O 和 Mo—O 的结合能分别比钼酸铋中 Bi—O 和 Mo—O 结合能高约 0.4 eV 和 0.3 eV，在 Bi 4f 和 Mo 3d 光谱中也观察到类似的现象。此现象可归因于木材与钼酸铋之间的相互作用或蛋壳形钼酸铋的形成。

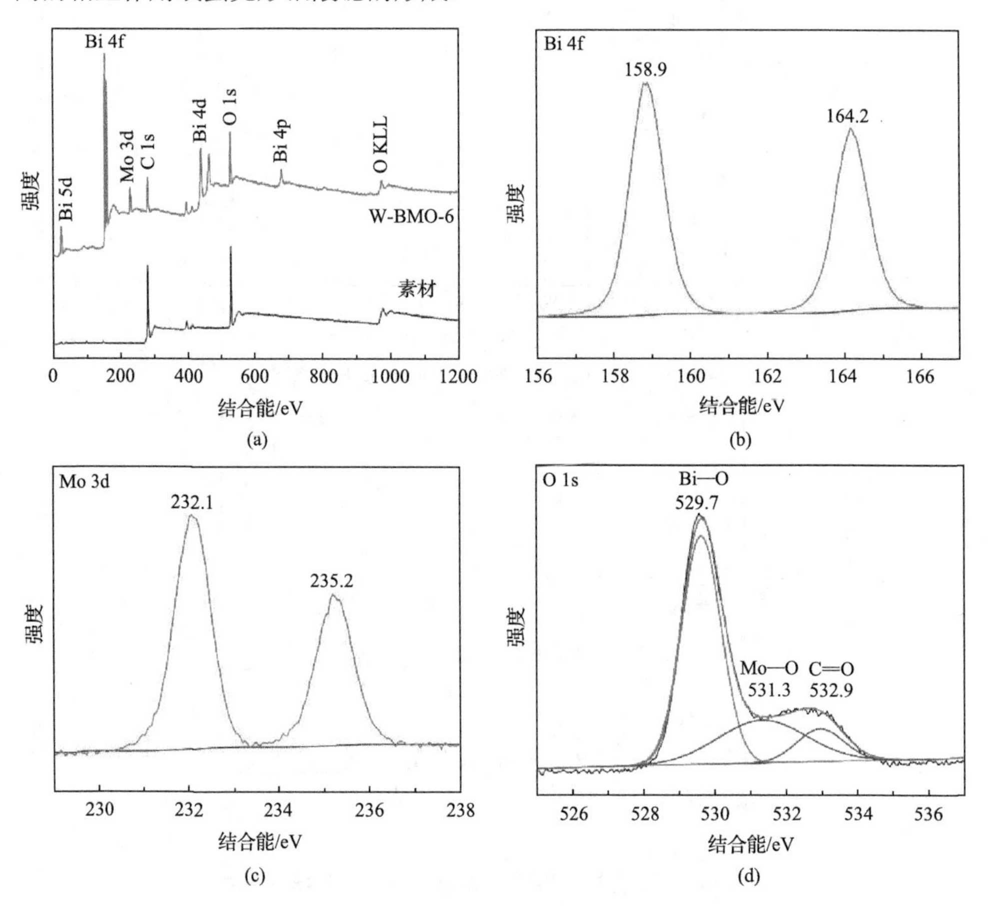

图 3-27　素材和 W-BMO-6 的 XPS 全扫描谱图(a)、W-BMO-6 位于 Bi 4f 轨道(b)、位于 Mo 3d 轨道(c)和位于 O 1s 轨道(d)的 XPS 光谱图

3.4.4.6　光催化活性增强的原因

为了深入了解样品光催化活性提高的主要原因，测试了样品的吸附活性(比表面积)和光捕获能力。因为通常表面积与体积比大的小尺寸纳米颗粒的表面吉布斯自由能非常高，因此在图 3-22 中可以清晰地看到钼酸铋晶体严重聚集。相反，在图 3-21 中 W-BMO 样品表面的钼酸铋晶体均匀生长在木材基材上。因此，与纯钼

酸铋相比，W-BMO 样品表面的光催化剂与染料的接触面积更大。在不同 pH 下制备的 W-BMO 样品的比表面积和总孔体积列在表 3-2 中。由表可知，Bi_2MoO_6、W-BMO-5 和 W-BMO-7 的比表面积分别为 12.446 m^2/g、19.38 m^2/g 和 20.597 m^2/g，W-BMO-6 拥有最大的比表面积(22.081 m^2/g)；W-BMO-6 同时也拥有最大的总孔体积(0.084 cm^3/g)。上述结果表明，W-BMO-6 样品可以提供更多的表面活性位点从而吸附更多的罗丹明 B 染料，因此有利于光催化性能。此外，为了探究钼酸铋和 W-BMO-6 中光生电子-空穴对的转移和重组情况，测试了光致发光光谱。图 3-28 为由 354 nm 激发的纯钼酸铋和 W-BMO-6 的光致发光光谱。由图中可知，纯钼酸铋出现了位于约 468 nm 的强发射峰，这与之前研究中的数据一致[23]。与纯钼酸铋相比，W-BMO-6 的光致发光强度显著降低。通常认为，越弱的峰强度代表越低的载流子重组率[24]。结果表明，W-BMO-6 样品可有效抑制光诱导电子-空穴对的重组。此外，紫外-可见漫反射光谱结果表明 W-BMO 的可见光吸收能力增强。吸收强度的增加可归因于水热处理过程中引起的木材碳化。以上结果表明，W-BMO-6 的可见光响应和太阳光谱利用率显著增加，从而提高了样品的光催化活性。

表 3-2　W-BMO-6 和 Bi_2MoO_6 的比表面积和总孔体积

	W-BMO-5	W-BMO-6	W-BMO-7	Bi_2MoO_6
比表面积/(m^2/g)	19.38	22.081	20.597	12.446
总孔体积/(cm^3/g)	0.069	0.084	0.082	0.050

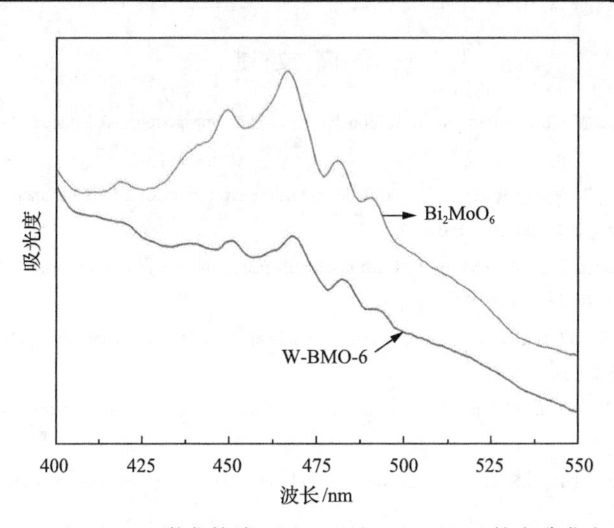

图 3-28　由 354 nm 激发的纯 Bi_2MoO_6 和 W-BMO-6 的光致发光光谱

3.4.4.7　光催化机理

通过水热法成功合成了木质基钼酸铋光催化剂，通过调节前驱液的 pH 来控制钼酸铋晶体的形状。木质基材对最终产品有着显著影响。光催化研究表明，W-BMO-6 样品和纯 Bi_2MoO_6 相比，W-BMO-6 对罗丹明 B 染料的光催化降解能力最强。光催化能力的提高可以归因于样品更高的光吸收强度，更强的吸附能力。所制备的木质基光催化剂有望用于可见光响应催化、室内空气净化和水污染物降解等。本产品为具有高可见光催化能力的木质基功能纳米材料的制备提供了新的思路。

3.5 本章小结

智能响应材料需具备三个基本要素，即感知、驱动和控制，在全球新材料研究领域中，仿生智能响应材料是目前世界各国技术战略发展中的竞争热点。在处理过程中，需要保存木材固有优良特性的同时赋予木材光智能响应功能。本章利用木材天然的具有各向异性取向的孔道结构为生物模板，在木材上原位生长合成了有机-无机光响应材料，利用环保简易的方法制备了光智能响应木材。为了扩展样品的应用范围，利用具有成膜性能的壳聚糖作为有机质子供体，在提高样品漆膜附着力的同时，极大地提高了样品的光响应灵敏度，样品可应用于传感器、智能家居、太阳能转换等领域。利用水热法制备了蛋壳形的钼酸铋光催化剂，因样品具有较高的光吸收强度和光催化活性位点，所制备的木质基光催化剂具有良好的光催化能力，有望用于可见光响应催化、室内空气净化和水污染物降解等。

参考文献

[1] Isapour G, Lattuada M. Bioinspired stimuli-responsive color-changing systems. Advanced Materials, 2018, 30(19): 1707069.

[2] Yang H, Leow W R, Wang T, et al. 3D printed photoresponsive devices based on shape memory composites. Advanced Materials, 2017, 29(33): 1701627.

[3] Guragain S, Bastakoti B P, Malgras V, et al. Multi-stimuli-responsive polymeric materials. Chemistry A European Journal, 2015, 21(38): 13164-13174.

[4] Stuart M A C, Huck W T, Genzer J, et al. Emerging applications of stimuli-responsive polymer materials. Nature Materials, 2010, 9(2): 101.

[5] Mura S, Nicolas J, Couvreur P. Stimuli-responsive nanocarriers for drug delivery. Nature Materials, 2013, 12(11): 991.

[6] Richter A, Paschew G, Klatt S, et al. Review on hydrogel-based pH sensors and microsensors. Sensors, 2008, 8(1): 561-581.

[7] Motoyama K, Li H, Koike T, et al. Photo-and electro-chromic organometallics with dithienylethene(DTE) linker, L_2CpM-DTE-$MCpL_2$: Dually stimuli-responsive molecular switch. Dalton Transactions, 2011, 40(40): 10643-10657.

[8] Li Y, Hui B, Li G, et al. Fabrication of smart wood with reversible thermoresponsive performance. Journal of Materials Science, 2017, 52(13): 7688-7697.

[9] Kawata S, Kawata Y. Three-dimensional optical data storage using photochromic materials. Chemical Reviews, 2000, 100(5): 1777-1788.

[10] Zhang J, Zou Q, Tian H. Photochromic materials: More than meets the eye. Advanced Materials, 2012, 25(3): 378-399.

[11] Kim Y, Shanmugam S. Polyoxometalate-reduced graphene oxide hybrid catalyst: Synthesis, structure, and electrochemical properties. ACS Applied Materials & Interfaces, 2013, 5(22): 12197-12204.

[12] Mukai S R, Masuda T, Ogino I, et al. Preparation of encaged heteropoly acid catalyst by synthesizing 13-molybdophosphoric acid in the supercages of Y-type zeolite. Applied Catalysis A: General, 1997, 165(1): 219-226.

[13] Nakatsuji S. Recent progress toward the exploitation of organic radical compounds with photo-responsive magnetic properties. Chemical Society Reviews, 2004, 33(6): 348-353.

[14] Cohen S, Newman G. Inorganic photochromism. Journal of Photographic Science, 1967, 15(6): 290-298.

[15] Ravi Kumar M N V. A review of chitin and chitosan applications. Reactive and Functional Polymers, 2000, 46(1): 1-27.

[16] Zhang B, Asakura H, Zhang J, et al. Stabilizing a platinum$_1$ single-atom catalyst on supported phosphomolybdic acid without compromising hydrogenation activity. Angewandte Chemie International Edition, 2016, 55(29): 8319-8323.

[17] Tessonnier J-P, Goubert-Renaudin S, Alia S, et al. Structure, stability, and electronic interactions of polyoxometalates on functionalized graphene sheets. Langmuir, 2013, 29(1): 393-402.

[18] Wang X-Y, Dong Q, Meng Q-L, et al. Visible-light photochromic nanocomposite thin films based on polyvinylpyrrolidone and polyoxometalates supported on clay minerals. Applied Surface Science, 2014, 316: 637-642.

[19] Li Y, Hui B, Lv M, et al. Inorganic-organic hybrid wood in response to visible light. Journal of Materials Science, 2018, 53(5): 3889-3898.

[20] Ai L-M, Feng W, Chen J, et al. Evaluation of microstructure and photochromic behavior of polyvinyl alcohol nanocomposite films containing polyoxometalates. Materials Chemistry and Physics, 2008, 109(1): 131-136.

[21] Huder L, Rinfray C, Rouchon D, et al. Evidence for charge transfer at the interface between hybrid phosphomolybdate and epitaxial graphene. Langmuir, 2016, 32(19): 4774-4783.

[22] Zhang L, Xu T, Zhao X, et al. Controllable synthesis of Bi_2MoO_6 and effect of morphology and variation in local structure on photocatalytic activities. Applied Catalysis B: Environmental, 2010, 98(3): 138-146.

[23] Li S, Hu S, Jiang W, et al. Hierarchical architectures of bismuth molybdate nanosheets onto nickel titanate nanofibers: Facile synthesis and efficient photocatalytic removal of tetracycline hydrochloride. Journal of Colloid and Interface Science, 2018, 521: 43-49.

[24] Jiang D, Du X, Chen D, et al. Facile wet chemical method for fabricating p-type BiOBr/n-type nitrogen doped graphene composites: Efficient visible-excited charge separation, and high-performance photoelectrochemical sensing. Carbon, 2016, 102: 10-17.

第 4 章　生物质荧光与其功能利用

4.1　引　　言

生物质材料是一类以木本植物、禾本植物和藤本植物及其加工剩余物和废弃物为原材料，通过物理、化学和生物学等高技术手段制备的性能优异、附加值高的新材料。目前生物质材料在新型的储能材料、光子材料、复合材料以及表界面领域等都有着重要的用途。除了这些用途外，生物质材料还是一类优良的荧光材料，但是其荧光性能一直并未得到很好的利用和总结。因此在本章中，我们将介绍相关生物质荧光产生机理、生物质分子结构与荧光性能的构效关系、荧光发射机理以及相关功能利用等。

16 世纪，西班牙的内科医生和植物学家 N. Monards 记录了荧光现象，17 世纪，Boyle 和 Newton 等著名科学家又观察到荧光现象并且对荧光现象进行了大概的描述。尽管在 17 世纪和 18 世纪中也发现了一些荧光材料和荧光现象的溶液，但仍然没有人能更详细更深入地解释荧光现象，直到 1852 年，Stokes 在考察奎宁和叶绿素的荧光时，才确定这种现象是这些物质在吸收光能后重新发射不同能量的光，从而引入了荧光是光发射的概念。Stokes 研究了发射光的强度和荧光溶液浓度之间的关系，还描述了高浓度溶液和其他物质存在时荧光猝灭的现象。1867 年，Goppelsröder 进行了历史上第一次的荧光分析工作；1880 年，Liebeman 提出了最早的关于荧光与化学结构关系的经验法则。20 世纪以来，荧光现象被研究的更多了。例如，1905 年 Wood 发现了共振荧光；1914 年 Frank 和 Hertz 利用电子冲击发光进行定量研究；1922 年 Frank 和 Cario 发现了增感荧光；1924 年 Wawillow 进行了荧光量子产率的绝对测定；1926 年 Gaviola 进行了荧光寿命的直接测定，见图 4-1[1, 2]。

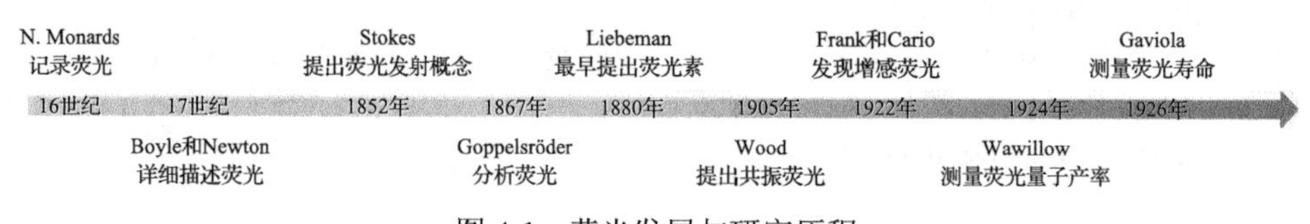

图 4-1　荧光发展与研究历程

当物质分子吸收了入射光子的能量，价电子发生从低能级到高能级即从基态到激发态的跃迁，称为电子激发态分子。这一电子跃迁过程需要的时间约为 10^{-15} s，见图 4-2。从基态到激发态的能量差，等于所吸收光子的能量。紫外、可见光区的光子具有较高的能量，足够引起分子发生价电子的能级跃迁。电子激发态分子能量高，不稳定，它可能通过辐射跃迁和非辐射跃迁两种衰减路径返回基态。同时，也可能存在激发态分子因分子间相互作用失活。辐射跃迁的衰减过程伴随着光子的发射，即产生荧光或磷光；非辐射跃迁的衰减过程，包括振动弛豫、内转化和系间窜越，这些衰减路径将能量通过热能的方式传递给介质。振动弛豫是指分子衰减到同一电子能级的最低振动能级通过将多余的振动能量传递给介质的过程。内转化的意思是相同多线态的两个电子态的非辐射跃迁过程；系间窜越则指不同多线态的两个电子态间的非辐射跃迁过程。图为分子内所发生的激发过程以及辐射跃迁和非辐射跃迁衰减过程的示意图。荧光是来自最低激发单线态的辐射跃迁过程所伴随的发光现象，发光过程的速率常数大，激发态的寿命短；而磷光是来自最低激发三重态的辐射跃迁过程所伴随的发光现象，发光过程的速率常数小，激发态的寿命相对较长，见图 4-2。荧光通常具有如下特征：①斯托克斯位移，即在溶液荧光光谱中所观察到的荧光发射波长总是大于激发光的波长；②荧光发射光谱的形状与激发波长无关；③吸收光谱的镜像关系[1, 3]。

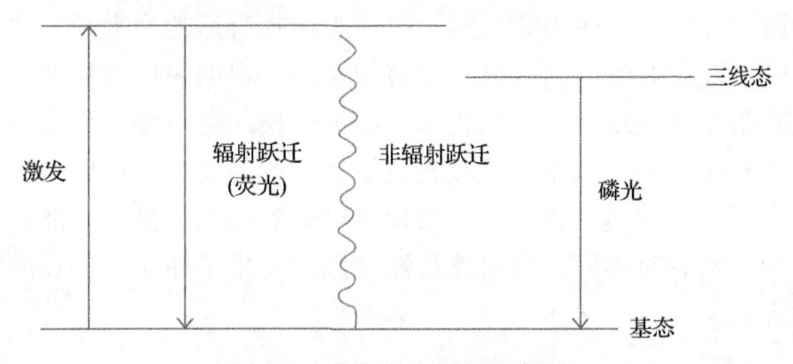

图 4-2　荧光产生机理示意图

19 世纪末，已经发现的荧光物质有六百种以上。近几十年，关于荧光的研究及荧光利用的发展又得到了大大推进，同时各种荧光分析仪器的问世，使荧光研究与利用不断朝着高效、痕量、微观和自动化的方向发展，方法的灵敏度、准确度和选择性日益提高，应用范围不断扩展，遍及各种科学研究领域。荧光材料目前主要的应用主要体现在显示、光催化、能量以及生命科学领域。近年来，学者们报道了许多荧光材料的制备方法及其重要用途。目前荧光材料按照来源途径划分，大致可以分为两类：天然荧光材料与合成荧光材料。与合成荧光材料相比，生物质基荧光材料制备简单、来源绿色且廉价易得，这些优势为生物质基荧光材料的未来广泛应用奠定了基础。

4.2　生物质荧光性能中相关的参数

荧光常用的特性包含激发光谱、发射光谱、荧光量子产率、辐射与非辐射跃迁常数、斯托克斯位移等。通过对这些谱图数据以及相关参数的表征与分析可以实现对荧光的定量描述，判断荧光物质的基本特征与适用场景。下面将重点介绍斯托克斯位移与荧光量子产率等参数[3]。

4.2.1　激发光谱和发射光谱[1, 3]

由于分子选择性吸收的性质，以及不同入射光能量不同，故不同波长的入射光具有不同的激发效率。如果固定荧光(或磷光)的发射波长(即测定波长)而不断改变激发光(即入射光)的波长，并记录相应的荧光(或磷光)强度，测得的荧光(或磷光)强度对应激发波长的谱图称为荧光(或磷光)的激发光谱。如果固定激发光的波长和强度而不断改变荧光(或磷光)的发射波长，并记录相应的荧光(或磷光)强度，测得的发射强度对发射波长的谱图则为荧光(或磷光)的发射光谱。激发光谱表示固定发射波长下，不同激发波长与强度关系；发射光谱表示在某一固定的激发波长下，不同发射波长与强度关系。激发光谱和发射光谱可作为发光物质的分析和鉴别手段，并可用于荧光定量测量时作为选择合适的最大激发波长和测定波长的依据。荧光发射光谱与吸收光谱呈镜像关系。根据镜像对称关系，可以帮助判别某个吸收带究竟是属于第一吸收带中的另一振动带，还是更高电子态的吸收带。应用镜像对称关系，如不是吸收光谱镜像对称的荧光峰出现，表示有漫反射光或杂质荧光存在。诚然，也存在少数偏离镜像对称的现象，可能是因为激发态时的几何结构与基态时不同，也可能是激发态时发生了质子转移反应或形成了激发态复合物等。

4.2.2　斯托克斯位移[1-3]

通过观察溶液的荧光光谱，发现所观察到的荧光发射的波长总是大于激发光的波长。Stokes 在 1852 年首次观察到这种波长移动的现象，因而称为斯托克斯位移。斯托克斯位移说明物质在激发和发射过程中，出现了能量损失。首先，如上文所述，物质在形成激发态之后的瞬间就发生振动弛豫/内转化，这是导致能量损失的主要原因。其次，辐射跃迁可能仅使分子从激发态回到不同的振动能级，从振动能级再通过振动弛豫进一步损失能量，导致斯托克斯位移现象。另外，溶剂效应和激发态分子发生的化学反应，也进一步加大了斯托克斯位移的波长。也有一种特殊的情况，当被激发的分子以激光为光源且吸收了双光子时，会产生荧光(或磷光)的发射波长短于激发波长这种情况。

4.2.3　荧光寿命和荧光量子产率[1, 3, 4]

荧光寿命和荧光量子产率是荧光物质的重要发光参数。荧光寿命(τ)定义为衰减总速率的倒数，即荧光强度衰减到初始强度的 1/e 时所需要的时间。它表示的

是荧光分子 S_1 激发态的平均寿命，使用公式表示为

$$\tau = 1/(\Sigma K + k_f) \tag{4-1}$$

式中，ΣK 代表各种发生在分子内的非辐射衰减速率之和；k_f 表示荧光发射的速率常数。荧光发射是无规律的、随机的，只有少数激发态分子在 $t=\tau$ 的状态下发射光子。荧光的衰减通常是单指数衰减过程，这表示有 63%的激发态分子在 $t=\tau$ 之前先发生衰减，另外在 $t>\tau$ 的时刻有 37%的激发态分子在衰减。激发态的平均寿命和跃迁发生的概率是相关的，两者的关系可大致表示为

$$\tau \approx 10^{-5} / \varepsilon_{max} \tag{4-2}$$

式中，ε_{max} 为最大吸收波长下的摩尔吸光系数(也称摩尔消光系数，单位以 m^2/mol 表示)。$S_0 \rightarrow S_1$ 是自旋允许跃迁，一般情况下 ε 值约为 10^3，故荧光的寿命约为 10^{-8} s；$S_0 \rightarrow T_1$ 的跃迁是自旋禁阻跃迁，ε 值约为 10^{-3}，故磷光的寿命约为 10^{-2} s。不存在非辐射衰减的过程时，荧光分子的寿命称为内在的寿命(intrinsic lifetime)，用 τ_0 表示为

$$\tau_0 = 1/k_f \tag{4-3}$$

荧光强度的衰减，通常符合以下方程式：

$$\ln I_0 - \ln I_t = t/\tau \tag{4-4}$$

式中，I_0 与 I_t 分别表示 $t=0$ 和 $t=t$ 时刻的荧光强度。荧光寿命值的计算可以通过实验测量出不同时刻时的 I_t 值，做出 $\ln I_t \backsim t$ 的关系曲线，便可用所得直线的斜率计算荧光寿命值。荧光量子产率(Y_f)定义为荧光分子被激发后，发射的光子数与吸收的光子数的比值。由于激发态分子的衰减过程包含辐射跃迁和非辐射跃迁，故荧光量子产率也可表示为

$$Y_f = k_f / (\Sigma K + k_f) \tag{4-5}$$

可见荧光量子产率的大小取决于辐射跃迁速率和非辐射跃迁速率之间的大小关系。假如辐射跃迁的速率远小于非辐射跃迁的速率，即 $k_f \ll \Sigma K$，Y_f 的值更接近于 0。通常情况下，Y_f 的数值总是小于 1。Y_f 的数值越大，荧光物质的荧光越强。荧光量子产率的数值大小主要受化合物的结构与性质、化合物所处的环境因素影响。除荧光量子产率外，在以往的著作中也曾出现“荧光的能量产率”和“荧光量子效率”等术语，并且不加区别地应用。文献中对于后两个术语定义如下。荧光的能量产率用 Y_{ef} 表示，定义为荧光被激发后发射的能量与吸收的能量的比值。因为

斯托克斯位移现象的存在，大多数 Y_{ef} 都小于 1。荧光量子效率用 η_F 表示，定义为在荧光发射时处于激发电子态上的分子数。荧光量子产率的数值，有多种测定方法，这里仅介绍参比的方法。这种方法是在相同的激发条件下，分别比较待测荧光样品和已知荧光量子产率的参比荧光物质两者的稀溶液的积分荧光强度(即校正的发射光谱所包含的面积)和对应此激发波长入射光(紫外-可见光)的吸光度而加以测量的。测量结果按式(4-6)计算待测荧光样品的荧光量子产率为

$$Y_u = Y_s \cdot \frac{F_u}{F_s} \cdot \frac{A_s}{A_u} \tag{4-6}$$

式中，Y_u、F_u 和 A_u 分别表示待测物质的荧光量子产率、积分荧光强度和吸光度；Y_s、F_s 和 A_s 分别表示参比物质的荧光量子产率、积分荧光强度和吸光度。使用该公式时，一般要求 A_s 和 A_u 小于 0.05，参比溶液的激发波长最好与待测物质相近。有分析应用价值的荧光化合物，通常其 Y_u 的值在 0.1～1 之间。荧光的寿命和量子产率受所有能改变激发分子光物理过程速率常数的条件影响。例如，随着温度的升高，由于增大了非辐射跃迁过程的速率常数，从而使荧光的寿命和量子产率下降。

4.2.4　分子荧光光谱仪与荧光测定[1, 3, 5]

对荧光行为进行分析的主要仪器是荧光光谱仪，又称荧光分光光度计，是一种定性、定量分析的仪器，见图 4-3。通过荧光光谱的测试可以获得物质的激发光谱、发射光谱、荧光寿命以及液体样品浓度等方面的信息。荧光光谱仪的组成在硬件上相似，其差别主要在于硬件材质、仪器精密程度以及部分次要功能上的不同。此外，不同荧光光谱仪所使用的软件在界面和功能上存在较大的差别。荧光光谱仪的重要部件包括光源、激发单色器、发射单色器、光电倍增管(photomultiplier tube，PMT)以及外联设备电脑等。在荧光分析中可采用不同的实验方法对分析物质浓度进行测定，常规的荧光分析法可分为直接荧光测定法和间接荧光测定法。直接测定法是利用物质自身发射的荧光进行定量测定，分子自身产生荧光必须具备两个条件：一是该物质必须具有与所照射光线相同频率的吸收结构，二是吸收了与其本身特征频率相同的能量之后，必须具有一定的荧光量子产率。间接测定的办法有多种，应用于环境分析中的大体可分为如下几种：①络合荧光法，利用被测物质与荧光较弱或不显荧光的物质以共价或非共价形式结合形成发荧光的络合物从而间接地对该被测物质进行测定；②荧光猝灭法，被测物质本身不发荧光，但具有使某种荧光化合物的荧光猝灭的能力，通过测量荧光化合物荧光强度的下降，可以间接地测量该被测物质；③催化荧光法，利用被测物质或其他物质对某个荧光反应的催化作用，或被测物质及其他物质催化某个反应，所得反应产物对

荧光体具有增强抑制作用，从而间接地对该被测物质进行测量。随着计算机、激光及电子学等一些新科学技术的引入，还产生了诸如同步荧光、导数荧光、时间分辨荧光、相分辨荧光、荧光偏振、荧光免疫、固体表面荧光测定、三维荧光等新技术，使荧光分析的手段不断朝着高效、痕量、微观和自动化的方向发展，荧光分析的灵敏度、准确度和选择性也不断提高。

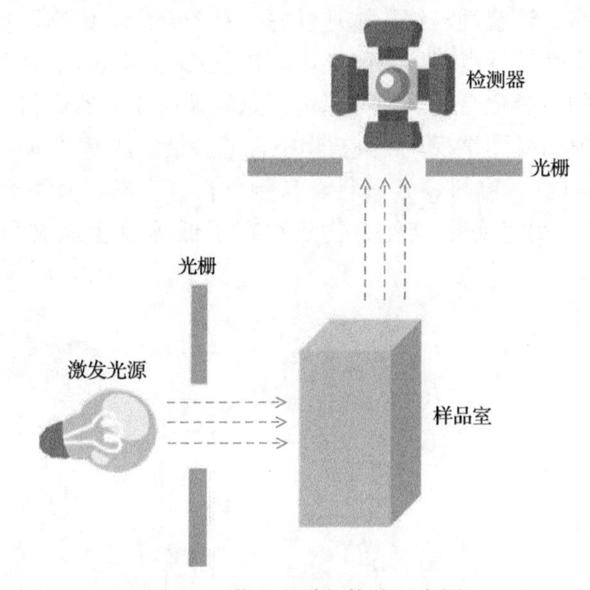

图 4-3　荧光光谱仪构造示意图

4.3　生物质荧光体

4.3.1　具有大苯环共轭结构的生物质荧光体及其发光机理

生物质大苯环共轭结构中具有较强荧光的物质多为黄酮类、香豆素类、姜黄素、叶绿素及其衍生物、花青素类、类胡萝卜素类、单宁酸等，见图 4-4[6]。其中黄酮类、香豆素类、蒽醌类是三种最主要的生物质基大苯环共轭结构荧光体。黄酮类化合物(flavonoids)是一类植物中分布很广的多酚类天然产物，具有苯基色原酮的结构[7]。黄酮类化合物在植物体中通常与糖结合成苷类，小部分以游离态(苷元)的形式存在。绝大多数植物体内都含有黄酮类化合物，它在植物的生长、发育、开花、结果以及抗菌防病等方面起着重要的作用[8]。黄酮类化合物从发现至今已有 300 多年的历史，每年都有新的黄酮类化合物从天然植物中分离出来。随着人们对黄酮类化合物的认识逐步加深，人们对其抗氧化、抗肿瘤、抗炎和抗菌等生物活性进行了大量研究。另外，部分黄酮类化合物具有荧光，可以应用到荧光染料和分析检测等领域。香豆素(coumarin)，分子式：$C_9H_6O_2$，分子量 146.15，白色结晶固体，熔点 68～70℃，沸点 298℃/266 Pa，相对密度 0.9350，天然发现存在于黑香豆、香蛇鞭菊、野香荚兰、兰花中，具有新鲜干草香和香豆香，一般不作食用，允许烟用和外用[9]。香豆素类化合物不仅在抗肿瘤药物的开发方面有研究应用，并且以香豆素为骨架的基团也常作为荧光功能材料中最优的荧光团之一，其具有荧光强度高、溶解性与细胞渗透性好、易于合成与修饰、良好的荧光量子产率和好的光稳定性等特点[10]。蒽醌类化合物(anthraquinones)是各种天然醌类化合物中数量最多的一类化合物。很久以前，蒽醌被用作天然染料，后来发现它们具有许多药用价值而受到重视。高等植物中含蒽醌最多的是茜草科植物。鼠李科、豆科(主要是山扁豆)、蓼科、紫葳科、马鞭草科、玄参科及百合科植物中蒽醌类化合物亦较高，另外蒽醌类化合物还存在于低等植物地衣和菌类的代谢产

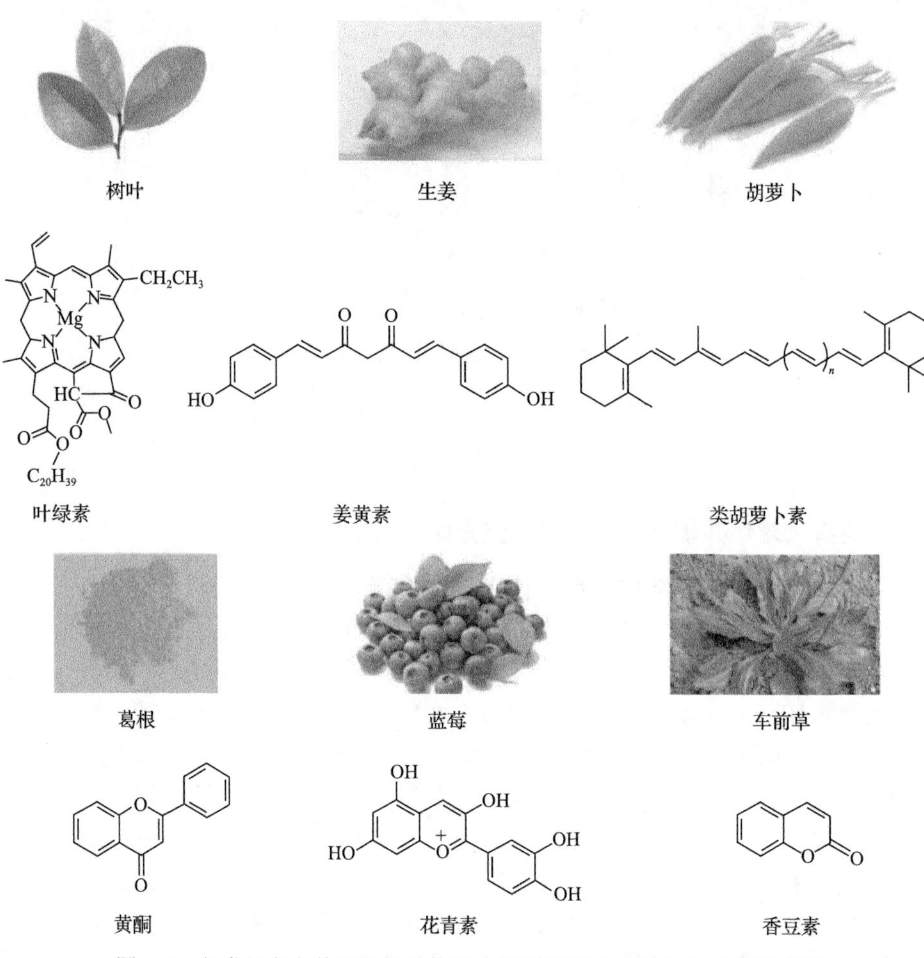

图 4-4　各类具有大苯环共轭结构的生物质荧光分子的结构式及其来源

物中。植物药中存在的蒽醌衍生物多为羟基蒽醌和它们的苷。大多数的蒽醌苷是蒽醌的羟基与糖缩合而成，也有少数是糖与蒽醌的碳原子直接连接而成。通常结合蒽醌分子量小于 500，且溶于水和有机溶剂，游离蒽醌分子量约为 300，易溶于有机溶剂如乙醚、氯仿、苯、乙醇等，还可溶于碱性水溶液如氨水、氢氧化钠溶液等，而不溶于水。蒽醌类化合物一般具有良好的耐光、耐溶剂性能，荧光量子产率较高。

4.3.1.1　黄酮类化合物的结构[7]

黄酮类化合物的结构多样，大部分黄酮具有 A、B 和 C 三个环，根据 B 环取代位置，C 环的成环、氧化以及取代方式的差异，黄酮类化合物可以分成：异黄酮类、二氢黄酮类、黄酮类、二氢查耳酮类、花色素类、二氢异黄酮类、黄酮醇类、查耳酮类、二氢黄酮醇类、双黄酮类、橙酮类、黄烷类、异黄烷类和双苯吡酮类等，部分结构式见表 4-1。天然存在的黄酮类化合物，除少数游离外，大多数都与糖结合成 O-苷而存在。黄酮类化合物分子结构复杂，可以被修饰的位置较多，所以黄酮及其衍生物的结构多样化。从天然植物中分离得到的黄酮，大多为多羟基或多甲氧基取代产物，常见的天然黄酮有：杨芽黄素、白杨素、芹菜素、王不留行黄酮苷、木犀草素、刺槐素和淫羊藿苷等。

表 4-1　部分黄酮类化合物的结构式

名称	结构	名称	结构	名称	结构
黄酮	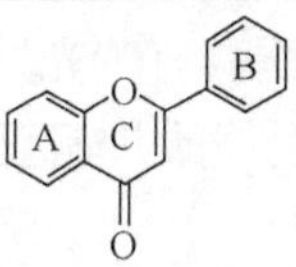 A C B O O	黄酮醇	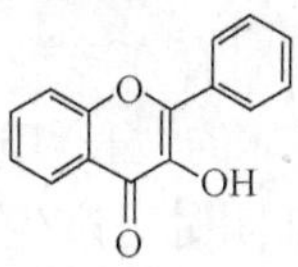 O OH O	异黄酮	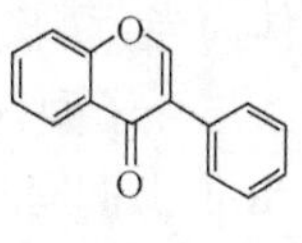 O O
二氢黄酮	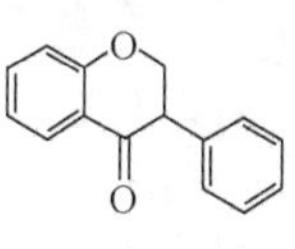 O O	二氢黄酮醇	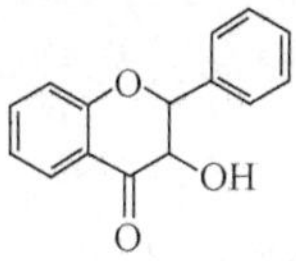 O OH O	异黄烷酮	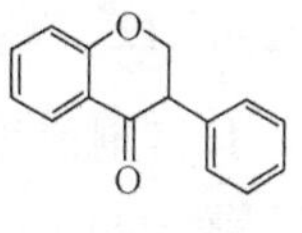 O O
查耳酮	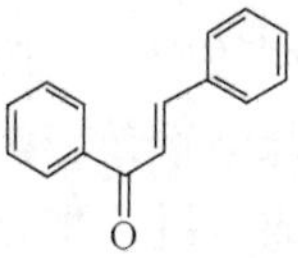 O	二氢查耳酮	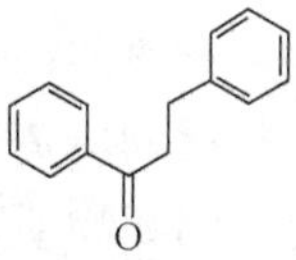 O	橙酮	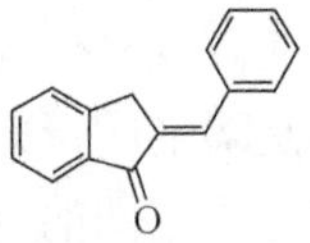 O

4.3.1.2　黄酮类化合物的荧光特性[11]

黄酮结构中的取代基团对其荧光影响较大，无取代官能团的黄酮自身没有荧光，见图 4-5。但是无取代黄酮可在强碱和热协同作用下，产生很强的荧光。这一结果可能是在碱和热作用下，黄酮中吡喃环分解产物产生的荧光发射。不仅有无官能团对黄酮的荧光影响很大，取代基团的位置对黄酮的荧光影响也很大。

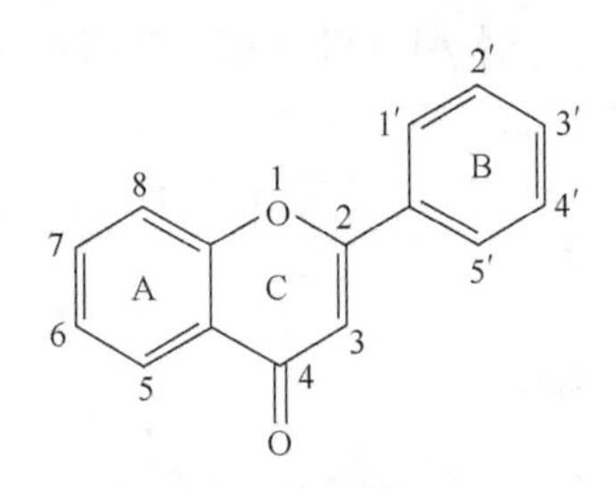

图 4-5　黄酮(2-苯基色原酮)类化合物上的取代位点

目前研究单一取代基对黄酮荧光的影响最多是在其 5、6 和 7 三个位点上。黄酮 5 位具有给电子取代基团 OH 时，大部分黄酮没有荧光或者荧光极弱，所以 5 位 OH 具有荧光猝灭的作用，如木犀草素、芹菜素、王不留行黄酮苷和淫羊藿苷。当黄酮在 6 位上有弱供电子官能团($—CH_3$，$—OCH_3$)时，黄酮分子具有荧光，但是当 6 位的取代基团为强供电子基团时(—OH，$—NH_2$)，黄酮分子荧光猝灭。研究表明仅在黄酮 7 位具有给电子取代基团(—OH，$—NH_2$，$—OCH_3$)的化合物具有荧光，如 7-羟基黄酮、7-甲氧基黄酮、7-氨基黄酮等。取代位基团的供电子能力也与黄酮的荧光有着密切的联系。随着取代基团的给电子能力增强，黄酮的电子共轭程度增加，发射波长红移。

当黄酮同时存在多取代基时，其荧光受到多个位点的同时作用影响，见图 4-5。具体为当黄酮 7 位和 B 环上同时存在多羟基取代时，黄酮具有荧光发射，如槲皮素。与分子型体比较，离子型体的波长红移，说明离子型体的共轭程度高。当 6、7、8 位上同时有供电子取代基团时可产生荧光。

4.3.1.3　环境对黄酮类化合物荧光特性的影响[11]

1)溶剂的影响

黄酮荧光行为与其分散的溶液有着较大的相关性，这被称为黄酮荧光的溶剂效应。荧光体的溶剂效应可分为一般溶剂效应和特殊溶剂效应。一般溶剂效应指的是溶剂的折射率以及介电常数对物质荧光的影响；特殊溶剂效应是荧光体和溶剂分子之间的物理、化学作用，例如物质可以与溶剂形成氢键或配合作用。通常来说，黄酮上取代位点上无羟基、氨基等易与溶剂发生氢键作用的官能团时，其溶剂效应体现为一般溶剂效应。例如，7-甲氧基黄酮和 6-甲基黄酮的荧光强度在甲醇中的变化行为符合一般溶剂效应的规律。当黄酮上有大量羟基、氨基等官能团取代时，这些官能团易与溶剂发生氢键或者范德瓦耳斯作用，从而导致黄酮类物质的荧光体现出特殊溶剂效应。例如，7-氨基黄酮、7,4′-二羟基黄酮和 5, 7, 3′, 4′,

5′-五甲氧基黄酮等三种化合物在甲醇中体现出特殊溶剂效应。

2) 有序介质的影响

有序介质通常指的是表面活性剂类物质，这类物质具有临界胶束浓度。在临界胶束浓度以下，该类物质表现出单分子态分散。但是超过临界浓度，该类物质会组装成一定的纳米或微米形貌。常用来考察黄酮有序介质效应的物质为十二烷基硫酸钠(SDS)、十六烷基三甲基溴化铵(CTAB)和 β-环糊精(β-CD)三种。针对分子型体的荧光而言，三种有序介质均不能增强黄酮的荧光强度。但是当黄酮带上电荷呈现离子型体时，CTAB 的加入可以有效增强黄酮的荧光强度。这主要是因为 CTAB 是阳离子表面活性剂，其与黄酮离子型体上电离出的阴离子发生静电吸引，减少了荧光体碰撞与 π-π 堆积带来的能量损失，因此可以提高物质的荧光量子产率。β-CD 也可以显著增强黄酮离子型体的荧光强度。β-CD 是淀粉降解所形成的环状糖分子，是一类表面亲水、腔体疏水的环形大分子。黄酮离子型体能进入环糊精分子的疏水区，与环糊精分子缔合形成超分子化合物，对黄酮进行有效分散，从而避免了黄酮分子因为堆积所带来的荧光猝灭，因而增强黄酮荧光强度。

4.3.1.4　香豆素类化合物的结构

香豆素类化合物的基本结构苯并吡喃酮具有大共轭结构。香豆素的母环结构并无明显荧光，但如果在 7 位上引入给电子基团，3 或 4 位上引入吸电子基团后，形成推-拉电子体系，使得分子内发生电荷转移，有效降低分子间的基态-激发态能级轨道，便可以得到强荧光物质。并且，还可以通过调整取代位置上基团的供、吸电子能力来调节其荧光强度与波长[12, 13]。按生源途径所形成的基本骨架进行分类，可将香豆素分为呋喃香豆素(6,7-呋喃并香豆素和 7,8-呋喃并香豆素)、简单香豆素(苯环上有取代基)、吡喃香豆素(7,8-吡喃并香豆素和 6,7-吡喃并香豆素)和其他香豆素(C-3、C-4 位上有取代基，异香豆素以及香豆素的二聚体、三聚体等)[14]。

1) 酯环取代香豆素类

此类香豆素指只在酯环上有取代基的香豆素类化合物，包括香豆素-3-羧酸、香豆素-3-羧酸乙酯、3-乙酰基香豆素、4-羟基香豆素、二氢香豆素、3-丁酰基香豆素、4-甲氧基香豆素、双香豆素和华法林钠等，见图 4-6(a)。为了加强香豆素的荧光性能，一般在酯环上修饰的吸电子基团较多。除此之外，如果在香豆素 R_1 位点上修饰羟甲基，其还可以被用作“光笼”分子。所谓的“光笼”就是可以“锁住”一个官能团或者一个分子，当光照射时，其会释放官能团或者整个分子，见图 4-6(b)[15]。当香豆素 R_1 位点上的羟甲基与外源羧酸官能团发生酯化反应时，外源分子会与香豆素形成一整个分子。当这个分子被光照射时，分子的酯键会被剪切，释放出外源分子。这种“光笼”特性赋予香豆素在生命科学领域以及材料领域重要的用途。

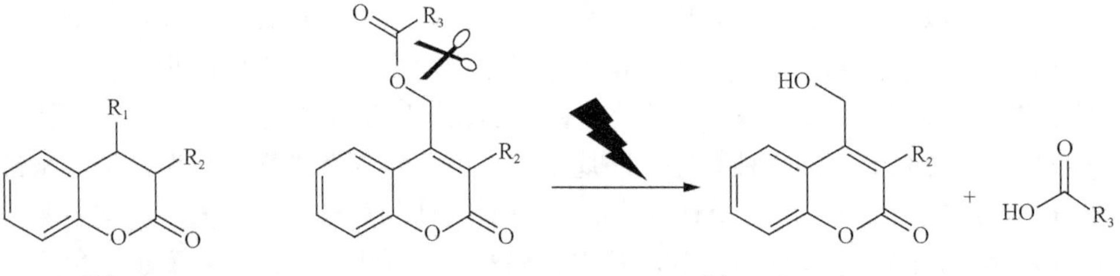

图 4-6　(a)酯环取代香豆素(R_1,R_2=乙酰基、羧基、双键、硝基等)；(b)香豆素“光笼”示意图

2)苯环取代香豆素类

香豆素中苯环上的取代基以供电子基团为主，供电子基团有利于促进香豆素的共轭程度，与酯环上的吸电子基团一起促进香豆素的荧光性能，见图 4-7。香豆素苯环上取代的位点主要是 6 位和 7 位。6 位的取代基多为—$N(C_2H_5)_2$、—CH_3、—OH、—OCH_3等，7 位的取代基有—OH、—OCH_3、—CH_3、糖基、酰氧基等。这些位点上的取代基为香豆素荧光性能的丰富调节性提供了保障。

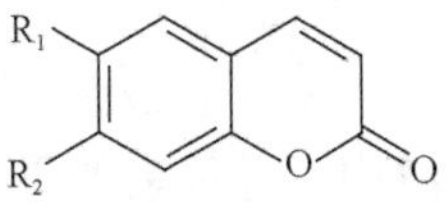

图 4-7　苯环取代香豆素
(R_1, R_2=—OH、—OCH_3、—CH_3 等)

4.3.1.5　香豆素类化合物的荧光特性[16-18]

香豆素类化合物在染料、材料和分析测试领域的广泛应用是由于多数分子在紫外光或可见光照射下可产生荧光。通过对其不同取代基的调控，可获取的荧光颜色覆盖从紫色、蓝色到红色，其中不仅荧光的波长与取代基团相关，其荧光的强弱也与分子中取代基位置和种类有关，见图 4-8。研究发现在香豆素的 3 位存在吸电子基团、7 位存在给电子基团时，会增强其荧光发射。这一效应归结于在分子内形成电荷转移现象。分子内电荷转移可以有效降低能级差，使得更多的电子在吸收光子后可以被激发至高能级轨道，从而提高荧光量子产率，促使荧光增强。通过调节 3 位与 7 位的基团，还可以实现对其荧光发射的精准调控。目前对香豆素荧光的研究都主要集中在调控 3 位和 7 位，对在香豆素其他位置引入不同取代基或多个取代基共存时对荧光性质的影响研究尚不够完善和深入。因此，有关荧光性质

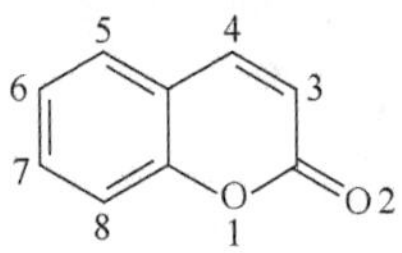

图 4-8　香豆素的分子结构及其可修饰位点

与香豆素类化合物分子结构的关系还需要进行广泛深入的研究。

4.3.1.6　环境对香豆素类化合物荧光特性的影响[14, 16-18]

1) 溶剂的影响

对具有分子类电子“推-拉”转移效应的香豆素，其发射荧光波长会随着溶剂极性的增大而发生红移。对于取代基可与溶液发生氢键作用的，其荧光与溶液的氢键作用则会主导其荧光行为，溶液的极性诱导荧光行为将会变弱。对于结构较为简单的香豆素，则溶剂效应不会特别明显。

2) 温度的影响

总体来说，香豆素类化合物的荧光强度会随溶液温度的升高而降低。这种变化主要是因为随着温度的升高，处于激发轨道上的电子更倾向以热量辐射、动能辐射或者其他形式辐射能回归到基态，而非以辐射跃迁这一会产生荧光的形式回到基态。除此之外，随着温度的升高，香豆素类化合物在溶液中的布朗运动会加剧，这种加剧的布朗运动会使得香豆素类化合物碰撞概率增加，从而猝灭其激发态。所以，温度升高对香豆素类化合物的荧光是有害的。

3) pH 的影响

由于大多数香豆素类化合物具有弱酸或弱碱性，所以在不同 pH 下，溶液中分子与离子的电离平衡会发生略微变化。在不同的 pH 下，香豆素类化合物的荧光强度会发生一定的变化。一般来说，当香豆素类化合物呈现微酸性时，碱性 pH 对其荧光影响较大，反之亦然。当然这些 pH 对香豆素类化合物荧光影响的探讨都是限于香豆素类化合物在该 pH 条件下还能保持完整分子结构，如果香豆素类化合物分子结构遭到破坏，则 pH 对其荧光行为的影响就会更加复杂。

4) 金属离子效应

当金属离子与可以与其进行络合作用的香豆素类化合物相结合后，所形成的配合物具有增强或者减弱的荧光效应。造成这一变化的主要原因是，金属离子和香豆素类化合物相结合后改变了整个分子中的电荷分布，从而影响了分子的整体轨道能级分布及分子的荧光量子产率。

4.3.1.7　蒽醌类化合物的结构[19, 20]

醌是一类特殊的 α,β-不饱和环状共轭二酮，是指环己烯二酮及其衍生物。蒽醌类化合物通常指 9,10-蒽醌及其衍生物。蒽醌的 1,4,5,8 位称 α 位，2,3,6,7 位称 β 位，9,10 位称为 meso 位，见图 4-9。蒽醌类化合物具有不饱和酮的结构，当分子中连接助色团(如—NH_2，—CH_3，—OH)后会呈现出多种颜色，其高度不饱和的母核使其在紫外和可见光区具有多个吸收带，而且随着助色团的增多颜色加深。

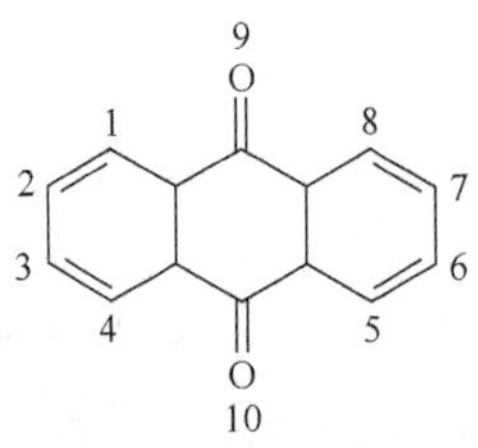

为了生产商业上用的染料，需要在 α 位引入一些强供电子取代基如—NH_2、—OH 等，而和吸电子基团相比，供电子基团对蒽醌类化合物光谱的红移效应相对较大。因此，带有供电子基团的蒽醌类化合物是工业上重要的蒽醌染料。大多数蒽醌类化合物为呈现黄色、红色、橙红色或紫红色晶体。带有—OH、—COOH 等取代基的蒽醌类化合物存在大 π 键，具有平面结构，有很强的荧光特性，并且发射波长一般都在 500 nm 左右。

图 4-9　蒽醌的结构

4.3.1.8　蒽醌类化合物的荧光特性[21]

姚明明等研究发现，当蒽醌在四氢呋喃溶液中被分散成单分子状态时，其发射峰主峰位在 430 nm 处，左侧 410 nm、右侧 450 nm 以及 475 nm 处有明显的肩峰，与有机物蒽的荧光发射光谱类似，都具备振动精细结构，这可能是因为其 n-π 发射态是无辐射的暗态。然而，蒽醌的固态粉末发射相对溶液红移明显，并且同样存在振动精细结构(540 nm、580 nm)，撤去激发光源后余辉明显，体现室温磷光的性质。而将蒽醌掺杂在聚甲基丙烯酸甲酯(PMMA)中，旋涂成厚度为 100 nm 的表面平整的薄膜，针对此薄膜测定其发射光谱，发现被 PMMA 分散了的蒽醌分子在高温区(300～500 K)的发射峰位于 435 nm 以及 475 nm 处，符合蒽醌在单分子状态下的发射行为；但是蒽醌掺杂薄膜在较低温度下(80～300 K)的发射主峰位于 540 nm 处，此状态下的峰位和峰形与固态蒽醌粉末的发射光谱相似。考虑到低温状态下分子振动转动受抑制，三线态更容易辐射发光，可以认为蒽醌在溶液和被 PMMA 分散的单分子状态下发射荧光，而在低温聚集和固态下发射磷光。

4.3.1.9　环境对蒽醌类化合物荧光特性的影响

1) 金属离子的影响[22]

蒽醌类化合物是大环共轭体系，具有平面结构，与不同金属离子配位后能形成不同性质的络合物。由此，可以制备出一系列以蒽醌为中心的阳离子识别受体，当它们的衍生物通过分子识别与阳离子发生作用时，蒽醌便会做出响应，表现为相应的可检测的荧光信号。例如，1,4-二羟基蒽醌就具有多个配位基团，能与碱土金属、稀土金属、第三主族金属以及碱金属形成配位化合物，从而可以用于金属离子的测定。

2) 阴离子的影响

氟离子等电负性较强的阴离子也可以对蒽醌类化合物的荧光产生影响。这主要是由于氟离子可以与蒽醌类化合物中的质子型取代基发生反应，夺取化合物中的质子，使得整个体系中的电荷分布发生变化，从而对化合物的荧光行为产生影响。基于此特性，Devaraj 等合成了基于蒽醌底物的氟离子荧光传感器[23]。Peng 等也以 1,2-二氨基蒽醌为原料合成了对氟离子选择性响应的传感探针[24]。

4.3.2　具有聚集诱导发光(AIE)特性生物质荧光体及其发光机理

4.3.2.1　AIE 背景介绍

在生活中，人们广泛应用固体荧光材料或者荧光薄膜材料。这些荧光材料在新一代平板显示器件、太阳能电池、激光器、传感器等领域发挥了重要的作用。但是应用于这些功能材料的有机荧光材料大多具有大 π 共轭体系，在稀溶液中有较高的荧光量子产率，而在聚集状态(高浓度溶液或者固态)下，分子间紧密的 π-π 堆积形成激基缔合物(excimers)，导致非辐射能量转换、荧光变弱甚至完全消失，这一现象即为聚集导致荧光猝灭(aggregation-caused quenching，ACQ)，见图 4-10(a)。例如，我们在前文中介绍的黄酮类物质以及香豆素类物质在溶液状态下具有较好的发光性能，但在聚集状态下却不会发光或发光效率很低[25]。为了避免 ACQ 效应，研究人员只能研究和利用在稀溶液中处于单分散状态的荧光分子。但是，稀溶液中的荧光检测体系灵敏度较差，很大程度上限制了它们的应用范围[26]。而且，在某些情况下，即便是在稀溶液中，ACQ 现象仍然不可避免，例如在生物检测体系中，小的荧光分子可能会聚集在生物大分子的表面或集中在折叠结构中疏水的凹陷处。这种稀溶液中局部浓度的增大同样会导致 ACQ 现象的发生，这非常不利于对生物传感器的实时监测[27]。另外，在有机光电器件的应用中，发光材料通常被制成固体薄膜或其他聚集态形式，分子之间的聚集更加紧密，相邻荧光分子的芳香环之间存在着强烈的 π-π 堆积作用。为了降低 ACQ 效应，科研工作者们采用了很多方法，例如将大位阻分子用化学键连接到发光的芳香环上以阻止分子间相互聚集，通过表面胶囊化使其物理钝化，与非共轭的透明聚合物基体相掺杂等。但是，这些方法在很多情况下，只能部分或者暂时减弱聚集的程度[28]。聚集发光材料的发现为解决这一问题提供了巨大的机遇。2001 年，Tang 课题组发现 Siloles 衍生物在稀溶液中几乎不发光，但在聚集态下发光却明显增强，见图 4-10(b)[29]。他们将这种反常的现象称为聚集诱导发光(aggregation-induced emission，AIE)。AIE 化合物的独特发光性质引起了科学界的极大关注，很多课题组对 AIE 化合物的结构设计进行了深入的探索，并相应提出了不同的 AIE 机制，例如分子内旋转受限(restriction of intramolecular rotations，RIR)机制、非辐射失活衰减受限机制、分子构象扭曲以避免形成激基缔合物的机制以及特殊的分子堆积方式如 J-聚集体的形成、交叉分子堆积、由分子间的 C—H···π 作用或特殊的氢键作用导致的聚集体等理论。同时，科研工作者还不断探索了 AIE 化合物在化学传感、生物传感、生物标记、电致发光以及逻辑门器件等各个领域的应用。近十多年来，AIE 化合物领域的研究已经有了突飞猛进的发展。目前来说，大部分具有 AIE 的分子都是通过有机合成，相较于这些合成的 AIE 分子，生物质基的 AIE 分子具有原料绿色、制备简单等优势。下面将详细介绍多类型的生物质基 AIE 分子。

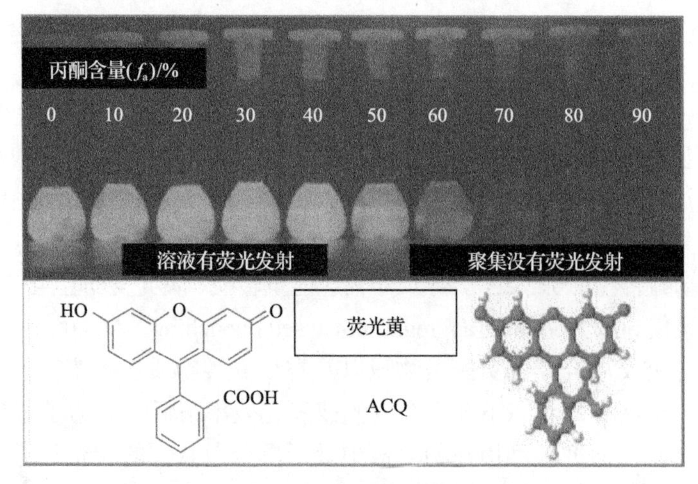

(a) 分散态荧光强于聚集态

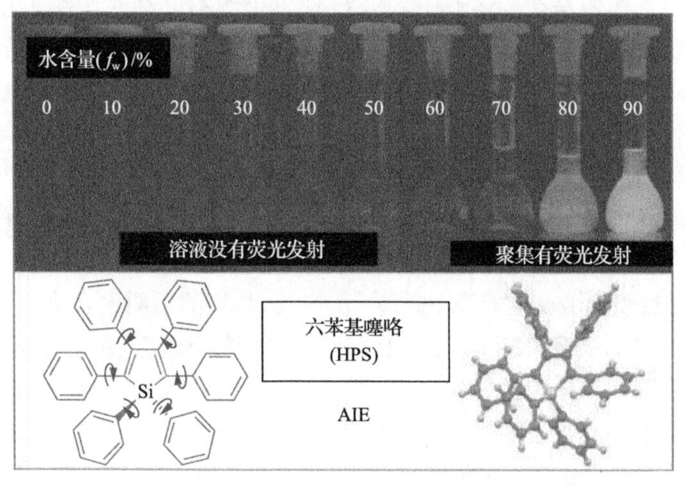

(b) 聚集态荧光强于分散态

图 4-10　(a)传统荧光素在不同比例水和丙酮中的聚集荧光猝灭现象[30]；(b)多苯基取代硅杂环分子在不同比例水和丙酮中的聚集诱导发光(AIE)现象[30]

4.3.2.2　AIE 化合物的分类及发光机制[26]

典型的 AIE 化合物包括多芳基取代的杂环化合物、分子内电荷转移化合物、含有氢键的化合物及聚合物等。对于 AIE 化合物的结构-性质研究，有利于寻找更多种类、更高效的发光功能材料。然而，到目前为止，对 AIE 发光机理的认知时间较短，对产生 AIE 现象的机理还存在很大争议，不同化合物的 AIE 发光机制也可能有所不同，尚未找出能够明确帮助指导设计固态发光材料的系统性的一般规律。因此，除了寻找更多种类的 AIE 化合物，对于其 AIE 发光机制的系统、深入、细致的研究也同样是非常必要的。

1) 多芳基取代与分子内电荷转移化合物

Siloles 类衍生物是 Tang 课题组在早期研究中发现的最有代表性的 AIE 化合物[29]。他们认为，Siloles 类衍生物的 AIE 特性是由于在固态或聚集态下分子内各基团围绕单键的扭转大幅度受到抑制而引起的。同时，这类化合物的螺旋状分子构型还能够有效地抑制分子间紧密的 π-π 堆积。在稀溶液中，由于分子内相互作用，化合物周边的苯环围绕与 Siloles 中心相连的单键进行旋转，从而抑制了激子的形成，诱发了无辐射衰减，导致荧光猝灭。聚集以后，Siloles 分子的构型更加刚性化，这样就抑制了上述的分子内旋转，从而抑制了无辐射衰减和激子的猝灭，导致聚集态荧光增强。为了进一步确认该机理，Tang 等通过改变溶剂的黏度、温度与在良溶剂中常温下的发光情况进行对比。结果发现，增加溶剂黏度或者降低溶液温度，也同样能够观测到荧光强度的增加，同时还延长了荧光寿命。这说明，固态或聚集状态下分子的 AIE 现象与增加黏度或降低温度的荧光增强现象是一致的，进一步证实了分子内的单键旋转受限的发光机理。类似的，该类芳基取代的 AIE 化合物还包括四苯乙烯类小分子[31]。

上述只含有碳氢原子的 AIE 芳香化合物结构简单，并且易于合成，但是这些化合物的发光基本上都在蓝光波段，不能满足实际应用中多方面的要求，很大程度上限制了这些 AIE 化合物的应用。如果能使发光波段进一步拓展到低能发光区域，那么整个 AIE 化合物体系就能够涵盖更宽的发光范围，也将能获得更广泛的应用。使化合物发光红移的通常手段是改变有机化合物的构型，使分子更加平面化，增加共轭程度。但与此同时，这种平面分子的面面堆积会增加分子间相互作用，形成不利于发光的激基缔合物，产生 ACQ 现象。另一种使化合物发光红移的方法是在有机发光化合物中掺入杂原子设计推拉电子的分子结构，以诱导电子扰动，进而产生分子内电荷转移(intramolecular charge transfer，ICT)。这种 ICT 特性同样也可以有效改变原有的分子光物理行为，利用分子内推拉电子作用虽然能够使化合物发光有效发生红移，但分子如果是刚性平面结构就依然会导致 ACQ 现象。基于此，研究人员通过在设计推拉电子的 ICT 分子结构的同时有效避免分子结构的平面化来设计发光波段更为丰富的 AIE 化合物[31]。

近来，唐本忠研究组进一步研究发现除了这些经典的合成 AIE 结构，天然产物黄连素也具有 AIE 效应，并且在研究中证明了该天然产物的 AIE 是与分子内苯环振动和电荷转移相关的。在稀的极性溶液中，有两个亚甲基连接的异喹啉环与苯环之间可以发生分子内振动。甲氧基和季氮原子作为供、吸电子基团在分子内形成较强的电荷转移作用。当加入极性较弱的不良溶剂时，化合物分子相互聚集，化合物局部的环境变为非极性，电荷转移作用得到抑制，发射光谱逐渐蓝移。与此同时，分子内振动得到有效抑制，因此促进 AIE，使得荧光增强。利用黄连素与葫芦脲之间的主客体作用也可以对其 AIE 荧光进行调控。作为 AIE 荧光体，黄连素具有荧光量子产率高、光稳定性强、廉价易得以及环保绿色等一系列优势，见图 4-11。

2) 氢键类化合物

氢键是形成超分子的一类很重要的非共价键。光物理性质研究认为，有机分子间形成氢键能使它们的构型更具刚性，从而抑制分子内旋转，有利于降低无辐射衰减，增加发光强度。激发态分子内质子转移(excited state intramolecular proton transfer，ESIPT)化合物就是一个很好的例子。ESIPT 现象是指化合物分子在光、热、电等作用下，由基态跃迁到激发态以后，分子内某一基团上的氢核(即质子)通过分子内氢键转移到分子中邻近的 N、S、O 等杂原子上，形成相应的互变异构体的过程。相比于一般的有机发光化合物，ESIPT 化合物具有其独特的 E-E*-K*-K-E 四能级跃迁，其中，E 和 E*分别代表烯醇式(enol)结构的基态与激发态，K 和 K*则分别代表酮式(keto)结构的基态与激发态。通常，ESIPT 化合物在基态下以烯醇式结构(E)稳定存在，而在激发态时则以酮式结构(K*)稳定存在。由于该类化合物特殊的发光性质与光物理行为，使其在激光材料、电致发光、光存储以及分子传感等领域有着广泛的应用。我们研究发现，可以从生物质材料——槐米中通过简单的“分离-提取-纯化”获得氢键类 AIE 化合物槲皮素，见图 4-12。槲皮素在四氢呋喃中具有良好的溶解性，在四氢呋喃中槲皮素的 ESIPT 效应被显著压制，主要表现出烯醇式发射(420 nm)。随着不良溶剂水的加入，槲皮素开始聚集形成类纤维网络结构，ESIPT 效应增强，酮式发射(530 nm)增强，并且酮式发射的强度随着水的比例升高呈现出正相关趋势。但是，随着水溶液在整个体系中的占比超过 90%时，其整体荧光呈现出下降趋势，不再有 AIE 现象。这种现象是由于当水在混合体系中的占比超过 90%时，槲皮素所形成的类纤维状网络结构无法在该体系中稳定存在，从而发生沉降，无法被荧光分析信号所捕捉。除了可以使用“良溶剂-不良溶剂”来调控槲皮素的 AIE 行为，也可以使用浓度来调控槲皮素的 AIE 行为，当槲皮素在四氢呋喃中浓度越高时，其越容易聚集，促进其 ESIPT 效应，主要呈现出酮式发射。当槲皮素在四氢呋喃中浓度较低时，其分子内 ESIPT 效应减弱，主要呈现出烯醇式发射。总体来说，槲皮素表现出优异的 AIE 与 ESIPT 性能。在二者协同下，槲皮素可以呈现比例型的荧光变化，当聚集程度较高时，ESIPT 过程加剧，酮式荧光加强；反之，ESIPT 过程减弱，槲皮素主要呈现出烯醇式荧光。

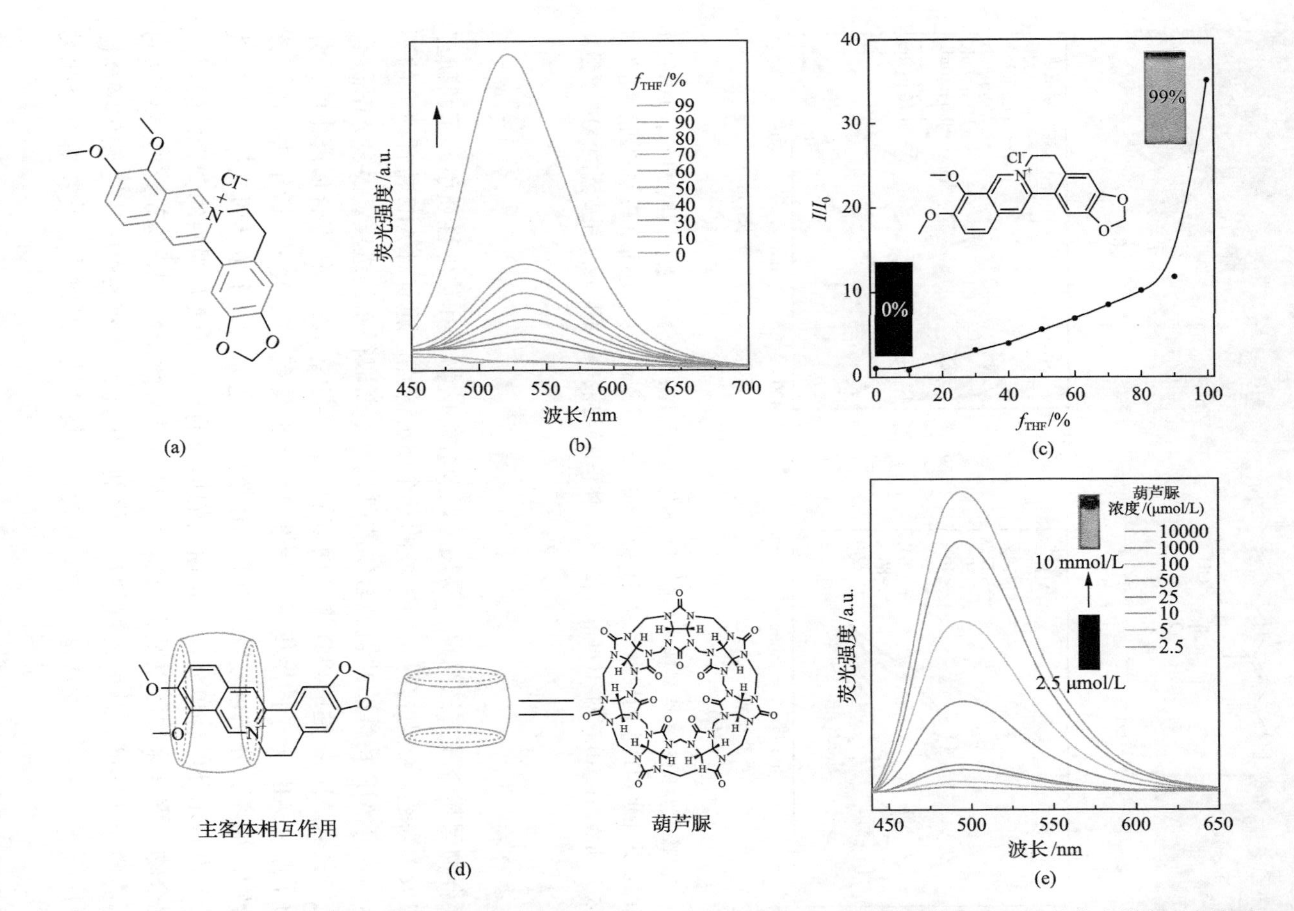

图 4-11　(a) 黄连素分子结构；(b) 黄连素在不同比例水和四氢呋喃中的荧光变化图；(c) 黄连素在510 nm处荧光增强比例与水/四氢呋喃比例间的对应关系；(d) 黄连素与葫芦脲之间的作用示意图；(e) 黄连素在不同浓度葫芦脲存在下的荧光变化图[32]

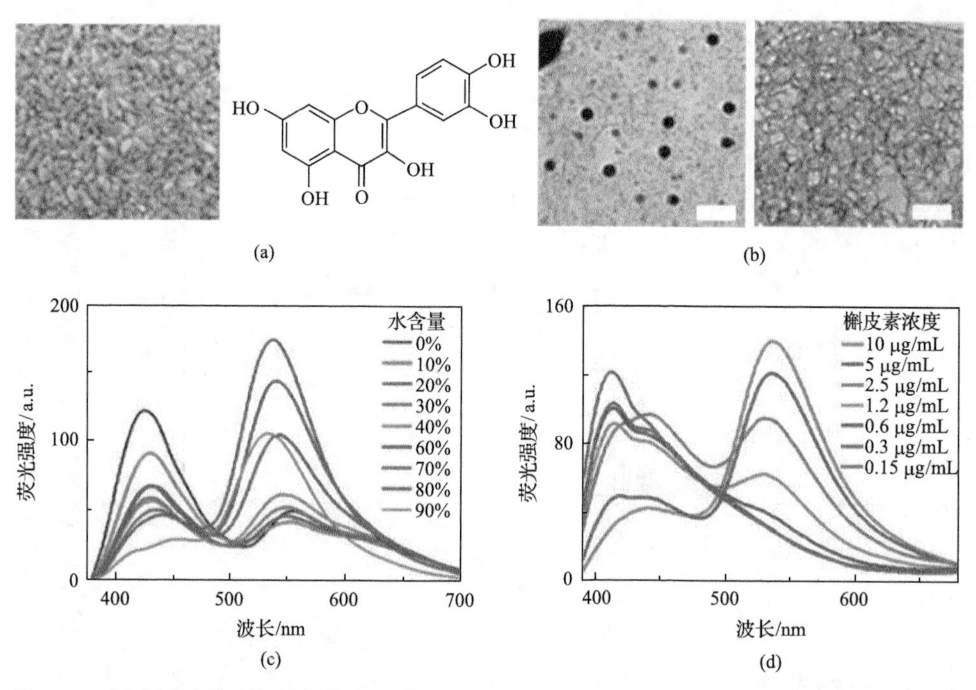

图 4-12　(a)槲皮素的制备原料槐米和槲皮素的结构示意图；(b)槲皮素在四氢呋喃(左)中的分散形貌图及其在水(右)中的聚集形貌图(标尺=50 nm)；(c)槲皮素在不同比例水和四氢呋喃中的聚集发光曲线图；(d)在四氢呋喃/水(20/80，体积比)溶液中，不同浓度槲皮素的 AIE 增强发光曲线[33]

3)聚合物

聚合物因其合成方法简单、易加工以及独特的物理和化学性质引起了科研工作者的极大兴趣，成为材料科学领域的一个研究热点。随着对 AIE 特性研究的不断深入，具有 AIE 特性的共轭聚合物的研究也不断取得新的进展。很多 AIE 聚合物都是由具有 AIE 特性的单体聚合而成的，这一类由 AIE 单体聚合后产生的高分子保留了原来 AIE 分子的聚集发光特性，因此也具有 AIE 效应。近年来，除了该类聚合物，很多高分子也被发现具有 AIE 效应，这类高分子单体没有聚集发光效应，甚至没有苯环结构单元，但是由它们形成的高分子具有强烈的荧光发射。聚氰类化合物、聚马来酰胺以及合成短链多肽等都有此特性[34]。但是这些聚合物的合成都需要一些环境载荷大的试剂和催化剂，因此近年来生物质基的 AIE 聚合物受到了广泛的关注。生物质基材料木质素、海藻酸钠、纤维素、淀粉等具有此类效应[34]。

我们研究发现酶解木质素化合物溶于碱性溶液时，其荧光较弱，但是当加入乙醇后，木质素形成纳米聚集体，同时，荧光也有极大的增强，见图 4-13[35]。通过改变木质素的浓度，木质素的 AIE 荧光也可以得到精细的调控，浓度越高，其荧光增强效果越明显。进一步研究发现，木质素的溶液吸收呈现出明显浓度诱导的红移，这表明木质素的苯环间发生了 J 型堆积。根据研究现象，我们推测木质素 AIE 机理如下：木质素中的苯环在溶液中呈现出 J 型堆积，这种堆积方式使得苯环内电子的移动不再仅仅局限于单个苯环之内，苯环的电子可以在若干个不共轭的苯环间自由移动，这使得苯环的电子云离域大大增强，从而有效降低最高已占分子轨道(HOMO)-最低未占分子轨道(LUMO)之间的差值，增加电子辐射跃迁的概率，最终促进荧光发射。Xue 等研究发现碱木质素与磺酸盐木质素也具有类似的 AIE 效应。当碱木质素与磺酸盐木质素溶于水中时，其荧光发射较为微弱。当碱木质素与磺酸盐木质素加入有机溶剂四氢呋喃中时，其荧光发射增强 18 倍。该碱木质素与磺酸盐木质素的 AIE 机理被归结为“苯环转动受限”。在水溶液中，碱木质素与磺酸盐木质素具有良好的溶解性，木质素中的苯环可以自由转动，大部分的激发能都被转化为苯环的自由转动能，因此大部分的激发电子进行非辐射跃迁，荧光较弱。在体系中加入四氢呋喃后，由于碱木质素与磺酸盐木质素在四氢呋喃中较差的溶解性，分子间容易发生聚集，从而减小苯环的自由度和转动空间，激发态电子更容易进行辐射跃迁，从而促进荧光发射。

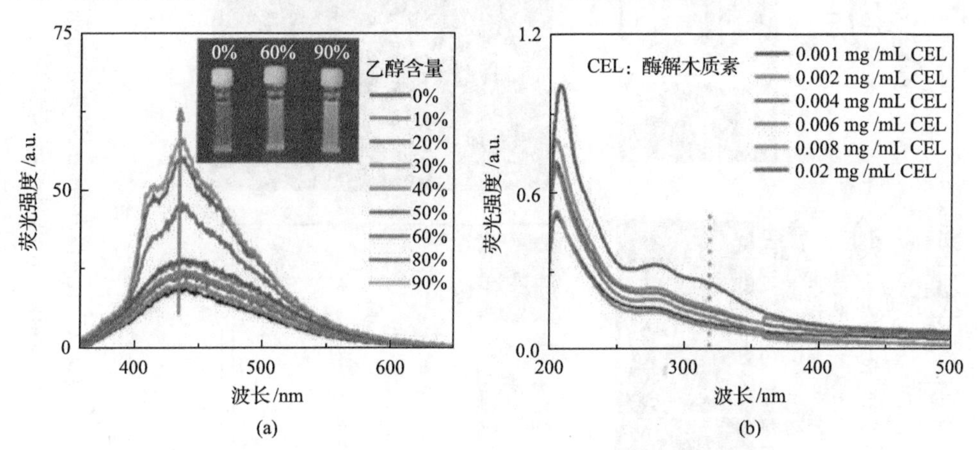

图 4-13　(a)酶解木质素在不同比例碱水溶液与乙醇中的聚集发光图；(b)酶解木质素在不同浓度下的 AIE 增强荧光图(溶剂：乙醇)[36]

除了木质素以外，还有些生物质材料中，没有苯环结构，但是也具有 AIE 现象。对于这一类反常规的现象，又被称为簇发光，被认为是 AIE 的一个亚种。典型的生物质簇发光体系有海藻酸钠、纤维素、淀粉等。以海藻酸钠为例，其单体古罗糖醛酸(G)、甘露糖醛酸(M)不具有荧光发射，但是海藻酸钠在高浓度下呈现出较强的荧光发射，见图 4-14[37]。除此之外，使用钙离子交联海藻酸钠也可以得到具有较强荧光发射的结构。我们研究发现不仅使用钙离子交联和浓度富集可以使海藻酸钠发光，使用“良溶剂-不良溶剂”置换法也可以诱导海藻酸钠簇发光。

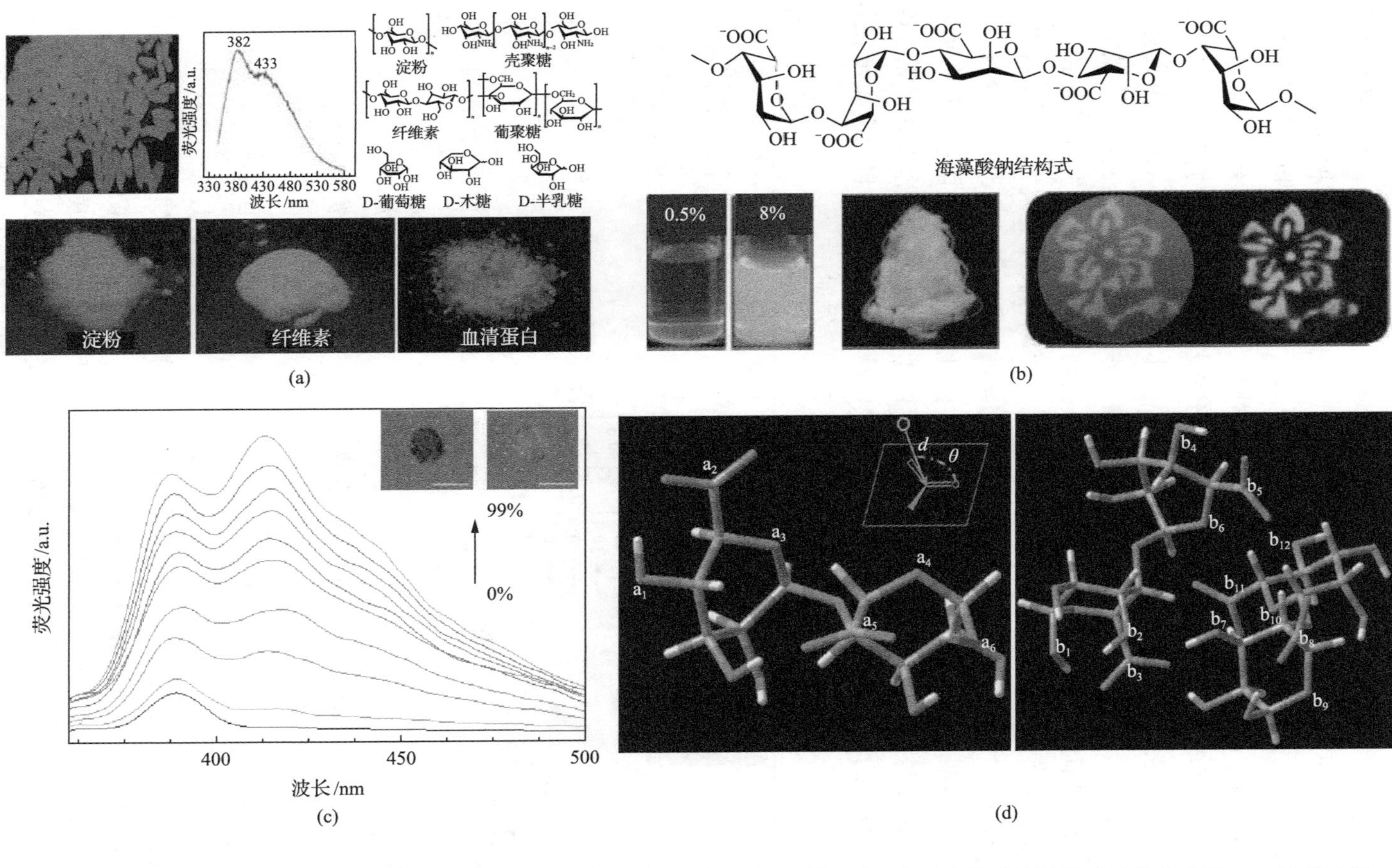

图 4-14　(a) 天然产物大米、淀粉、纤维素以及血清蛋白结构式及其荧光图；(b) 天然产物海藻酸钠结构式及其荧光图；(c) 天然产物海藻酸钠在不同比例乙醇/水中的荧光发射图；(d)天然产物海藻酸钠在分散(左)与聚集(右)状态下的分子结构理论计算模型[37]

海藻酸钠具有良好的水溶性，但是其在乙醇中几乎不溶解，利用这一溶解度差异，我们先在水中溶解海藻酸钠，然后对体系使用乙醇进行置换，得到海藻酸钠微纳簇结构，这些通过溶剂置换得到的海藻酸钠微纳簇表现出强荧光发射。在验证构效关系的研究中发现海藻酸钠中两种构型单元(G 和 M)都对海藻酸钠的簇发光有所贡献。在通过高斯密度泛函理论研究海藻酸钠簇发光时，我们发现海藻酸钠中的饱和氧原子与羰基碳的距离小于 3.2 Å，且所形成的线面角(Bürgi-Dunitz angle)在 95°～125°之间，这意味着该体系中饱和氧原子可以与羰基发生 n-π*空间共轭，极大地降低 HOMO-LUMO 间的分子轨道能级，促进荧光发射[38]。总体来说，相较于其他的 AIE 体系来说，该类体系的研究仍旧处于初始阶段，尤其是机制研究尚未有非常可靠的实验性数据来进行验证。

4.3.3　生物质基碳量子点及其发光机理

4.3.3.1　碳量子点

碳量子点(carbon quantum dots，CDs 或 CQDs)是近些年来出现的一种新型的荧光碳纳米材料，是一类尺寸小于 10 nm 的碳纳米微球。2004 年，Xu 等[39]偶然从纯化电弧放电制备单壁碳纳米管的过程中发现碳量子点，随即引发了对碳量子点的大量研究。2006 年，Sun 等设计出一个通过表面钝化来增强荧光发射的合成碳量子点的方法，荧光量子产率可达 10%，并首次将其命名为“碳量子点”[40]。近年来，对碳量子点的合成、性能和应用的研究越来越多。和传统的半导体量子点、上转换纳米颗粒、有机染料相比，光致发光碳量子点有许多优点，如较好的光稳定性，良好的水溶性，较强的化学惰性且易于改性。碳量子点优异的生物性能，例如低毒性和良好的生物相容性，使碳量子点在生物成像[41-43]、生物传感[44, 45]和药物传递[46, 47]等应用中有很大的发展前景。碳量子点是优异的电子供体和电子受体，可将其应用于催化和光电[48-57]领域中。碳源多分为两种：一种是人造的，例如蜡烛灰[58]、石墨烯[59]、富勒烯-C_{60}[60]、柠檬酸铵[61]、葡萄糖和氢氧化铵[62]、聚乙烯亚胺[63]和乙二胺[64]等；另一种是天然产物，例如橘子汁[65]、牛奶[66]、咖啡渣[67]、桑蚕丝[68]、绿茶[69]、鸡蛋[70]、鸡蛋膜[71]、豆奶[72]、面粉[73]、香蕉[74, 75]、土豆[76]、石榴[77]、莲藕[78]、辣椒[79]、蜂蜜[80]、香菜叶[81]、蒜[82]、金华佛手[83]、芦荟[84]、玫瑰花[85]、青柠[86]、头发[87-89]和稻壳[90]等。和人造碳源相比，用环境友好型天然产物制备碳量子点有很多优点，如价廉且储量丰富、含有大量有益于光电性能的杂原子(N，S，P)等[91]，用人造碳源制备 N/S 掺杂的碳量子点时，需要额外加入含 N/S 的化合物[82, 89]。因此，利用生物质来制备碳量子点具有巨大的性能优势和应用前景，见图 4-15。

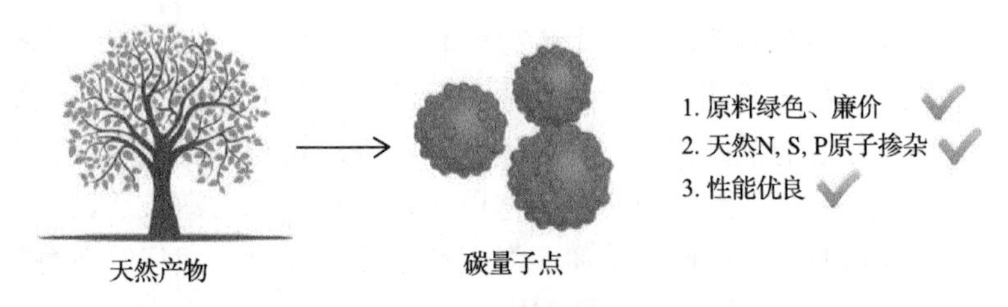

图 4-15　生物质材料制备碳量子点示意图

4.3.3.2　碳量子点的结构与物理特性

碳量子点通常是准球形纳米颗粒。大多数的碳量子点主要是以 sp^2 杂化碳为晶核，周围是化学基团或者直接由无定形碳组成，碳量子点的晶格间距和石墨碳或无定形层状碳的结构一致，见图 4-16。经过氧化的碳量子点表面通常包含大量羧基，由于合成方法不同，碳量子点的氧含量(质量分数)从 5%到 50%不等。碳量子点的表面通常有许多羧基，这使得碳量子点具有良好溶解性，并且可以与有机物、无机物以及生物材料进行功能化和表面钝化等反应。表面钝化不但可以使碳量子点的荧光性能增强，同样可以改善碳量子点的物理性能，如在水溶剂及无机溶剂中的溶解性。碳量子点主要含有碳元素和氧元素[92, 93]，由含有杂原子的天然产物制备的碳量子点，例如头发和蛋白质，还会含有氮元素和硫元素[89, 94]，因为杂原子的孤对电子和碳原子的 p 轨道之间的共轭，N/S 掺杂的碳量子点有着特殊的光学和电子特性。

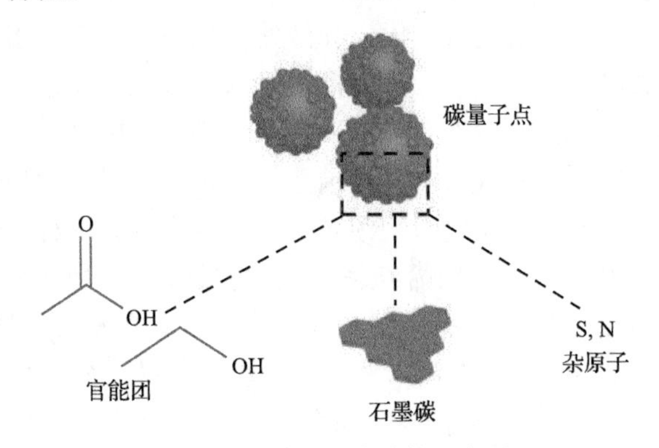

图 4-16　碳量子点结构示意图

4.3.3.3　碳量子点的光学特性

碳量子点通常在紫外光区域有吸收峰，可能也会有一些吸收肩峰延伸到可见光范围[92]。碳量子点的吸收行为可归因于 C—C 键的 p-p*跃迁以及 n-p*跃迁。大部分生物质碳量子点的吸收都比较短，这是因为在其合成的过程中，生物质原料不会产生大的共轭石墨烯域。作为碳量子点最为重要的功能，发光性质是碳量子点的主要性质之一。一般来说，制备碳量子点的原料不具备荧光性能，而是在制备过程中逐渐形成了发光中心。因此，了解碳量子点的发光机理对于调控碳量子点的荧光性能具有重要意义。碳量子点的荧光发射机制一直存有争议，目前主要有两种解释。一种认为碳量子点的荧光发射是源于碳量子点的表面缺陷；另一种认为碳量子点的荧光性能来源于孤立的 sp^2 电子团簇[95-97]。Sun 等认为表面钝化会引起碳量子点的表面能量缺陷，该缺陷可以有效地捕捉激发能量而发出荧光[40]。Pan 等提出碳烯类三重卡宾的自由边缘可能是引起碳量子点发光的原因[98]。Eda 等则提出了孤立的 sp^2 碳原子团簇机制，他们认为被 sp^3 碳原子包围的孤立的 sp^2 碳原子内的电子空穴对会重新结合，从而产生荧光发射[99]。Liu 等认为荧光可能来自 π-π 的电子转移[100]。碳量子点的荧光发射机制至今未有一个统一的说法，深入了解碳量子点的发光机理，对于碳量子点的高效制备及应用具有重大意义。碳量子点的一个独特性能是发射光谱可调，即使不经过表面钝化，碳量子点也表现出可调的发射光谱，但是这些碳量子点的效率一般比较低，这是因为碳量子点表面缺陷不稳定。用有机物或者聚合物材料进行表面钝化后，碳量子点的表面缺陷稳定，无论是在水溶液还是固体状态下都可以检测到强烈的荧光发射。

研究表明，除了传统的下转换荧光发射，一些碳量子点还具有上转换荧光发射性能，见图 4-17。上转换荧光发射是指：在波长较长的激发光的激发下，体系发出短波长光子的现象，即辐射光子能量大于所吸收的光子能量。因为生物成像在长波长区尤其是近红外区，可以提高光子组织自体荧光渗透以及减少背景干涉，这在体内生物成像中具有很大的应用潜力。Yin 等首先报道了用辣椒制备的碳量子点同时具有上转换和下转换荧光发射[79]。碳量子点的上转换荧光发射是一个非常有趣的现象，它的机理仍然处于争论中。一种可能是双光子过程涉及上转换。从天然产物中制备的碳量子点有很大的双光子吸收横截面，激发后，它们可以同

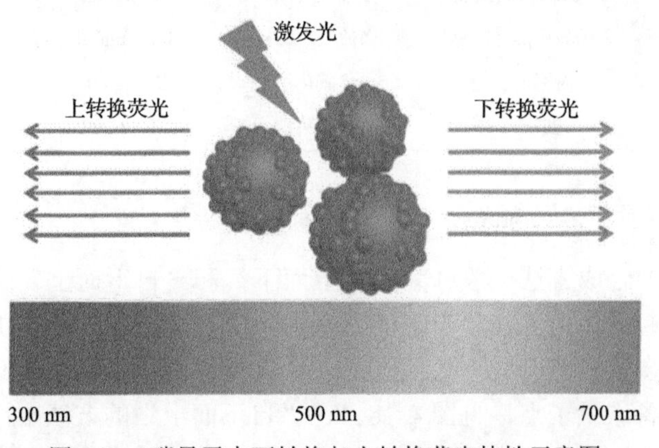

图 4-17　碳量子点下转换与上转换荧光特性示意图

时吸收两种长波长光子，释放一个短波长光子。另外一种可能是碳量子点的电子供体和受体的存在可以导致三线态-三重湮灭上转换荧光发射。虽然仍在研究确切的机理，但是上转换荧光发射已经在多篇文章中用到。例如，我们研究组研究了碳量子点在细胞成像中的上转换荧光发射[101]。上转换荧光发射还可以应用于其他领域，例如高效催化剂的设计、生物科学和能源技术。

4.3.3.4　低毒性以及良好生物相容性

碳是构成生物有机体的主要元素，而碳量子点主要由碳、氢、氧三种元素构成，生物毒性低，是用于生物成像的良好材料。利用不同的材料和方法制备出来的碳量子点表面元素和结构具有很大的不同，从而导致碳量子点拥有不同的生物相容性。笔者课题组所制备的木质素碳量子点，在浓度达到 800 μg/mL 时，依然没有表现出明显的细胞毒性。基于咖啡壳所制备的碳量子点材料，当浓度达到 400 μg/mL 时，细胞存活率依旧达到 90%以上。对近年来相关碳量子点文献进行总结，数据都显示碳量子点材料是一类毒性低、生物相容性良好的材料，见表 4-2。

表 4-2　生物质碳量子点的生物相容性

碳量子点名称	原料	制备方法	浓度	细胞存活率
CNP[41]	蜡烛灰	化学氧化法	<0.5 mg/mL	90%～100%
L-CDs[101]	木质素	分子聚集法	800 μg/mL	＞90%
CDs[65]	橘子汁	水热处理法	200 μg/mL	＞90%
CDs[45]	柠檬酸+乙二胺	水热处理法	400 μg/mL	＞90%
CDs[81]	香菜叶	一步水热处理法	1 mg/mL	86%
CNPs[102]	壳聚糖	水热碳化法	200 μg/mL	＞80%
CNSs[103]	蚕丝	水热处理法	80 μg/mL	＞90%
N-CDs[104]	抗坏血酸+丙氨酸	微波处理法	25 μg/mL	＞96%
CDs[105]	丙烯酸+1,2-乙二胺	微波处理法	0.25 mg/mL	＞90%
N-CDs[106]	猕猴桃	一步碳化法	25 μg/mL	＞80%
CS-CDs[144]	咖啡壳	分子聚集法	400 μg/mL	＞90%

4.3.3.5　碳量子点的制备

碳量子点的合成方法一般分为“自上而下”和“自下而上”两种，也有的是将两种方法合起来使用。在“自上而下”的方法中，碳量子点是由相对宏观的碳源制备的，大多数天然产物，包括水果、生物质材料和生物质废弃物，都可以用这种方法来制备碳量子点，见图 4-18。在“自下而上”的方法中，前驱体需要作为“种子”加入溶液中，在升温的过程中，逐步碳化形成碳量子点。这种方法比较适用于用天然聚合物制备碳量子点，例如甲壳素[107]和壳聚糖[102, 108, 109]。当然这种分类不是绝对的，有很多的制备将二者结合到一起用以合成生物质碳量子点[103]。鉴于用“自上而下”法制备天然产物碳量子点比较常用，我们将主要介绍此方法。另外，也将介绍笔者研究组开发的一种“自下而上”法用来制备生物质碳量子点[101]。

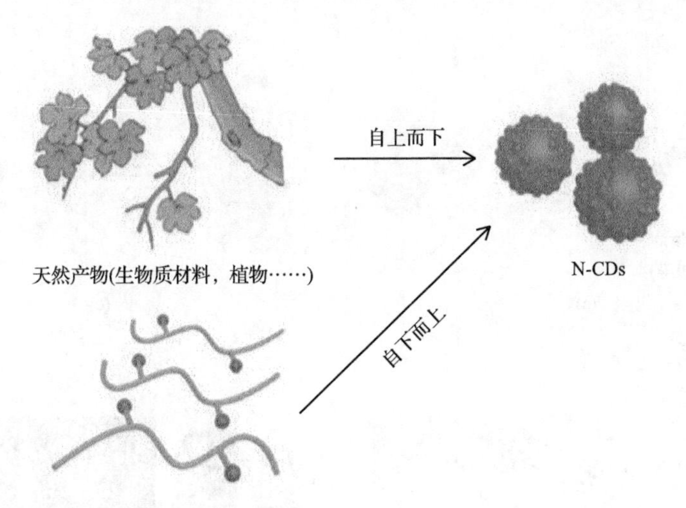

图 4-18　生物质基碳量子点的制备方法

1) 自上而下-水热碳化法

水热碳化，是一种低耗、环境友好且无毒的溶剂热碳化，是生物质碳量子点材料制备过程中最常用到的制备手段，见图 4-19 (a)。很多生物质材料包括竹叶[110]、苹果汁[111]、红茶[112]、半纤维素[113]，以及卷心菜[114]等都可以通过水热法来制备碳量子点[115]。水热碳化一般需要在密封的反应器中进行。Liu 等对草进行了水热处理，制备了 N 掺杂的碳量子点 (N-CDs) [91]。Sahu 等对橘子汁进行一步水热处理，离心后得到了一种荧光量子产率为 26%的碳量子点，见图 4-19 (b) [65]。这些水热法制备的碳量子点尺寸都在 1.5～4.5 nm[65]。牛奶中含有很多含 N 的成分，鉴于此，Wang 和 Zhou 将牛奶作为原料，采用水热碳化法制备了 N 掺杂的碳量子点，所制备碳量子点的直径为 2～4 nm，见图 4-19 (c) [66]。Zhang 等利用商品化的蜜蜂花粉作为碳源制备了超小型 N 掺杂碳量子点[116]。该合成路线非常环保绿色，10 g 的原材料可以制备出至少 3 g 的碳量子点，反应转化率可以达到接近 30%，见图 4-19 (d)。使用水热法制备碳量子点是一种绿色环保的方法，但是很多生物质材料无法进行水热处理，同时在水热处理的过程中，会产生大量固体含碳残留物。这些含碳残留物无法得到合理利用，造成资源浪费。鉴于此，Wang 等报道了一种综合利用水热法制备碳量子点及其含碳剩余物的方法[117]。Wang 等首先从稻壳中通过水热法制备碳量子点，其荧光量子产率能达到 15%[117]。由于稻壳中包含很多二氧化硅，在制备碳量子点的同时，还从剩余物中制备了介孔二氧化硅纳米颗粒。这种方法充分利用了生物质资源。依照类似的方法，Wu 等在水热处理羧甲基纤维素制备碳量子点后，使用固态含碳残余物制备了导电碳微球[118]。虽然水热法制备碳量子点绿色环保，便于利用，但是要提高其转化率，且通过水热控制粒子尺寸仍是一个挑战。

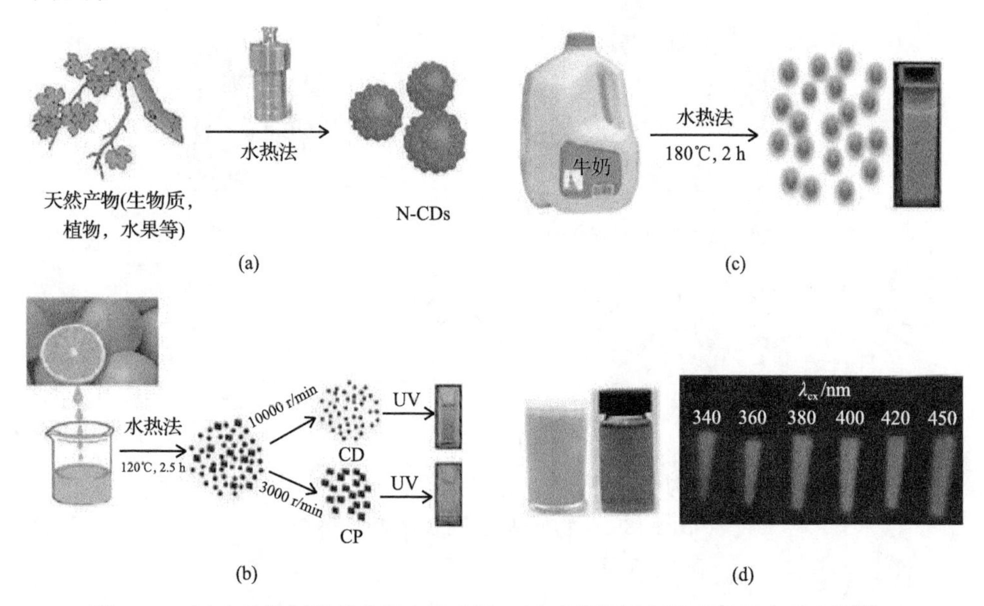

图 4-19　(a) 水热法制备碳量子点示意图；(b) 由橘子汁制备碳量子点示意图[65]；(c) 由牛奶制备碳量子点示意图[66]；(d) 由蜜蜂花粉制备碳量子点示意图[116]

2) 自上而下-提取法

从一些生物质材料中“提取”碳量子点也是一种高效的碳量子点制备方法。Jiang 等从速溶咖啡中提取了碳量子点[119]，见图 4-20。在制备过程中，咖啡粉加入到 90℃蒸馏水中，搅拌离心。过滤上清液去除大颗粒，用 Sephadex G-25 凝胶过滤色谱法纯化，纯水作为洗脱液，分离出碳量子点。所制备的碳量子点展

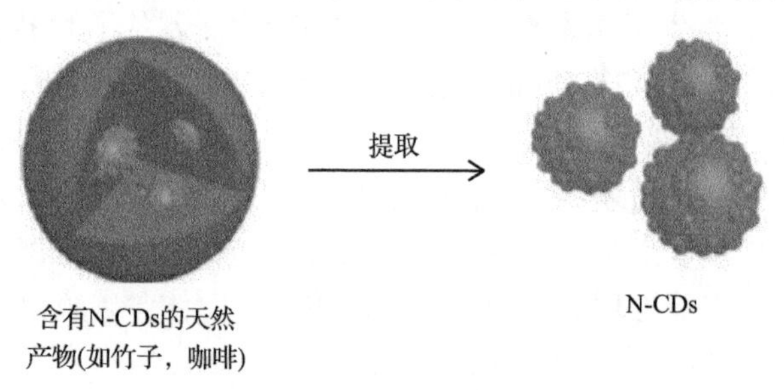

图 4-20　提取法制备碳量子点

现出优良的生物相容性，可以用于细胞和鱼的生物成像中。Dinç 报道了从甜菜糖浆中提取碳量子点，该碳量子点可以用于分析核黄素和四环素的荧光生物传感[120]。虽然提取法不需要合成，但是仍有很多缺点，如提取的碳量子点的尺寸不可控。另外，并不是所有的生物质产物中都有碳量子点，所以这种方法不能被广泛地应用。

3) 自上而下-化学氧化法

通过化学氧化剂促进天然产物碳化也可以用来制备碳量子点，见图 4-21。生物质材料首先使用化学氧化剂处理，得到碳化产物，然后对碳化产物进行分离纯化得到碳量子点材料。2014 年，Suryawanshi 等用 H_2SO_4/HNO_3 作为氧化剂，以死印楝叶为原料，制备了碳量子点[121]。所制备的碳量子点包含羧基和环氧基等官能团，容易发生电子对的非辐射跃迁，因此荧光量子产率不高。但是通过对其表面进行氨基钝化处理后，其非辐射跃迁得到抑制，荧光大大增强。这项工作对碳量子点表面官能团对其荧光的影响做出了深入的阐述，明确了碳量子点荧光的调控机制。Yan 等将淀粉通过化学氧化法制备碳量子点，并利用该碳量子点与化疗药物伊马替尼间的荧光猝灭作用，实现了对其的有效检测[122]。虽然使用化学氧化法很容易从生物质原料中制备碳量子点，但这种方法仍存在一些问题，一个主要的缺点是氧化试剂的环境污染和残留问题，这会大大增加环境载荷与生物毒性。

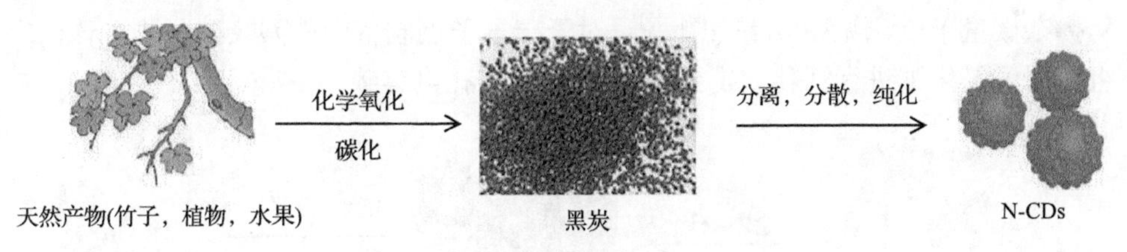

图 4-21　化学氧化法制备碳量子点示意图

4) 自上而下-微波化学法

微波化学法是一种有效省时的碳量子点合成方法，见图 4-22。在微波化学法合成中，首先将天然产物溶解在溶剂中，在微波室中加热，然后对所得到的碳量子点进行分离纯化。Wang 等用羊毛作为原材料，采用一步微波辅助热解法制备碳量子点，荧光量子产率可达 16.3%[123]。羽毛是养禽业中一种主要的废弃物，主要含有 β 角蛋白，富含碳、氮、硫和氧等元素。Liu 等用微波 (2 kW) 水热反应法处理鹅毛，制备了 N、S 掺杂碳量子点，其荧光效率达 17.1%。面粉也可用作碳源，在微波作用下制备碳量子点[94]。面粉作为原材料在微波作用下可以在 10 min 内完成碳量子点制备，相较于其他原料，以面粉为原料制备碳量子点拥有高效的优势。

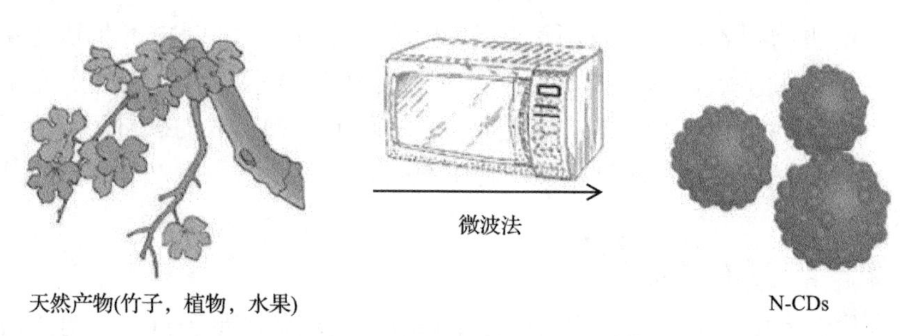

图 4-22　微波法制备碳量子点示意图

5) 自上而下-热解法

热解法是一种成熟的制备碳量子点的方法。该工艺非常简单，首先对天然产物进行加热碳化，形成黑炭材料，分离纯化得到碳量子点，见图 4-23(a)。Wang 等用等离子体热解鸡蛋，制备了双亲性碳量子点。蛋白或蛋黄放在盘子中，用等离子束辐射 3 min，射频功率为 120 W(电压 50 V，电流 2.4 A)，收集得到的黑色材料分散于水/有机溶剂中，离心透析分离纯化得到荧光碳量子点[图 4-23(b)][70]。Ye 等用一步热解碳化法制备碳量子点，用鸽子的羽毛、蛋和肥料作为生物质原料，不需要额外的试剂，就可以制备出 N、S 掺杂的碳量子点材料[图 4-23(c)]。这主要是因为蛋含氮元素，羽毛有含硫的氨基酸。利用该方法所制备的 N、S 掺杂的碳量子点尺寸分布在 3.3～4.7 nm[124]。Xu 等报道了用低温热解法从黄豆粉中制备 N 掺杂碳量子点，见图 4-23(d)[125]。对于碳量子点制备中的残余碳化物，该研究组使用氢氧化钾进行活化，得到了 N 掺杂的多孔电容碳。

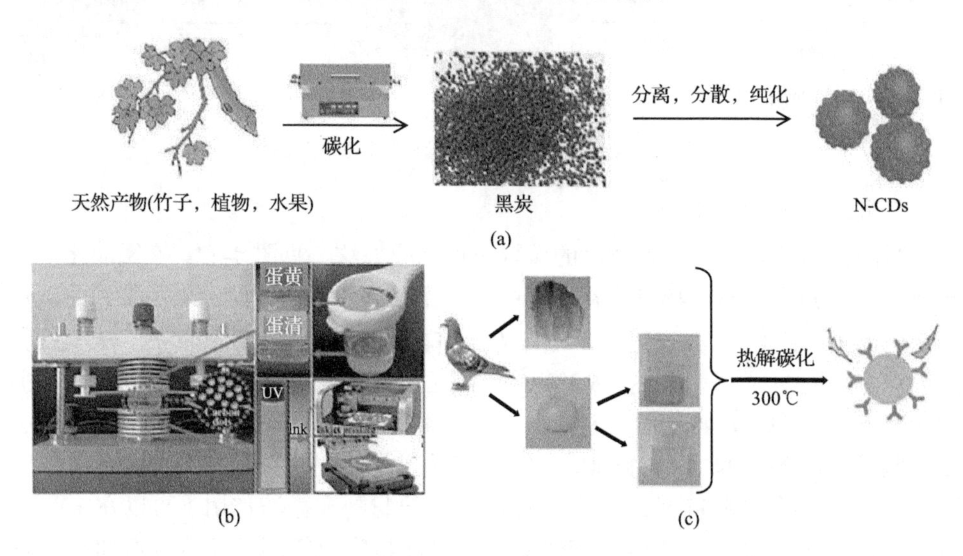

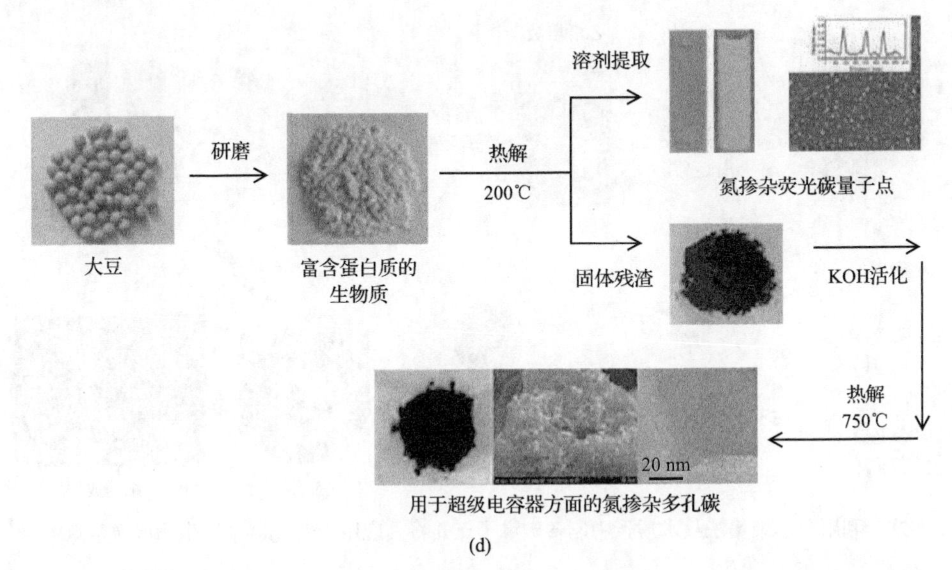

(d)

图 4-23　(a) 热解法制备碳量子点；(b) 采用等离子体诱导热解法从鸡蛋中制备碳量子点[70]；(c) 采用热解碳化法从鸽子蛋中制备碳量子点[124]；(d) 采用热解法从黄豆中制备碳量子点[125]

6) 自上而下-分子聚集法

笔者课题组最近发现了一种从天然产物中制备碳量子点的新方法——分子聚集法。分子聚集法是一种简单、绿色的制备碳量子点的方法[101]，不需要加热或者其他能量的输入。方法是基于芳香族生物质分子，利用分子间作用力，使其自组装形成具有超共轭体系且超小纳米形貌的碳纳米点。研究中使用木质素为原料，使其在溶液中自组装形成具有 J 型堆积结构的纳米颗粒。该纳米颗粒表现出良好的荧光发射性能，且具有激发依赖性，见图 4-24。研究表明该木质素碳量子点还具有上转换发光性能。由于该木质素具有较为突出的荧光性能，加上其本身良好的生物相容性，故其在生物成像中表现出良好的效果。除此之外，笔者课题组还基于咖啡酚酸提取物制备了咖啡酚碳量子点。在该研究中，首先利用传统的碱溶酸沉工艺，从咖啡壳中提取了咖啡酚酸。然后，利用疏水及 π-π 作用诱导咖啡酚酸中的苯环结构发生自组装，形成 J 型堆积的碳量子点。该碳量子点表面具有大量的酚羟基，因此具有良好的抗氧化性，可以用作抗氧化因子。除此之外，该碳量子点还表现出令人意外的癌细胞核靶向，可以实现癌细胞的亚细胞器染色。研究结果还表明该咖啡酚酸碳量子点拥有良好的活体肿瘤靶向能力，可以在小鼠体内进行肿瘤成像与定位。尽管使用该类方法所制备出的碳量子点具有很多优势，但是该类碳量子点因为主要依赖弱作用力诱导的组装形成，因此其粒子稳定性较差。在以后的研究中，应该关注如何进一步增加其粒子稳定性。

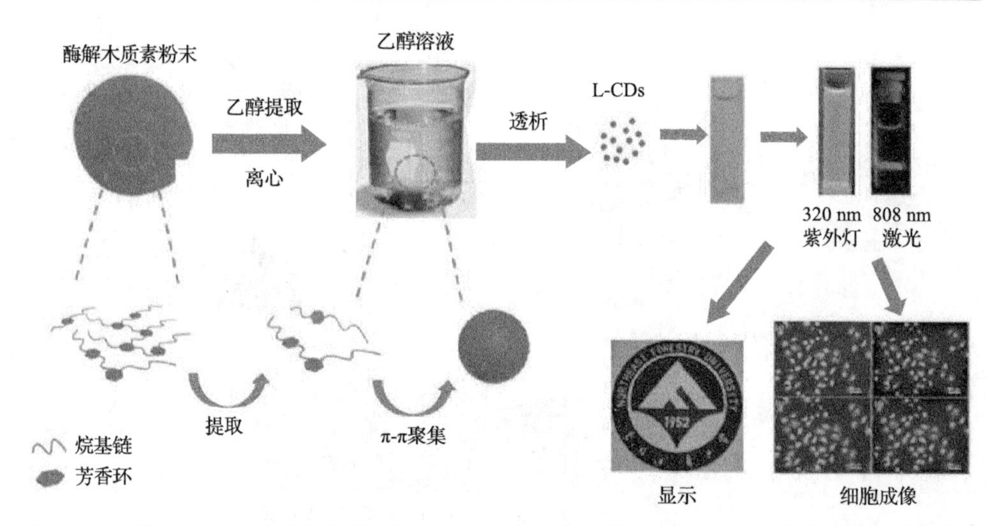

图 4-24　利用分子聚集法从木质素中制备碳量子点并将其应用于荧光展示和生物成像示意图[101]

4.4　生物质荧光体材料的应用

生物质发光材料拥有许多重要的用途，包括可以将其制备成荧光薄膜传感器用于特定的客体物质检测，也有将其制成荧光纳米颗粒用于生物成像，也有将其作为光敏化剂应用在光催化等领域，下面将重点介绍生物质发光材料在智能荧光检测薄膜、太阳能电池与光催化、荧光成像、荧光检测以及生命诊疗方面的应用。

4.4.1　智能荧光检测薄膜

荧光传感器以灵敏度高、可采集信号丰富及使用方便等优点备受人们关注，近年来得到迅速发展。荧光传感器主要分为两类，即在溶液中使用的均相荧光传感器和易于重复使用且能进行气相传感的薄膜荧光传感器。均相荧光传感器因灵敏度高、选择性好，广泛应用于金属离子、阴离子和中性分子，特别是生物分子的检测和识别中。然而，均相荧光传感器所固有的易于污染待测体系、只能一次性使用等缺点，也限制了其应用。如将均相荧光传感器固定于基质表面制备成薄膜荧光传感器则基本可以克服上述缺点，实现传感器的重复使用，减少污染。因此，近年来薄膜荧光传感器的研究受到人们的特别关注。薄膜荧光传感器的制备方法主要包括物理薄膜、化学薄膜和自组装单层膜等三个方面。在这里，我们主要介绍由高分子包埋法制备智能荧光检测薄膜及其相关应用。

高分子包埋法是将传感元素分子按一定比例掺杂在易于成膜的高分子[如壳聚糖、聚乙烯醇(PVA)、聚乳酸等]溶液中，然后通过旋涂或流延在固体基质表面成膜，得到高分子包埋的复合膜。笔者课题组通过高分子包埋法制得了鞣花酸荧光薄膜，该荧光薄膜对铁的表面不可见腐蚀表现出良好的检测效果，见图 4-25。该检测的原理主要是利用鞣花酸可以与锈蚀的标记物三价铁离子之间的结合显色反应。在该研究中，首先使用盐水来制造表面的微腐蚀，经由表面腐蚀处理过的铁板和正常铁板未见任何区别，但是在电子扫描显微镜下观察，发现经由微腐蚀处理过的表面确实出现腐蚀产生的表面缺陷。使用鞣花酸掺杂的 PVA 薄膜黏附到正常铁表面时，未见该薄膜有任何的反应和变化。但是，当把鞣花酸/PVA 薄膜铺装到具有微腐蚀的铁板表面上时，其出现明显的显色反应。因此，鞣花酸/PVA 薄膜具有检测不可见铁表面微腐蚀的潜力。

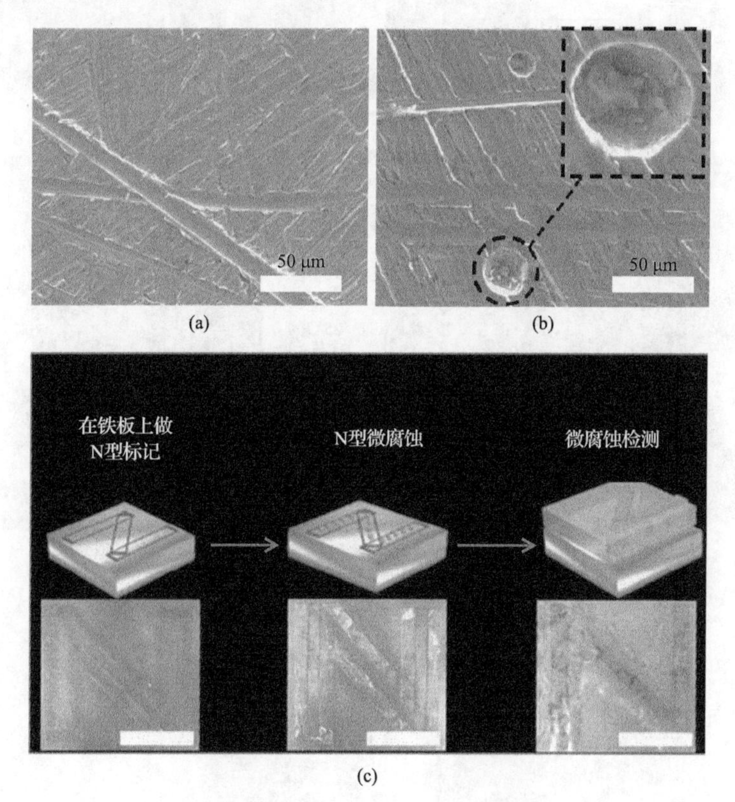

图 4-25　(a)未经腐蚀表面 SEM 图；(b)表面腐蚀 SEM 图；(c)使用荧光薄膜检测不可见腐蚀表面示意图

笔者课题组还利用具有 AIE 效应的槲皮素制备了荧光薄膜，通过物理共混的方式可以使槲皮素均匀地分布到 PVA 膜中，所制备出的薄膜显示出强烈的聚集态荧光发射。研究发现铝离子可以与槲皮素反应，进一步加剧槲皮素分子间的聚集行为，从而可以引发槲皮素更强烈的荧光发射。利用这一特性，我们使用槲皮素/PVA 薄膜(QACF)成功实现了对中国传统食品中铝离子的快速检测和识别，见图 4-26(a)。研究还发现该槲皮素/PVA 薄膜可以对胺类物质进行荧光增强型响应。

联想到海鲜食品容易腐败生成生物胺这一现象，我们利用槲皮素/PVA 薄膜对海鲜食品进行实时质量监控，见图 4-26(c)。结果表明在室温下，在食物包装内的槲皮素/PVA 薄膜荧光信号随着海鲜储存时间延长而变得更强。而当含有槲皮素/PVA 薄膜的食物盒放入冰箱时，槲皮素的荧光信号则没有明显的变化。除此之外，研究还发现槲皮素具有良好的抑菌性和抗氧化性，因此该槲皮素/PVA 薄膜还可以被用作包装膜来延长食物的储存时间。

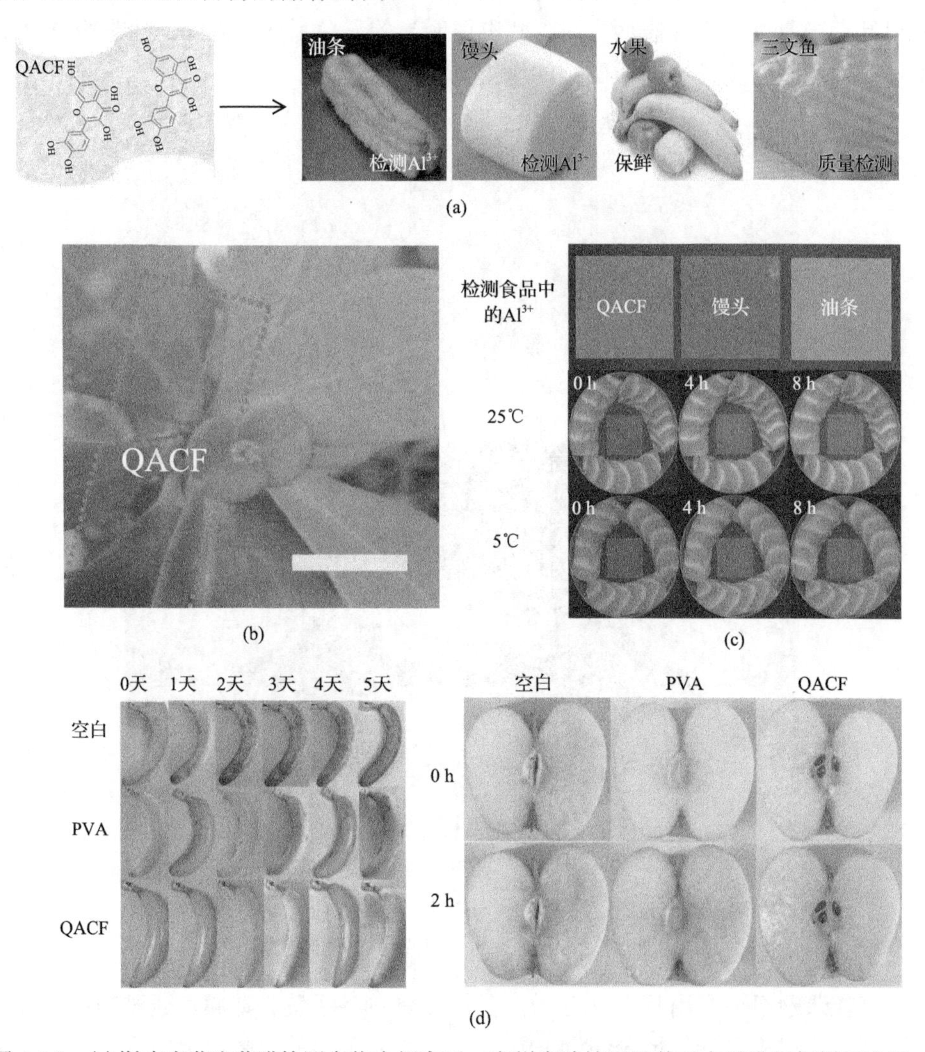

图 4-26　(a)槲皮素荧光薄膜检测食物中铝离子、海鲜腐败情况及其对水果进行保鲜示意图；(b)槲皮素荧光薄膜明场下照片；(c)槲皮素荧光薄膜检测海鲜腐败荧光变化图；(d)槲皮素荧光薄膜延长食物保存时间图[126]

在我们的研究中，木质素也被用来构建可以检测甲醛的智能荧光薄膜。在该研究中，木质素首先溶于乙醇，通过自组装的方式制备成纳米颗粒。由于在该纳米颗粒中，木质素的苯环具有 J 型堆积结构，因此该纳米颗粒可以发出较强的 AIE 荧光，见图 4-27(a)。把这些具有 AIE 荧光的纳米微球通过高分子包埋的方式制成木质素/PVA 荧光薄膜，该薄膜具有蓝色的荧光发射性能，见图 4-27(c)。当该薄膜与甲醛接触时，薄膜中的木质素纳米组分可以与甲醛在苯环上发生取代反应，生成羟甲基苯环结构。相邻苯环上的羟甲基具有较强的氢键作用，进一步促进纳米体内的苯环 J 型堆积，促使荧光发射加强。因此，木质素荧光薄膜可以用来检测甲醛气体，见图 4-27(d)。

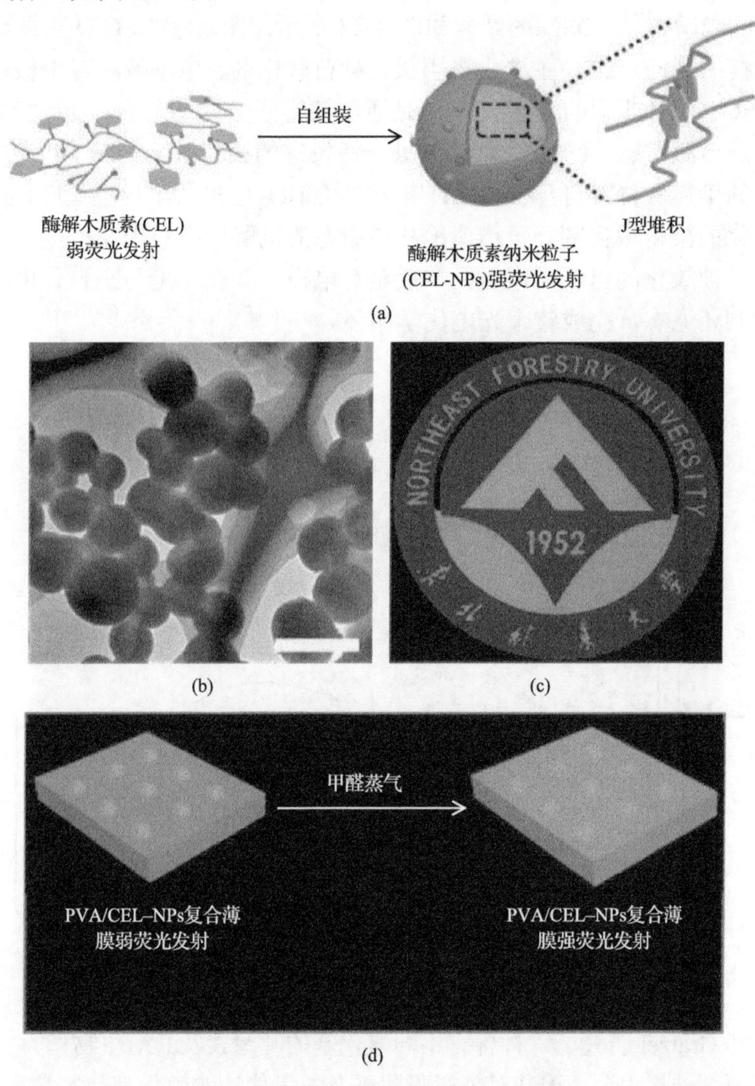

图 4-27　(a)木质素组装示意图；(b)木质素纳米颗粒透射电镜图；(c)木质素荧光薄膜图；(d)木质素荧光薄膜检测甲醛示意图

总体来说，虽然高分子包埋方法简单、成本低廉，但当在溶液中使用这些薄膜时，均存在传感分子的泄漏问题。所得到的荧光信号往往是结合态与溶解态荧光分子的复合信号，导致信号失真，影响获取信息的质量。此外，这类薄膜的使用寿命也有限。因此，在未来的研究中应该重点探索如何进一步增强生物质智能荧光薄膜的稳定性。

4.4.2 太阳能电池与光催化

近年来植物色素因为其廉价、绿色等原因，被大量作为染料敏化太阳能电池(DSC)中的光敏剂[6]。DSC 的结构如图 4-28 所示。图表示 DSC 的主要组成部分及其中电荷的流向。DSC 主要由光阳极、染料敏化剂、电解液和对电极四部分组成。在 DSC 中，太阳能向电能的转化是通过染料分子吸收光子后受到激发，基态的电子跃迁至激发态；激发态不稳定，处于激发态的染料敏化剂向 TiO_2 注入电子，失去电子的染料敏化剂自身被氧化；电子则经 TiO_2 层扩散至导电基底，进入外电路。被氧化的染料敏化剂分子迅速地从还原态的电解质电对中获得电子而回到自己的基态；被氧化的电解质电对则扩散至对电极，并在那里与来自外电路的电子结合，回到还原态，完成整个光电化学循环。

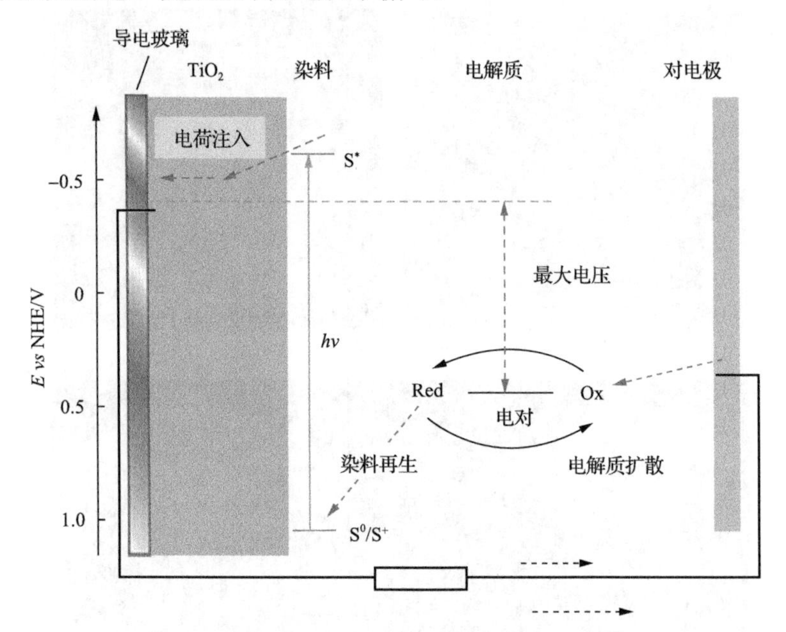

图 4-28　染料敏化太阳能电池结构与原理示意图[6]

Kay 和 Gratzel 研究了六种含有不同取代基的叶绿素及其衍生物作为 DSC 的敏化剂。其研究结果表明，羧基对染料吸附以及二氧化钛的敏化都是非常重要的，而发色团 π 键对电子传输效率影响却不是很大。其中，用铜叶绿素敏化的电池性能最好，电池总量转换效率达到了 2.6%。这主要是因为 Cu 的引入遏制了因感光氧化作用而导致染料激发态寿命的减短，从而提高了铜叶绿素的稳定性[127]。Amao 等还成功制备了叶绿素的衍生物 ZnChl-e6，用其敏化的太阳能电池，开路电压、短路电流和填充因子分别为 375 mV、0.19 mA/cm^2 和 0.401，且最大功率达到 28.7 $\mu W/cm^2$[128]。曹玲玲等以 SnO_2 作光电极，采用叶绿素铜钠盐作为光敏剂，研究了不同因素对光电性能的影响，获得了单位面积开路电压与光电性能间的对应关系，其单位面积开路电压为 268 mV，短路电流为 20 μA[129]。花青素属于类黄酮化合物，是一种多酚化合物，普遍存在于植物的叶子、果实和花中，以保护植物不受紫外光的伤害。花青苷是最普遍的花青素，在酸性溶液中呈红色，在 520 nm 左右有很强的吸收峰。花青苷在纳米晶 TiO_2 表面的吸附非常迅速，生成强二齿络合键[130]。作为 DSC 的敏化剂，花青素类染料具有高稳定性以及电子注入效率高等优势，故受到研究者的青睐，是目前最多的天然染料。Dai 等从石榴籽皮中提取花青素类化合物，以水为电解质溶剂得到 0.46 V 的光电压，并且该电池显示出良好的稳定性[131-133]。Gao 等选用类胡萝卜素酸作为 DSC 的敏化剂，以对苯二酚水溶液为电解质溶液，在 426 nm 处单色光电转换效率为 34%，在 1 h 后测量电池的稳定性，发现短路电流降低 10%，说明以类胡萝卜素酸为 DSC 敏化剂时的稳定性不够好[134]。

Zhang 等报道了一种碳量子点荧光猝灭增强敏化液体太阳能电池转化效率的全新机制，见图 4-29(a)[135]。在该实验中，碳量子点敏化的 TiO_2 膜在氮气流中干燥，随后用碘化钠溶液处理该薄膜，用去离子水冲洗得到的碳量子点-TiO_2-I 膜，室温下氮气中干燥 12 h。制备的液体太阳能电池的转化效率为 0.529%，是已报道的碳量子点敏化太阳能电池转化效率的四倍。这种高转化效率是因为 I 离子大大猝灭了碳量子点的荧光，从而使得更多的光子直接转移至 TiO_2，最终提高了整个体系的转化效率。Shi 等通过自下而上法制备了碳量子点，用于敏化太阳能电池装置中 TiO_2 光电阳极，可以增强短路电流密度和光转换成电的转化效率[136]。Briscoe 等以不同生物质包括甲壳素、壳聚糖和葡萄糖等材料来制备碳量子点，使用碳量子点敏化氧化锌纳米棒，用于制备固态太阳能电池[115]，并利用碳量子点表面不同的官能团来对太阳能电池性能进行调控，见图 4-29(b)。Choi 等用热降解法处理低聚 α 环糊精用以制备碳量子点[137]，然后以碳量子点作为还原剂制备碳量子点/银复合纳米材料。碳量子点/银复合纳米材料表面等离子体共振效应可以增强辐射发射和光吸收，从而提高其在聚合物发光二极管的电流效率和发光效率，分别达到 27.16 cd/A 和 18.54 lm/W，见图 4-29(c)与(d)。Saravanan 和 Kalaiselvi 报道采用热解法从人类头发中制备了 N 掺杂碳量子点[88]。所制备的 N 掺杂碳量子点具有介孔结构，BET 比表面积达到 1617 m^2/g。根据嵌锂阳极计算，这些 N 掺杂碳量子点在温和的(100 mA/g)和高速率(3800 mA/g)放电条件下所表现的电化学性能都非常优异。综上所述，虽然碳量子点可用作廉价的太阳能电池光敏剂，

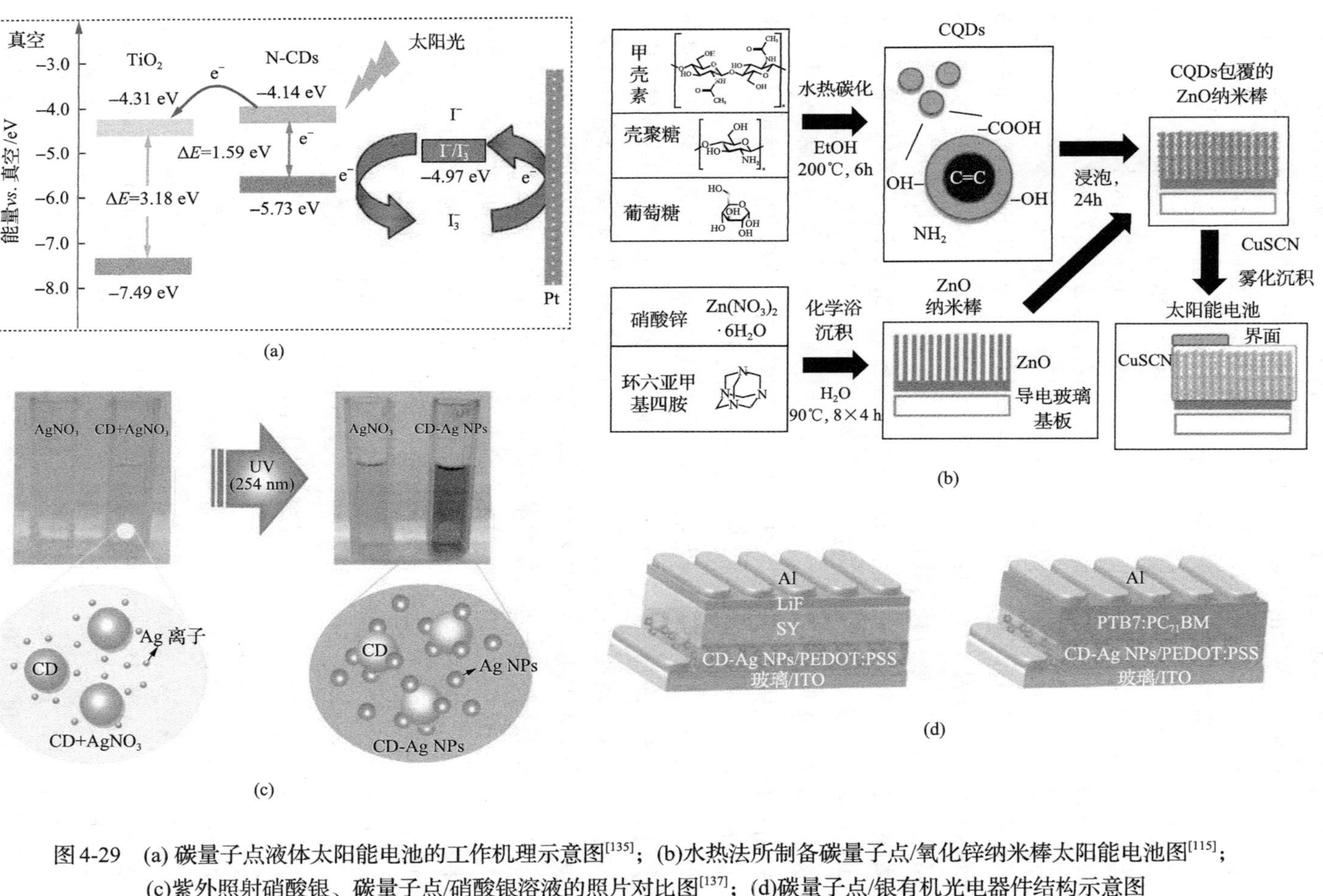

图 4-29 (a)碳量子点液体太阳能电池的工作机理示意图[135]；(b)水热法所制备碳量子点/氧化锌纳米棒太阳能电池图[115]；(c)紫外照射硝酸银、碳量子点/硝酸银溶液的照片对比图[137]；(d)碳量子点/银有机光电器件结构示意图

但是和其他化工产品合成的光敏剂相比，碳量子点制备的太阳能电池的效率较低[115]。例如，壳聚糖和甲壳素基碳量子点敏化装置的效率只有 0.077%[115]。因此在以后的研究中应当深入剖析碳量子点与无机材料结合界面的电子传输作用，进一步提升碳量子点敏化太阳能电池的效率。

生物质碳量子点除了在光催化领域有着重要的用途，还在其他领域，如降解有机物、燃料电池、催化制氢等表现出优异性能。有机废水是环境污染的重要原因，由于低耗、易处理且不会有二次污染等优点，光催化降解有机废水是解决这一问题的有效方案。Prasannan 和 Imae 用水热法处理橘子皮制备碳量子点，并以所制备的碳量子点和 ZnO 形成复合物作为光催化剂来降解染料，见图 4-30(a)[138]。在光照下，ZnO/碳量子点杂化材料在 45 min 内完全降解了水体系中的萘酚蓝-黑偶氮染料。作为参照，只有 ZnO 或碳量子点单独存在时，光对染料的降解效率仅为 84.3%和 4.4%。研究发现 ZnO/碳量子点杂化材料之所以拥有较高的催化效率，是因为 ZnO 与碳量子点间存在电荷转移相互作用，可以显著增加光生氧种类的产生。虽然 ZnO/碳量子点和其他金属/碳量子点光催化系统在降解水体系中的有机物时表现出优异的效果，但是该类材料仍然有很多缺点。首先，该类材料需要用金属类化合物，这一类化合物非常昂贵且毒性较大。其次，这一类的催化剂具有较高的表面能，因而会产生聚集，降低其催化性能。针对这些问题，Wang 等制备了一种全碳光催化材料，该材料中不含有任何的金属组分。该材料将葡萄糖通过水热的方法制备成碳量子点，然后将碳量子点嵌入到碳基质中，制得光催化剂。该类全碳光催化剂可以在可见光和近红外光的照射下降解有机染料(亚甲基蓝和罗丹明 B)，见图 4-30(b)和(c)[139]。除了利用碳量子点制备光催化剂降解水中有机污染物，碳量子点还被用来制备成可以光解水制氢的光催化剂。Yang 等发现由酵母水热处理获得的碳量子点，在紫外光照射下可以催化水产生氢气[140]。利用该催化剂制氢的速率为 14.59 mmol/(g·h)。Yang 等还尝试在碳量子点上负载贵金属铂，发现负载金属组分后，碳量子点催化剂对水制氢的催化速率会增加到 30.6 mmol/(g·h)。此外，该研究组发现当碳量子点与曙红 Y 结合时，在可见光下该催化剂的制氢速率可达到 2142 mmol/(g·h)，见图 4-30(d)。在经过 4 个周期的测试后，该催化剂制氢速率的变化可以忽略不计，这表明光催化剂具有优异的稳定性。除了作为光催化剂，碳量子点也可作为氧化还原反应(ORRs)的电催化剂，用于燃料电池和水分解中。早期制备的用于取代传统昂贵的铂基电催化剂的无金属 ORRs 催化剂需要复杂的工艺，而且效果不佳。Zhang 等以干草为原料通过水热法制备了 N 掺杂碳量子点/碳纳米层复合体[141]。所制备的 N 掺杂碳量子点/碳纳米层复合体高度为 2～6 nm，尺度为 10～50 nm。N 掺杂碳量子点/碳纳米层复合体，作为一种高效 ORRs 催化剂，产率达到 25.2%，可以与商业 Pt/C 电催化剂媲美。除了高效的催化效率，该催化剂还可以抗甲醇交叉氧化反应，具有较长的生命周期。该催化剂良好的性能得益于其结构中所含有的吡啶-N，因为吡啶-N 对于其中所涉及的四电子氧化还原反应是至关重要的。总体来说，使用生物质碳量子点来作为催化敏化剂拥有效率高、原料廉价以及制备简单等优势。但是由于天然产物的来源对其性能有着重要的影响，故所制备的碳量子点性能缺乏可重复性以及构效研究性。

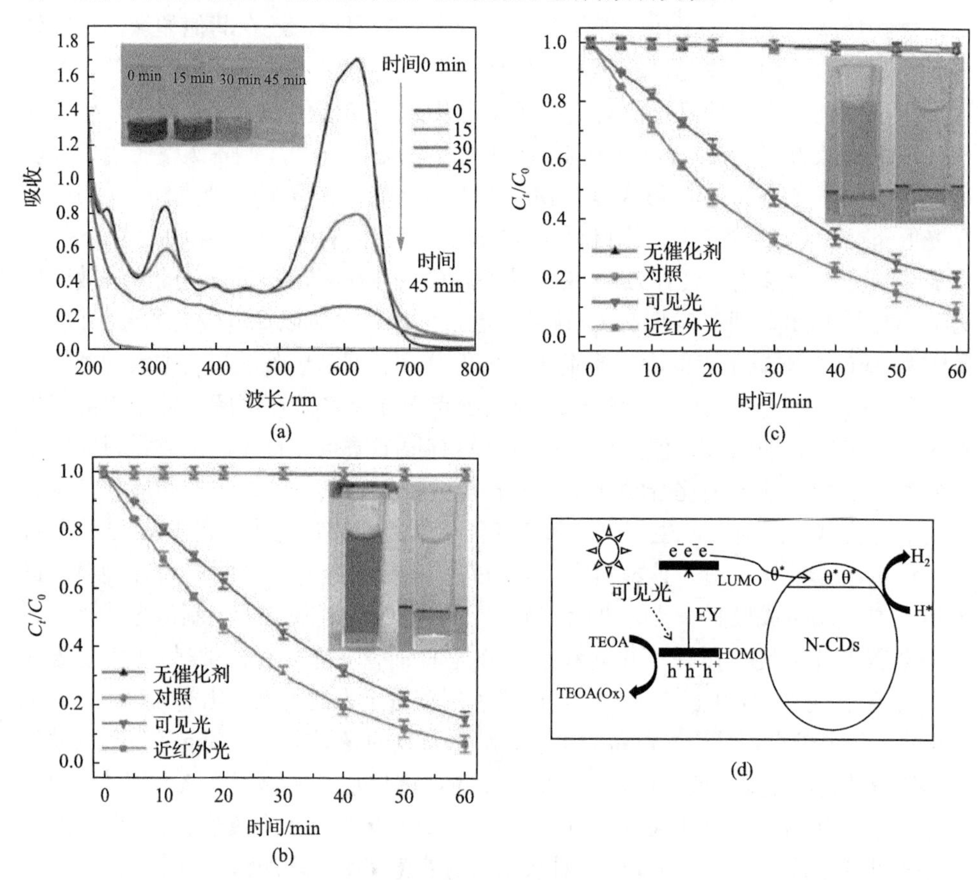

图 4-30　(a)氧化锌/碳量子点复合物的萘酚蓝-黑偶氮染料在照射不同时间后的吸收强度变化[138]；在温度为 21℃、不同辐射条件下，有无碳量子点基碳催化剂亚甲基蓝[C_0=0.1 mmol/L，(b)]与罗丹明 B[C_0=0.1 mmol/L，(c)]的光降解图示[139]；(d)可见光照射下，曙红 Y/碳量子点光催化剂用来制氢的光催化机理，EY：曙红敏化剂，TEOA：三乙醇胺[140]

4.4.3　荧光成像

传统的量子点如 CdSe、SeS 纳米颗粒已被用于各种活体和细胞成像实验中，然而，由于这些量子点中含有重金属，其引起的健康和环境问题受到了极大的关注。碳量子点因其具有光学可调性、耐光漂白性、粒径小以及低细胞毒性，近年来成为热门的生物成像材料。Sahu 等概述了用水热处理橘子汁制备了一种量子产率为 26%的碳量子点[65]。这是第一例用天然生物资源制备的荧光碳量子点。该碳量子点拥有较好的生物相容性，因此，可用作 MG-63 人骨肉瘤细胞的成像试剂，见图 4-31(a)和(b)。Cao 等研究了碳量子点在体内和体外的生物成像[142]。在这项工作之后，更多的研究课题组从不同的生物质材料中制备了碳量子点用于生物成像[101]。Yang 等报道了用壳聚糖一步水热碳化法合成胺基功能化的荧光碳量子点[102]。该碳量子点可以有效进入 A549 人肺腺癌细胞，并且在细胞质中呈现出强烈的荧光信号[图 4-31(c)～(e)]。值得一提的是，该碳量子点无法进入 A549 细胞的细胞核中。Ding 等从大肠杆菌中分离出 DNA，并以此为原料，通过水热法来制备碳量子点[143]。通过该方法得到的碳量子点包含 N 和 P 等杂原子并表现出激发依赖性荧光，见图 4-31(f)。研究还发现可以将罗丹明 6 G 作为药物模型负载

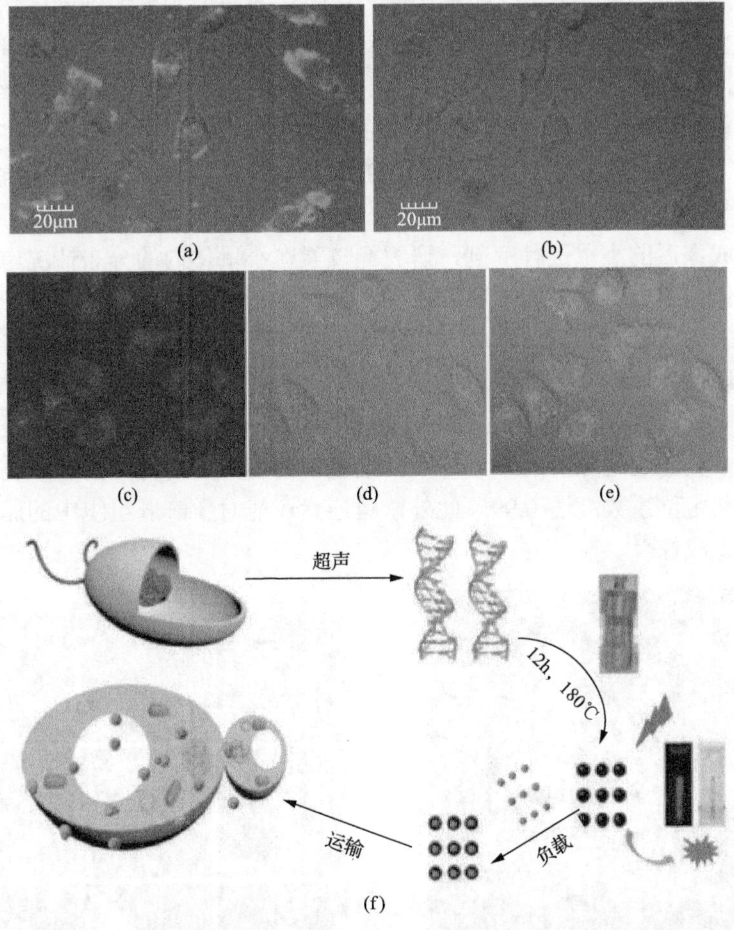

图 4-31　(a)、(b)橘子汁制备的碳量子点对 MG-63 细胞的激光共聚焦显微镜图[65]；(c)～(e)碳量子点标记 A549 细胞激光共聚焦显微镜图[102]；(f)碳量子点的合成和其在生物成像和药物传输中的应用示意图[143]

于碳量子点上，负载罗丹明 6 G 的碳量子点可以将罗丹明 6 G 染料在酸性环境中释放。该研究表明碳量子点既可以作为生物成像材料，也可作为具有药物输送能力的纳米载体。Kasibabu 等使用水热法从石榴中制备了可用于细菌(绿脓杆菌)和真菌(燕麦镰孢)细胞成像的碳量子点材料[77]。因此，碳量子点不仅可以在动物中成像，也可以在植物中成像[77]。

笔者课题组将从咖啡壳中提取的酚类通过简单、绿色的分子聚集方法制备碳量子点(CS-CDs)。由于 CS-CDs 具有很好的分散性且直径范围为 1～5 nm，CS-CDs 也显示出好的 pH/激发依赖光稳定性及生物相容性，因此，将 CS-CDs 成功地应用于细胞核成像([图 4-32(A)]和活体肿瘤成像[图 4-32(B)][144]。除此之外，还采用酶解木质素，通过分子聚集的手段制备天然碳量子点(L-CDs)。新制的 L-CDs 随着单光子和双光子激发发射多色的荧光，L-CDs 也具有很好的细胞生物相容性。因此，L-CDs 在单光子和双光子细胞成像具有潜在的应用[101]。除了碳量子点的荧光成像外，笔者课题组还研究利用从槐米中提取的槲皮素 AIE 荧光进行细胞成像。由于槲皮素为天然提取物，故其具有很好的生物相容性，并且当浓度达到 800 μg/mL 时，没有明显的细胞毒性。槲皮素的 AIE 荧光非常稳定，具有极强的抗紫外漂白能力。因此，我们在研究中成功将槲皮素 AIE 荧光用于细胞质成像以及活体成像，并对活体成像后的小鼠进行解剖，研究槲皮素在小鼠体内的分布情况，发现槲皮素在小鼠体内主要通过肝胆循环进入各个器官，见图 4-32(C)[33]。基于从生物质中提取 AIE 这一概念，唐本忠课题组发现黄连素是一种天然的聚集诱导发光体，该分子表现出典型的 AIE 现象。由于黄连素具有低细胞毒性、较好的水溶性、分子内扭曲电子转移(twisted intramolecular charge transfer，TICT)效应以及两亲性的分子结构，其能通过免洗的方式对多种细胞中的脂滴进行特异的、点亮式的荧光成像，其共定位系数高达 0.99。此外，黄连素还能对新鲜肝组织中的脂滴进行特异性地荧光成像[32]。

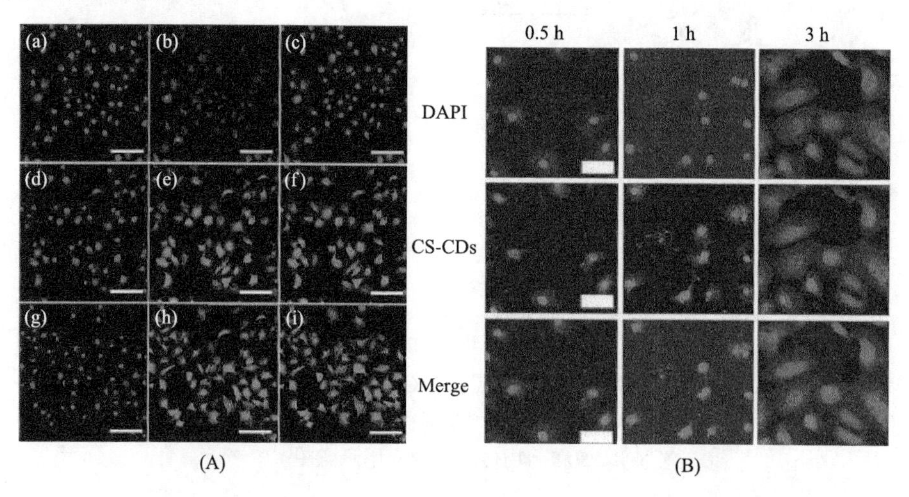

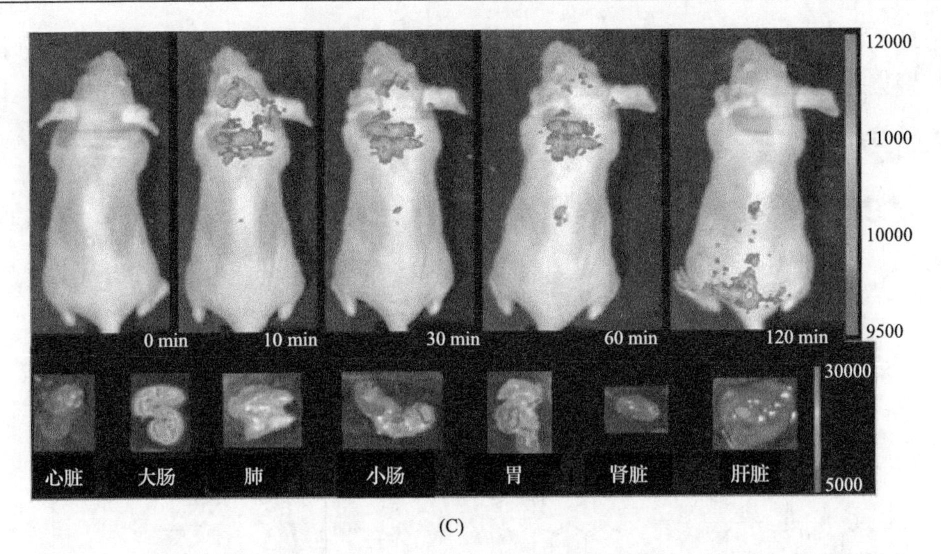

(C)

图 4-32　(A)木质素碳量子点在不同时间的细胞核成像；(B)CS-CDs 的细胞成像图；(C)槲皮素聚集发光材料的活体成像图及其在脏器中的分布图[33]

DAPI 为 4′,6-二脒基-2-苯基吲哚；Merge：DAPI 和 CS-CDs 染色后复合图

4.4.4　荧光检测

Zhang 等利用香豆素为母体，通过共价键将罗丹明与香豆素进行偶联，构筑双荧光团体系，见图 4-33(a)[145]。当罗丹明处于闭环结构时，香豆素在激发光下释放出香豆素本体的蓝绿色荧光。当罗丹明在开环状态下时，香豆素所发出的荧光正好通过荧光能量共振转移(FRET)的方式被罗丹明吸收，整个体系呈现出罗丹明的红色荧光。罗丹明的开闭环可由次氯酸来进行控制。利用这一特点，由罗丹明/香豆素双官能团体系可对次氯酸进行荧光检测。在次氯酸不存在时，罗丹明呈开环状态，在 FRET 作用下，整个体系呈现红色荧光。当次氯酸存在时，罗丹明被氧化成闭环状态，FRET 作用失活，整个体系呈现蓝绿色荧光。Tsukamoto 等利用 C═S 在汞离子的作用下可以变成 C═O 双键这一特点，将 C═S 双键与香豆素偶联，构筑高选择性汞离子荧光探针，见图 4-33(b)[146]。Yue 等以姜黄素为荧光母体，通过酯化反应与间硝基苯磺基连接，构建硫醇类化合物探针[147]。在连接上间硝基苯磺基后，姜黄素的荧光被极大猝灭。这是因为所连接基团上硝基的强吸电子作用。在硫醇类物质作用下，姜黄素与间硝基苯磺基间连接的酯键可以被还原，姜黄素的荧光得到恢复。利用这一特点，姜黄素为母体的荧光探针可以用来检测硫醇类物质，见图 4-33(c)。笔者课题组也设计了使用 AIE 分子槲皮素来检测铝离子[33]。槲皮素分子在聚集时，发出强烈的荧光。当聚集态的槲皮素与铝离子结合时，发出的荧光更强烈，见图 4-33(d)。这是由于槲皮素上的多酚羟基会与铝离子发生络合反应，铝离子与槲皮素络合后会进一步“锁”住槲皮素中自由

苯环的转动，迫使更多的激发态电子进行辐射跃迁，从而使其荧光增强。槲皮素在聚集态下还对胺类物质呈现出荧光增强响应，检测极限达到 0.06 μg/mL。

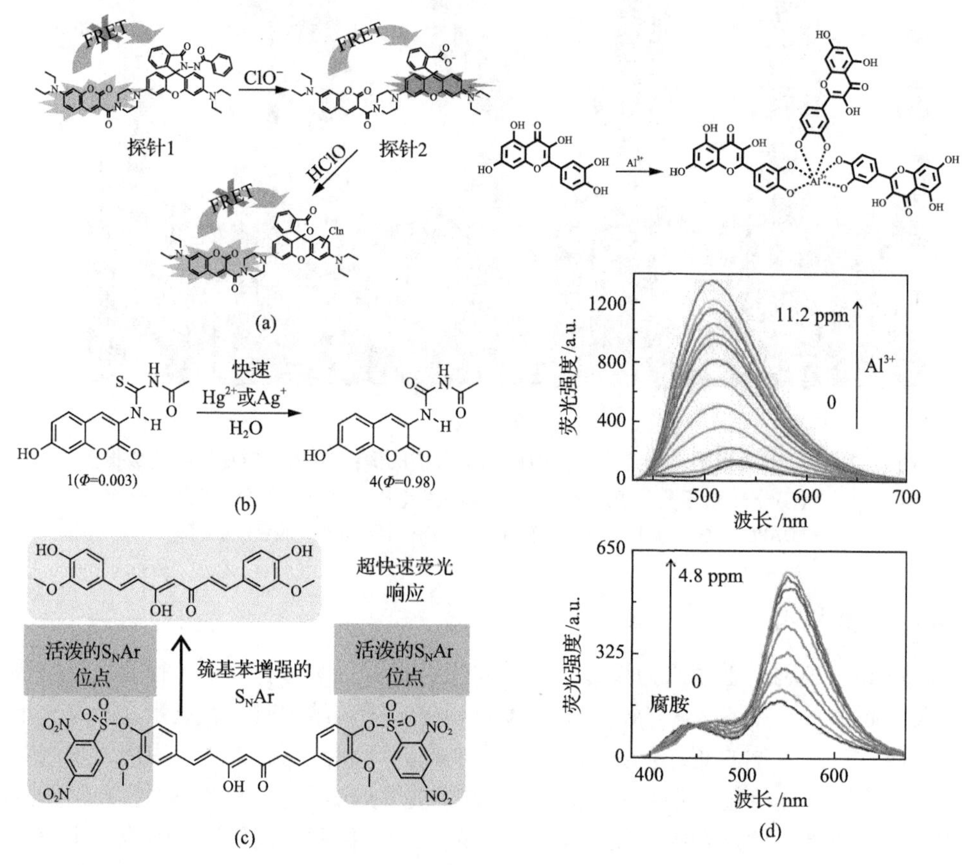

图 4-33　(a)基于 FRET 的香豆素基 ClO^-型荧光探针；(b)香豆素基汞离子荧光示意图；(c)姜黄素基巯基苯类荧光探针检测示意图；(d)槲皮素 AIE 类荧光检测铝离子与腐胺荧光光谱图[126, 145, 146]

除了生物质大共轭分子在荧光检测方面表现出良好的性能，生物质基碳量子点也在荧光检测中起着重要的作用。由于生物质原料的固有特性，由生物质制备的碳量子点具有丰富的表面功能化。这也是碳量子点的优势，特别是与使用激光烧蚀法的“自上而下”方法从碳中制造的碳量子点相比。碳量子点表面的丰富基团允许它们不需要额外的表面修饰就可以荧光发射。除了这些，附着在表面的基团允许碳量子点在没有额外的复杂的表面修饰时就可以检测分子。碳量子点基生物传感因此可以用于阴离子、阳离子和生物种类的可视化监测。Wee 等在 50℃下，用浓硫酸碳化牛血清白蛋白 2 h 一锅制备了粒径为 1～2 nm 的 CDs，高温、短时间可促进 CDs 更高的产量；基于 Pb^{2+}能引起 CDs 的荧光猝灭，该 CDs 用于检测

水中的 Pb^{2+}表现出高的选择性和敏感性，线性范围为 0～6.0 mmol/L，检测限为 5.05 μmol/L，并且重复性良好[148]。Ju 和 Chen 以柠檬酸为碳源，在 200℃下加热 30 min 制备了石墨烯量子点(GQDs)，后以肼为氮源，将 GQDs 和肼在 180℃下水热反应 12 h 制备了荧光量子产率为 23.3%的 N-GQDs[149]。基于 N-GQDs 能选择性地配合 Fe^{3+}，此 N-GQDs 可作为荧光探针选择性地检测 Fe^{3+}，其线性范围为 1～1945 μmol/L，检测限为 90 nmol/L；该 N-GQDs 探针可以检测湖水中的 Fe^{3+}含量，见图 4-34(a)[149]。Song 等以柠檬酸和乙二胺一步水热制备的 NCDs 为荧光探针，通过荧光猝灭检测水中的 Fe^{3+}，通过 Stern-Volmer 方程、依赖温度的荧光猝灭、荧光寿命等数据，证实 Fe^{3+}对 NCDs 的猝灭属于动态猝灭[150]。Liu 等用水热法从草中制备了 N 掺杂碳量子点，当加入铜离子后，碳量子点荧光猝灭，而其他阳离子不会使其猝灭[91]。该碳量子点可以作为铜离子选择性的无标记荧光传感器。Kumar 等也首次使用圣罗勒制备碳量子点，用以检测铅离子[151]。Li 等描述了一种用水热处理蚕丝制备 N 掺杂碳量子点的方法，该 N 掺杂碳量子点可以用于检测汞离子和三价铁离子，见图 4-34(b)～(d)[103]。Gu 等研究了从莲藕中使用微波辐射法制备碳量子点检测汞离子[78]。Shen 等使用水热法从红薯中制备碳量子点，并将其用于检测三价铁离子。碳量子点不仅可以用于检测阳离子，也可以用于检测阴离子[78]。Vandarkuzhali 等从香蕉植物的假茎中制备了一种量子产率为 48%的碳量子点，可以检测癌细胞的三价铁离子和过硫酸根离子[152]。Xu 等利用“荧光碳量子点-金属络合猝灭-阴离子解络合荧光增强”这一策略实现了对磷酸根离子的检测。在该研究中，Xu 等从土豆中制备碳量子点，首先加入三价铁，使其与碳量

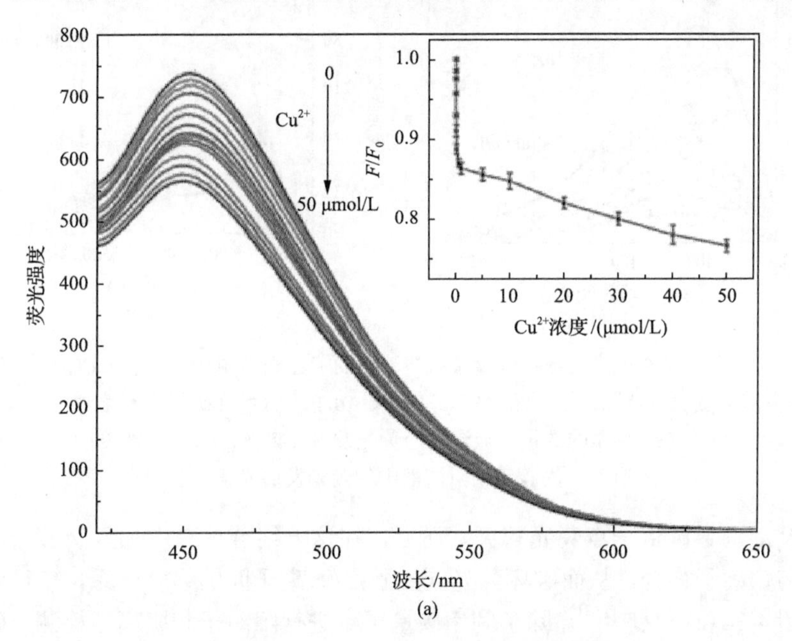

(a)

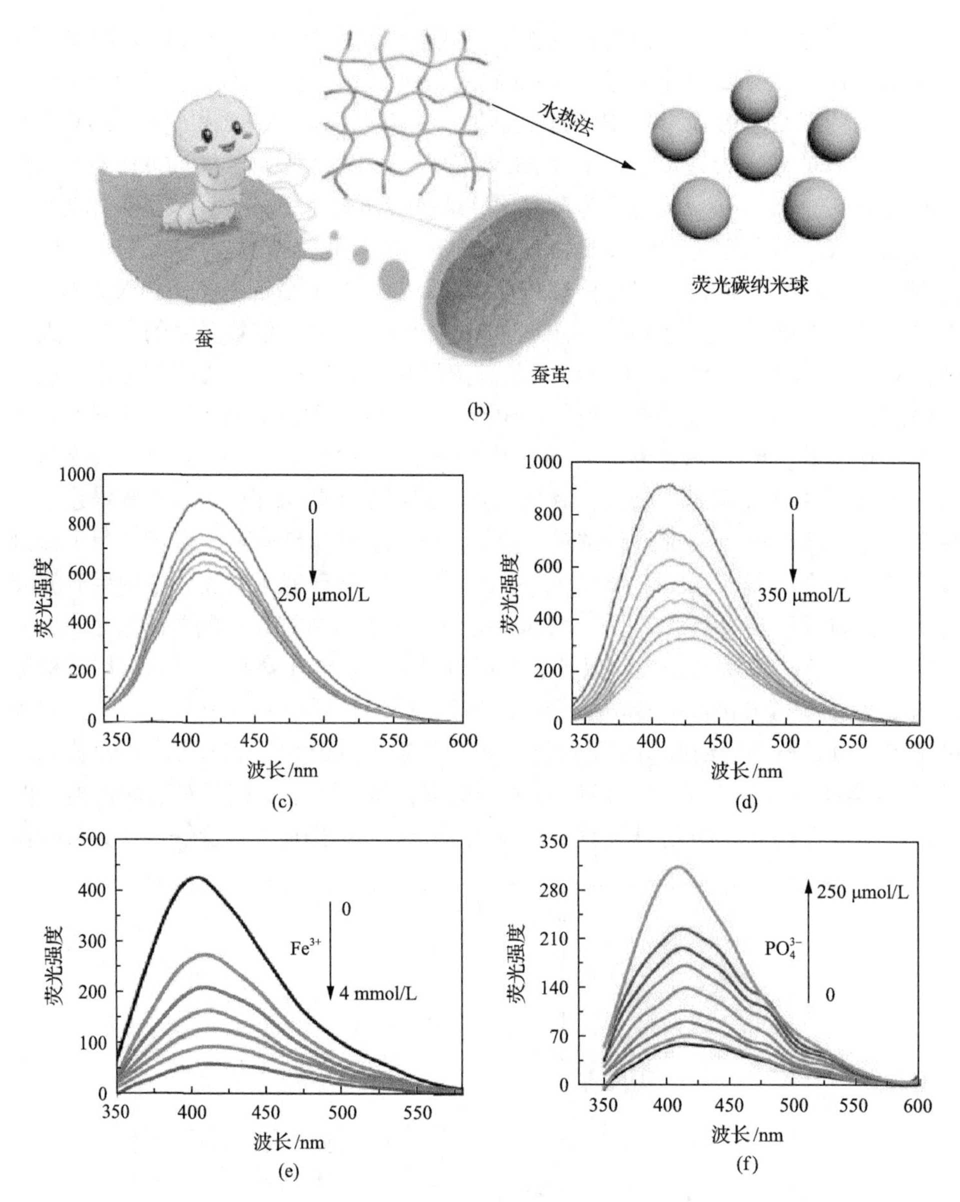

图 4-34　(a)不同浓度的 Cu^{2+}分散在碳量子点溶液中的荧光光谱图(0～50 μmol/L)[91]；(b)从蚕丝中制备碳量子点的示意图；不同浓度的(c)Hg^{2+}、(d)Fe^{3+}分散在碳量子点溶液中的荧光光谱图[103]；(e)不同浓度 Fe^{3+}存在的碳量子点溶液的荧光发射光谱图；(f)不同浓度的 PO_4^{3-} 加入到含有 Fe^{3+}的碳量子点溶液中的荧光发射光谱[153]

子点络合，诱导碳量子点荧光猝灭。而后，在这一络合体系中加入磷酸根，磷酸根可以与铁离子络合，从而破坏荧光碳量子点/铁离子间的络合体系，使得荧光恢复，见图 4-34(e)和(f)[153]。除了利用碳量子点进行阳离子和阴离子检测，碳量子点荧光材料还可以用于检测生物种类。Wang 等使用水热法从木瓜中制备碳量子点，并使用该碳量子点检测大肠杆菌。在该碳量子点与大肠杆菌接触时，其荧光发射强度会大大增强[154]。Huang 等用微波法合成了碳量子点，用于检测大肠杆菌毒素基因的靶顺序，其可以应用于人类血清中大肠杆菌 DNA 的检测[75]。

4.4.5　癌症诊疗

朱麟勇等利用香豆素内酯环上的羟基形成酯键后可以被光剪切这一特点，构建了香豆素基光响应纳米药物递送材料，见图 4-35(a)[155]。在该材料中，抗癌药物——苯丁酸氮芥，通过酯化反应与香豆素相结合，制备成前药分子。该前药分子通过硅烷偶联剂水解的方式被修饰到多孔硅纳米颗粒，构筑纳米药物递送体系。在该纳米颗粒进入癌细胞后，使用单光子或者双光子光照射该体系，苯丁酸氮芥被成功释放，对癌细胞进行精准杀伤。相比于传统体系，该体系可以避免药物分子在进入癌细胞前的泄露以及可以对药物进行精准定量的释放。该体系虽然可以对光进行精准响应，但是由于光在穿透皮肤时，会发生散射等行为，导致其处于正常细胞内的部分纳米颗粒也会发生抗癌药物释放，从而存在伤害正常细胞的风险。鉴于此，该研究组设计了一种带“锁”结构的香豆素释放体系，见图 4-35(b)[156]。该体系在正常细胞中，对光不响应。这是由于，在该体系中，香豆素的电子在光照时会发生光诱导电子转移(PET)，而非辐射跃迁。当癌细胞中过量表达的谷胱甘肽与“锁”结合时，PET 不在发生，激发光诱导香豆素中电子辐射跃迁，从而实现酯键的光剪切。鉴于癌细胞内的缺氧环境，该研究组再次使用“锁”这一策略来进行抗癌药物的光刺激精准释放，见图 4-35(c)[157]。该研究组利用硝化二氮唑与香豆素之间的光电子转移效应，设计了对光不敏感的香豆素光扳机前药。当该前药进入癌细胞内，其硝化基团容易在癌细胞缺氧环境中被还原，从而使得分子内的 PET 失效，进而获得具有光响应剪切的精准药物释放体系。除此之外，以香豆素为母体构建的光响应分子还在凝胶构筑、氨基酸释放等领域有着重要的用途。

二氢卟吩也称为二氢卟酚(chlorin)，是叶绿素 a、b 和血红素 d 等的骨架。二氢卟吩在光的照射下产生单线态氧，这一特性被广泛用来作为癌症诊疗。Huang 等将 Ce-6 分子与磁性铁纳米颗粒相结合，制备出可用于杀伤癌细胞的光动力诊疗功能纳米颗粒。该纳米颗粒展示出良好的生物相容性，当浓度为 84 μmol/L 时，依旧对细胞存活率没有较大的影响。在光照射下，该材料对癌细胞的杀伤率达到 80%以上[158]。从血红素、叶绿素等提取出来的卟啉也是光敏剂的一种。卟啉在光照射下可以产生活性氧，从而杀死癌细胞。由于这一特性，卟啉被广泛用于癌症诊疗。Chung 等制备了一种树枝状大分子卟啉包覆的金纳米壳用于光动力和光热的协同疗法，见图 4-36[159]。其中，树枝状大分子卟啉中的树枝状楔形物在卟啉和

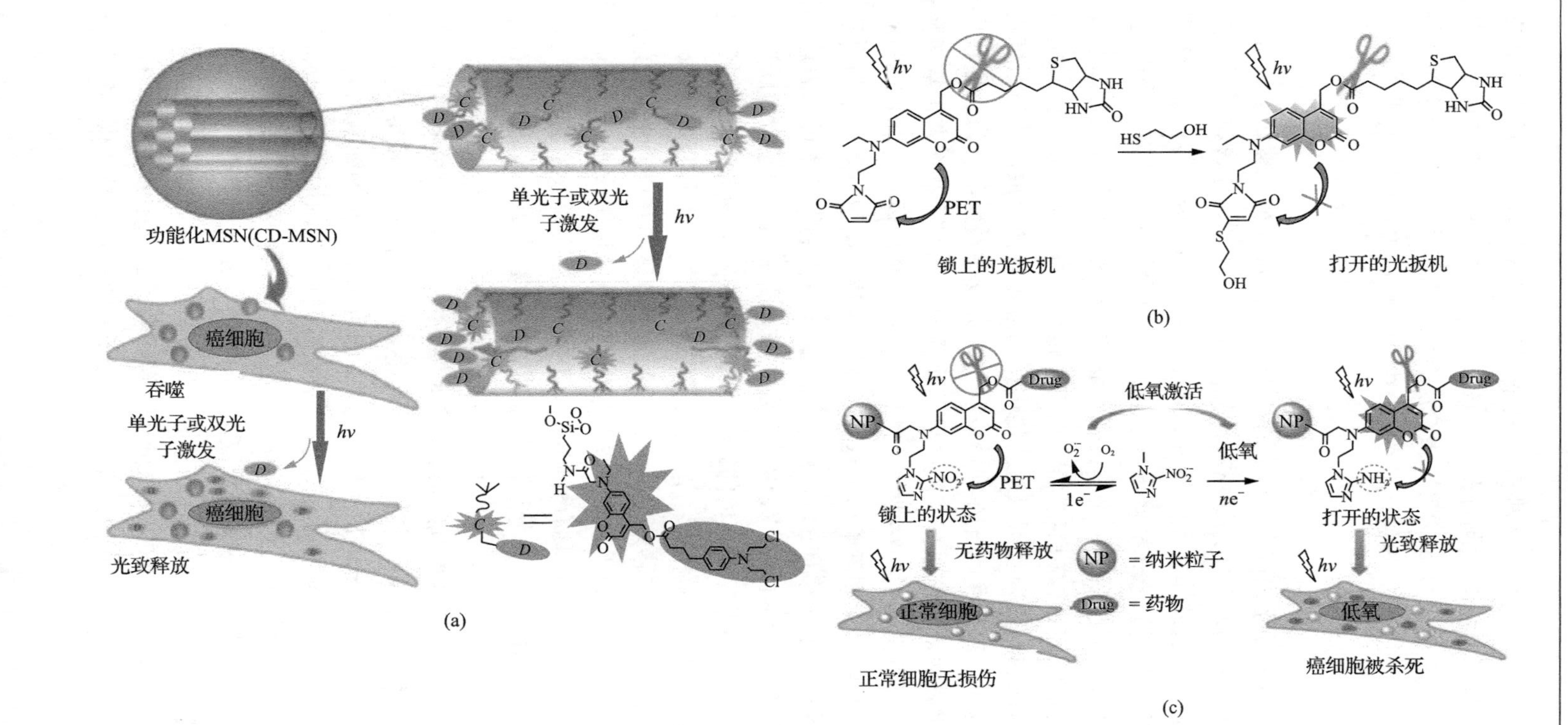

图 4-35　(a) 光响应型香豆素药物释放体系(MSN指介孔硅)；(b) 巯基可开“锁”型香豆素基光扳机工作示意图；(c) 氧化可开“锁”型香豆素基光扳机工作示意图[155, 156]

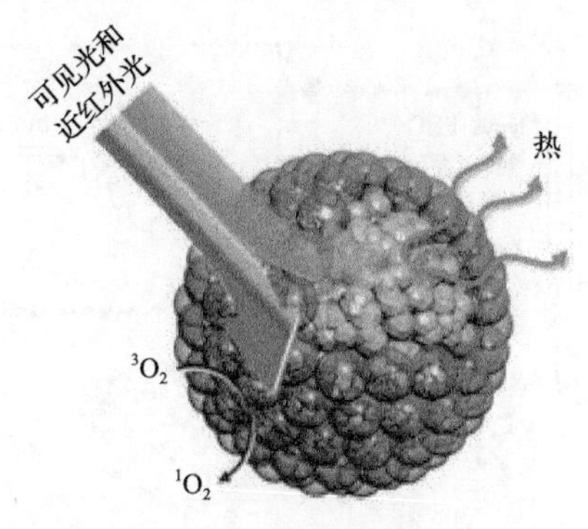

图 4-36　兼具光动力与光热治疗的 Ce-6/金纳米颗粒图示[159]

光热剂之间可以起到一个间隔物的作用，从而使光敏剂和光热剂之间的能量转化以及光敏剂的猝灭降低到最小化。利用正负电荷之间的静电吸引通过分层沉积法在二氧化硅纳米粒子上制备由金纳米壳和树枝状大分子卟啉组成的多层纳米颗粒。该纳米颗粒展示出良好的生物相容性，即使浓度达到 200 μg/mL，细胞存活率依旧可以达到 80%以上。在近红外光照射下，该纳米颗粒对癌细胞的杀伤率达到 65%。与单独的光动力疗法或光热疗法相比，这种光动力和光热结合疗法对癌细胞的杀伤力更大。

香豆素除了可以发生光剪切反应外，也是一类在光信号刺激下可发生二聚化的光敏分子。Jiang 等设计制备了一种光/温度双刺激响应的聚合物纳米粒子[160]，所采用的聚合物通过亲核加成以及开环聚合制得，成分主要由温度敏感的聚氧乙烯以及光敏感的香豆素构成。该聚合物具有两亲性，在水溶液中，可自组装成以疏水的香豆素为核及亲水的聚氧乙烯为壳的纳米胶束。所得纳米胶束在 254 nm 紫外光照射下，处于核层的香豆素会发生二聚，从而得到核交联的纳米胶束，而再经 365 nm 光照辐射，核交联状态可解离。室温下的纳米粒子呈均匀分散状态，粒径为 50～60 nm；高温下呈聚集状态，粒径约为 300 nm，然而如果在高温下对聚集体进行紫外光照射后，再将温度降到室温，聚集体的状态不会发生改变，表明该过程不可逆，见图 4-37。此类双敏纳米粒子在新型药物传送系统、蛋白质分离等领域具有较大的应用前景。

活细胞中的荧光成像通常用官能化荧光染料进行。但在许多不适用洗涤的条件下，它往往会产生强烈的背景噪声。武汉大学 Zhang 等设计并制造了炔烃功能化的荧光糖蛋白质组探针，用于无洗涤条件下在活细胞中进行唾液酸糖缀合物成像，其具有高于背景的良好信号[161]。作为充分研究的叠氮端炔环加成(CuAAC)荧光化合物，香豆素在 7 位被炔基取代修饰并变成全荧光团，其可通过 CuAAC 的反应对细胞表面进行荧光标记，见图 4-38。该设计使探针与具有相应叠氮基官能团的甘露糖类似物有反应的机会，同时利用 4 位三氟乙酯保护的末端羧基来改善探针的水溶性，除此以外，该探针可以在生物正交标记之前用于进一步修饰。

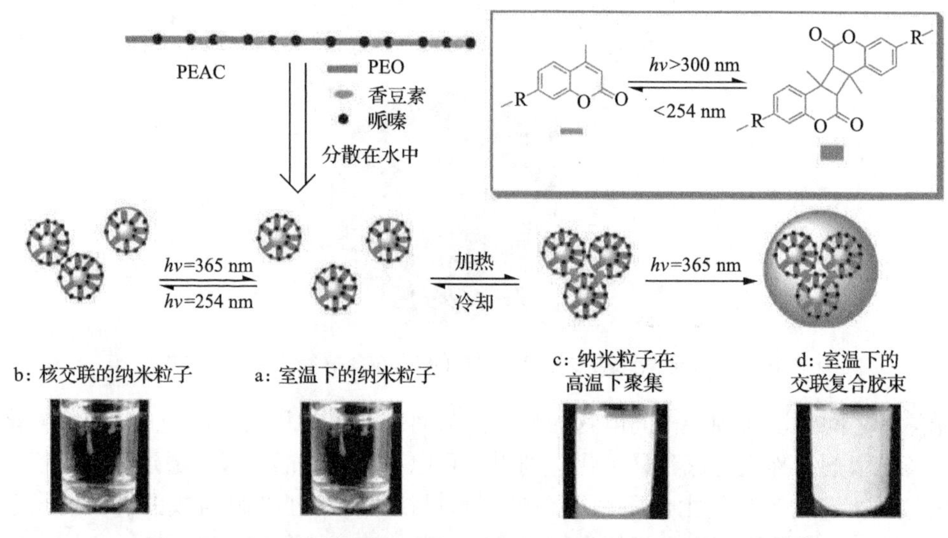

图 4-37　光温度双刺激响应香豆素功能化囊泡工作机制示意图[160]

PEAC 表示聚醚胺，PEO 表示聚环氧乙烷

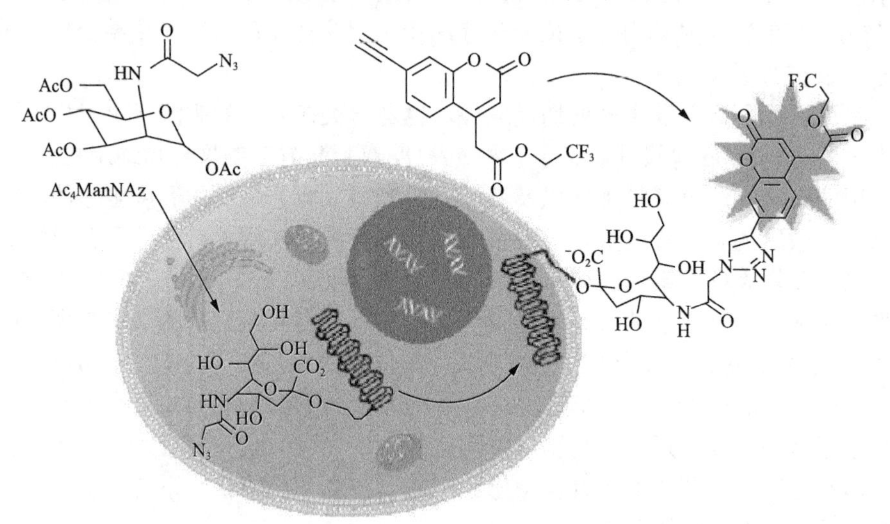

图 4-38　利用点击反应构筑香豆素靶向肿瘤细胞荧光成像示意图[161]

在过去的几十年中，研究人员已经开发出各种刺激响应性药物递送系统(DDS)，其利用与癌症和病理学相关的特定组织微环境和细胞内变化(不同的 pH、更高的硫醇浓度或某些酶的升高水平)。基于此，Zhang 等进一步设计并合成了一种全新的具有肿瘤靶向以及药物释放模拟功能的 pH 响应前药，该前药主要是基于抗癌荧光药物阿霉素和香豆素衍生物密切接触导致的荧光猝灭效应，肿瘤内环境受缺氧等因素的影响呈现出弱酸性，药物在肿瘤酸性区域释放，阿霉素和香豆素衍生物的距离变远，阿霉素对香豆素的荧光猝灭效应解除，香豆素的荧光就会

得到及时恢复，从而有效地监测到抗癌药物阿霉素的释放，见图 4-39[162]。特异性的整合素识别多肽精氨酸-甘氨酸-天冬氨酸(RGD)可以使得这个前药能够被整合素过度表达的肿瘤细胞内吞，而正常细胞摄入较少。

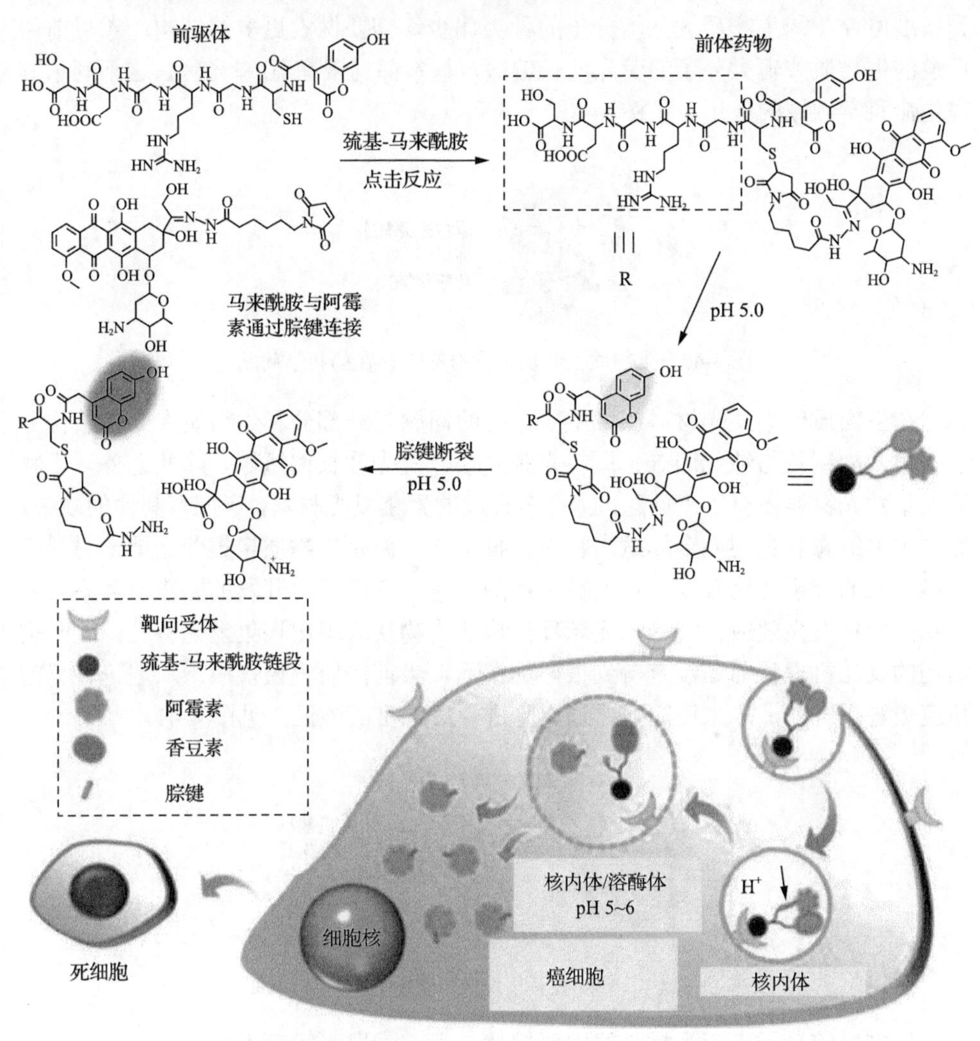

图 4-39　利用癌细胞内酸性环境下实现抗癌药物 DOX 精准释放示意图[162]

4.5　总结与展望

生物质荧光性能的研究及其利用，虽然目前有一些初步的研究，但是总体上还存在很多的不足。下面将分别详细说明生物质大共轭结构荧光材料、生物质聚集发光材料、生物质碳量子点荧光材料领域分别存在的挑战与不足。

在生物质大共轭结构荧光材料领域主要的问题是：①受限于生物质原料的组分多元与复杂性，从生物质原料中提取荧光物质时困难较大，且纯化较难；②生物质大共轭分子后续的有机修饰较为困难，因为其活性位点较多，修饰时很难做到精准可控；③生物质大共轭分子的种类偏少，需要探索更多的结构；④目前所报道的生物质共轭大分子的荧光波长偏短，基本都局限在蓝-绿光区，这不利于其在生命科学领域的应用，见图 4-40。

图 4-40　生物质大共轭荧光材料中存在的科学问题

在生物质聚集发光材料领域主要存在的问题有一部分和生物质大共轭结构分子类似，如制备与纯化困难、原料来源复杂、发光波长偏短等。除此之外，生物质聚集发光材料还有以下问题：①许多合成的聚集发光材料，还拥有其他的功效，如产生单线态氧、还原金属纳米颗粒、抑菌等，但是生物质聚集荧光纳米材料拥有多功效的分子还比较少，目前被报道的只有笔者研究组开发的槲皮素体系具有多功能聚集发光效应；②许多无苯环结构的生物质表现出聚集发光特性，这一类结构的发光机理目前还没有得到很好的揭示，当前的研究仅仅限于从理论计算的角度去进行解释，未来还需要通过实验进行进一步的验证，见图 4-41。

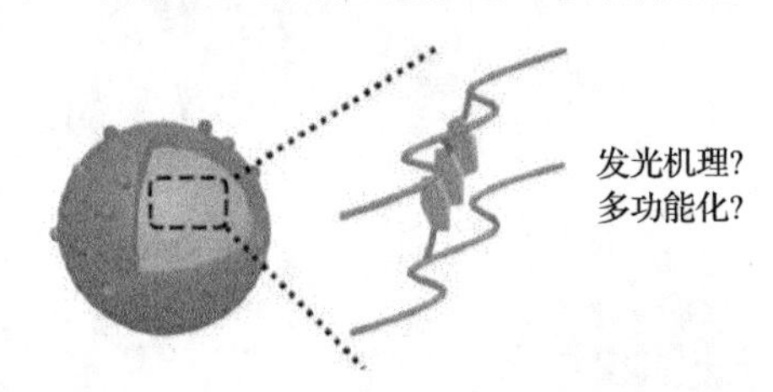

图 4-41　生物质聚集发光材料中存在的科学问题

生物质碳量子点荧光材料的主要挑战在于：①发光机理不清晰。尽管提出了许多模型去进行验证，但是没有一种模型可以解释所有的发光现象。②无法有效可控制备生物质碳量子点。大部分的碳量子点都是通过加热、氧化以及我们提出的超分子自组装途径进行制备，但是这些制备方法都无法制备形貌、性能可控的碳量子点。因此，碳量子点的许多性能与其形貌之间的精准对应关系无法探明。③通过当前报道的制备手段制备完碳量子点后，会有很多固态残留物。要解决这一问题需要发展更高效的制备方法或开发利用固态剩余物的新途径，见图 4-42。

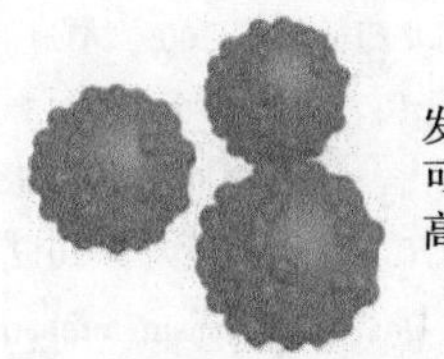

图 4-42　生物质碳量子点荧光材料中存在的科学问题

综上所述，生物质荧光材料的制备与利用还有很长的路要走，在未来的研究中需要对上述科学问题进行解决。只有解决了这些基础的科学问题，生物质材料在未来的应用中才能取得不断突破。与荧光相对应的另一种三线态辐射跃迁发光——磷光，由于其具有特殊的延迟发光，在防伪、生物成像等方面表现出巨大的优越性，在未来的研究中以生物质基材料为基础去构建磷光体系也必将成为研究的热点之一。

参 考 文 献

[1] 许金钩, 王尊本. 荧光分析法. 北京: 科学出版社, 2006.

[2] Lakowicz J R. Principles of Fluorescence Spectroscopy. 3rd Ed. Berlin: Springer, 2006.

[3] 陈国珍, 黄贤智, 郑朱梓. 荧光分析法. 北京: 科学出版社, 1990.

[4] 熊小庆. 长波长荧光素衍生物的合成和性能研究. 大连: 大连理工大学, 2014.

[5] 王立强, 石岩, 汪洁, 等. 生物技术中的荧光分析. 北京: 机械工业出版社, 2010.

[6] Calogero G, Bartolotta A, Di M G, et al. Vegetable-based dye-sensitized solar cells. Chemical Society Reviews, 2015, 44 (10): 3244-3294.

[7] 张培成. 黄酮化学. 北京: 化学工业出版社, 2009.

[8] 张鞍灵, 高锦明, 王姝清. 黄酮类化合物的分布及开发利用. 西北林学院学报, 2000, 15 (1): 69-74.

[9] 周荣汉, 段金廒. 植物化学分类学(精). 上海: 上海科技出版社, 2005.

[10] Madari H, Panda D, Wilson L, et al. Dicoumarol: Aunique microtubule stabilizing natural product that is synergistic with taxol. Cancer Research, 2003, 63 (6): 1214-1220.

[11] 李文红. 黄酮类化合物荧光性质与分析方法研究. 石家庄:河北师范大学, 2016.

[12] Song P S, Iii W H G. Spectroscopic study of the excited states of coumarin. Journal of Physical Chemistry, 1970, 74 (24): 4234-4240.

[13] Takadate A, Masuda T, Murata C, et al. Structural features for fluorescing present in methoxycoumarin derivatives. Chemical and Pharmaceutical Bulletin, 2000, 48 (2): 256-260.

[14] 支欢欢. 香豆素类化合物荧光性质与分子结构的关系及荧光分析方法研究. 石家庄: 河北师范大学, 2014.

[15] Mal N K, Fujiwara M, Tanaka Y. Photocontrolled reversible release of guest molecules from coumarin-modified mesoporous silica. Nature, 2003, 421 (6921): 350.

[16] Traven V F. New synthetic routes to furocoumarins and their analogs: A review. Molecules, 2004, 9 (3): 50-66.

[17] Li D, Ji B, Sun H. Probing the binding of 8-acetyl-7-hydroxycoumarin to human serum albumin by spectroscopic methods and molecular modeling. Spectrochimica Acta Part A: Molecular and Biomolecular Spectroscopy, 2009, 73 (1): 35-40.

[18] 杜福胜, 李子臣. 含荧光生色基团烯类单体及其聚合物的光化学行为. 高分子通报, 1999, 6 (3): 99-106.

[19] 曹亮, 周建军. 蒽醌类化合物的研究进展. 西北药学杂志, 2009, 24(3): 237-238.

[20] 侯晅. 蒽醌类荧光探针的合成及性质研究. 天津: 天津理工大学, 2013.

[21] 姚明明. 基于蒽醌的给受体型荧光分子的设计合成与光电性质研究. 长春: 吉林大学, 2017.

[22] 王磊. 羟基蒽醌-环糊精超分子荧光探针的研究. 太原: 山西大学, 2012.

[23] Devaraj S, Saravanakumar D, Kandaswamy M. Dual chemosensing properties of new anthraquinone-based receptors toward fluoride ions. Tetrahedron Letters, 2007, 48(17): 3077-3081.

[24] Peng X, Wu Y, Fan J, et al. Colorimetric and ratiometric fluorescence sensing of fluoride: Tuning selectivity in proton transfer. Journal of Organic Chemistry, 2005, 70(25): 10524-10531.

[25] Mei J, Leung N L, Kwok R T, et al. Aggregation-induced emission: Together we shine, united we soar! Chemical Reviews, 2015, 115(21): 11718-11940.

[26] Hu R, Leung N L, Tang B Z. AIE macromolecules: Syntheses, structures and functionalities. Chemical Society Reviews, 2014, 43 (13): 4494-4562.

[27] Kwok R T, Leung C W, Lam J W, et al. Biosensing by luminogens with aggregation-induced emission characteristics. Chemical Society Reviews, 2015, 44(13): 4228-4238.

[28] Hong Y, Lam J W, Tang B Z. Aggregation-induced emission. Chemical Society Reviews, 2011, 40(11): 5361-5388.

[29] Luo J, Xie Z, Lam J W, et al. Aggregation-induced emission of 1-methyl-1,2,3,4,5-pentaphenylsilole. Chemical Communications, 2001, (18): 1740-1741.

[30] Hu R, Qin A, Tang B Z. AIE polymers: Synthesis and applications. Progress in Polymer Science, 2020, 100(5), 101176-101199.

[31] Mei J, Hong Y, Lam J W, et al. Aggregation - induced emission: The whole is more brilliant than the parts. Advanced Materials, 2014, 26 (31): 5429-5479.

[32] Gu Y, Zhao Z, Su H, et al. Exploration of biocompatible AIE gens from natural resources. Chemical Science, 2018, 9(31): 6497-6502.

[33] He T, Niu N, Chen Z, et al. Novel quercetin aggregation-induced emission luminogen (AIEgen) with excited-state intramolecular proton transfer for *in vivo* bioimaging. Advanced Functional Materials, 2018, 28(11): 1706196.

[34] Wang Z Y, Zhang Y. Nonconventional macromolecular luminogens with aggregation-induced emission characteristics. Journal of Polymer Science Part A: Polymer Chemistry, 2017, 55 (4): 560-574.

[35] Ma Z, Liu C, Niu N, et al. Seeking brightness from nature: J-aggregation-induced emission in cellulolytic enzyme lignin nanoparticles. ACS Sustainable Chemistry & Engineering, 2018, 6(3): 3169-3175.

[36] Xue Y, Qiu X, Wu Y, et al. Aggregation-induced emission: The origin of lignin fluorescence. Polymer Chemistry, 2016, 7(21): 3502-3508.

[37] Dou X, Zhou Q, Chen X, et al. Clustering-triggered emission and persistent room temperature phosphorescence of sodium alginate. Biomacromolecules, 2018, 19(6): 2014-2022.

[38] Zhou X, Luo W, Nie H, et al. Oligo(maleic anhydride)s: A platform for unveiling the mechanism of clusteroluminescence of non-aromatic polymers. Journal of Materials Chemistry C, 2017, 5(19): 4775-4779.

[39] Xu X, Ray R, Gu Y, et al. Electrophoretic analysis and purification of fluorescent single-walled carbon nanotube fragments. Journal of the American Chemical Society, 2004, 126(40): 12736-12737.

[40] Sun Y-P, Zhou B, Lin Y, et al. Quantum-sized carbon dots for bright and colorful photoluminescence. Journal of the American Chemical Society, 2006, 128(24): 7756-7757.

[41] Ray S, Saha A, Jana N R, et al. Fluorescent carbon nanoparticles: Synthesis, characterization, and bioimaging application. Journal of Physical Chemistry C, 2009, 113(43): 18546-18551.

[42] Bhunia S K, Saha A, Maity A R, et al. Carbon nanoparticle-based fluorescent bioimaging probes. Scientific Reports, 2013, 3: 1473.

[43] Antaris A L, Robinson J T, Yaghi O K, et al. Ultra-low doses of chirality sorted (6, 5) carbon nanotubes for simultaneous tumor imaging and photothermal therapy. ACS Nano, 2013, 7(4): 3644-3652.

[44] Kleinauskas A, Rocha S, Sahu S, et al. Carbon-core silver-shell nanodots as sensitizers for phototherapy and radiotherapy. Nanotechnology, 2013, 24(32): 325103.

[45] Zhu S, Meng Q, Wang L, et al. Highly photoluminescent carbon dots for multicolor patterning, sensors, and bioimaging. Angewandte Chemie International Edition, 2013, 125(14): 4045-4049.

[46] Tang J, Kong B, Wu H, et al. Carbon nanodots featuring efficient FRET for real-time monitoring of drug delivery and two-photon imaging. Advanced Materials, 2013, 25(45): 6569-6574.

[47] Feng T, Ai X, An G, et al. Correction to charge-convertible carbon dots for imaging-guided drug delivery with enhanced *in vivo* cancer therapeutic efficiency. ACS Nano, 2016, 10(5): 5587.

[48] Hou J, Cheng H, Yang C, et al. Hierarchical carbon quantum dots/hydrogenated-γ-TaON heterojunctions for broad spectrum photocatalytic performance. Nano Energy, 2015, 18(5): 143-153.

[49] Hu S, Tian R, Dong Y, et al. Modulation and effects of surface groups on photoluminescence and photocatalytic activity of carbon dots. Nanoscale, 2013, 5(23): 11665-11671.

[50] Han X, Han Y, Huang H, et al. Synthesis of carbon quantum dots/SiO_2 porous nanocomposites and their catalytic ability for photo-enhanced hydrocarbon selective oxidation. Dalton Transactions, 2013, 42(29): 10380-10383.

[51] Zhang Y Q, Ma D K, Zhang Y G, et al. N-doped carbon quantum dots for TiO_2-based photocatalysts and dye-sensitized solar cells. Nano Energy, 2013, 2(5): 545-552.

[52] Fang S, Xia Y, Lv K, et al. Effect of carbon-dots modification on the structure and photocatalytic activity of g-C_3N_4. Applied Catalysis B: Environmental, 2016, 185(8): 225-232.

[53] Suzuki K, Malfatti L, Carboni D, et al. Energy transfer induced by carbon quantum dots in porous zinc oxide nanocomposite films. Journal of Physical Chemistry C, 2015, 119(5): 2837-2843.

[54] Ma C B, Zhu Z T, Wang H X, et al. A general solid-state synthesis of chemically-doped fluorescent graphene quantum dots for bioimaging and optoelectronic applications. Nanoscale, 2015, 7(22): 10162-10169.

[55] Chen Q L, Wang C F, Chen S. One-step synthesis of yellow-emitting carbogenic dots toward white light-emitting diodes. Journal of Materials Science, 2013, 48(6): 2352-2357.

[56] Guo X, Wang C-F, Yu Z-Y, et al. Facile access to versatile fluorescent carbon dots toward light-emitting diodes. Chemical Communications, 2012, 48(21): 2692-2694.

[57] Bourlinos A B, Karakassides M A, Kouloumpis A, et al. Synthesis, characterization and non-linear optical response of organophilic carbon dots. Carbon, 2013, 61(6): 640-643.

[58] Liu H, Ye T, Mao C. Fluorescent carbon nanoparticles derived from candle soot. Angewandte Chemie International Edition, 2007, 119(34): 6593-6595.

[59] Zheng L, Chi Y, Dong Y, et al. Electrochemiluminescence of water-soluble carbon nanocrystals released electrochemically from graphite.Journal of the American Chemical Society, 2009, 131(13): 4564-4565.

[60] Lan J, Liu C, Gao M, et al. An efficient solid-state synthesis of fluorescent surface carboxylated carbon dots derived from C_{60} as a label-free probe for iron ions in living cells. Talanta, 2015, 144(5): 93-97.

[61] Yang Z, Xu M, Liu Y, et al. Nitrogen-doped, carbon-rich, highly photoluminescent carbon dots from ammonium citrate. Nanoscale, 2014, 6(3): 1890-1895.

[62] Ma Z, Ming H, Huang H, et al. One-step ultrasonic synthesis of fluorescent N-doped carbon dots from glucose and their visible-light sensitive photocatalytic ability. New Journal of Chemistry, 2012, 36(4): 861-864.

[63] Dong Y, Wang R, Li G, et al. Polyamine-functionalized carbon quantum dots as fluorescent probes for selective and sensitive detection of copper ions. Analytical Chemistry, 2012, 84(14): 6220-6224.

[64] Yang Z, Li Z, Xu M, et al. Controllable synthesis of fluorescent carbon dots and their detection application as nanoprobes. Nano-Micro Letters, 2013, 5(4): 247-259.

[65] Sahu S, Behera B, Maiti T K, et al. Simple one-step synthesis of highly luminescent carbon dots from orange juice: Application as excellent bio-imaging Agents. Chemical Communications, 2012, 48(70): 8835-8837.

[66] Wang L, Zhou H S. Green synthesis of luminescent nitrogen-doped carbon dots from milk and its imaging application. Analytical Chemistry, 2014, 86(18): 8902-8905.

[67] Hsu P C, Shih Z Y, Lee C H, et al. Synthesis and analytical applications of photoluminescent carbon nanodots. Green Chemistry, 2012, 14 (4): 917-920.

[68] Wu Z L, Zhang P, Gao M X, et al. One-pot hydrothermal synthesis of highly luminescent nitrogen-doped amphoteric carbon dots for bioimaging from *Bombyx mori* silk-natural proteins. Journal of Materials Chemistry B, 2013, 1(22): 2868-2873.

[69] Wei J, Liu B, Yin P. Dual functional carbonaceous nanodots exist in a cup of tea. RSC Advances, 2014, 4(108): 63414-63419.

[70] Wang J, Wang C F, Chen S. Amphiphilic egg-derived carbon dots: Rapid plasma fabrication, pyrolysis process, and multicolor printing patterns. Angewandte Chemie International Edition, 2012, 51(37): 9297-9301.

[71] Wang Q, Liu X, Zhang L, et al. Microwave-assisted synthesis of carbon nanodots through an eggshell membrane and their fluorescent application. Analyst, 2012, 137(22): 5392-5397.

[72] Zhu C, Zhai J, Dong S. Bifunctional fluorescent carbon nanodots: Green synthesis via soy milk and application as metal-free electrocatalysts for oxygen reduction. Chemical communications, 2012, 48(75): 9367-9369.

[73] Qin X, Lu W, Asiri A M, et al. Microwave-assisted rapid green synthesis of photoluminescent carbon nanodots from flour and their applications for sensitive and selective detection of mercury (Ⅱ) ions. Sensors and Actuators B: Chemical, 2013, 184(4): 156-162.

[74] De B, Karak N. A green and facile approach for the synthesis of water soluble fluorescent carbon dots from banana juice. RSC Advances, 2013, 3(22): 8286-8290.

[75] Huang Q, Lin X, Zhu J-J, et al. Pd-Au@ carbon dots nanocomposite: Facile synthesis and application as an ultrasensitive electrochemical biosensor for determination of colitoxin DNA in human serum. Biosensors and Bioelectronics, 2017, 94(6): 507-512.

[76] Shen J, Shang S, Chen X, et al. Facile synthesis of fluorescence carbon dots from sweet potato for Fe^{3+} sensing and cell imaging. Materials Science and Engineering: C, 2017, 76: 856-864.

[77] Kasibabu B S B, D'souza S L, Jha S, et al. One-step synthesis of fluorescent carbon dots for imaging bacterial and fungal cells. Analytical Methods, 2015, 7(6): 2373-2378.

[78] Gu D, Shang S, Yu Q, et al. Green synthesis of nitrogen-doped carbon dots from lotus root for Hg (Ⅱ) ions detection and cell imaging. Applied Surface Science, 2016, 390: 38-42.

[79] Yin B, Deng J, Peng X, et al. Green synthesis of carbon dots with down-and up-conversion fluorescent properties for sensitive detection of hypochlorite with a dual-readout assay. Analyst, 2013, 138(21): 6551-6557.

[80] Yang X, Zhuo Y, Zhu S, et al. Novel and green synthesis of high-fluorescent carbon dots originated from honey for sensing and imaging. Biosensors and Bioelectronics, 2014, 60(1): 292-298.

[81] Sachdev A, Gopinath P. Green synthesis of multifunctional carbon dots from coriander leaves and their potential application as antioxidants, sensors and bioimaging agents. Analyst, 2015, 140(12): 4260-4269.

[82] Zhao S, Lan M, Zhu X, et al. Green synthesis of bifunctional fluorescent carbon dots from garlic for cellular imaging and free radical scavenging. ACS Applied Materials & Interfaces, 2015, 7(31): 17054-17060.

[83] Yu J, Song N, Zhang Y K, et al. Green preparation of carbon dots by Jinhua bergamot for sensitive and selective fluorescent detection of Hg^{2+} and Fe^{3+}. Sensors and Actuators B: Chemical, 2015, 214(3): 29-35.

[84] Xu H, Yang X, Li G, et al. Green synthesis of fluorescent carbon dots for selective detection of tartrazine in food samples. Journal of Agricultural and Food Chemistry, 2015, 63(30): 6707-6714.

[85] Feng Y, Zhong D, Miao H, et al. Carbon dots derived from rose flowers for tetracycline sensing. Talanta, 2015, 140(1): 128-133.

[86] Suvarnaphaet P, Tiwary C S, Wetcharungsri J, et al. Blue photoluminescent carbon nanodots from limeade. Materials Science and Engineering: C, 2016, 69 (3): 914-921.

[87] Liu S S, Wang C F, Li C X, et al. Hair-derived carbon dots toward versatile multidimensional fluorescent materials. Journal of Materials Chemistry C, 2014, 2 (32): 6477-6483.

[88] Saravanan K, Kalaiselvi N. Nitrogen containing bio-carbon as a potential anode for lithium batteries. Carbon, 2015, 81(6): 43-53.

[89] Sun D, Ban R, Zhang P H, et al. Hair fiber as a precursor for synthesizing of sulfur-and nitrogen-co-doped carbon dots with tunable luminescence properties. Carbon, 2013, 64(7): 424-434.

[90] Wang Z, Liu J, Wang W, et al. Photoluminescent carbon quantum dot grafted silica nanoparticles directly synthesized from rice husk biomass. Journal of Materials Chemistry B, 2017, 5(24): 4679-4689.

[91] Liu S, Tian J, Wang L, et al. Hydrothermal treatment of grass: A low-cost, green route to nitrogen-doped, carbon-rich, photoluminescent polymer nanodots as an effective fluorescent sensing platform for label-free detection of Cu（Ⅱ）ions. Advanced Materials, 2012, 24(15): 2037-2041.

[92] Wu Z L, Liu Z X, Yuan Y H. Carbon dots: Materials, synthesis, properties and approaches to long-wavelength and multicolor emission. Journal of Materials Chemistry B, 2017, 5(21): 3794-3809.

[93] Hu B, Wang K, Wu L, et al. Engineering carbon materials from the hydrothermal carbonization process of biomass. Advanced Materials, 2010, 22(7): 813-828.

[94] Liu R, Zhang J, Gao M, et al. A facile microwave-hydrothermal approach towards highly photoluminescent carbon dots from goose feathers. RSC Advances, 2015, 5(6): 4428-4433.

[95] Zhang Y, Wang Y, Feng X, et al. Effect of reaction temperature on structure and fluorescence properties of nitrogen-doped carbon dots. Applied Surface Science, 2016, 387(14): 1236-1246.

[96] Yuan Y, Zhao X, Qiao M, et al. Determination of sunset yellow in soft drinks based on fluorescence quenching of carbon dots. Spectrochimica Acta Part A: Molecular and Biomolecular Spectroscopy, 2016, 167(12): 106-110.

[97] Hsu Y F, Chen Y H, Chang C W. The spectral heterogeneity and size distribution of the carbon dots derived from time-resolved fluorescence studies. Physical Chemistry Chemical Physics, 2016, 18(43): 30086-30092.

[98] Pan D, Zhang J, Li Z, et al. Hydrothermal route for cutting graphene sheets into blue-luminescent graphene quantum dots. Advanced Materials, 2010, 22 (6): 734-738.

[99] Eda G, Lin Y Y, Mattevi C, et al. Blue photoluminescence from chemically derived graphene oxide. Advanced Materials, 2010, 22(4): 505-509.

[100] Liu Q, Guo B, Rao Z, et al. Strong two-photon-induced fluorescence from photostable, biocompatible nitrogen-doped graphene quantum dots for cellular and deep-tissue imaging. Nano Letters, 2013, 13(6): 2436-2441.

[101] Niu N, Ma Z, He F, et al. Preparation of carbon dots for cellular imaging by the molecular aggregation of cellulolytic enzyme lignin. Langmuir, 2017, 33(23): 5786-5795.

[102] Yang Y, Cui J, Zheng M, et al. One-step synthesis of amino-functionalized fluorescent carbon nanoparticles by hydrothermal carbonization of chitosan. Chemical Communications, 2012, 48 (3): 380-382.

[103] Li W, Zhang Z, Kong B, et al. Simple and green synthesis of nitrogen-doped photoluminescent carbonaceous nanospheres for bioimaging. Angewandte Chemie International Edition, 2013, 125(31): 8309-8313.

[104] Xiang Z, Xie H, Li J, et al. A BP neural networks algorithm for high resolution of biomedical modeling and image segmentation. International Journal of Medical Imaging, 2016, 4(6): 57-69.

[105] Du F, Ming Y, Zeng F, et al. A low cytotoxic and ratiometric fluorescent nanosensor based on carbon-dots for intracellular pH sensing and mapping. Nanotechnology, 2013, 24(36): 365101.

[106] Arul V, Sethuraman M G. Facile green synthesis of fluorescent N-doped carbon dots from *Actinidia deliciosa* and their catalytic activity and cytotoxicity applications. Optical Materials, 2018, 78(13): 181-190.

[107] Shchipunov Y A, Khlebnikov O, Silant'ev V. Carbon quantum dots hydrothermally synthesized from chitin. Polymer Science Series B, 2015, 57 (1): 16-22.

[108] Gogoi N, Chowdhury D. Novel carbon dot coated alginate beads with superior stability, swelling and pH responsive drug delivery. Journal of Materials Chemistry B, 2014, 2(26): 4089-4099.

[109] Chowdhury D, Gogoi N, Majumdar G. Fluorescent carbon dots obtained from chitosan gel. RSC Advances, 2012, 2(32): 12156-12159.

[110] Liu Y, Zhao Y, Zhang Y. One-step green synthesized fluorescent carbon nanodots from bamboo leaves for copper (Ⅱ) ion detection. Sensors and Actuators B: Chemical, 2014, 196(18): 647-652.

[111] Mehta V N, Jha S, Basu H, et al. One-step hydrothermal approach to fabricate carbon dots from apple juice for imaging of mycobacterium and fungal cells. Sensors and Actuators B: Chemical, 2015, 213(12): 434-443.

[112] Song P, Zhang L, Long H, et al. A multianalyte fluorescent carbon dots sensing system constructed based on specific recognition of Fe (Ⅲ) ions. RSC Advances, 2017, 7(46): 28637-28646.

[113] Liang Z, Zeng L, Cao X, et al. Sustainable carbon quantum dots from forestry and agricultural biomass with amplified photoluminescence by simple NH_4OH passivation. Journal of Materials Chemistry C, 2014, 2(45): 9760-9766.

[114] Alam A M, Park B Y, Ghouri Z K, et al. Synthesis of carbon quantum dots from cabbage with down-and up-conversion photoluminescence properties: Excellent imaging agent for biomedical applications. Green Chemistry, 2015, 17(7): 3791-3797.

[115] Briscoe J, Marinovic A, Sevilla M, et al. Biomass-derived carbon quantum dot sensitizers for solid-state nanostructured solar cells. Angewandte Chemie International Edition, 2015, 54(15): 4463-4468.

[116] Zhang J, Yuan Y, Liang G, et al. Scale-up synthesis of fragrant nitrogen-doped carbon dots from bee pollens for bioimaging and catalysis. Advanced Science, 2015, 2(4): 1500002.

[117] Wang Z, Yu J, Zhang X, et al. Large-scale and controllable synthesis of graphene quantum dots from rice husk biomass: A comprehensive utilization strategy. ACS Applied Materials & Interfaces, 2016, 8(2): 1434-1439.

[118] Wu Q, Li W, Tan J, et al. Hydrothermal carbonization of carboxymethylcellulose: One-pot preparation of conductive carbon microspheres and water-soluble fluorescent carbon nanodots. Chemical Engineering Journal, 2015, 266(21): 112-120.

[119] Jiang C, Wu H, Song X, et al. Presence of photoluminescent carbon dots in Nescafe® original instant coffee: Applications to bioimaging. Talanta, 2014, 127(23): 68-74.

[120] Dinç S. A simple and green extraction of carbon dots from sugar beet molasses: Biosensor applications. Sugar Industry, 2016, 141(24): 560-564.

[121] Suryawanshi A, Biswal M, Mhamane D, et al. Large scale synthesis of graphene quantum dots (GQDs) from waste biomass and their use as an efficient and selective photoluminescence on-off-on probe for Ag^+ ions. Nanoscale, 2014, 6(20): 11664-11670.

[122] Yan Z, Zhang Z, Chen J. Biomass-based carbon dots: Synthesis and application in imatinib determination. Sensors and Actuators B: Chemical, 2016, 225(32): 469-473.

[123] Wang L, Bi Y, Hou J, et al. Facile, green and clean one-step synthesis of carbon dots from wool: Application as a sensor for glyphosate detection based on the inner filter effect. Talanta, 2016, 160(11): 268-275.

[124] Ye Q, Yan F, Luo Y, et al. Formation of N, S-codoped fluorescent carbon dots from biomass and their application for the selective detection of mercury and iron ion. Spectrochimica Acta Part A: Molecular and Biomolecular Spectroscopy, 2017, 173(10): 854-862.

[125] Xu M, Huang Q, Sun R, et al. Simultaneously obtaining fluorescent carbon dots and porous active carbon for supercapacitors from biomass. RSC Advances, 2016, 6(91): 88674-88682.

[126] He T, Wang H, Chen Z, et al. Natural quercetin AIEgen composite film with antibacterial and antioxidant properties for in situ sensing of Al^{3+} residues in food, detecting food spoilage, and extending food storage times. ACS Applied Materials & Interfaces, 2018, 1(3): 636-642.

[127] Kay A, Graetzel M. Artificial photosynthesis. 1. Photosensitization of titania solar cells with chlorophyll derivatives and related natural porphyrins. Journal of Physical Chemistry, 1993, 97(23): 6272-6277.

[128] Amao Y, Komori T. Bio-photovoltaic conversion device using chlorine-e_6 derived from chlorophyll from *Spirulina* adsorbed on a nanocrystalline TiO_2 film electrode. Biosensors and Bioelectronics, 2004, 19(8): 843-847.

[129] 曹玲玲，藤月莉. 叶绿素铜钠盐敏化 SnO_2 超微粒薄膜的光电转换性能. 华东理工大学学报(自然科学版)，1998, 24(5): 600-604.

[130] Hao S, Wu J, Huang Y, et al. Natural dyes as photosensitizers for dye-sensitized solar cell. Solar Energy, 2006, 80(2): 209-214.

[131] Dai Q, Rabani J. Photosensitization of nanocrystalline TiO_2 films by pomegranate pigments with unusually high efficiency in aqueous medium. Chemical Communications, 2001, 2(20): 2142-2143.

[132] Kumara G, Kaneko S, Okuya M, et al. Shiso leaf pigments for dye-sensitized solid-state solar cell. Solar Energy Materials and Solar Cells, 2006, 90(9): 1220-1226.

[133] Sirimanne P M, Senevirathna I, Tennakone K. An enhancement of photoproperties of solid-state TiO_2|dye| CuI type cells by coupling mercurochrome with natural juice extracted from pomegranate fruits. Chemistry Letters, 2005, 34(11): 1568-1569.

[134] Gao F G, Bard A J, Kispert L D. Photocurrent generated on a carotenoid-sensitized TiO_2 nanocrystalline mesoporous electrode. Journal of Photochemistry and Photobiology A: Chemistry, 2000, 130(1): 49-56.

[135] Zhang H, Wang Y, Liu P, et al. A fluorescent quenching performance enhancing principle for carbon nanodot-sensitized aqueous solar cells. Nano Energy, 2015, 13(2): 124-130.

[136] Shi Y, Na Y, Su T, et al. Fluorescent carbon quantum dots incorporated into dye-sensitized TiO_2 photoanodes with dual contributions. ChemSusChem, 2016, 9 (12) : 1498-1503.

[137] Choi H, Ko S J, Choi Y, et al. Versatile surface plasmon resonance of carbon-dot-supported silver nanoparticles in polymer optoelectronic devices. Nature Photonics, 2013, 7 (9) : 732.

[138] Prasannan A, Imae T. One-pot synthesis of fluorescent carbon dots from orange waste peels. Industrial & Engineering Chemistry Research, 2013, 52 (44) : 15673-15678.

[139] Wang H, Zhuang J, Velado D, et al. Near-infrared-and visible-light-enhanced metal-free catalytic degradation of organic pollutants over carbon-dot-based carbocatalysts synthesized from biomass. ACS Applied Materials & Interfaces, 2015, 7 (50) : 27703-27712.

[140] Yang P, Zhao J, Wang J, et al. Multifunctional nitrogen-doped carbon nanodots for photoluminescence, sensor, and visible-light-induced H_2 production. ChemPhysChem, 2015, 16 (14) : 3058-3063.

[141] Zhang H, Wang Y, Wang D, et al. Hydrothermal transformation of dried grass into graphitic carbon-based high performance electrocatalyst for oxygen reduction reaction. Small, 2014, 10 (16) : 3371-3378.

[142] Cao L, Wang X, Meziani M J, et al. Carbon dots for multiphoton bioimaging. Journal of the American Chemical Society, 2007, 129 (37) : 11318-11319.

[143] Ding H, Du F, Liu P, et al. DNA-carbon dots function as fluorescent vehicles for drug delivery. ACS Applied Materials & Interfaces, 2015, 7 (12) : 6889-6897.

[144] Zhang X, Wang H, Ma C, et al. Seeking value from biomass materials: Preparation of coffee bean shell-derived fluorescent carbon dots via molecular aggregation for antioxidation and bioimaging applications. Materials Chemistry Frontiers, 2018, 2 (7) : 1269-1275.

[145] Zhang Y R, Chen X P, Zhang J Y, et al. A ratiometric fluorescent probe for sensing HOCl based on a coumarin-rhodamine dyad. Chemical Communications, 2014, 50 (91) : 14241-14244.

[146] Tsukamoto K, Shinohara Y, Iwasaki S, et al. A coumarin-based fluorescent probe for Hg^{2+} and Ag^{+} with an N′-acetylthioureido group as a fluorescence switch. Chemical Communications, 2011, 47 (17) : 5073-5075.

[147] Yue Y, Huo F, Zhang Y, et al. Curcumin-based “enhanced S_NAr” promoted ultrafast fluorescent probe for thiophenols detection in aqueous solution and in living cells. Analytical Chemistry, 2016, 88 (21) : 10499-10503.

[148] Wee S S, Ng Y H, Ng S M. Synthesis of fluorescent carbon dots via simple acid hydrolysis of bovine serum albumin and its potential as sensitive sensing probe for lead (Ⅱ) ions. Talanta, 2013, 116 (23) : 71-76.

[149] Ju J, Chen W. Synthesis of highly fluorescent nitrogen-doped graphene quantum dots for sensitive, label-free detection of Fe (Ⅲ) in aqueous media. Biosensors and Bioelectronics, 2014, 58 (5) : 219-225.

[150] Song Y, Zhu S, Xiang S, et al. Investigation into the fluorescence quenching behaviors and applications of carbon dots. Nanoscale, 2014, 6 (9) : 4676-4682.

[151] Kumar A, Chowdhuri A R, Laha D, et al. Green synthesis of carbon dots from *Ocimum sanctum* for effective fluorescent sensing of Pb^{2+} ions and live cell imaging. Sensors and Actuators B: Chemical, 2017, 242 (3) : 679-686.

[152] Vandarkuzhali S A A, Jeyalakshmi V, Sivaraman G, et al. Highly fluorescent carbon dots from pseudo-stem of banana plant: Applications as nanosensor and bio-imaging agents. Sensors and Actuators B: Chemical, 2017, 252 (43) : 894-900.

[153] Xu J, Zhou Y, Cheng G, et al. Carbon dots as a luminescence sensor for ultrasensitive detection of phosphate and their bioimaging properties. Luminescence, 2015, 30 (4) : 411-415.

[154] Wang N, Wang Y, Guo T, et al. Green preparation of carbon dots with papaya as carbon source for effective fluorescent sensing of iron (Ⅲ) and *Escherichia coli*. Biosensors and Bioelectronics, 2016, 85 (24) : 68-75.

[155] Lin Q, Huang Q, Li C, et al. Anticancer drug release from a mesoporous silica based nanophotocage regulated by either a one-or two-photon process. Journal of the American Chemical Society, 2010, 132(31): 10645-10647.

[156] Lin Q, Bao C, Cheng S, et al. Target-activated coumarin phototriggers specifically switch on fluorescence and photocleavage upon bonding to thiol-bearing protein. Journal of the American Chemical Society, 2012, 134(11): 5052-5055.

[157] Lin Q, Bao C, Yang Y, et al. Highly discriminating photorelease of anticancer drugs based on hypoxia activatable phototrigger conjugated chitosan nanoparticles. Advanced Materials, 2013, 25(14): 1981-1986.

[158] Huang P, Li Z, Lin J, et al. Photosensitizer-conjugated magnetic nanoparticles for *in vivo* simultaneous magnetofluorescent imaging and targeting therapy. Biomaterials, 2011, 32(13): 3447-3458.

[159] Chung U S. Dendrimer porphyrin-coated gold nanoshells for the synergistic combination of photodynamic and photothermal therapy. Chemical Communications, 2016, 52 (6): 1258-1261.

[160] Jiang X, Wang R, Ren Y, et al. Responsive polymer nanoparticles formed by poly (ether amine) containing coumarin units and a poly(ethylene oxide) short chain. Langmuir, 2009, 25(17): 9629-9632.

[161] Rong L, Liu L H, Chen S, et al. A coumarin derivative as a fluorogenic glycoproteomic probe for biological imaging. Chemical Communications, 2013, 50(6): 667-669.

[162] Li S Y, Liu L H, Jia H Z, et al. A pH-responsive prodrug for real-time drug release monitoring and targeted cancer therapy. Chemical Communications, 2014, 50(80): 11852-11855.

第5章　仿生智能竹材表面纳米结构构建

5.1　竹材表面 ZnO 纳米结构仿生构建工艺探究

5.1.1　引言

仿生材料是指模仿生物的各种特性或者特点从而研制开发的材料，也可理解为仿照生命系统的运行模式和生物材料的结构规律而设计制造的人工材料[1]。自 20 世纪 90 年代发展以来，仿生学所取得的成就以及对各个领域的影响和渗透一直引人关注，尤其是纳米科学技术的迅速发展使仿生研究实现了在原子、分子、纳米及微米尺度上深入揭示生物材料优异宏观性能与特殊微观结构之间的关系，从而为仿生材料的制备提供了重要支撑[2-6]。

其实远在两千多年前，人们就发现有些植物虽然生长在污泥里，但是它的叶子却几乎永远保持清洁，一个最为典型的例子就是荷叶[7]。荷花通常生长在沼泽和浅水区域，但却可以具有“出淤泥而不染”的特性，这使得荷花成为几千年以来被人们作为纯洁的象征。荷叶上的灰尘和污垢会很容易被露珠和雨水带走，从而达到表面清洁的效果[8]。受自然界超疏水现象的启示，人们在仿生超疏水材料方面进行了不懈的探索和研究[9]。超疏水材料是一种对水具有排斥性的材料，水滴在其表面无法滑动铺展而保持球形滚动状，从而达到滚动自清洁的效果[10]。

众所周知，要想获得超疏水表面，需要构筑一层粗糙结构表面，目前，已经报道了许多比较成熟的制备技术，如水热合成法、溶胶-凝胶法、化学腐蚀法、气相沉积法、静电纺丝法、电化学法、纳米二氧化硅掺杂法等[11-15]。随着研究的深入，制备技术呈现相互结合化、新颖化、多样化等特点，但其中的大多数方法制作成本高，过程复杂，而且需要使用苛刻的化学条件，或者不适用于大面积疏水表面积涂层的制备。虽然有些学者在竹材表面成功地制备了纳米 ZnO，但目前对竹材仿生结构尚缺乏系统的研究数据，因此，本节以 ZnO 作为纳米结构材料，利用低温水热法合成不同形貌的结构，探索出适合 ZnO 纳米材料生长的最佳工艺条件，为进一步仿生构建功能性材料提供有力依据，且其产物纯净，后期处理简单，而且经济成本低，不仅适用于实验室研究，也适用于大规模工业化生产。

5.1.2　实验方法

5.1.2.1　ZnO 溶胶的制备

制备工艺如下：在室温环境下，0.75 mol/L 的乙酸锌溶于甲醇溶液中，60℃

磁力搅拌。上述溶液在室温条件下，按体积比 1∶1 滴加到单乙醇胺(MEA)溶液中，混合后的溶液 60℃搅拌 30 min，直到形成均匀稳定的溶胶。将 ZnO 溶胶置于室温条件下陈放 24 h。

5.1.2.2　ZnO 晶种的制备

利用反复提拉浸渍法将 ZnO 溶胶负载于竹块表面。将竹块浸入 ZnO 溶胶中保持 5 min，接着将样品放在烘箱中 103℃干燥 3 h。从浸渍到干燥该过程重复操作 5 次。最后，将 0.05 mol/L 六水硝酸锌、0.05 mol/L 六次甲基四胺、0.06 mol/L 聚乙烯醇依次溶于 250 mL 的蒸馏水中，混合均匀，将负载有 ZnO 溶胶的竹块放入上述混合液中，95℃水热反应 1 h。制备的样品用于接下来的水热反应。

5.1.2.3　ZnO 纳米晶体在竹材表面的生长

前驱体溶液的制备：将 0.04 mol/L 的乙酸锌和 0.8 mol/L 的氢氧化钠以体积比 1∶20 比例混合均匀。在水热过程中，将负载有 ZnO 晶种的竹材试样放入配制的前驱体溶液中，移入反应釜，分别在 30℃、35℃、40℃、45℃、115℃、120℃等 19 个条件下反应 1 h。水热反应之后，将试样取出，用去离子水清洗数次，然后在 50℃的真空烘箱中干燥 48 h。竹材表面 ZnO 纳米材料的制备过程如图 5-1 所示。

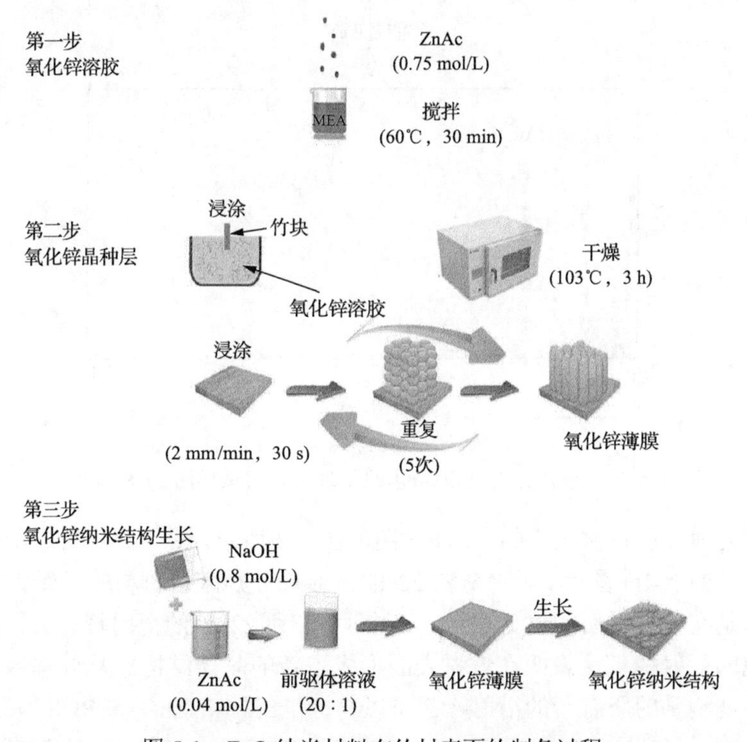

图 5-1　ZnO 纳米材料在竹材表面的制备过程

5.1.3 结果与讨论

5.1.3.1 ZnO 纳米结晶的特性

图 5-2 为竹材素材和处理之后竹材试样的 EDS 谱图。如图 5-2(a)所示，C、O 和 Au 元素能够在竹材素材中检测得到，C 和 O 元素来自于竹材基质，Au 元素来自于溅射在竹材表面用来观测 SEM 所需的喷金涂层。而对于水热反应之后的竹材[图 5-2(b)]，EDS 谱图中可以清晰地观测到 Zn 元素的峰，能谱图中除了能检测到 C、O、Au 和 Zn 元素的峰之外，检测不到其他元素存在，由此可以确定水热反应之后竹材表面存在着 Zn 元素的无机物。

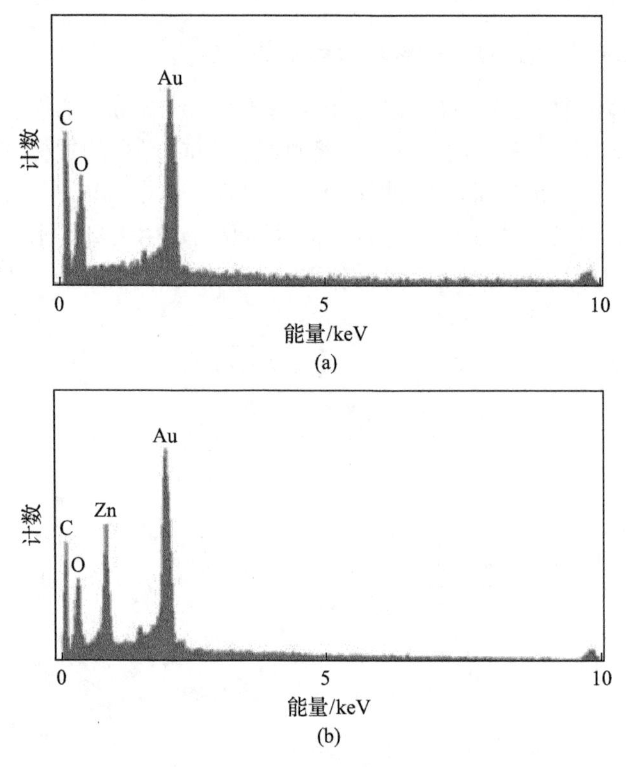

图 5-2　(a)竹材素材和(b)水热处理后竹材试样的 EDS 谱图

水热处理前后竹材试样的 XRD 谱图如图 5-3 所示。图 5-3(a)所展示的是竹材素材的典型的 XRD 图谱。在 16°和 22°的衍射峰分别来自竹材中纤维素结晶区部分[16]。但是在处理之后的竹材试样中，除了 16°和 22°处的衍射峰之外，还可以观察到其他的衍射峰，这表明在竹材表面形成了新的晶体结构。从处理后的竹材试样谱图中观测到的所有新的衍射峰都可以与标准纤锌矿 ZnO(JCPDS No. 36-1451)的峰位(100)、(002)、(101)、(102)、(110)、(103)和(112)一一对应[图 5-3(b)]，并且没有检测到其他的衍射峰，表明制备的 ZnO 纳米材料是纯净的 ZnO。XRD 结果表明水热法处理竹材之后，在竹材表面生成了 ZnO 纳米晶体，这与 EDS 谱图所示的结果相互对应。

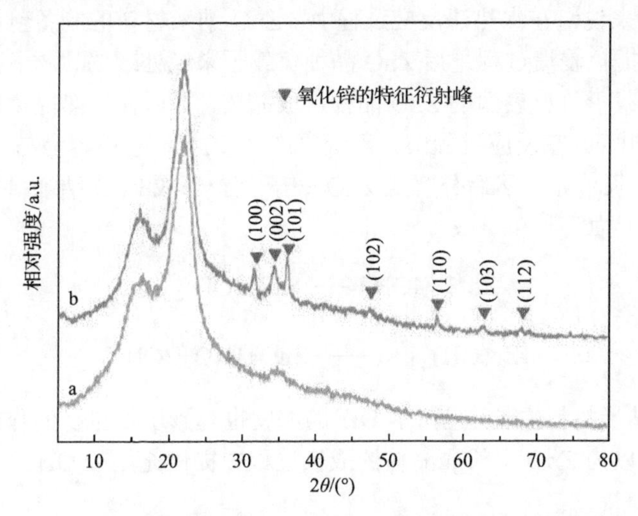

图 5-3　(a) 竹材素材和 (b) 水热处理后竹材试样的 XRD 谱图

图 5-4 为竹材素材和水热处理后竹材试样的 FTIR 图谱。与竹材素材相比，在水热处理后竹材的 FTIR 谱图中，3290 cm^{-1} 处的吸收峰主要归因于氢键或者吸附水中 O—H 伸缩振动吸收峰，在 2928 cm^{-1}、1600 cm^{-1}、1380 cm^{-1} 和 1031 cm^{-1} 处的吸收峰分别为竹材试样 C—H、C═O、C—H 和 C—O 的伸缩振动吸收峰[17]。峰值在 3300～3290 cm^{-1} 范围内的伸缩振动主要是由于制备的复合材料中纤维素

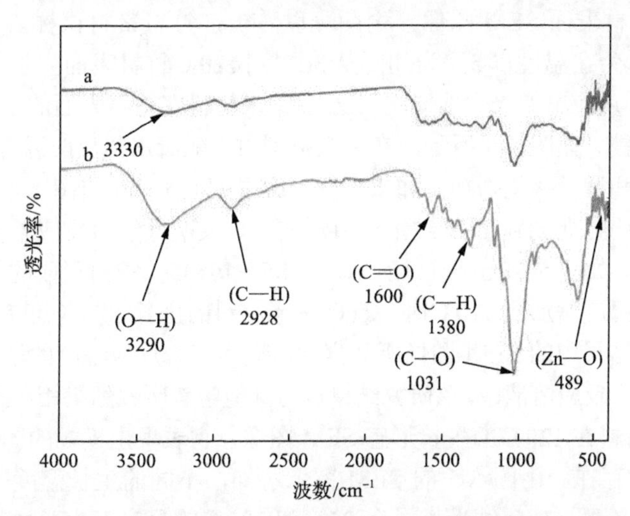

图 5-4　(a) 竹材素材和 (b) 水热处理后竹材试样的 FTIR 图谱

表面的羟基转移到低波，这表明纤维素表面的羟基和 ZnO 纳米材料氢键之间存在很强的相互作用[18]，这种很强的相互作用使得 ZnO 纳米材料可以在竹材表面固定。在 489 cm^{-1} 处的吸收峰为 ZnO 的特征吸收峰[19, 20]。

从原则上来说，在水热法反应过程中，ZnO 纳米材料的制备包含以下基本步骤。首先，在提拉浸渍过程之后 ZnO 晶种负载于未经处理的竹材表层。然后在碱性溶液中，负载于竹材表面的 ZnO 晶种形成晶核，最后在水热能量的作用下形成 ZnO 纳米材料[21]。在反应过程中，乙酸锌产生 Zn^{2+}，它很容易与 OH^{-}反应形成 $[Zn(OH)_4]^{2-}$生长单元，然后分解成 ZnO 分子[22]。形成 ZnO 纳米材料的一种可能的化学机制表达如下[23]：

$$Zn^{2+}+4OH^{-} \longrightarrow [Zn(OH)_4]^{2-} \tag{5-1}$$

$$[Zn(OH)_4]^{2-} \longrightarrow ZnO+H_2O+2OH^{-} \tag{5-2}$$

在 ZnO 纳米材料生长过程中，OH^{-}的浓度也起到了很重要的作用。高浓度的 NaOH 溶液可以为 ZnO 生长成晶体的成核过程中提供充足的 OH^{-}。

5.1.3.2　ZnO 生长工艺探究

1) 生长温度

为探究生长温度对 ZnO 纳米材料形态的影响，利用水热法将 ZnO 纳米材料生长于竹材表面，将竹材浸泡在乙酸锌和氢氧化钠摩尔比为 1∶20，体积比为 1∶20 的反应液中，反应温度设定从 30℃到 120℃，以 5℃为间隔进行。对应的 ZnO 纳米材料在每个不同温度生长的 SEM 图像如图 5-5 所示。如图 5-5(a)给出的是未经处理的竹材表面 SEM 图像，由图可以看出，竹材素材试样表面相对光滑。图 5-5(b)～(t)为在温度以 5℃为间隔从 30℃到 120℃竹材表面生长 ZnO 纳米材料的 SEM 图像。反应温度极大地影响了 ZnO 纳米材料在竹材表面的生长过程和最终形成的结构形貌。如图 5-5 所示，在一定范围内，随着水热反应温度的增加，ZnO 纳米材料长度和增长率均增加。如果水热反应温度低于 50℃[图 5-5(b)～(f)]，则竹材表面没有明显观测到 ZnO 纳米材料形成，这表明低于该反应温度 ZnO 很难生长于竹材表面。如图 5-5(m)～(q)所示，在 85～105℃范围内形成的 ZnO 数量多且密集。当反应温度增加到 110℃时，ZnO 纳米材料的生长量与长度都会变小。这种现象可由实验结果中的 SEM 图像所观察到，因为随着反应温度的增加，ZnO 纳米材料逐渐溶解于反应溶液中，该研究结果也与其他学者研究结果相一致[24]。图 5-5(t)为 ZnO 纳米材料在 120℃的生长形态 SEM 图像，它表现出模糊的图像，没有明显 ZnO 纳米结构存在。由图 5-5 的 SEM 图像可知，不同的生长温度产生的 ZnO 纳米材料的形态不同，ZnO 纳米材料在 85℃和 105℃的温度下生长成直径约为 2 μm 的均匀的球状纳米结构[图 5-5(m)和图 5-5(q)]。如图 5-5(o)所示，在反应温度为

95℃的条件下，得到兰花状的 ZnO 纳米材料，它们的平均大小为 200 nm 宽，2 μm 长。图 5-5(o)中的内插图是真实的兰花形态。针状 ZnO 纳米材料在 90℃和 100℃下制备得到[图 5-5(n)和图 5-5(p)]。总之，在不同的水热温度条件下生成三种不同形态的纳米 ZnO。因此，温度对竹材表面 ZnO 纳米材料的形态有很大的影响。

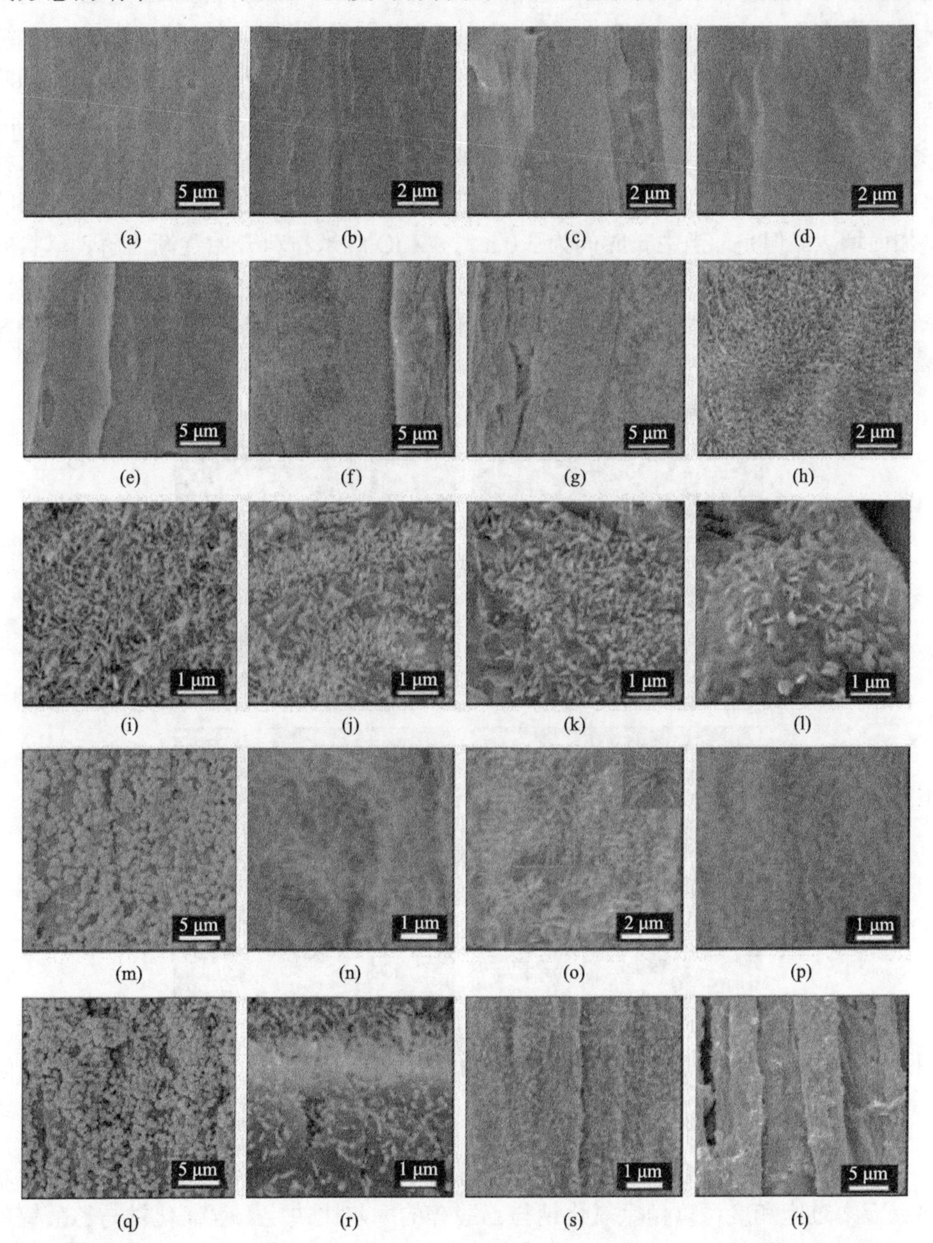

图 5-5　(a)竹材素材 SEM 图像，(b)～(t)分别对应在 30℃、35℃、40℃、45℃… 115℃、120℃等 19 个条件下反应 1 h 竹材表面的 SEM 图像，(o)中的插图为真实的兰花图像

2) 生长时间

为了研究生长时间对 ZnO 纳米材料形态的影响，利用水热法将纳米材料生长于竹材表面，生长时间分别为 0.5 h、1.0 h、3.0 h、8.0 h。其他实验参数保持恒定(温度 95℃，乙酸锌 0.04 mol/L，氢氧化钠 0.8 mol/L)。图 5-6 展示的是 ZnO 纳米材料分别在 0.5 h、1.0 h、3.0 h、8.0 h 时的 SEM 图像。图 5-6(a)展示的是 ZnO 纳米材料生长 0.5 h 的形态。很显然 ZnO 纳米结构表现为草状形态。这种草状的 ZnO 纳米材料长约 1 μm，直径约为 100 nm。图 5-6(b)为 ZnO 纳米材料生长 1.0 h 时的形态。与图 5-6(a)相比，我们可以观察到当生长时间延长到 1.0 h 时 ZnO 纳米材料的大小变为原来的两倍。因此，可以推断 ZnO 纳米材料的直径随着生长时间的增加而增大。但是，当生长时间为 3.0 h 时，ZnO 纳米材料开始逐渐溶解，草状的纳米形态开始消失，产生模糊图像。如图 5-6(d)所示，当生长时间变为 8.0 h 时，草状纳米形态完全消失。这种现象表明随着水热反应时间的延长，ZnO 纳米材料存在一种无定形相，最后逐渐开始溶解。

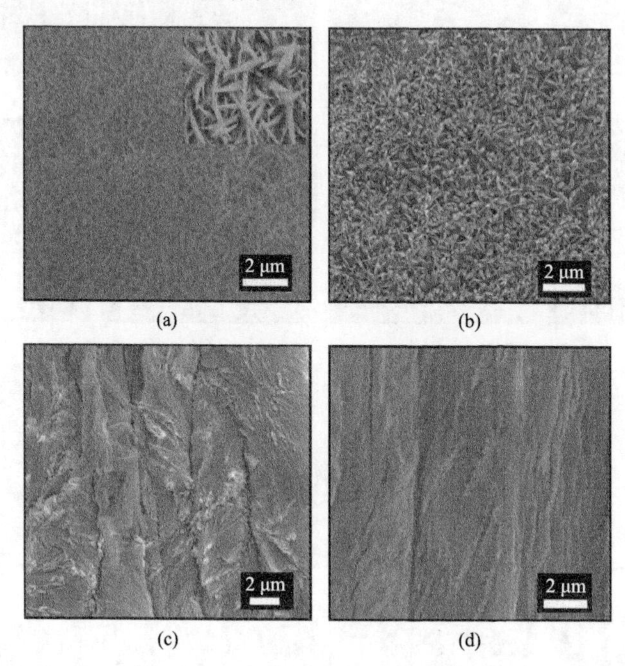

图 5-6　竹材试样在水热反应(a)0.5 h、(b)1.0 h、(c)3.0 h 和(d)8.0 h 时分别对应的 SEM 图像

3) 前驱体溶液配比

过饱和度由相同温度下饱和溶液中溶质在过饱和溶液中浓度的比决定[23]。水热反应中过饱和度可以由氢氧化钠与乙酸锌的摩尔比决定。氢氧化钠与乙酸锌的摩尔比很低时，导致高过饱和度，将会促进沉淀或者高密度成核。氢氧化钠与乙酸锌的摩尔比很高时，将会引起 ZnO 的溶解和抑制成核[24]。为详细研究其影响，

将氢氧化钠与乙酸锌的摩尔比设定为 5∶1、10∶1、20∶1 和 25∶1，水热温度设定为 95℃，时间为 1 h。当过饱和度很高时，氧化锌和氢氧化锌在溶液中很容易形成沉淀，而且沉淀顺序上也不能控制。当过饱和度很低时，将会有很多其他生长过程产生。在图 5-7 中，当氢氧化钠与乙酸锌摩尔比从 5 增加到 20 时，观察到 ZnO 成核密度增加。当氢氧化钠与乙酸锌摩尔比继续增加到 25 时[图 5-7(d)]，ZnO 纳米粒子完全溶解并且在原始竹材表面上形成粗糙腐蚀界面，Le 等已经证明了该现象。因此，在 ZnO 前期生长过程中，低程度的过饱和状态足够让 ZnO 进行生长，并且在 ZnO 纳米材料形成过程中起到非常关键的作用，因为在制备 ZnO 纳米材料过程中，氢氧根离子对反应影响很大[25]。

图 5-7　氢氧化钠和乙酸锌摩尔比分别为 5∶1(a)、10∶1(b)、20∶1(c)和 25∶1(d)时对竹材表面 ZnO 纳米结构的影响

4)配位离子

为了阐明不同的锌盐前驱体溶液对 ZnO 纳米材料生长的影响，进一步研究了硝酸锌、硫酸锌、氯化锌和乙酰丙酮锌等不同的锌盐前驱体溶液，其他的生长条件设定为：水热温度 95℃，水热时间为 1 h，氢氧化钠与乙酸锌的摩尔比为 20∶1。图 5-8 展示的是在不同的锌盐前驱体溶液中 ZnO 纳米材料在竹材表面生长的 SEM 图像。显而易见，由 SEM 图像可知，制备的 ZnO 纳米结构材料都有相似的结构，即交联的 ZnO 纳米壁网络结构。这说明水热反应中不同锌盐前驱体溶液在决定形态上起着非重要的作用。

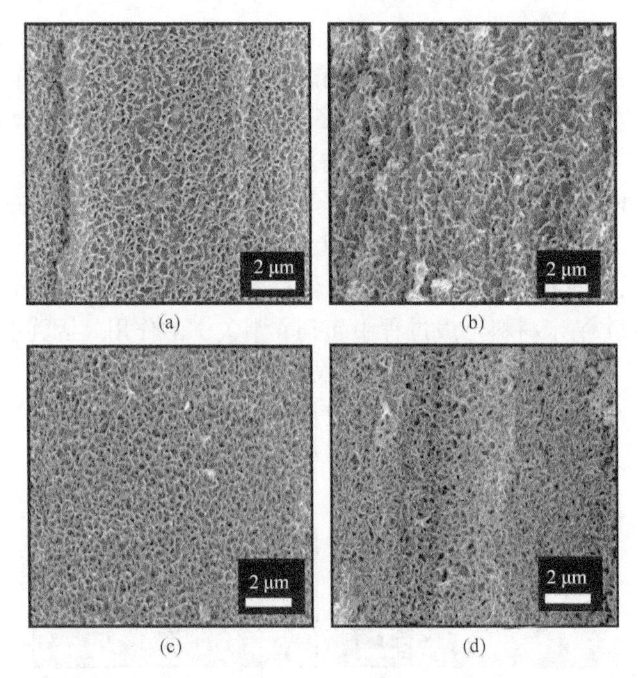

图 5-8　不同锌盐前驱体(a)硝酸锌、(b)硫酸锌、(c)氯化锌和(d)乙酰丙酮锌对竹材表面 ZnO 结构的影响

5.1.4　本节小结

本节全面研究了 ZnO 纳米材料在竹材表面的水热法生长。利用水热法在竹材表面成功制备了六种形态的纤锌矿纳米 ZnO：类球状、颗粒状、针状、草坪状、纳米墙状以及兰花状。实验结果表明：

(1) ZnO 的形态受水热温度影响很大。ZnO 纳米材料在 50℃及以上的温度生长量明显，成核集中，在 110℃及以上的温度能够使 ZnO 溶解；

(2) 随着反应时间的增加，ZnO 纳米材料的粒径、长度等均逐渐增大，当反应时间增加到 3 h 时，ZnO 纳米材料逐渐溶解，在竹材表面形成一层薄膜；

(3) 适当的 OH^- 浓度对 ZnO 纳米材料的成核和形成有至关重要的作用。不同锌盐前驱体溶液对竹材表面生成的 ZnO 纳米形态没有明显影响。

5.2　竹材表面仿生荷叶含氟超双疏薄膜的制备及研究

5.2.1　引言

自然界中的某些植物叶表面，最典型的是荷叶表面，具有超疏水性质和自清洁功能（“荷叶”自洁效应），水滴在荷叶表面具有较大的接触角和较小的滚动角[26]。

1997 年，德国生物学家 Barthlott 等研究人员通过对近 300 种植物叶表面进行研究，认为这种超疏水特性是由粗糙表面上微米结构的乳突以及表面疏水的蜡质材料共同引起的[27]。江雷院士课题组也得出荷叶表面的微/纳米多级结构和低表面能的蜡质物使其具有超疏水和自清洁功能[28-30]。

基于荷叶表面超疏水性质，在竹材表面仿生荷叶超疏水表面，使其提高竹材固有性能，同时赋予竹材新的特性。制备超疏水表面通常由两种方法组成：在原本疏水的物质上构建粗糙的结构，或用低表面能的物质降低粗糙表面的自由能[31]。众所周知，超疏水的表面可能不同时具有超疏油特性[32]。超疏油比超疏水的表面有着更广阔的应用潜力，包括在液体运输、防污材料和微流体的应用[33]。但是，人们发现制造具有超疏油特性的材料比制造具有超疏水表面材料更具有难度。这是因为液体油具有比水更小的表面张力，并且物体表面需要更小的表面能才能达到疏油效果[34, 35]。为了能得到这种现实中不存在、表面张力值低于 6 mN/m 的表面，我们可以往材料中引入—CF_3 官能团，并且超疏油表面的制备必须遵循着与超疏水相同的设计原则：增加表面粗糙度和降低表面能[36]。

本节研发了一种简单的技术来设计和生产以竹材为基础的具有超双疏性质的材料，这是通过利用 ZnO 增加竹材表面粗糙度和利用含氟物质降低表面自由能来实现的。首先，利用水热法在竹材表面制备大面积的玫瑰花状 ZnO 纳米材料；其次，在负载 ZnO 的竹材表面将氟硅烷氟化于试样表面得到一个超双疏的表面。与传统工艺相比，该方法更为简单并且更加易于操作。另外，实验制备的超双疏竹材表面不仅对水和油具有很好的抵抗性，甚至包括各种 pH 的酸碱溶液和一些腐蚀性溶液都表现出优越的双排斥性能。此外，对制备的超双疏竹材表面的稳定性和耐久性也进一步做了研究。

5.2.2　实验方法

5.2.2.1　竹材表面玫瑰花状 ZnO 纳米材料的制备

将 0.75 mol/L 的乙酸锌溶于甲醇溶液中，60℃磁力搅拌均匀。接着将上述溶液在室温条件下，按体积比 1∶1 滴加到单乙醇胺溶液中，混合后的溶液 60℃搅拌 30 min，即得 ZnO 溶胶。玫瑰花状 ZnO 在竹材表面生长实验过程如下：首先，通过反复提拉浸渍法将竹片浸入 ZnO 溶胶中保持 5 min，接着将样品放入烘箱中 80℃干燥 5 h，从浸渍到干燥该过程重复操作 5 次。然后，将 0.05 mol/L 六水硝酸锌、0.05 mol/L 六次甲基四胺(HMTA)、0.04 mol/L 十二烷基硫酸钠(SDS)依次溶于 250 mL 的蒸馏水中，混合均匀后，将负载有 ZnO 溶胶的竹片放入上述混合液中，95℃水热反应 1 h，反应结束后，将样品收集并用蒸馏水冲洗数次。最后，将该样品在 60℃真空干燥 24 h。

5.2.2.2　氟硅烷表面修饰

为降低竹材表面的自由能，利用十七氟癸基三甲氧基硅烷(FAS-17)对制备的试样进行表面处理。将试样浸入到1.0%(质量分数)的FAS-17/甲醇溶液中，在室温环境下磁力搅拌24 h，取出试样，利用甲醇清洗数次，然后放入烘箱中80℃干燥5 h。

制备超双疏竹材表面的实验过程如图5-9所示，氟硅烷改性过程紧接其后。首先，将Si—OCH_3水解，如过程(a)所示，此过程目的是将CH_3OH消除，生成Si—OH；然后，Si—OH通过氢键自行和ZnO纳米材料键合，如过程(b)所示。

5.2.3　结果与分析

图5-10给出了试样水热处理前后的XRD谱图。由图5-10(a)可见，在16°和22°处的衍射峰分别来自竹材中纤维素的衍射峰，明显不是氧化锌的特征衍射峰[37, 38]。与竹材素材相比，水热处理后的竹材除了16°和22°处的衍射峰之外，还可以观察到其他的衍射峰[图5-10(b)]，这些衍射峰正好与标准的纤锌矿ZnO(JCPDS, No.36-1451)的(100)、(002)、(101)和(110)等峰位一致，且无其他杂相生成，这意味着通过水热法得到了高纯度的ZnO纳米晶体，尖锐的衍射峰也表明生长的ZnO结晶良好。

图5-11给出的是竹材素材、ZnO/竹材以及FAS-17/ZnO/竹材试样的EDS谱图。如图5-11(a)所示，C元素、O元素和Au元素能从竹材素材试样中检测出来，Au元素来自于溅射在竹材表面用来观测SEM所需的喷金涂层。图5-11(b)是ZnO/竹材试样的EDS谱图，除了检测到C元素和O元素存在之外，Zn元素也被检测出来，另外，没有其他元素被检测出，表明竹材表面制备的纳米材料有无机元素的存在。图5-11(c)为FAS-17/ZnO/竹材试样的EDS谱图，在经过氟硅烷修饰之后，F元素和Si元素也被检测到，没有其他元素被发现，证明ZnO/竹材试样成功地被氟硅烷氟化，这也说明利用该方法成功地在竹材表面制备了超双疏的表面。

图5-12给出了竹材素材和FAS-17/ZnO/竹材试样的FTIR图谱。从图5-12(b)可知，相比于竹材素材来说[图5-12(a)]，在3380～3440 cm^{-1}范围内的吸收峰主要归结于来自氢键键合的O—H或来自竹材试样的吸收水[39]，出现在2919 cm^{-1}和2852 cm^{-1}处的两个较强的吸收峰，是由于—CH_3和—CH_2官能团对称伸缩振动和不对称伸缩振动造成的，这表明在竹材表面上成功连接了一个长链烷基[40]，而在1195 cm^{-1}处出现的吸收峰，是由于竹材表面氟硅烷修饰之后F—C官能团连接于竹材表面造成的[41]。另一个吸收峰出现在818 cm^{-1}处，这是由于Si—O键伸缩振动引起的。另外，500 cm^{-1}处吸收峰是由于ZnO负载于竹材表面引起的[图5-12(b)]。

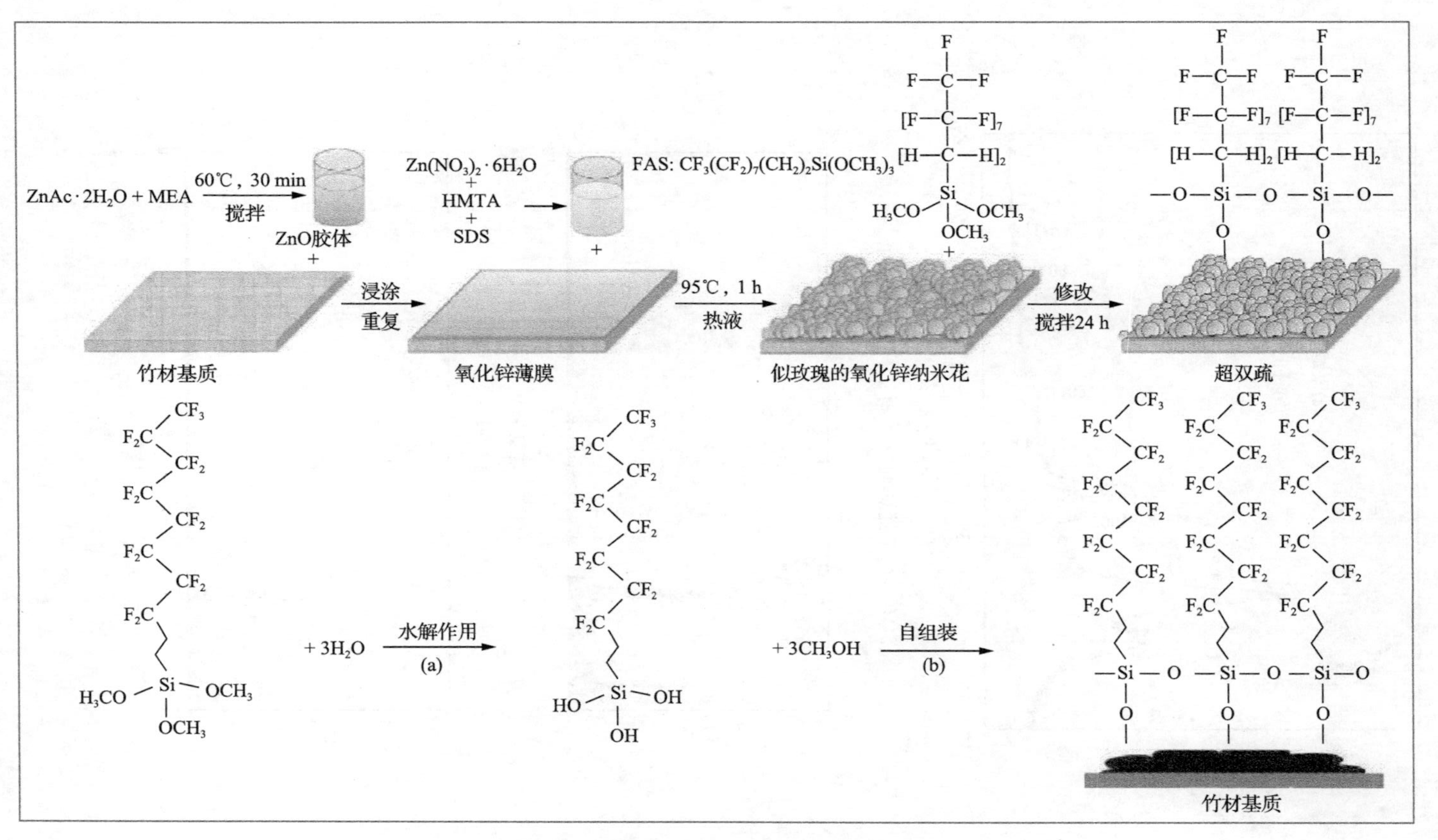

图5-9　制备超双疏竹材的实验流程图

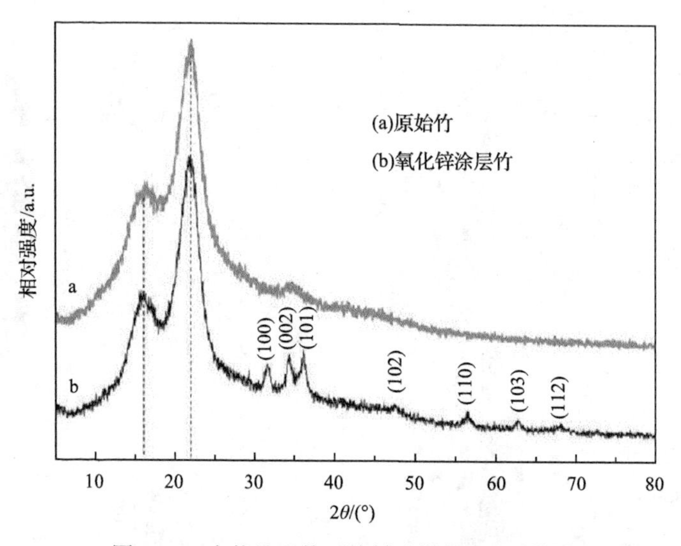

图 5-10　水热处理前后竹材试样的 XRD 谱图

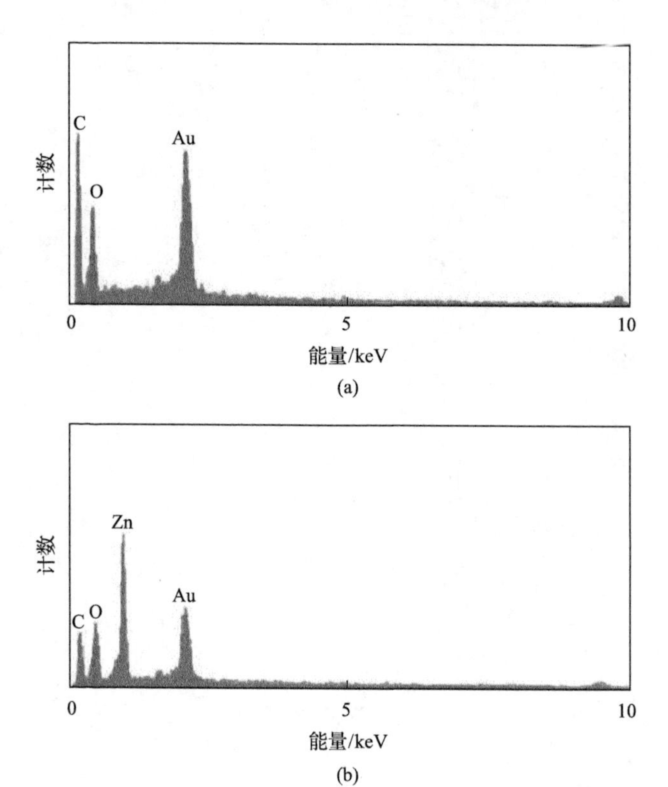

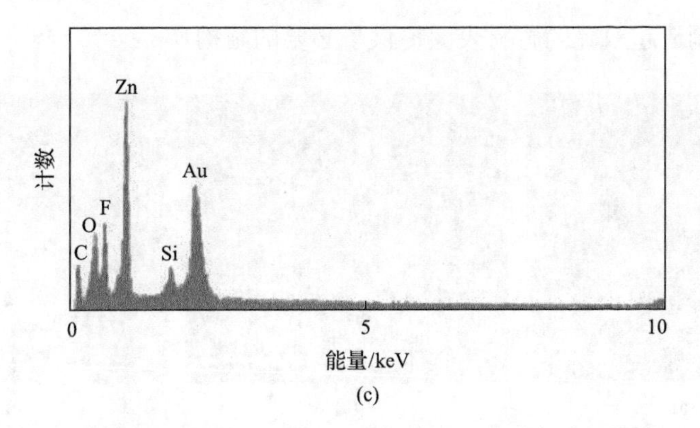

(c)

图 5-11　(a)竹材素材、(b)ZnO/竹材以及(c)FAS-17/ZnO/竹材试样的 EDS 谱图

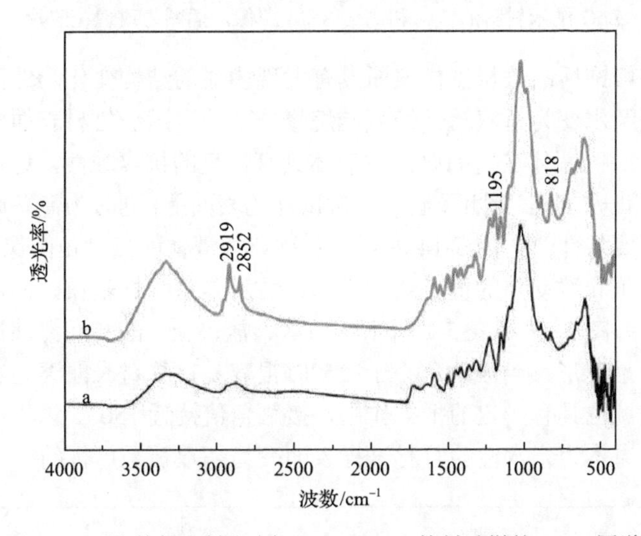

图 5-12　(a)竹材素材和(b)FAS-17/ZnO/竹材试样的 FTIR 图谱

图 5-13 给出的是竹材素材试样及分别在低倍和高倍电镜下观察到的竹材表面玫瑰花状的 ZnO 纳米结构的 SEM 图像。如图 5-13(a)所示，竹材素材试样的微观结构清晰可见，是一个粗糙的表面结构，从 SEM 图像中可以观测到直径为 5～20 μm 的竹纤维。经过低温水热反应之后，可以发现竹材表面密集地覆盖着 ZnO 纳米材料[图 5-13(b)]。令人奇怪的是，SEM 图像中观察到的玫瑰花状结构的 ZnO 纳米材料与图 5-13(c)插图中的玫瑰花很相似，通过高倍 SEM 图可以观察到玫瑰花状结构的 ZnO 纳米材料的直径为 2～5 μm，这使得竹材表面上形成微/纳米级粗糙结构。虽然竹材表面的粗糙程度得到了提高，但试样表面依旧保持亲水的特性。Wu 等[42]和 Ding 等[43]均得出未经修饰的 ZnO 的表面是超亲水性的，接触角几乎为 0°。表面粗糙度在制备超疏水表面时起了非常重要的作用，因此，玫瑰花状结构的 ZnO

纳米材料为制造超双疏的竹材表面提供了必要的结构。

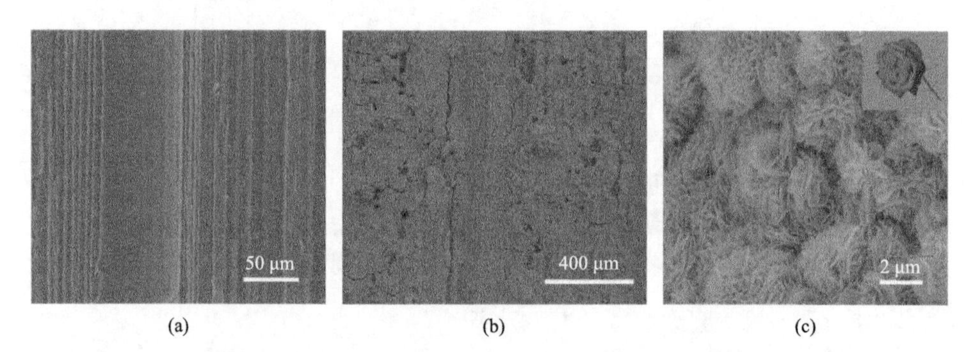

图 5-13　(a)竹材素材的 SEM 图像，(b)和(c)分别为竹材表面玫瑰花状结构 ZnO 纳米材料的低倍和高倍 SEM 图像，插图为玫瑰花照片

经氟硅烷修饰后的竹材试样表面没有发现明显的结构变化。然而，竹材表面的润湿性由超亲水变为超双疏。经氟硅烷修饰之后，赋予竹材表面对水、油，甚至包括各种 pH 的液体在内的腐蚀性液体具有优良的抗腐蚀性，这可以解释为高浓度的—CF_2和—CF_3官能团降低了竹材试样的表面能，同时为制备超双疏的竹材表面提供了必要条件[44]。图 5-14 展示了几种典型液体的接触角图像，表 5-1 为几种液体的接触角和滚动角的值。众所周知，竹材是亲水性基质，而对于处理之后的竹材试样，如图 5-14 和表 5-1 所示，当水、盐、碱、酸和润滑油液滴滴在竹材表面时，液滴呈球形，当滚动角小于 15°时很容易在竹材表面滚动。制备的超双疏表面对十六烷也具有一定的抵抗作用，接触角值接近 150°。以上结果表明，该制备方法使得原本为亲水性的竹材试样表面变为超双疏是可行的。

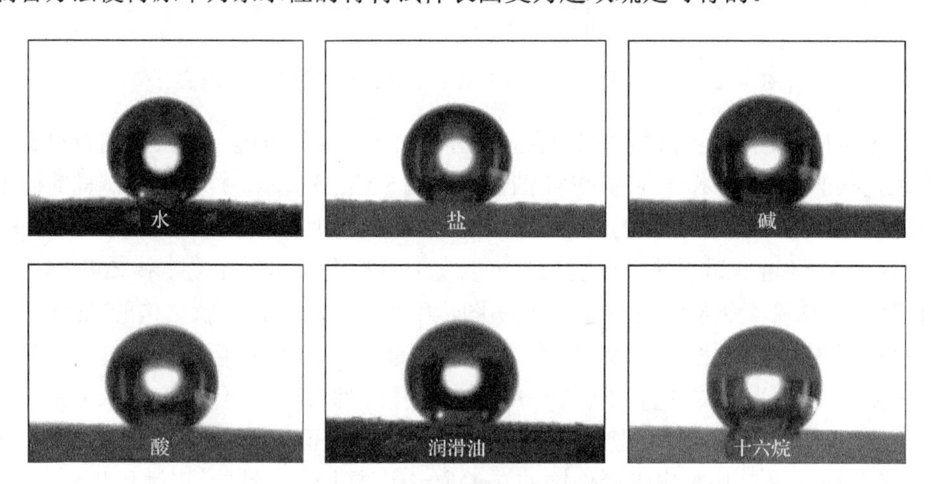

图 5-14　几种典型液体的接触角图像

表 5-1　超双疏竹材表面不同液体的接触角和滚动角的值

液体[a]	静态接触角/(°)	滚动角/(°)
水	156±1	<5
盐	155±2	<5
碱	153±1	<5
酸	152±1	<5
润滑油	151±1	15±2
十六烷	150±1	18±1

a 本书中使用的润滑油的表面张力为 31 mN/m。

为了更清楚地展示制备的超双疏竹材的性质，进一步对制备的竹材试样做了研究(图 5-15)。前面也提到过，竹材素材本质上是亲水的，尽管竹材的密度低、重量轻，但竹材自身是一种多孔材料，它可以吸收水分，由于其吸水性以及自身的重量，它依旧会沉到水平面以下。在本实验结果中，如图 5-15(c)中所展示的那样，制备的竹材试样(右图)能够轻松地“站”在水的表面，这是由于它的超疏水性质引起的。在图 5-15(c)的左边，竹材素材虽然也漂浮在水面上，但是浮在液面以下，明显具有亲水性。进一步利用外力将超双疏竹材浸入水中时，竹材试样表面存在很多气泡，形成一个银色镜面[图 5-15(a)]，当撤除外力后，超双疏竹材立马漂出水面，不吸收任何水分，最后依旧“站”在水的表面[图 5-15(b)]，这意味着这些超双疏竹材可以用于户外使用，帮助竹制品抵抗水分侵袭。另外制备的超双疏竹材除了具有抗水性外，还对油和腐蚀性液体，如机油、酸、盐、碱溶液有着稳健的抵抗性。图 5-15(d)提供了几种典型液体在竹材素材表面的图像，从左至右分别为机油、盐酸溶液(pH=1)、氯化钠溶液(pH=7)、氢氧化钠溶液(pH=14)和水，这些液体很容易被竹材素材吸收，并且这些液体在竹材表面的接触角几乎为 0°。而经氟硅烷修饰后，这些液体的接触角从 0°变为 153°[0°参见图 5-15(d)，153°参见图 5-15(e)]，这些液体在修饰后的竹材表面呈球状并且非常易于滚动。更奇怪的是，尽管液体的 pH 从 1 增加到 14(利用盐酸和氢氧化钠进行调节)，但是几乎不影响接触角的数值。图 5-15(f)展示了酸(pH=1)、盐(pH=7)和碱(pH=14)液液滴在改性后的竹材表面的图像，这些有着完美球形形状的液滴依旧“站立”在改性后的竹材表面，表现出稳定的润湿性。

(a)

(b)

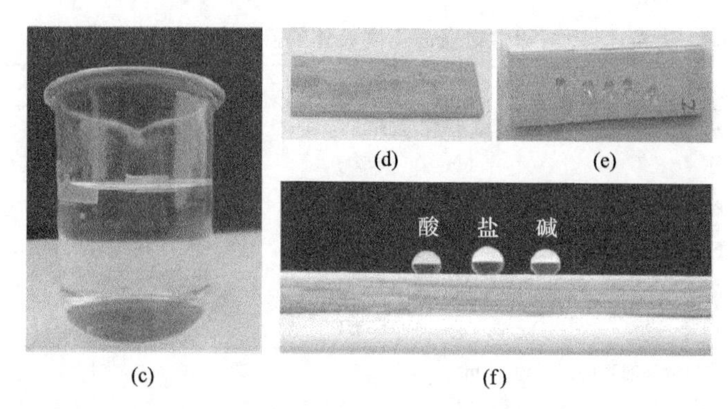

图 5-15　(a)利用外力将超双疏竹材完全浸入水中图像；(b)撤除外力后，超双疏竹材浮于水面；(c)竹材素材漂浮于液面以下(左图)，超双疏竹材漂浮于液面以上(右图)；(d)和(e)分别为机油、盐酸溶液(pH=1)、氯化钠溶液(pH=7)、氢氧化钠溶液(pH=14)和水在竹材素材和超双疏竹材表面的形状；(f)分别为盐酸溶液(pH=1)、氯化钠溶液(pH=7)、氢氧化钠溶液(pH=14)在超双疏竹材表面的侧视图

为深入分析超双疏竹材表面的稳定性和耐久性，将制备的竹材试样陈放于户内两个月，结果发现该超双疏竹材的接触角没有明显改变，依旧保持着完美的球形形状[图 5-16(a)]。另外，还将制备的竹材试样分别放入 pH=14 的 NaOH 溶液和 pH=1 的 HCl 溶液中以 50℃条件下浸泡 3 h，实验结果发现试样表面液体的接触角依旧大于 150°[图 5-16(b)和(c)]。综合以上结果表明，改性后的竹材试样对于强酸和强碱甚至一些腐蚀性液体拥有优越的稳定性和完美的耐久性，因此，这项工作为竹资源的利用开辟了新方向，并且这种超双疏竹材可以作为户外用材，抵抗酸雨。

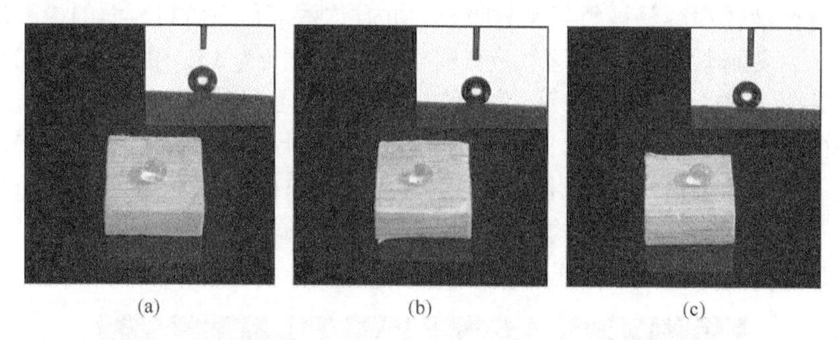

图 5-16　竹材被放置于空气中两个月后(a)或者浸入 pH 为 1 的盐酸溶液(b)或 pH 为 14 的氢氧化钠溶液(c)中以 50℃的条件加热 3 h 后的水滴图像

5.2.4　本节小结

本节以荷叶为仿生对象，在竹材表面成功地制备了一种耐久、抗腐蚀、超双

疏的薄膜。首先，大面积具有玫瑰花状结构的 ZnO 纳米材料通过低温水热法负载于竹材表面从而来提高表面粗糙度；其次，用表面能较低的氟硅烷来处理竹材，结果如下：

(1)经氟硅烷处理后的竹材不仅具有超双疏性质，而且获得优良的耐水性及对油和腐蚀性液体有了很好的抗腐蚀性，对水、油、酸、碱和盐的接触角均在 150°左右；

(2)将制备的试样放置于空气中两个月后或者浸入 pH 为 1 的盐酸溶液或 pH 为 14 的氢氧化钠溶液中以 50℃的条件加热 3 h 后，依旧保持超疏水性。

具有此多功能的超双疏竹材，扩大了竹资源的利用价值，期待该方法能够广泛地应用于竹材表面改性，大大增加竹材的潜在利用价值，延长竹产品寿命，增加竹产品附加值。

5.3　具有导电功能仿生荷叶超疏水竹材的制备和性能研究

5.3.1　引言

近年来，随着高科技电子产品在各个领域日益普及，特别是手机、电脑和电视机等电子产品更新换代加速，人们在充分享受高科技带来的方便舒适的工作和生活方式的同时，也随之产生了大量的电子垃圾，特别是随着大量电器的报废，废电路板的数量越来越大[45]。电路板的成分比较复杂，回收处理难度大，且电路板在生产过程中加入了大量的有机物质，在废电路板的回收处理过程中稍有不慎就可能对环境产生严重的污染[46, 47]。目前，我国废电路板的回收处理技术还比较落后，开发先进的废电路板处理技术和寻求新的绿色替代品已成为众多技术人员研究的对象[48, 49]。竹材作为一种生长周期短、可再生的生物质材料受到科研工作者的广泛关注[50]。如若用竹材作为电路板基质代替目前以塑料为主的电路板，将会大大增加竹材的利用价值，减少对环境的污染。

具有一料多能性质的材料是当今社会备受关注的热点，为了使竹材具有这种多重功能性质，需要进行进一步的修饰，从而提高竹材或者竹制产品的附加值[51]。竹材本身是一种电绝缘体材料，而通过仿生导电功能，利用银镜反应在竹材表面负载一层银纳米粒子，赋予竹材导电功能，再经过氟硅烷对其表面做进一步修饰，使其具有超疏水功能，这种方法制备的竹材既具有了导电功能，同时还具有超疏水功能，希望将该制备方法用于现实生活当中，应用于电子行业，可能会减缓目前存在的一些电子污染问题。

5.3.2 实验方法

5.3.2.1 竹材试样的碱液处理和通过银镜反应银纳米粒子在竹材表面的原位生长

首先，将竹材试样放入质量分数10%的NaOH溶液中进行处理，在室温环境下处理5 min，然后用大量的去离子水清洗，直至将多余的NaOH清洗干净；其次，将质量分数28%的氨水逐滴加入到0.5 mol/L的$AgNO_3$溶液中，并不断搅拌，直至溶液变为澄清溶液，则$[Ag(NH_3)_2]^+$溶液制备完成，接着将碱化后的竹材试样放入$[Ag(NH_3)_2]^+$溶液中，不断磁力搅拌1 h，取出试样，放入事先配好的0.2 mol/L的葡萄糖溶液中，反应5 min之后，将残余的$[Ag(NH_3)_2]^+$溶液倒入葡萄糖溶液中，继续反应30 min；最后，用大量去离子水进行清洗，清洗完成后，将试样放入真空烘箱中，60℃干燥24 h。

5.3.2.2 竹材试样的表面改性

为了降低竹材表面能，将制备的样品通过FAS-17进行表面改性。竹材试样放入到FAS-17/乙醇溶液中(2%，体积分数)，室温条件下磁力搅拌3 h，然后取出试样，用酒精清洗数次，目的是清洗掉试样表面残留的有机分子，然后将试样放入到105℃的烘箱中10 min，随后60℃干燥24 h。

5.3.2.3 导电性测试

竹材素材和制备的竹材试样的导电性利用万用表对其进行测量，两触点间的距离为10 mm，所测量的电阻值均为5次测量结果的平均值，电阻值越小，说明导电性越好。

5.3.3 结果与讨论

银镜反应是一种非常普遍的制备银纳米粒子的方法。常用于制备银纳米粒子的还原剂有硼氢化物、柠檬酸盐、抗坏血酸盐和氢元素[52]。过去研究发现硼氢化物作为还原剂，还原性太强，致使银粒子变得非常小，有些变成单分散的粒子，要想制备大粒径的粒子很难控制。而柠檬酸盐是一种还原性较弱的还原剂，还原速率比较缓慢，尺寸分布由宽变窄，同时柠檬酸盐也作为一种稳定剂，使得胶粒均匀地分散在溶液中。当前的研究工作中，为了制备银纳米粒子功能化的竹材，开发一种新的方法是非常重要的，而不像以前一样在水溶液中分散银纳米胶粒来制备银粒子。因此，竹材试样首先用NaOH进行预处理，使竹材表面带负电荷，当将NaOH预处理过的竹材放入银氨溶液中时，$[Ag(NH_3)_2]^+$很容易被竹材表面吸附，接着将试样转移到葡萄糖溶液中，$[Ag(NH_3)_2]^+$被原位还原成银种子，随着$[Ag(NH_3)_2]^+$和葡萄糖的加入，越来越多的银离子被吸附到竹材表面，还原成银，然后银种子长大变成银纳米粒子，最后在竹材表面形成一层致密均匀的银纳米层，形成过程如图 5-17 所示。

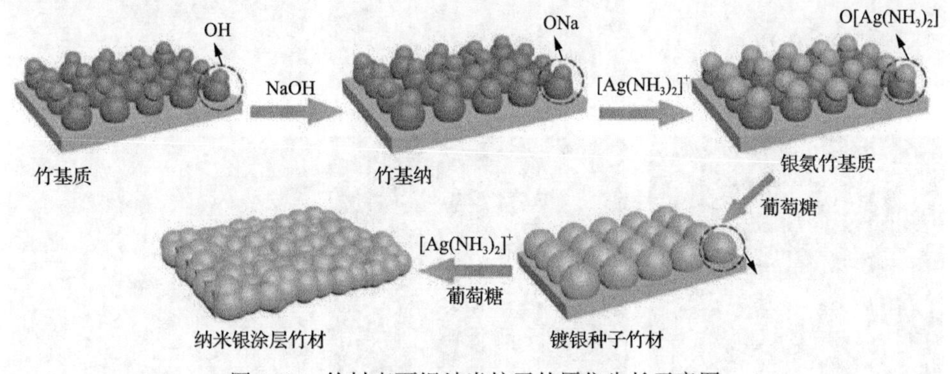

图 5-17　竹材表面银纳米粒子的原位生长示意图

图 5-18(a)～(c)为竹材表面银纳米粒子处理前后的 SEM 图，从图 5-18(a)中可以观察到，竹材表面除了表现出竹材的微观结构外，没有其他物质负载。当银纳米粒子负载于竹材表面时[图 5-18(b)]，竹材表面形成一层均一的银纳米层。银纳米粒子负载的竹材的元素面扫描图如图 5-18(f)所示，黄色点代表银元素，从图中可以看出，几乎整个表面被银粒子覆盖。从放大的 SEM 图像[图 5-18(c)]中也可以看出，银纳米粒子的粒径大都在 100～400 nm，这些粒子使得竹材表面变得粗糙，形成多尺度的结构，为进一步疏水处理提供了必要条件。银粒子层的厚度大约为 8.93 μm，如图 5-18(b)插图所示。通常情况下制备超疏水表面需要满足两个条件：其一，构筑一个粗糙的表面；其二，在构筑的粗糙表面负载一层低表面能物质。众所周知，原始竹材的表面是亲水的，接触角约为 17°[图 5-19(a)]，当在其表面负载一层银纳米粒子后，竹材的接触角反而降低了，变为 0°[图 5-19(b)]，这是由于没有处理过的银粒子的表面原本就是亲水的。经过疏水处理之后，亲水性的 Ag/竹材试样由亲水变为了超疏水，接触角为 155°，滚动角为 4.5°[图 5-19(c)]。当稍微倾斜试样时，其表面上的水滴很容易滚动。如图 5-19(d)所示，左边为竹材素材，右边为处理过的竹材试样，可以看出，竹材素材放在水中时，虽然仍旧漂浮在水上面，但是由于自身重量的原因，其整个试样淹没在水中，而处理过的竹材试样不但没有由于自身重量的原因淹没在水中，而且“站立”在水面上，这是因为竹材表面超疏水。如图 5-19(e)所示，当超疏水的竹材通过外力将其浸入到水中时，能够形成一个“镜面现象”，这是由于竹材表面有一层由非常多个微小气泡形成的表面，当光线进入到这层气泡时，发生反光现象，因此形成“镜面现象”，当将外力释放时，超疏水竹材迅速浮出水面，仍旧“站立”在水面上。

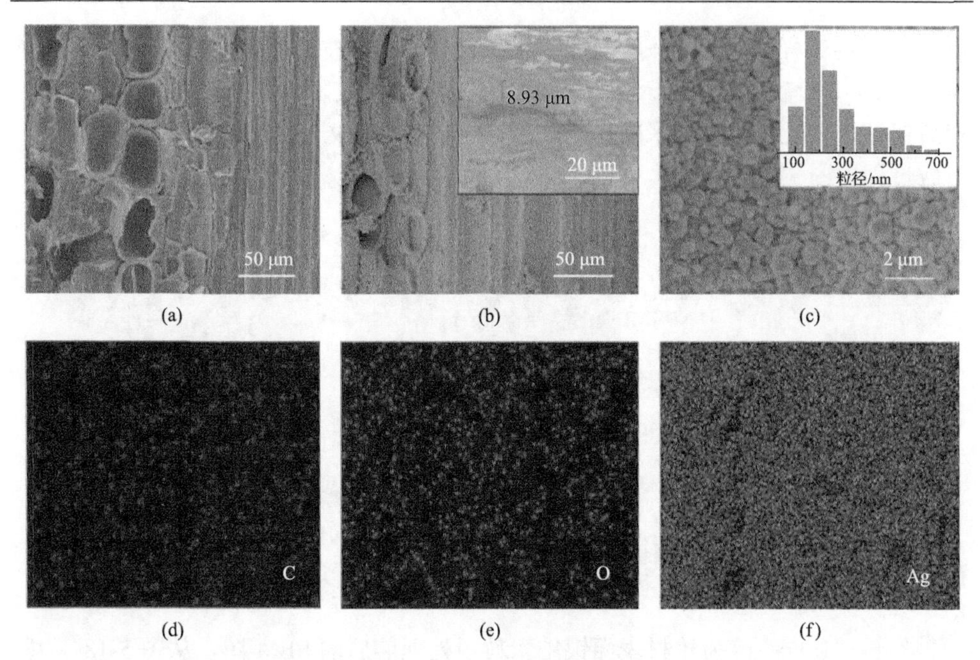

图 5-18　(a)为竹材素材的 SEM 图；(b)和(c)分别为银处理过的竹材的低倍和高倍 SEM 图，插图分别为银纳米层的厚度和银纳米粒子的粒径分布图；(d)、(e)和(f)分别为 C、O 和 Ag 元素的元素面扫描图

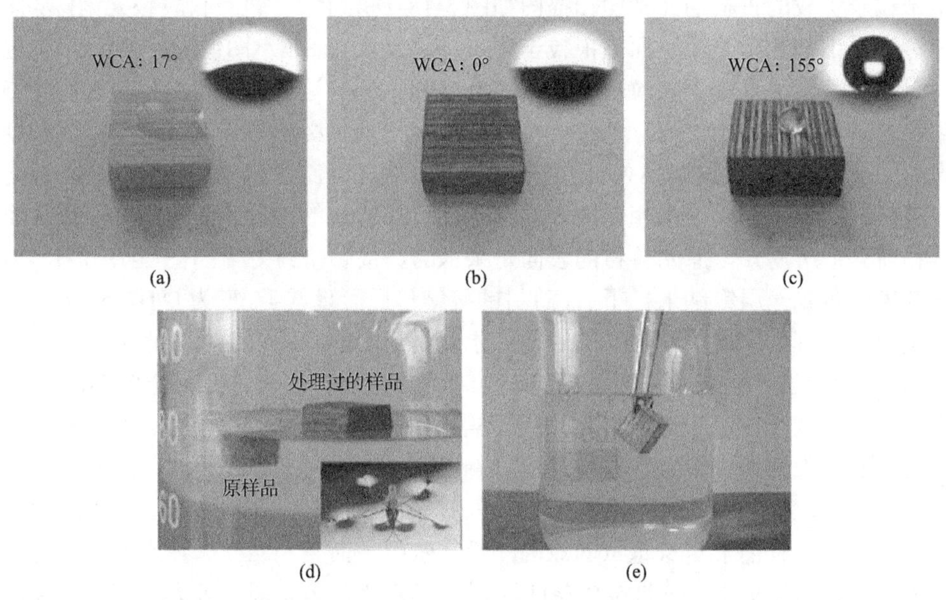

图 5-19　(a)、(b)和(c)分别为竹材素材、Ag 处理之后的竹材以及 FAS-17/Ag 处理之后的竹材，插图分别为对应的接触角；(d)为竹材素材(左边)和超疏水竹材(右边)亲水实验图，插图为水黾浮在水面的照片；(e)为超疏水竹材的“镜面现象”拍摄图

WCA：接触角

为了进一步研究该疏水性表面的性质，六种常见的液体如茶水、咖啡、蓝墨水、牛奶、酱油和红葡萄酒，被用来检测超疏水竹材表面的疏液性。如图 5-20 所示，这些液体的液滴均“站立”在处理过的竹材表面，该结果清晰地说明制备的超疏水竹材表面可以自动抵御一些液体的侵害，达到自清洁的效果，并且，将制备的竹材陈放在室温环境下三个月后，这些液体的接触角几乎没有变化。因此，FAS-17/Ag 处理过的竹材，赋予竹材超疏水、自清洁、长期耐久和耐高湿的性质。

图 5-20　超疏水竹材疏液性图片，a～f 依次为茶水、咖啡、蓝墨水、牛奶、酱油和红葡萄酒

通过手指的触摸按压简单地对制备的超疏水竹材的稳定性和耐久性进行检测。制备的超疏水竹材在今后的应用领域中，用手接触是在所难免的，实际上，不管是天然的超疏水表面还是人工制造的超疏水表面，当用手触摸的时候，都是相当脆弱的，容易破坏，这是因为手指触摸不仅破坏了表面的纹理结构，而且还残留了一些手上的油渍和盐，使得触碰过的表面失去超疏水性质。然而，利用该方法制备的超疏水竹材表面在手指多次接触的位置仍旧保持了超疏水特性[图 5-21(a)和(b)]，水滴仍旧保持球的形状，并且很容易滚动。

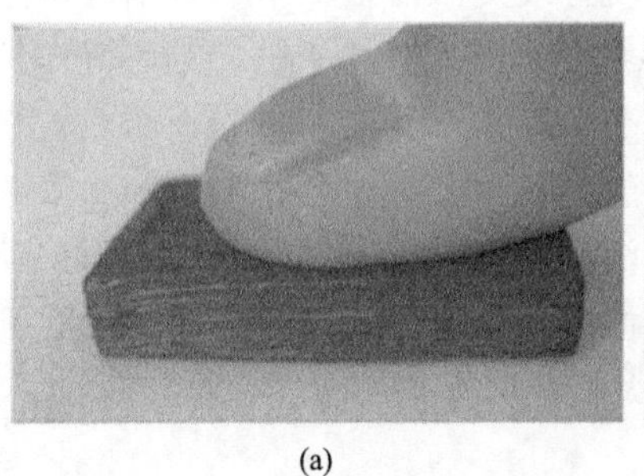
(a)

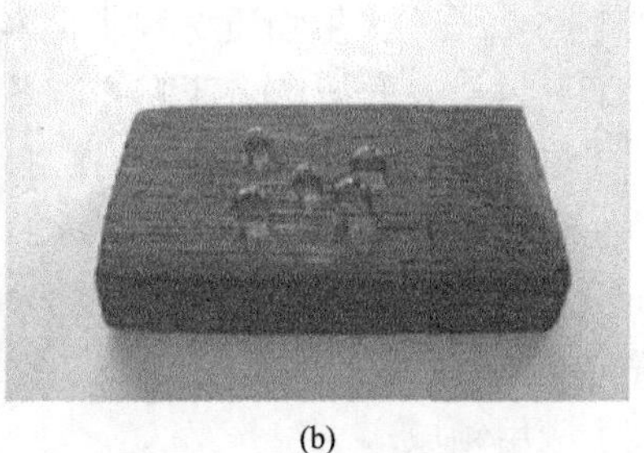
(b)

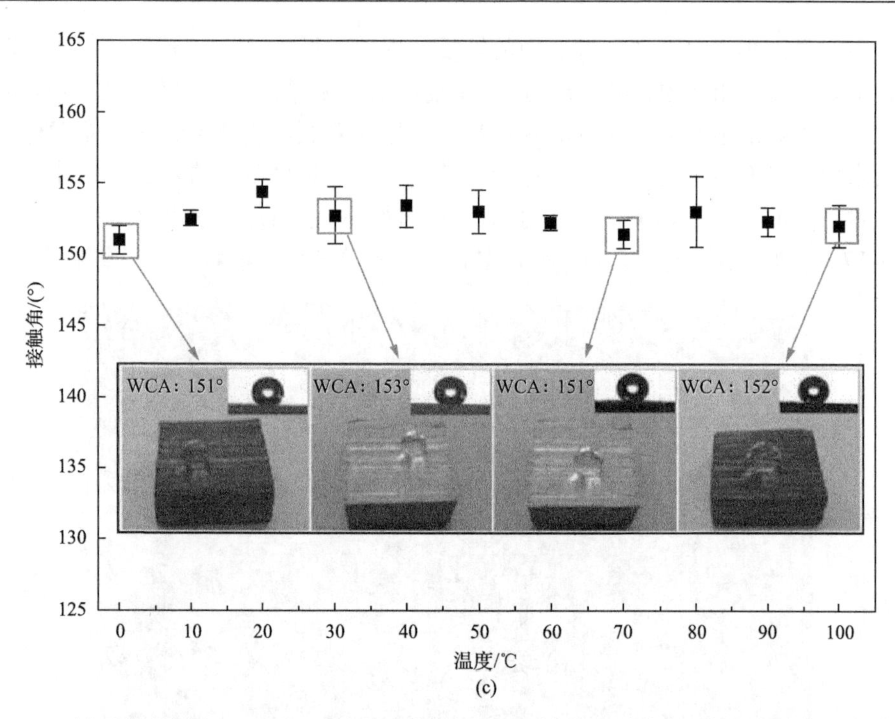

图 5-21　(a) 手指按压在 FAS-17/Ag 处理过的竹材表面；(b) 按压过的表面仍旧具有超疏水特性；(c) 为超疏水表面在不同温度下的接触角，插图分别为具有代表性温度（0℃、30℃、70℃、100℃）的实际疏水情况

不同的温度条件下对制备的超疏水竹材的耐久性进行测量，利用接触角真实表述其疏水性。将制备的超疏水竹材放置在 0～100℃不同温度环境下，对其进行接触角测量，结果如图 5-21 (c) 所示，结果表明，不管是寒冷条件下还是高热温度下，均对水具有抵抗性。

为了进一步研究制备的超疏水竹材的耐久性，我们将竹材表面滴上 pH 为 1～14 的水溶液，观察其表面接触角。经过实验发现，疏水的竹材表面对不同 pH 的溶液具有抵抗性，接触角均达到 150°以上。图 5-22 (a) 呈现了不同 pH 溶液下的接触角数值。超疏水表面的接触角几乎没有改变，在整个 pH 范围内，液滴仍旧为球状[图 5-22 (c)]。生物质材料非常容易受到湿度环境下的侵蚀，特别是在腐蚀性环境下。竹材表面超疏水薄膜的制备有效地改善了竹材的抗腐蚀性。图 5-22 (b) 为不同浓度的 NaCl 溶液对应的接触角数值。另外研究发现，NaCl 溶液液滴非常容易在超疏水表面滚动，表明 NaCl 溶液没有渗透到银纳米层，而是存在于竹材和 NaCl 溶液之间。因此，制备的表面存在抗腐蚀性质。这个结果对于工程材料来说是非常有意义的，不仅可以防御大气环境下对其危害，而且增加了其附加值，扩大了应用领域。

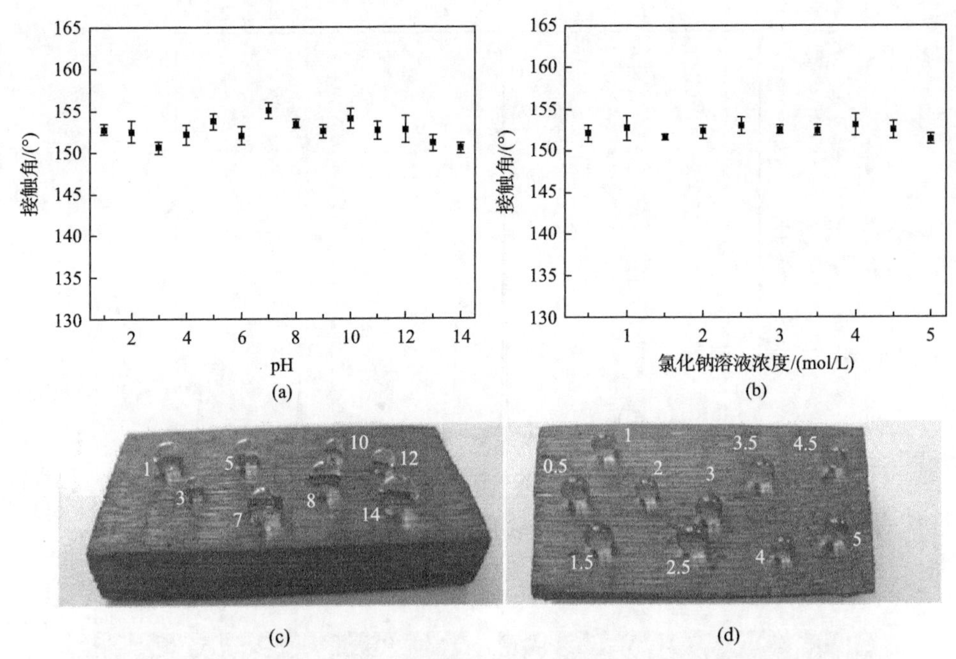

图 5-22　(a)不同 pH 溶液下的接触角数值；(b)不同浓度 NaCl 溶液下的接触角数值；(c)不同 pH 溶液下的超疏水效果；(d)不同浓度 NaCl 溶液下的超疏水效果(单位 mol/L)

为了检测负载于竹材表面的 Ag 纳米粒子的纯度，利用 XRD 对其进行测试。图 5-23 为 Ag 纳米粒子处理之后的竹材试样的 XRD 图谱。根据图 5-23 可知，16°和 22°峰位处对应的是竹材中纤维素的特征衍射峰，其他四个明显的衍射峰 38°、44°、64°和 77°分别对应银晶体(JCPDS No. 04-0783)(111)、(200)、(220)和(311)处的峰位。没有观察到其他物质的衍射峰，例如 Ag_2O。因此，制备的物质为纯银纳米粒子，从而使得导电性能提高，利用万用表测量的电阻仅为 3.7 Ω ± 1.1 Ω。众所周知，绝干竹材素材是绝缘体[图 5-24(a)]。图 5-24(b)给出了 Ag 处理过的竹材试样的导电图，与图 5-24(c)相比，制备的试样具有与铝线相似的导电性，从照片可以看出，二极管发出的光强基本一致，所有制备的试样均能点亮二极管。经过疏水处理之后，得到的试样的导电性几乎没有改变，如图 5-24(d)所示。

为了进一步研究超疏水导电竹材的稳定性，将制备的试样放入到一个烧杯中，进行强烈的磁力搅拌 5 min，该实验在室温条件下进行，然后进行干燥，这一过程重复 10 次，然后检测拒水性，发现水滴滴到超疏水竹材表面之后，仍旧形成球状液珠，接触角为 152°。同时对其电阻值进行检测，发现几乎没有发生变化，检测平均值为 3.8 Ω±1.3 Ω。制备的超疏水竹材除了有优越的耐清洗性能外，还对其进行蒸煮实验，将其放入沸水中蒸煮 3 h，结果发现，其仍然具有超疏水效果[图 5-25(d)和(e)]，电阻值也几乎没有改变。所有的这些实验结果证明 Ag 纳米粒子牢固地在竹材表面结合。

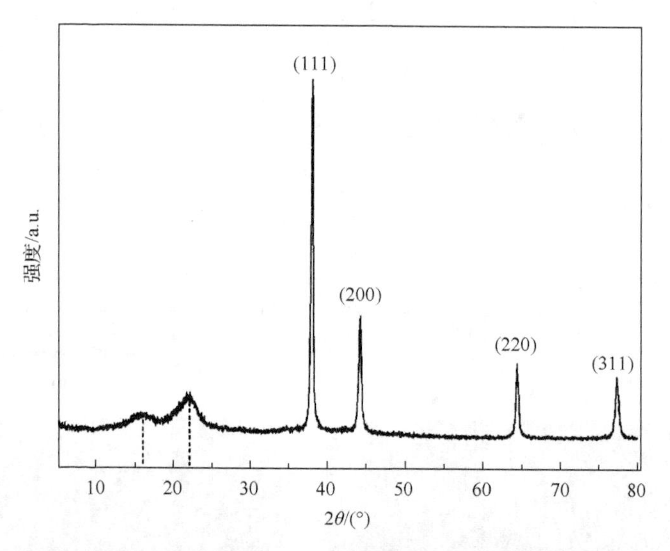

图 5-23　负载银纳米粒子的竹材的 XRD 图谱

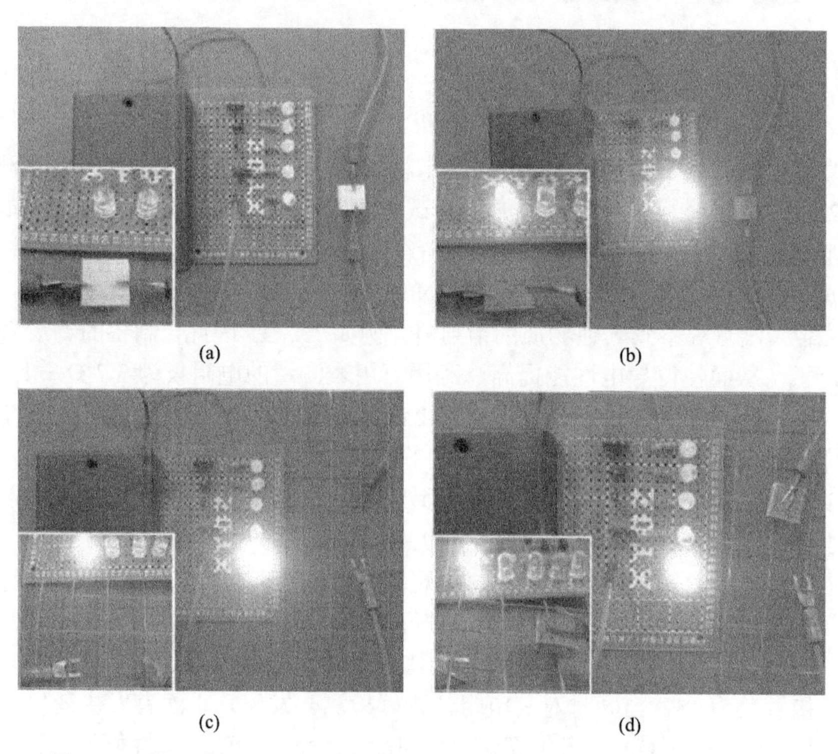

图 5-24　(a)、(b)、(c)和(d)分别为竹材素材、负载银纳米粒子的竹材、铝线和超疏水竹材的导电照片

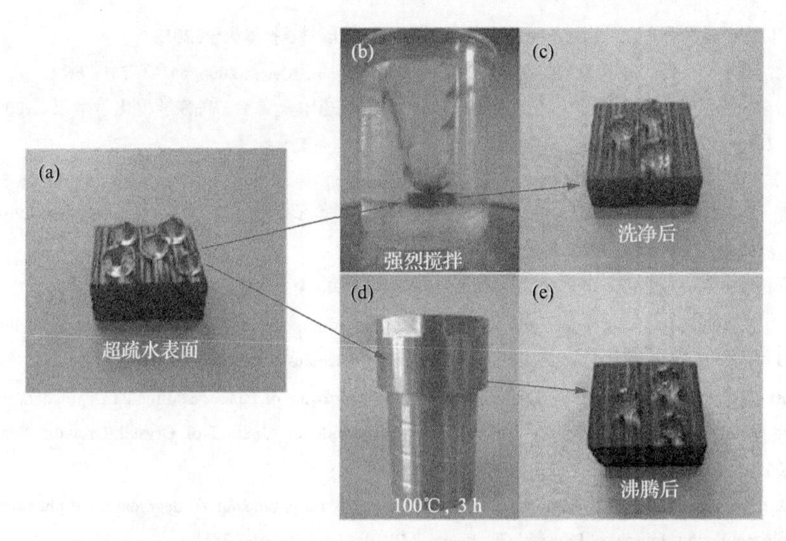

图 5-25　(a) 水滴在超疏水表面的状态，(b) 和 (c) 为 10 次强烈搅拌之后仍具有超疏水性，(d) 和 (e) 沸水蒸煮 3 h 之后，制备的表面仍具有超疏水性

5.3.4　本节小结

本节仿生导电性能和荷叶超疏水性能制备了一种超强耐久的超疏水导电竹材，首先利用银镜反应在竹材表面制备一层银纳米粒子层，然后对其进行超疏水改性，规整的银纳米粒子不仅在竹材表面构筑了粗糙的表面，而且还赋予了竹材金属的特性——导电性。制备的超疏水导电竹材不仅能够抵抗整个 pH 范围的溶液，还能够经受住强烈的搅拌和蒸煮，依旧保持疏水性和导电性。这种方法工艺简便可行，为竹材利用开发了一条新的应用领域。

参 考 文 献

[1] 房岩, 孙刚, 丛茜, 等. 仿生材料学研究进展. 农业机械学报, 2006, 37(11): 169-173.

[2] 王玉庆, 周本濂, 师昌绪. 仿生材料学——一门新型的交叉学科. 材料导报, 1995, (4): 1-4.

[3] 杨洋, 李峻柏. 分子仿生体系在纳米生物工程应用中的研究进展. 科学通报, 2013, 58(24): 2393-2397.

[4] 陈伟东. 细胞膜仿生纳米传递体系的研究. 杭州: 浙江大学, 2005.

[5] 马云海, 闫久林, 佟金, 等. 天然生物材料结构特征及仿生材料的发展趋势. 农机化研究, 2009, 31(8): 6-10.

[6] 巩子强. 结构仿生纳米生物材料的制备及其性能研究. 杭州: 浙江理工大学, 2016.

[7] Sun Y, Yang X, Yang Z, et al. Difference in wettability of lotus leaves in typical states and its mechanism analysis. Transactions of the Chinese Society of Agricultural Engineering, 2014, 30(13): 263-267.

[8] Watson G S, Gellender M, Watson J A. Self-propulsion of dew drops on lotus leaves: A potential mechanism for self cleaning. Biofouling, 2014, 30(4): 427-434.

[9] 郑燕升, 青勇权, 胡传波, 等. 仿生超疏水表面制备及其应用的研究进展. 化工新型材料, 2013, 41(10): 178-180.

[10] 杨周. 仿生超疏水功能表面的制备及其性能研究. 合肥: 中国科学技术大学, 2012.

[11] 郭志光, 周峰, 刘维民. 溶胶凝胶法制备仿生超疏水性薄膜. 化学学报, 2006, 64(8): 761-766.

[12] 张芹, 朱元荣, 黄志勇. 化学/电化学腐蚀法快速制备超疏水金属铝. 高等学校化学学报, 2009, 30(11): 2210-2214.

[13] 胡良云, 冯伟, 李文, 等. 水热法制备超疏水防冰氧化锌表面. 湖北理工学院学报, 2016, 32(5): 46-51.

[14] 汤玉斐, 高淑雅, 赵康, 等. 静电纺丝法制备超疏水/超亲油 SiO_2 微纳米纤维膜. 人工晶体学报, 2014, 43(4): 929-936.

[15] 田菲菲, 胡安民, 李明, 等. 电化学沉积法制备超疏水镍薄膜. 复旦学报(自然科学版), 2012, 51(2): 163-167.

[16] Li J, Lu Y, Yang D, et al. Lignocellulose aerogel from wood-ionic liquid solution (1-allyl-3-methylimidazolium chloride) under freezing and thawing conditions. Biomacromolecules, 2011, 12(5): 1860-1867.

[17] Maeniri S, Laokul P, Promarak V. Synthesis and optical properties of nanocrystalline ZnO powders by a simple method using zinc acetate dihydrate and poly(vinyl pyrrolidone). Journal of Crystal Growth, 2006, 289(1): 102-106.

[18] Zeng J, Liu S, Cai J, et al. TiO_2 immobilized in cellulose matrix for photocatalytic degradation of phenol under weak UV light irradiation. Journal of Physical Chemistry C, 2010, 114(17): 7806-7811.

[19] Silva R F, Zaniquelli M E. Morphology of nanometric size particulate aluminium-doped zinc oxide films. Colloids and Surfaces A: Physicochemical and Engineering Aspects, 2002, 198: 551-558.

[20] Li H, Wang J, Liu H, et al. Sol-gel preparation of transparent zinc oxide films with highly preferential crystal orientation. Vacuum, 2004, 77(1): 57-62.

[21] Jung H J, Lee S, Yu Y, et al. Low-temperature hydrothermal growth of ZnO nanorods on sol-gel prepared ZnO seed layers: Optimal growth conditions. Thin Solid Films, 2012, 524:144-150.

[22] Li Z, Xie Y, Xiong Y, et al. A novel non-template solution approach to fabricate ZnO hollow spheres with a coordination polymer as a reactant. New Journal of Chemistry, 2003, 27(10): 1518-1521.

[23] Yin H, Xu Z, Wang Q, et al. Study of assembling ZnO nanorods into chrysanthemum-like crystals. Materials Chemistry and Physics, 2005, 91(1): 130-133.

[24] Le H, Chua S, Koh Y, et al. Systematic studies of the epitaxial growth of single-crystal ZnO nanorods on GaN using hydrothermal synthesis. Journal of Crystal Growth, 2006, 293(1): 36-42.

[25] Ahsanulhaq Q, Kim S, Kim J, et al. Structural properties and growth mechanism of flower-like ZnO structures obtained by simple solution method. Materials Research Bulletin, 2008, 43(12): 3483-3489.

[26] Liu Y Y, Choi C H. Condensation-induced wetting state and contact angle hysteresis on superhydrophobic lotus leaves. Colloid & Polymer Science, 2013, 291(2): 437-445.

[27] 万家瑰, 毕凤琴. 仿生超疏水涂层的制备及其性能. 材料保护, 2010, 43(7): 61-62.

[28] 王景明, 王轲, 郑咏梅, 等. 荷叶表面纳米结构与浸润性的关系. 高等学校化学学报, 2010, 31(8): 1596-1599.

[29] 高雪峰, 江雷. 天然超疏水生物表面研究的新进展. 物理, 2006, 35(7): 559-564.

[30] 江雷. 从自然到仿生的超疏水纳米界面材料. 化工进展, 2003, 22(12): 1258-1265.

[31] Zhou X, Zhang Z, Xu X, et al. Facile fabrication of recoverable and stable superhydrophobic polyaniline films. Colloids and Surfaces A: Physicochemical and Engineering Aspects, 2012, 412: 129-134.

[32] 杨进. 多功能化超疏水表面的制备与性能调控. 北京: 中国科学院研究生院, 2012.

[33] 白雪花, 房岩, 孙刚, 等. 超疏水/超疏油表面制备方法研究进展. 现代经济信息, 2016, (12): 351-354.

[34] Liu M, Wang S, Wei Z, et al. Bioinspired design of a superoleophobic and low adhesive water/solid interface. Advanced Materials, 2009, 21(6): 665-669.

[35] Tuteja A, Choi W, Mckinley G H, et al. Design parameters for superhydrophobicity and superoleophobicity. MRS Bulletin, 2008, 33(08): 752-758.

[36] Wu W, Wang X, Wang D, et al. Alumina nanowire forests via unconventional anodization and super-repellency plus low adhesion to diverse liquids. Chemical Communications, 2009, (9): 1043-1045.

[37] Hsieh C T, Chang B S, Lin J Y. Improvement of water and oil repellency on wood substrates by using fluorinated silica nanocoating. Applied Surface Science, 2011, 257(18): 7997-8002.

[38] Lu Y, Sun N Q, Yang D, et al. Fabrication of mesoporous lignocellulose aerogels from wood via cyclic liquid nitrogen freezing-thawing in ionic liquid solution. Journal of Materials Chemistry, 2012, 22(27): 13548-13557.

[39] Sun Q, Lu Y, Liu Y. Growth of hydrophobic TiO_2 on wood surface using a hydrothermal method. Journal of Materials Science, 2011, 46(24): 7706-7712.

[40] Pandey K. A study of chemical structure of soft and hardwood and wood polymers by FTIR spectroscopy. Journal of Applied Polymer Science, 1999, 71(12): 1969-1975.

[41] Sun Q, Lu Y, Zhang H, et al. Improved UV resistance in wood through the hydrothermal growth of highly ordered ZnO nanorod arrays. Journal of Materials Science, 2012, 47(10): 4457-4462.

[42] Wu J, Xia J, Lei W, et al. Fabrication of superhydrophobic surfaces with double-scale roughness. Materials Letters, 2010, 64(11): 1251-1253.

[43] Ding B, Ogawa T, Kim J, et al. Fabrication of a super-hydrophobic nanofibrous zinc oxide film surface by electrospinning. Thin Solid Films, 2008, 516(9): 2495-2501.

[44] Mukhopadhyay S M, Joshi P, Datta S, et al. Plasma assisted hydrophobic coatings on porous materials: Influence of plasma parameters. Journal of Physics D: Applied Physics, 2002, 35(16): 1927.

[45] 张希忠. 废电路板处理技术评析. 资源再生, 2008, (3): 46-49.

[46] 童汉清, 于湘. 废弃线路板回收处理技术的研究进展及其应用. 电子测试, 2013, (9): 252-254.

[47] 郭杰, 李佳, 路洪洲, 等. 基于循环经济概念下的废弃电路板的再利用. 材料导报, 2006, 20(11): 25-27.

[48] 吴国清, 张宗科. 废弃线路板整体回收处理及再利用的探索与思考. 新材料产业, 2009, (1): 28-31.

[49] 庞磊, 朱亦丹, 程露, 等. 浅谈废弃电路板的回收及资源化利用. 安全, 2008, 29(9): 7-9.

[50] 王军锋. 竹材产业及应用. 广西林业, 2016, (7): 38-39.

[51] 徐有明, 郝培应, 刘清平. 竹材性质及其资源开发利用的研究进展. 东北林业大学学报, 2003, 31(5): 71-77.

[52] Rai M, Yadav A, Gade A. Silver nanoparticles as a new generation of antimicrobials. Biotechnology Advances, 2009, 27(1): 76-83.

第6章　智能变色木材

6.1　引　　言

光作为一种能量载体，能够诱导某种特定分子发生结构与功能变化，从而实现光能向化学能、动能的转变，通过材料的表观现象释放出来(如颜色、电、热、磁、声等)，这类材料统称为光诱导性智能响应材料，在传感、生物、催化、变色响应等领域具有广泛应用，成为光功能材料研究热点。其中，光致变色材料研究已有上百年历史。早在1867年，Fritzsche观察到黄色的并四苯在光作用下发生褪色现象，所生成的物质受热时又重新生成并四苯[1]；1881年，Phipson观察到锌染料暴晒在阳光下颜色变深，在夜间又恢复至白色；1900年，Marckwald观察到有机化合物四氯代-2-萘酮在日光或其他强光照射下，可从无色变成紫色，放回暗处后又恢复至原色；1955年以后，军事及商业兴趣促进了人们对光致变色材料的研究；1956年，Hirshberg称此现象为光致变色现象，并提出光成色与光漂白循环可构成化学记忆模型，在信息存储方面得到应用[2]；1989年，Rentzepis等在*Science*杂志上发表了“三维光学记忆存储”研究论文，揭示了光致变色材料在三维光学记忆存储器件的应用规律[3]；1993年，在法国召开的第一届有机光致变色和材料科学学术会议，标志着由化学、材料、物理学科相互交叉渗透的新学科“光致变色和材料科学”诞生；2011年，在武汉大学召开的光子学和有机材料与器件国际研讨会上，指出有机光电功能材料与器件是近年来发展最迅速的研究领域之一，在环境、新能源、军事等领域具有重要作用。

光致变色(photochromism)现象是指一种化合物受到一定波长的光照射时，可进行特定的化学反应，生成产物B，由于结构的改变，导致其吸收光谱发生明显变化。而在另一波长的光照射或热作用下，又能恢复到原来的形式，即可从B返回到A。这种变化是一种可逆化学变化，通常A为无色体，B为显色体，且最大吸收波长在可见光区。根据光致变色材料的化学组成可分为两大类：有机光致变色材料和无机光致变色材料。

6.1.1　智能变色材料概述

6.1.1.1　有机光致变色材料

有机光致变色材料的研究主要集中在螺吡喃类(spiropyrans)、螺噁嗪类

(spirooxazines)、席夫碱类(diarylethenes)、俘精酸酐类(fulgides)、偶氮苯类(azobenzenes)及相关的杂环化合物上。

1) 螺吡喃类化合物

螺吡喃是有机光致变色材料中被研究最广泛、最早的体系之一[4-7]。螺吡喃类化合物结构上的两个芳杂环(一个是吡喃环)是通过一个 sp^3 杂化的螺碳原子连接而成，两个环系相互正交，不存在共轭，该闭环结构常称为 SP。一般螺吡喃类化合物的吸收在紫外光谱区，大多在 200～400 nm 范围内，不呈现颜色。在外界光刺激下，分子中 C—O 键发生异裂，螺碳原子转变为 sp^2 结构，两个环系由正交变为平面，整个分子形成一个大的共轭体系。断键后形成的分子结构类似部花菁(merocyanine，MC)结构，吸收峰出现在 500～600 nm 范围内。开环状态的 MC 与闭环状态的 SP 在紫外光与可见光(或热)作用下可逆转变。

2) 螺噁嗪类化合物

螺噁嗪类化合物的结构与螺吡喃类化合物结构类似，它是由螺吡喃类化合物演变而来。此类物质一般具有较高的化学稳定性，优良的抗疲劳性及快速变色速率等特性[8-10]。Fox 等首次合成出螺噁嗪类化合物，之后 Schneider 等解析了此类物质的光致变色机理[11]。其变色机理同螺吡喃类化合物变色机理类似，在一定波长光驱动下，分子中的螺碳-氧键异裂，变成部花菁结构而呈色，在另一波长光(或热)作用下，开环部花菁结构又变成闭环结构而失色。

3) 席夫碱类化合物

席夫碱类化合物是一类通过分子内质子迁移而实现变色的有机光致变色材料。此类物质在光激发下，分子内氢原子从氧原子迁移到氮原子上，导致分子异构化，从而实现变色。此外，这类化合物还可在热、力等外界刺激下实现变色，使其在信息显示、分子开关、非线性光学器件等领域潜力巨大[12-15]。

4) 俘精酸酐类化合物

俘精酸酐是含有芳环取代的二亚甲基丁二酸酐类化合物[16, 17]。它的变色机理是在紫外光激发下，发生价键互变异构，分子变成环状结构而呈色，在可见光激发下，环状结构发生开环又恢复至原来状态。此类分子的杂环结构使其具有高的化学稳定性和热稳定性，其“成环-开环”可达到几千次以上，展现出良好的抗疲劳性。

5) 偶氮苯类化合物

偶氮苯类化合物含有“—N═N—”结构的光学活性基团，是一类典型的具有顺反异构的有机光致变色材料[18-19]。早在 1970 年，Agolini 等[20]合成了偶氮芳香聚合物，并研究了它的光学性能，随后 Todorov[21]和 Natansohn[22]等研究了偶氮苯类聚合物的相态及官能团对光致变色性能的影响。此类物质在光或热作用下，分子结构发生“顺式-反式”异构化转变，实现光致变色。偶氮苯类光致变色材料在光开关、数据存储、显示屏等高技术领域展现出一定的应用前景，但是其稳定性较差，且最大吸收波长较短等缺点，限制了进一步应用。

6.1.1.2 无机光致变色材料

与有机光致变色材料对比，无机光致变色材料具有热稳定性好、抗疲劳性高、机械性能强、抗氧化能力强等特点，且制备过程中易控制形貌、尺寸大小、结晶度等。然而，无机光致变色材料在灵敏性与变色速率等方面有待提高。目前，研究比较多的无机光致变色材料主要包括过渡金属氧化物、金属卤化物、稀土化合物及多酸化合物。

1)过渡金属氧化物体系

三氧化钨(WO_3)是一种典型的光致变色材料[23-32]，W 元素的外层电子构型为 $5d^4 6s^2$，其特殊的电子排布使 W 可呈现多种化合价，如+2、+3、+4、+5、+6 五种常见价态，而且一种化合物中常存在多种价态。由于 WO_3 化合物存在一定量的氧空位，部分 W^{6+}被还原为 W^{4+}，这使 WO_3 同时含有 W^{6+}和 W^{4+}。WO_3 晶体结构是由角氧相连[WO_6]八面体延伸构成的三维网状结构。当未掺入杂原子时，WO_3 只对紫外光响应。在紫外光作用下，WO_3 可生成强氧化还原能力的光生电子-空穴对。在电子-空穴对与 WO_3 共同作用下，WO_3 的光学吸收发生改变，呈现出蓝色。此外，与 W 同一副族、相邻周期的 Mo 元素，可形成 MoO_3 化合物，也是一种广泛研究的无机光致变色材料[28, 33-37]。MoO_3 具有正交相、六方相、单斜相。其中，正交相为热力学稳定相，六方相、单斜相为热力学亚稳相，其变色机理与 WO_3 类似。

对于过渡金属氧化物的光致变色机理，目前普遍接受的理论是 Faughnan 等在 1975 年提出的双电荷注入-抽出机制[38]。该机制认为，离子与电子在过渡金属氧化物晶格中的注入-抽出会引起氧化物价态或晶体结构转变，从而发生可逆的变色反应。WO_3、MoO_3 等过渡金属氧化物的光致变色效率主要由光生电子-空穴对复合率决定，光生电子-空穴对的复合会严重影响光致变色性能。因此，通过对载流子的调节可有效调控过渡金属氧化物的光致变色性能。如 Zheng 等通过水热合成了正交相 MoO_3、六方相 MoO_3，经紫外光照射后，发现六方相的 MoO_3 的变色现象更显著[39]。这是由于六方相 MoO_3 内部结构“开放程度”更高，电子-空穴对能更好分离，变色性能更优异。

2)金属卤化物体系

碘化汞、碘化钙混合晶体、氯化银、氯化铜等金属氯(或碘)化物掺杂至玻璃中，具有光致变色性能[40-44]。当不同元素掺杂金属卤化物时，变色机理不同。在氟化钙化合物中添加一定浓度的稀土元素(如 Ce、Tb、La 等)，金属离子的变价导致稀土杂质的光谱特征吸收发生改变，呈现出多种颜色。光致变色玻璃添加 AgBr 化合物后，光作用使得玻璃中 AgBr 吸收能量后分解，产生小尺寸的胶体 Ag，胶体 Ag、Br 元素会阻挡光线透过，导致玻璃变暗。在光源撤掉后，胶体 Ag、Br 重新结合，生成无色的 AgBr，光线又可穿过玻璃，导致玻璃透明。此种玻璃的变色效果与胶体 Ag 的形状、浓度、光强、环境温度及掺杂金属或氧化物相关。

3) 稀土化合物体系

稀土化合物是利用稀土离子的吸收-发射产生的光致变色现象，分为稀土荧光材料和稀土吸收材料[45-49]。稀土荧光材料是指特定光激发可发射出可见光，呈现颜色，当撤去光源后，又可逆恢复至原来颜色，这类材料诸如红色荧光粉、黄色荧光粉、蓝色荧光粉等，属于上转换材料或下转换材料。稀土吸收材料对可见光波段选择吸收，导致颜色变弱，在转换光源时，颜色发生改变，如 Er^{3+}、Nd^{3+}变色陶瓷工艺品等。另外，稀土化合物中稀土离子的吸收/发射强度可调控材料的变色效果。

4) 多酸复合变色材料体系

复合变色材料体系的构建方式主要包含两种[50, 51]。一种方式是将两种变色材料按照一定比例掺杂以调节变色性能，诸如无机-无机变色材料体系。研究表明，WO_3-MoO_3 混合薄膜比单纯的 WO_3 或 MoO_3 薄膜光致变色效率高；若在材料表面再镀覆一层 Pt(或 Au)时，WO_3 或 MoO_3 薄膜的紫外、可见光变色效率将大幅提升。另一种方式是通过构建分子模板，将变色材料嵌入或引导至模板上，从而构筑有序结构的高性能复合材料。此类复合变色材料已逐渐成为研究的前沿，尤其是将多酸化合物镶嵌至有机-无机复合体系的研究。

6.1.2　智能变色木材的引出及构建方法

人类社会已经逐步进入信息化、复合化、智能化时代，信息的快速发展给人们生活带来了巨大变化。20 世纪互联网的出现标志着人类社会从工业社会进入信息化社会。21 世纪的今天，随着科学技术的不断创新和发展，人类即将迈入智能化社会。智能社会的发展是以先进的科学技术和智能材料为依托，通过物联网、电子芯片、人工智能、智能互联网的多方位融合，赋予功能材料智能属性。智能材料属于新型材料中正在形成的一门交叉学科的范畴，是 21 世纪新材料中特别有价值的一种先进材料。

智能材料是指能感知外界环境刺激(如光、电、热、磁等)，并且能够传感、判断、处理、执行乃至自预警、自修复并快速做出响应，反馈至自身物理或化学性质变化(诸如在界面性质、溶解度、形状、颜色等方面)的一类智能化材料。光响应材料主要包括光致变色材料和光响应性水凝胶。其中，光致变色材料具有独特的光诱导反应和光响应可逆性，可用在光化学传感器、信息存储元件、光致变色材料装饰、自显影全息记录照相及防伪材料中，是化学和材料科学领域中的研究热点之一。

木材作为一种传统的天然生物质材料，在家具、建筑、木结构承受体等领域发挥着重要作用。随着对木材结构与性能的认识与发展，在改良木材自身结构缺陷的基础上，调控木材的智能性能将极大丰富木材的高值利用。其中，智能变色木材给人类生活带来了质的飞跃。智能变色木材能够在不同波长光激发下，展现出颜色可逆的智能现象，可广泛应用在木材装饰、木材光催化、木材防伪等新领域。当前，构建智能变色木材的方法主要有溶胶-凝胶法、水热合成法、层层自组装法、电化学法等。①溶胶-凝胶法(sol-gel，简称 S-G)是采用无机物或金属醇盐作为前驱体，经过溶液、溶胶、凝胶而固化，再经过干燥、烧结固化合成出分子乃至纳米亚结构的材料，此方法具有工艺温度低、成品均匀性好、产品纯度高等特点。②层层自组装法(layer-by-layer，LBL)是从分子水平角度，通过物质之间的氢键作用与静电吸引作用，以控制薄膜厚度。与单层膜相比，多层膜上组装的物质数量和种类都将成倍增加，这极大丰富了膜的多功能集成化。③水热合成法是模拟生物矿化原理，在特制的密闭反应釜容器中，采用水溶液作为反应介质，利用高温、高压的反应环境，使一些难溶或不溶的物质溶解成离子或分子并重结晶而进行的无机合成方法。由于反应处在分子水平，反应活性提高，所以水热反应一定程度上可替代某些高温固相反应，而且水热反应的均相成核与非均相成核机理与固相反应的扩散机制完全不同，所以水热反应能合成一些其他方法无法制备的新化合物。水热反应的温度一般为 100～1000℃，压强范围为 1～100 MPa。

6.2　光致变色三氧化钨/木材制备与性能分析

6.2.1　光致变色三氧化钨/木材制备方法及形成机理

6.2.1.1　实验材料与设备

材料：桦木单板 25 mm×25 mm×0.6 mm，其他化学试剂见表 6-1，级别均为分析纯。

表 6-1　实验使用的化学试剂

药品名称	分子式	纯度	试剂产地
钨酸钠	$Na_2WO_4\cdot 2H_2O$	99.5%	天津市凯通化学试剂有限公司
浓硫酸	H_2SO_4	98.0%	天津市凯通化学试剂有限公司
十八烷基三氯硅烷	$C_{18}H_{37}Cl_3Si$	85.0%	上海阿拉丁化学试剂有限公司
乙醇	C_2H_5OH	99.7%	天津市凯通化学试剂有限公司
丙酮	CH_3COCH_3	99.5%	天津市凯通化学试剂有限公司

本节实验使用的仪器与设备见表6-2。

表6-2　实验使用的仪器与设备

实验仪器与设备名称	型号	生产厂家
电子天平	FA2004	上海舜宇恒平科学仪器有限公司
超声波清洗机	SB-100DT	宁波新芝生物科技股份有限公司
pH计	PHS-3C	上海伟业仪器厂
电热鼓风干燥箱	101-2AB	天津市泰斯特仪器有限公司
真空干燥箱	DZF-6030A	上海一恒科学仪器有限公司
水热合成反应釜	HZSF25	河南郑州合众仪器有限公司
磁力加热搅拌器	HJ-4	常州普天仪器制造有限公司

6.2.1.2　实验方法

1）木材素材的预处理

将木材试件放入乙醇溶液的烧杯中，使用超声波清洗机清洗25 min；将试件置于装有丙酮的烧杯中，超声清洗25 min；将试件置于装有蒸馏水的烧杯中，超声清洗25 min；然后使用真空干燥箱烘干，温度为65℃，时间为12 h。这个过程主要是清除木材表面的灰尘、油脂或细纤维，便于无机纳米粒子与木材牢固复合。

2）不同乙醇与水的含量比例制备的木质基WO_3薄膜

木材表面生长无机 WO_3 微纳薄膜的路线如下所述。在室温下，0.97 g $Na_2WO_4 \cdot 2H_2O$溶解在50 mL前驱体溶液中（乙醇与水的含量比例分别调节为0%、2%、10%、20%、30%、40%）；使用浓硫酸调节溶液的pH为1.0；将混合溶液转移至聚四氟乙烯内衬的不锈钢反应釜中；然后将木片放置于上述容器中，密封反应釜，调节反应温度为110℃，反应24 h；冷却反应釜至室温，分别用乙醇与蒸馏水洗涤此复合材料3次；在65℃温度下真空干燥此产品24 h。

3）不同反应时间下制备的木质基WO_3薄膜

将0.97 g $Na_2WO_4 \cdot 2H_2O$溶解在50 mL前驱体溶液中（乙醇与水的含量比例分别调节为20%）；使用浓硫酸调节溶液的pH为1.0；将混合溶液转移至聚四氟乙烯内衬的不锈钢反应釜中；将木片放置于上述容器中，密封反应釜，调节反应温度为110℃，分别反应6 h、18 h；冷却反应釜至室温，分别用乙醇与蒸馏水洗涤此复合材料3次；在65℃温度下真空干燥此产品24 h。

4）不同前驱体浓度下制备的木质基WO_3薄膜

分别将0.33 g和1.65 g的$Na_2WO_4 \cdot 2H_2O$溶解在50 mL前驱体溶液中（乙醇与

水的含量比例分别调节为 20%)；使用浓硫酸调节溶液 pH 为 1.0；混合溶液被转移至聚四氟乙烯内衬的不锈钢反应釜中；将木片放置于上述容器中，密封反应釜，调节反应温度为 110℃，反应 24 h；冷却反应釜至室温，分别用乙醇与蒸馏水洗涤此复合材料 3 次；在 65℃温度下真空干燥此产品 24 h。

5) 疏水改性上述木材

用十八烷基三氯硅烷(OTS)改性上述 WO_3 处理木材后的试件。首先，配制 25 mL、2.0%的 OTS 溶液；然后将上述试件浸渍于 OTS 溶液中，室温下改性 1.5 h，在其表面组装一层单分子膜；取出试件，用乙醇洗涤 3 次，在 45℃下干燥 3 h，即得超疏水木材。

6.2.1.3　实验原理

木材具有多尺度分级多孔结构，可为纳米粒子提供沉积位点。在低温水热下，利用木材表面的羟基与溶液中离子羟基发生氢键反应，在一定 pH、温度、压力下，H_2WO_4 分解为无机 WO_3 和 H_2O，WO_3 纳米粒子定向沉积在木材表面。反应方程式如式(6-1)所示。

$$H_2WO_4 \longrightarrow WO_3+H_2O \tag{6-1}$$

6.2.1.4　表征测试与分析方法

1) 表征方法

采用扫描电子显微镜(SEM，Quanta)和能量色散 X 射线谱(EDS)分别表征 WO_3 处理木材表面后的形貌与元素组成；利用 D/MAX2200 型 X 射线衍射仪进行 XRD 分析，Cu 阳极，石墨单色器，狭缝：DS 1°，SS 1°，RS 0.3 mm；用傅里叶变换红外光谱仪(FTIR，Nicolet，赛默飞世尔科技公司)来表征材料的化学基团；X 射线光电子能谱(XPS)采用 Al K_α 射线源(40 kV×30 mA)，分析室真空度 10^{-8} Pa，以标准样品中的元素定位作为结合能校准，用于分析薄膜中所含元素及价态分布；采用紫外-可见漫反射波谱仪(TU-1901)测定材料的光学性能，$BaSO_4$ 作为校正基准；采用原子力显微镜(AFM)表征材料的表面形貌及粗糙度。

2) 疏水性测试

采用仪器型号为 OCA20 视频光学接触角测量仪(德国 DataPhysics 公司)，仪器见图 6-1。使用 5 μL 液滴滴至材料表面。选取 5 个不同位置点的平均接触角作为最终接触角，选取点见图 6-2。

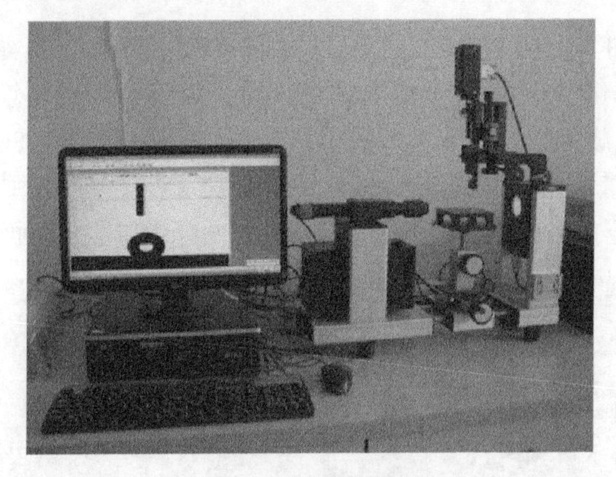

图6-1　接触角测量仪

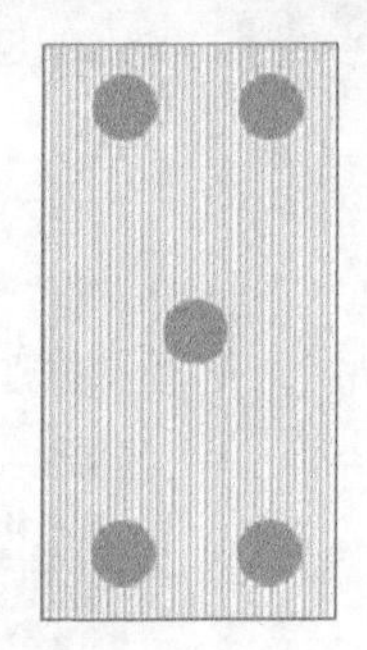

图6-2　选取5个不同点的平均接触角作为最终接触角

3）光致变色测试

采用色度分光光度计（2300d，日本）测量材料的光响应变色效果，光源采用D65标准光源、10°角观察。使用紫外光（2只平行的紫外光，每只3 W，波长365 nm，紫外灯与样品距离为15 cm）照射样品。采用CIE Lab色板系统均色空间计算样品的色差值。L^*、a^*、b^*是三维直角坐标系。L^*代表明度指数，a^*代表红绿指数、b^*代表黄蓝指数，总色差由式（6-2）评估：

$$\Delta E^* = \sqrt{(\Delta L^*)^2 + (\Delta a^*)^2 + (\Delta b^*)^2} \tag{6-2}$$

ΔE^*表明光刺激前后材料的色差指数。ΔE^*值的大小反映出光响应变色的强弱，其值越大则表明试件对光反应越敏感，光响应效果越好。

6.2.2　乙醇与水含量比例对三氧化钨形貌及相结构的影响

图6-3是木材素材与WO_3修饰木材后的扫描电镜图。为了揭示诱导剂乙醇对WO_3生长过程中的影响，实施不同比例的乙醇与水混合，乙醇含量分别为0%、2%、10%、20%、30%、40%。图 6-3（a）可以看出，与合成的材料比较，素材表

面结构很光滑。图 6-3(b)是在纯蒸馏水下木材表面生长的 WO_3 纳米片，其尺寸较小且有些团聚，但是当乙醇含量提高到 20%时，WO_3 微粒尺寸增大，且微粒与微粒之间较分散，生成的二维纳米片长度为 580～957 nm，厚度为 80 nm，如图 6-3(e)所示；当乙醇含量继续升高到 40%时，纳米片尺寸变得更大[图 6-3(g)]。解释团聚及分散原因如下：微粒聚集与分散的能垒主要由介电常数与表面电势决定。表 6-3

图 6-3 木材素材(a)与不同乙醇含量下[(b)～(g)依次为 0%、2%、10%、20%、30%、40%]制备薄膜的扫描电镜图

表 6-3　乙醇水溶液的介电常数随乙醇含量的变化情况

乙醇含量	0%	20%	40%
介电常数	78.4	67.0	55.0

是乙醇水溶液的介电常数随着乙醇含量增加的变化情况[52]。可以得出，乙醇含量越高，溶液的介电常数越低，降低了微粒的极化程度和微粒之间的静电吸引。因此，高乙醇含量下，晶粒的生长速率大于成核速率，致使微粒尺寸增加。

无机氧化物的相结构对化合物的功能起到非常重要的作用。图 6-4 是试件的 XRD 曲线，分别是木材素材、纯 WO_3 薄膜与不同乙醇含量下木材表面生长的 WO_3 薄膜（乙醇含量分别为 0%、20%、40%）。在 2θ=15.4°和 22.3°处的峰归结于木材中纤维素的(101)和(002)结晶面。当乙醇含量为 0%或 20%时，在(100)、(001)、(110)、(101)、(200)、(111)、(201)、(211)、(220)、(221)、(400)、(401)结晶面出现衍射峰，这归结于 WO_3 六方晶相结构(JCDS 卡号：75-2187)。而且，在 20%乙醇含量下，(200)峰强度明显增加，暗示试件具有较好的择优取向；但是，当乙醇含量继续提高至 40%时，(200)峰强度有所降低，然而其他峰数目有所增加。原因解释如下，在 40%乙醇含量下，多晶出现。此外，对 20%乙醇含量下制备的

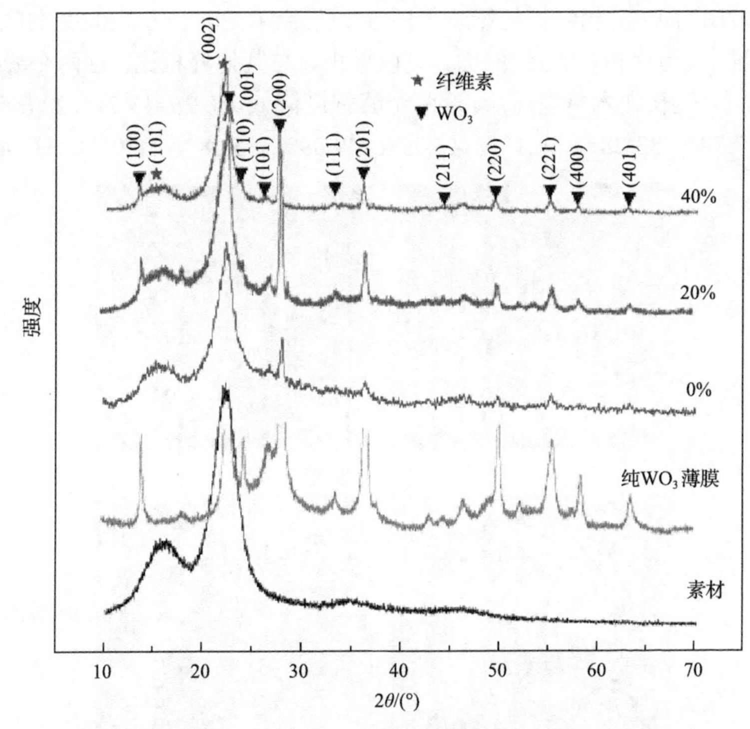

图 6-4　木材素材、纯 WO_3 薄膜及 WO_3 处理木材后的 XRD 曲线

纯 WO_3 薄膜与木材表面生长的 WO_3 薄膜进行比较，我们发现，在木材表面生长的 WO_3 薄膜的峰强度低于纯 WO_3 薄膜的峰强度，这可能是由于木材表面具有分级多孔结构所致。

6.2.3 反应时间对三氧化钨形貌及相结构的影响

探究木材表面原位生长 WO_3 微纳结构过程的机理，反应时间是一个很重要的因素。反应时间对木材表面生长 WO_3 微观形貌的影响见图 6-5。可以观察到，在反应时间为 6 h 和 18 h 时，在低倍电子显微镜下(100 倍、500 倍)，试件的表面形貌类似[图 6-5(a)、(b)、(e)、(f)]，仍保留木材原有的结构特征，如木纤维、导管、穿孔板、木射线等细胞，说明 WO_3 微粒是绕着木材细胞壁的结构生长，随着木材表面结构的起伏而变化。在高倍电子显微镜下(5000 倍、10 000 倍)，比较反应时间分别为 6 h[图 6-5(c)、(d)]和 18 h[图 6-5(g)、(h)]的试件。我们发现：反应时间为 6 h 时制备试件的形貌，其组成薄膜的微粒尺寸更小且微粒尺寸不规则；而反应时间为 18 h 时制备试件的形貌，其薄膜表面微粒尺寸变大且规则性较好。这个现象说明：先在木材表面形成 WO_3 晶核，然后晶核慢慢长大，符合晶体的一般生长规律。

反应时间对 WO_3 相结构的影响如图 6-6 所示。在 2θ=16.04°和 22.23°处归结于木材的纤维素(101)和(002)结晶面，可以看出，与其他峰相比，这两个峰形较宽。此外，当 WO_3 生长在木材表面后，这两个峰强度降低。在 2θ=13.71°、22.61°、23.95、26.53°、27.79°、33.28°、36.13°、43.99°、49.59°、55.08°、58.01°、63.14°处的峰

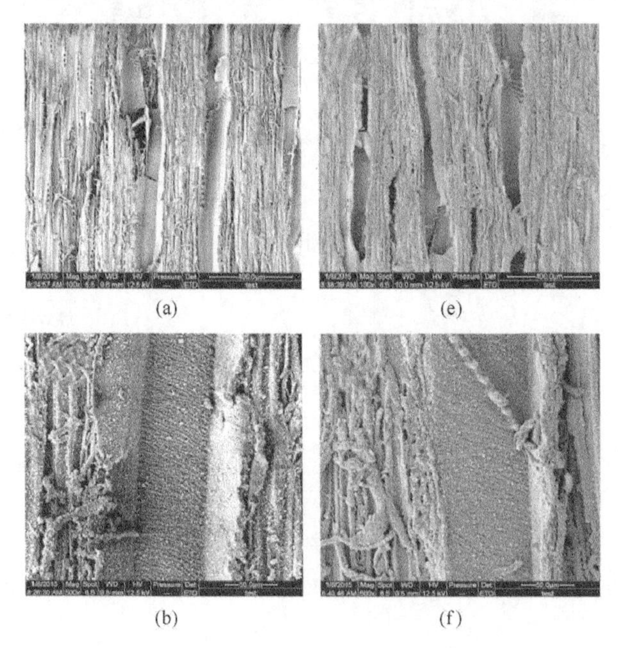

(a) (e)

(b) (f)

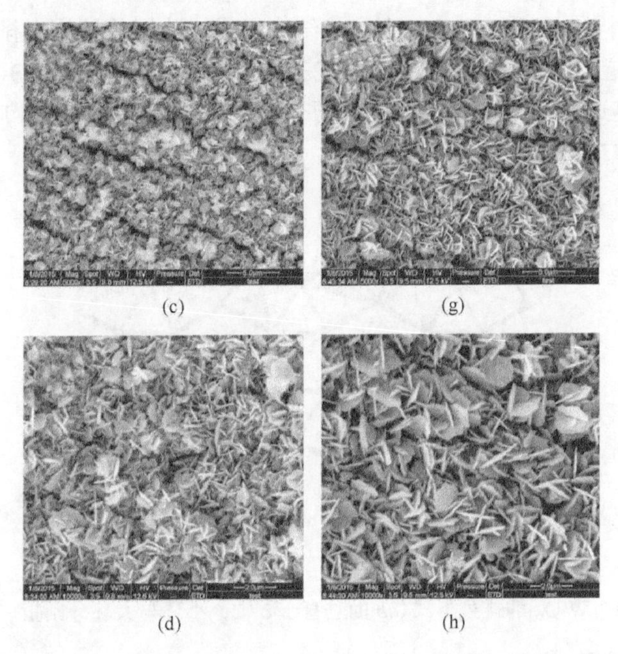

图 6-5 不同反应时间[(a) 100 倍、(b) 500 倍、(c) 5000 倍、(d) 10 000 倍：6 h；(e) 100 倍、(f) 500 倍、(g) 5000 倍、(h) 10 000 倍：18 h]时 WO_3/木材的扫描电镜图

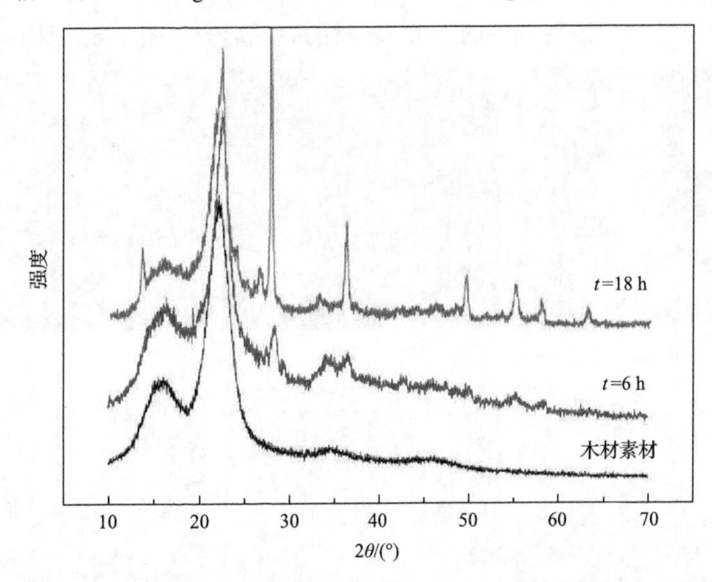

图 6-6 木材素材、反应时间 6 h 和 18 h 时制备 WO_3/木材的 XRD 曲线

归结于六方相 h-WO_3 的(100)、(001)、(110)、(101)、(200)、(111)、(201)、(211)、(220)、(221)、(400)、(401)结晶衍射面(PDF 卡号：75-2187)。没有其他杂质峰被检测到，表明水热反应后，纯相 h-WO_3 生长在木材基质表面。图 6-7

是 h-WO_3 的结构示意图。h-WO_3 由层状结构组成，此层状结构由排列规则的六方通道和三方通道以角氧相连，延伸构成三维网状结构。由于 h-WO_3 具有独特的通道结构，能够迅速传导电子-空穴对和质子，表现出更活跃的光学性质，因此 h-WO_3 受到研究者的广泛关注。

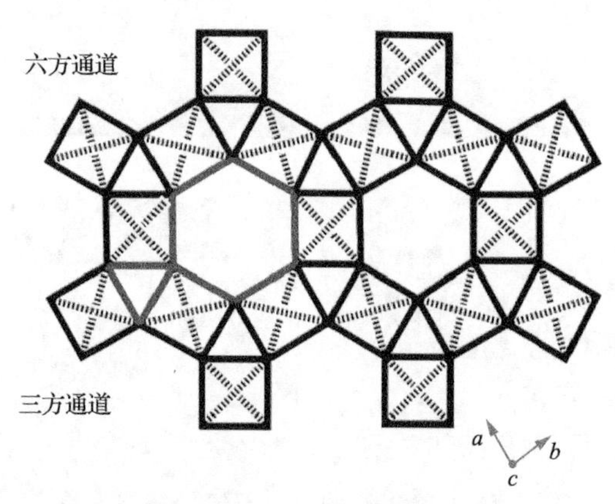

图 6-7　h-WO_3 中[W-O_6]的排列形式（ab 面垂直于 c 轴；小环与大环分别指三方与六方孔道）

6.2.4　前驱体浓度对三氧化钨形貌及相结构的影响

不同前驱体钨酸浓度制备的 WO_3/木材的微观形貌见图 6-8。图 6-8(a)～(c)

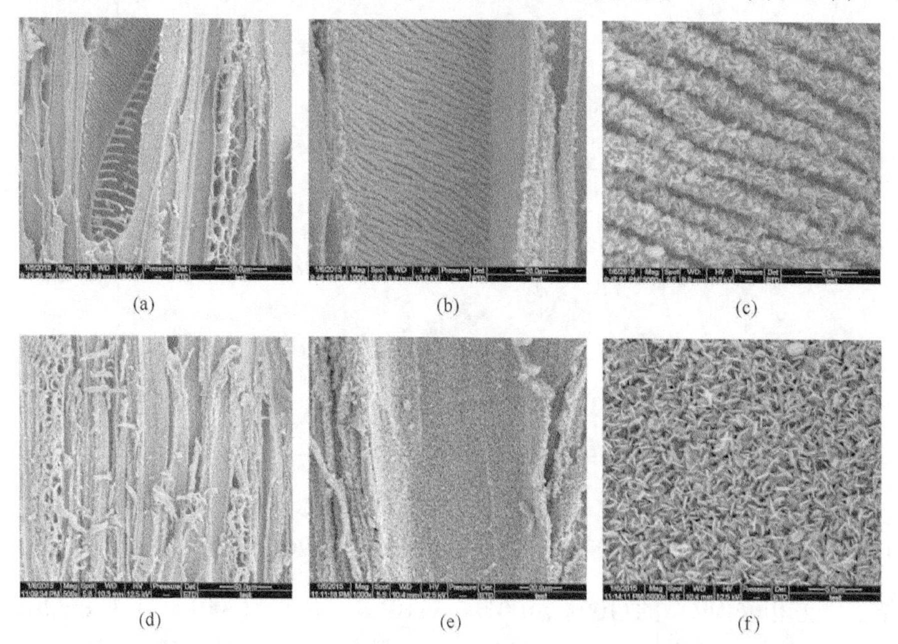

图 6-8　不同前驱体浓度下[(a) 500 倍、(b) 1000 倍、(c) 5000 倍：0.02 mol/L；(d) 500 倍、(e) 1000 倍、(f) 5000 倍：0.10 mol/L]的 WO_3/木材扫描电镜图

是 0.02 mol/L 钨酸浓度下制备试件的微观形貌；图 6-8(d)～(f)是 0.10 mol/L 钨酸浓度下制备试件的微观形貌。可以发现，木材结构依然清晰可见。比较不同浓度下的试件，可以得出，0.10 mol/L 钨酸浓度下制备的试件的薄膜厚度更大，且无机 WO_3 纳米片倾向于垂直于木材表面方向生长。因此，不同浓度的钨酸可以调节薄膜厚度和晶体生长方向。

在 0.02 mol/L 和 0.10 mol/L 钨酸浓度下制备试件的 XRD 曲线见图 6-9。对于 0.02 mol/L 制备的试件，除了木材纤维素峰外，仍有其余峰出现，只是强度略低，0.10 mol/L 钨酸浓度下制备试件的峰强较大，说明其结晶度较高。这个结果与上述扫描电镜观察表面微观形貌的结果一致。

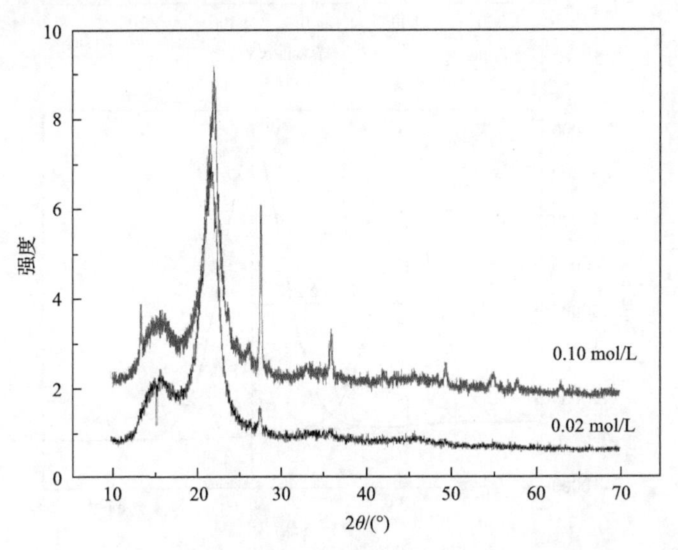

图 6-9　不同前驱体浓度下制备 WO_3/木材的 XRD 曲线

6.2.5　三氧化钨/木材的表面成分分析及热稳定性

XPS 是表征材料表面化学成分与电子结构的一个重要手段。这里，采用 XPS 分析 WO_3/木材的表面。所有的 XPS 谱图峰值都是以 C 1s 结合能 284.6 eV 为基准。从样品 XPS 宽谱扫描结果可以发现，出现的峰可以归结为 W、O、C 元素[图 6-10(a)]。为了进一步研究元素的价态，对 W 和 O 元素实施了窄谱扫描，得到 W 和 O 的 Gaussian-Lorentz 曲线。从图 6-10(b)可以看出，在 35.95 eV 和 38.11 eV 处的结合能是由于 WO_3 薄膜中 W^{6+}。此外，在 W $4f_{7/2}$ 和 W $4f_{5/2}$ 峰之间的结合能相差 2.16 eV，这也与 WO_3 中 W^{6+} 相符合。O 1s 的 XPS 谱图见 6-10(c)，可以看出，出现了两个峰。在结合能 530.68 eV 处出现一个比较大的峰，归结于 W—O 共轭键 O 1s，在 532.94 eV 处的峰归结于材料表面的化学吸附 O。基于上述结果，我们可以得出，无机 WO_3 薄膜已经成功地生长在木材基质表面。

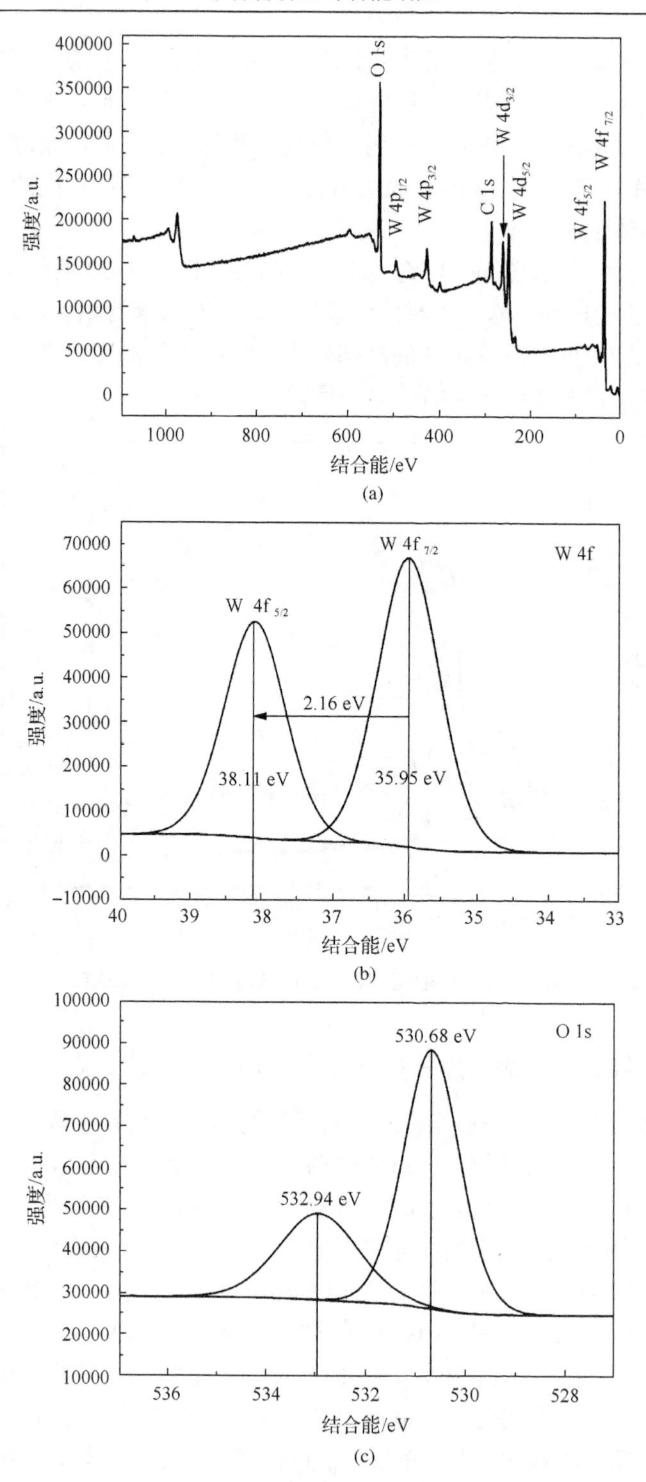

图 6-10　WO_3/木材的 XPS 表面谱图(a)和 W 4f(b)与 O 1s(c)的 XPS 谱图

图 6-11 是木材素材与 WO_3/木材的 FTIR 谱图。与木材素材比较，处理后的薄膜在 813 cm^{-1} 处出现一个新峰。有研究表明，WO_3 结晶结构是通过在 820 cm^{-1} 处 O—W—O 的伸缩振动来确定[53]。一般来说，结晶状态下 WO_3 的 O—W—O 的红外波段在 600～900 cm^{-1}。因此，在 813 cm^{-1} 处的峰归结于 WO_3 中 O—W—O 的伸缩与弯曲振动，表明 WO_3 晶体成功生长在木材表面。为了进一步验证上述结果，拉曼光谱(RS)也被用于表征此薄膜。从图 6-12 可以观察到，在 245 cm^{-1} 和 809 cm^{-1} 处的尖锐峰归结于 O—W—O 的伸缩振动。在 947 cm^{-1} 处的峰归结于 W═O 伸缩振动。进一步说，在 675 cm^{-1} 处也属于六方相 WO_3 的能带。此外，在 1380 cm^{-1}

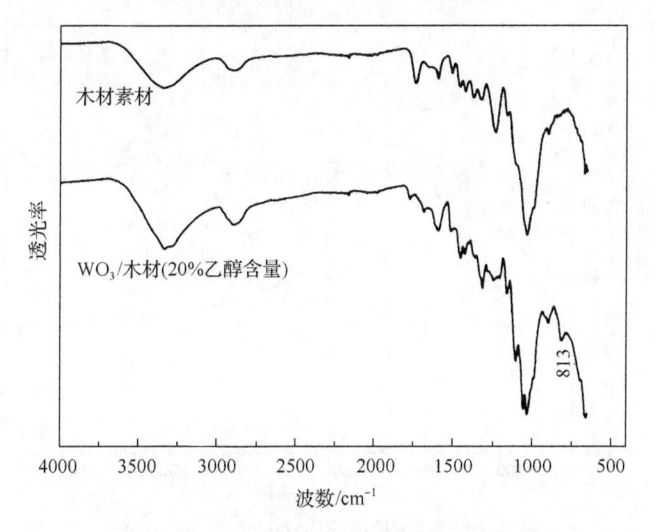

图 6-11　木材素材与 WO_3/木材的 FTIR 谱图

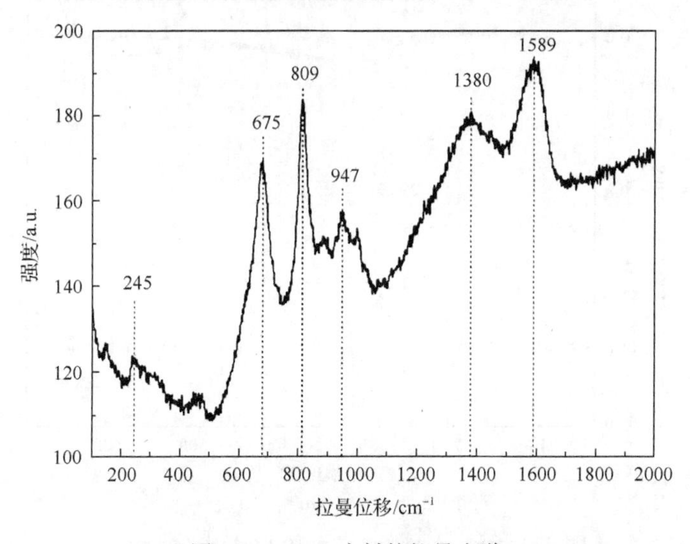

图 6-12　WO_3/木材的拉曼光谱

和 1589 cm^{-1} 处的宽峰分别属于木材中 C 元素的 D 带、G 带。以上 FTIR 和 RS 分析结果表明，六方相 WO_3 纳米微粒已成功生长在木材基质表面。木材表面微纳结构的构建，改变了木材表面原有的理化性质。

为了研究此材料对热的稳定性，分析了试件的热重(TG)与其微分热重(DTG)曲线。如图 6-13 所示，木材素材与 WO_3 处理木材的曲线在 110℃均出现了向下微移，这是由于木材中残留水分引起。对于木材素材来说，从 0～690℃，出现三个热降解阶段。第一阶段(220～315℃)主要是由于半纤维素的降解，其最大降解速率对应的温度为 296.3℃；第二个阶段发生在更高温度下(315～400℃)，归结于纤

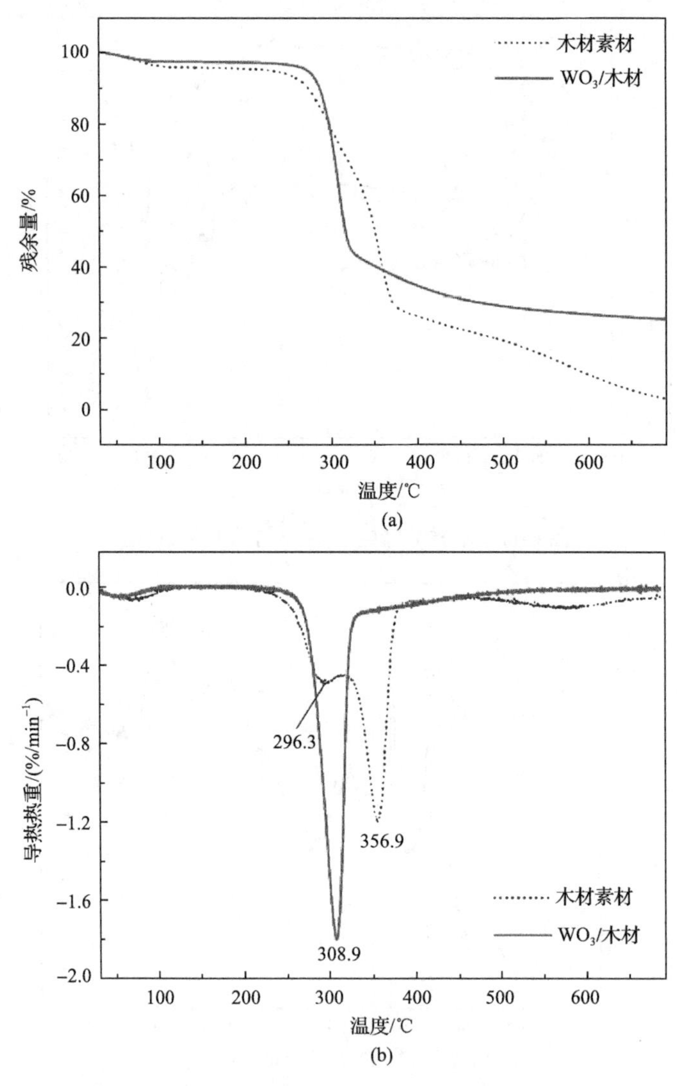

图 6-13　木材素材与 WO_3/木材的热重(TG)(a)与微分热重(DTG)(b)曲线

维素的降解，最大降解速率对应的温度为 356.9℃，且最大质量损失达 56.7%；第三阶段是 400～690℃，在这个阶段中，所有的木材成分逐渐降解。在木材三大成分中，木质素最难降解，而且它的降解很缓慢，发生在整个热解过程中。图 6-13(b)表明，对于 WO_3/木材试件，其热重曲线与素材类似，需要强调的是，在 308.9℃出现一个尖锐的峰。由于纤维素与木质素的降解，WO_3/木材的最大降解速率明显低于素材的最大降解速率。最终，素材与 WO_3/木材的热重损失分别为 96.7%和 74.5%。

6.2.6　光致变色三氧化钨/木材性能及机理分析

图 6-14(a)是不同乙醇含量(0%、20%、40%)下制备的 WO_3/木材的紫外-可见(UV-Vis)吸收光谱，插图是评估乙醇含量为 20%下制备 WO_3 薄膜的光学禁带宽度。可以观察到，在 270～350 nm 波长范围内，所有试件对紫外光的照射非常敏感，在 420 nm 左右具有肩峰，与其他研究学者制备纯 WO_3 薄膜的吸收边一致[54]。与 0%或 40%乙醇含量下制备的试件相比，20%乙醇含量下制备的试件发生了明显的红移，表明具有更大吸收光范围，有利于吸收更多紫外光。对 20%乙醇含量下制备的 WO_3 薄膜进行禁带宽度评估，得出其值为 3.17 eV，符合 WO_3 薄膜的禁带宽度值。将此试件曝光在 365 nm 紫外灯后，试件的最大吸收波长变为 273.36 nm。图 6-14(b)是 WO_3/木材试件与纯 WO_3 薄膜在紫外灯激发下的总色差值(ΔE^*)变化情况。可以发现，20%乙醇含量下制备的 WO_3 薄膜的光响应行为优于 0%或 40%乙醇含量下制备的试件。此外，在同样条件下，纯 WO_3 薄膜的光响应功能略优于木质基表面生长的 WO_3 薄膜。这很有可能是木材分级多孔结构所致。

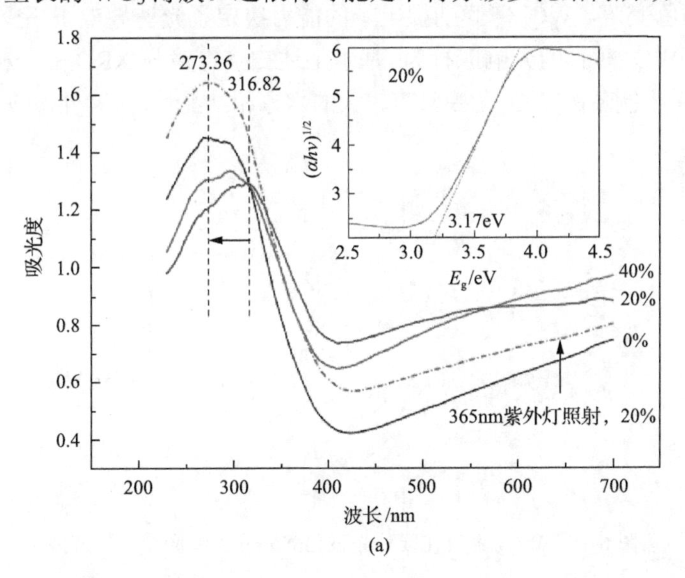

(a)

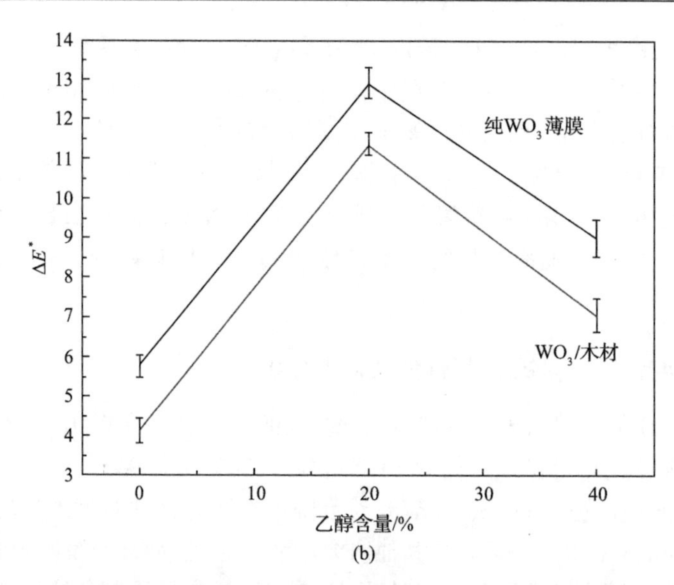

图 6-14　(a) WO_3/木材的紫外-可见吸收光谱(插图是使用 Tauc 曲线法测得的光学禁带宽度)；(b) WO_3/木材与纯 WO_3 薄膜在紫外灯照射下(365 nm)的色差

WO_3 薄膜的光响应机理可以由离子电子的双注入-抽出模型来解释，如图 6-15 所示。当 WO_3 薄膜被紫外光激发时，电子(e^-)和空穴(h^+)生成。由于水分子吸附在 WO_3 表面或内层，颜色变化所需的质子(H^+)能够从吸附水与空穴的反应而得到；然后被注入到导带(CB)的光电子，与 H^+和 WO_3 反应，生成氢钨铜($H_xW^V_xW^{VI}_{1-x}O_3$)。相应的，由于价电荷从 W^{5+}价带(VB)转移到 W^{6+}导带，所以 WO_3 薄膜颜色变蓝。WO_3 薄膜捕捉电子的能力决定了光诱导电子-空穴对的数量，直接影响着 WO_3 薄膜的光响应行为。基于上述扫描电镜与 XRD 的分析结果可知，20%乙醇含量下制备的 WO_3 薄膜具有较大的六方相结晶片，且紫外-可见吸收光谱分

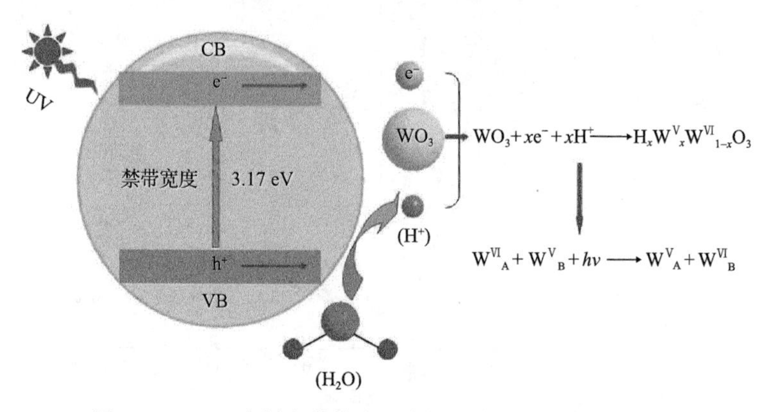

图 6-15　WO_3/木材在紫外光下(365 nm)光响应变色机理图

析亦表明，20%乙醇含量下制备的 WO_3 薄膜具有更大吸波范围；然而，40%乙醇含量下制备试样的光致活性降低，主要是由于不同禁带宽度和对称元素。所以，20%乙醇含量下制备的 WO_3 薄膜捕捉光电子能力更强，光响应行为更明显。

6.2.7　光致变色三氧化钨/木材疏水功能修饰

固体材料表面的润湿性对其性能发挥很重要。接触角是指在气、液、固三相交点处所做的气-液界面的切线穿过液体与固-液交界线之间的夹角 θ。一般用接触角 θ 来衡量固体材料表面的润湿性。若 $\theta<90°$，则固体表面具有亲水性；若 $90°<\theta<150°$，则固体表面具有疏水性；若 $\theta\geqslant150°$，则固体表面具有超疏水特性。

十八烷基三氯硅烷(OTS)修饰前后，素材表面与 WO_3/木材表面的接触角见图 6-16。可以看出，素材表面的接触角为 70.3°，通过 OTS 处理后，这个值增加至 127.4°。然而，WO_3/木材的表面表现出 0°接触角，具有超亲水行为，更有趣的是，WO_3/木材再经过 OTS 处理，突然变成超疏水。为了进一步理解试件的超疏水行为，测试了材料的前进角(ACA)和后退角(RCA)，结果如图中所示。此外，采用石英玻璃作为对比实验，来进一步检验木材表面对亲水与疏水是否具有特殊的作用。实验结果表明，当石英玻璃被 WO_3 处理后，也具有超亲水行为，再经过 OTS 处理后，同样变成超疏水表面，见表 6-4。超疏水木材的合成示意图见图 6-17：水热处理后，无机 WO_3 微粒生长在木材表面；随后，OTS 水解后的羟基基团与 WO_3 表面基团发生反应，最终形成共价键 Si—O—W。具有片状的 WO_3 纳米结构与长链疏水基团决定了其表面粗糙度，构建了超疏水微纳表观结构。

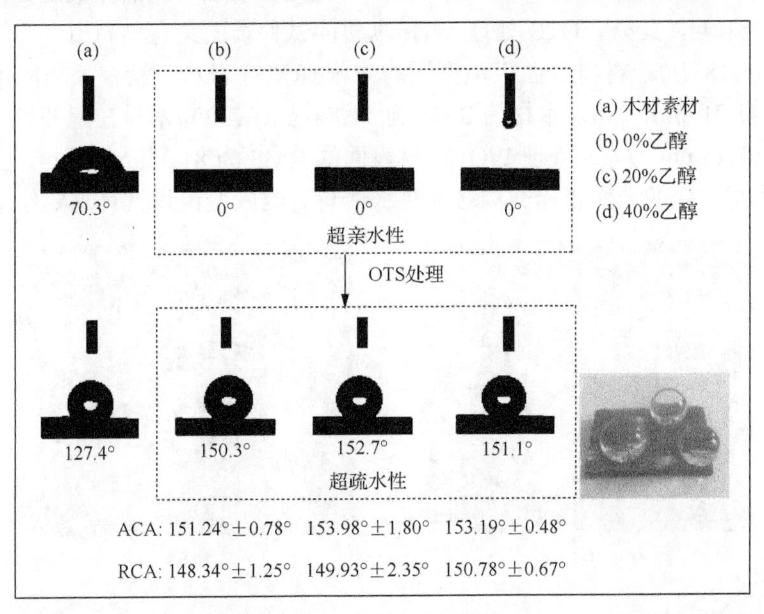

图 6-16　采用 OTS 修饰素材(a)与 WO_3/木材表面(b、c、d)前后的接触角

表 6-4　石英玻璃、石英玻璃-WO_3及石英玻璃-WO_3-OTS 的接触角

试件	石英玻璃	石英玻璃-WO_3	石英玻璃-WO_3-OTS
接触角	32°	0°	150.1°

图 6-17　WO_3与 OTS 合成超疏水木材路线的示意图

图 6-18(a)、(b)是 OTS 处理 WO_3/木材表面的扫描电镜图。可以观察到，WO_3/木材表面被一层薄膜覆盖。进一步说，这个薄膜主要成分是 OTS，具有条纹型的网状结构，分析结果表明条纹直径约 264 nm，长度数微米。为了探讨表面粗糙度与超疏水和光响应变色的关系，采用原子力显微镜表征试件的表面微观形貌。与没有处理过的木材表面相比较[图 6-18(c)]，WO_3/木材的表面展现出更精细的微观结构，且表面结构更加复杂。在 365 nm 紫外光的激发后，此试件表面变得更加粗糙[图 6-18(e)]。此外，OTS 处理 WO_3/木材的试件表面具有“高山”与“低谷”结构[图 6-18(f)]。材料表面粗糙度用均方根(RMS)表示。没有处理的木材表面 RMS 为 45.71 nm，WO_3/木材的 RMS 为 51.84 nm，WO_3/木材在紫外光照射后的 RMS 为 68.15 nm，OTS 处理 WO_3/木材表面的 RMS 为 81.3 nm。因此，我们得出结论：木材表面的天然粗糙结构对其疏水性与光响应变色均具有重要作用。

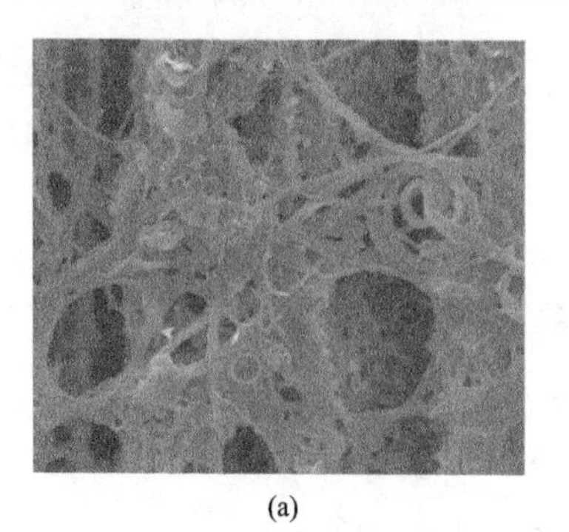
(a)

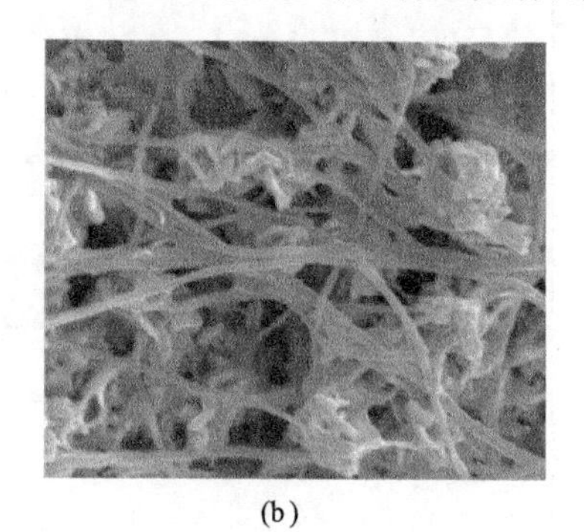
(b)

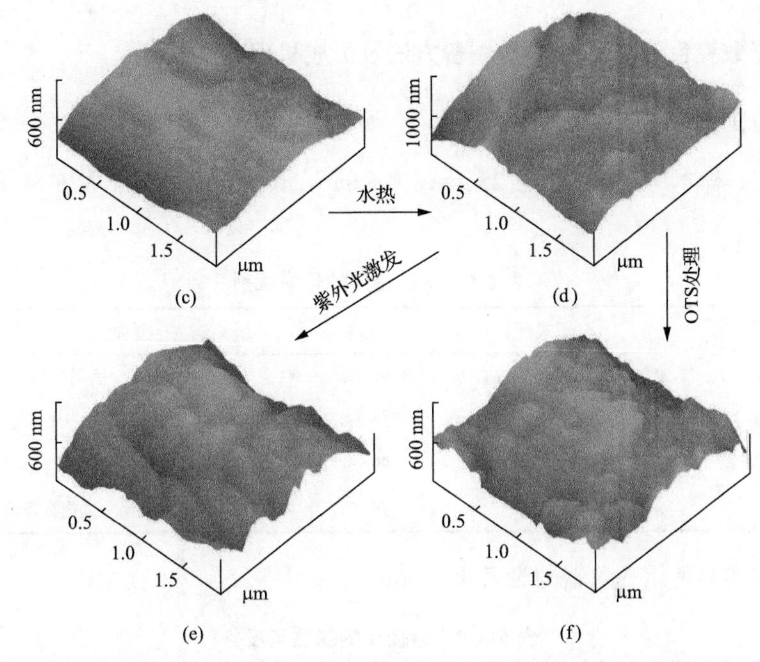

图 6-18　超疏水木材的扫描电镜图(a、b)；木材素材(c)、WO_3/木材(d)、紫外灯照射下 WO_3/木材(e)、超疏水木材(f)的原子力显微镜图

6.3　光致变色三氧化钼/木材可控制备与性能分析

作为与 W 同第Ⅵ B 族的元素 Mo，其氧化物同样受到研究者的广泛关注。尤其是特定形貌的 MoO_3 具有广泛用途，如应用在光开关、传感器、显示材料、变色材料(对热、电、光等)等领域[55-58]。

MoO_3 的物化性能主要取决于其形貌、纳米单元尺寸及其组装的微纳特殊结构。MoO_3 结构具有三种常见的形式：稳定相斜方晶系 α-MoO_3，亚稳定相单斜晶系 β-MoO_3，亚稳定相六方晶系 h-MoO_3[59-61]。h-MoO_3 是由八面体[MoO_6]作为结构单元由顺式交联的锯齿状组成，由较大一维六方和三方通道构成六方晶系。这种特殊的通道能够加速电子传导，提高催化活性，有利于发挥光致变色性能[56]。鉴于此，已采取多种方法[62, 63]合成六方相 h-MoO_3，尤其是水热法可准确控制晶体形貌与结构，受到研究者的青睐。在本节中，我们采用低温水热合成法在木材表面构建了无机 MoO_3 纳米晶体。为揭示生长原理，探讨了不同反应时间、不同 pH 对晶体形貌与结构的影响。通过调节参数，在木材表面合成了具有分级花状结构的 MoO_3 纳米晶体。合成的木质功能材料可潜在应用于光传感、信息存储、防伪等高端智能新领域，提高木材的高值化利用。

6.3.1 光致变色三氧化钼/木材制备方法及形成机理

6.3.1.1 实验材料与设备

材料：桦木单板 25 mm×25 mm×0.6 mm，其他化学试剂见表 6-5，级别均为分析纯。

表 6-5 实验使用的化学试剂

药品名称	分子式	纯度	试剂产地
七钼酸铵	$(NH_4)_6Mo_7O_{24}\cdot 4H_2O$	99.8%	国药集团化学试剂有限公司
浓硝酸	HNO_3	65.0%	天津市凯通化学试剂有限公司
乙醇	C_2H_5OH	99.7%	天津市凯通化学试剂有限公司
丙酮	CH_3COCH_3	99.5%	天津市凯通化学试剂有限公司

本节实验使用的仪器与设备见表 6-6。

表 6-6 实验使用的仪器与设备

实验仪器与设备名称	型号	生产厂家
电子天平	FA2004	上海舜宇恒平科学仪器有限公司
超声波清洗机	SB-100DT	宁波新芝生物科技股份有限公司
pH 计	PHS-3C	上海伟业仪器厂
电热鼓风干燥箱	101-2AB	天津市泰斯特仪器有限公司
真空干燥箱	DZF-6030A	上海一恒科学仪器有限公司
水热合成反应釜	HZSF25	河南郑州合众仪器有限公司
磁力加热搅拌器	HJ-4	常州普天仪器制造有限公司

6.3.1.2 实验方法

1) 木材素材的预处理

木材素材的预处理详见 6.2.1.2 小节。

2) 不同反应时间下木材表面生长 MoO_3 纳米晶体

首先，称取 0.5822 g 七钼酸铵，溶解到一定体积的蒸馏水中，磁力搅拌 10 min；采用浓硝酸将上述溶液调节 pH 为 1.0；将木材素材分别浸入上述溶液，并磁力搅拌 4 h；然后将上述溶液和木材一起转移至聚四氟乙烯内衬的不锈钢反应釜中，密封，设定烘箱温度为 110℃，分别反应 3 h、18 h；冷却反应釜至室温，取出试件，分别用乙醇与蒸馏水洗涤 3 次，随后置于真空干燥箱，在 65℃下干燥 12 h。

3) 不同 pH 下木材表面生长 MoO_3 纳米晶体

首先，称取 0.5822 g 七钼酸铵，溶解到一定体积的蒸馏水中，磁力搅拌 10 min；采用浓硝酸将上述溶液分别调节 pH 为 1.0、1.5、2.0；将木材素材分别浸入上述溶液，并磁力搅拌 4 h；然后将上述溶液和木材转移到聚四氟乙烯内衬的不锈钢反应釜中，密封，设定烘箱温度为 110℃，反应 12 h；冷却反应釜至室温，取出试件，分别用乙醇与蒸馏水洗涤 3 次，随后置于真空干燥箱，在 65℃下干燥 12 h。

4) 木材表面生长分级花状 MoO_3 纳米晶体

首先，称取 0.93 g 七钼酸铵，溶解到一定体积的蒸馏水中，磁力搅拌 10 min；采用浓硝酸将上述溶液调节 pH 为 1.8；将木材素材分别浸入上述溶液，并磁力搅拌 4 h；然后将上述溶液和木材转移至聚四氟乙烯内衬的不锈钢反应釜中，密封，设定烘箱温度为 100℃，反应 9 h；冷却反应釜至室温，取出试件，分别用乙醇与蒸馏水洗涤 3 次，随后置于真空干燥箱，在 65℃下干燥 12 h。

6.3.1.3　实验原理

在一定温度、压力、pH 下，前驱体七钼酸铵在木材表面生成无机 MoO_3 纳米晶体。反应如式(6-3)。

$$(NH_4)_6Mo_7O_{24}\cdot 4H_2O(aq)+6HNO_3(aq) \longrightarrow 7MoO_3(s)+6NH_4NO_3(aq)+7H_2O \tag{6-3}$$

6.3.1.4　表征测试与分析方法

采用美国 FEI 公司的扫描电子显微镜(SEM，Quanta)观察样品的微观形貌，高真空模式，工作电压 12.5 kV，束斑 5.0；能量色散 X 射线谱(EDS)分析样品元素组成；XRD 分析利用 D/MAX2200 型 X 射线衍射仪，Cu 阳极，石墨单色器，狭缝：DS 1°，SS 1°，RS 0.3 mm；傅里叶变换红外光谱仪(FTIR，Nicolet，Thermo Fisher Scientific)用来测试样品的化学组分；XPS 采用 Al K_α 射线源(40 kV×30 mA)，分析室真空度为 10^{-8} Pa，以标准样品中的元素定位作为校准结合能，用于分析薄膜中所含元素；由紫外-可见漫反射波谱仪(TU-1901)测定材料的光学性能，$BaSO_4$ 作为基准校正；采用美国 TA 仪器公司的 SDT Q600 同步热分析仪分析样品。

6.3.2　木材表面低温水热合成六棱柱状三氧化钼晶体

6.3.2.1　反应时间对形貌与相结构的影响

图 6-19(a)～(c) 是反应时间为 3 h 时制备的木材表面生长 MoO_3 晶体的微观形貌，图 6-19(d)～(f) 是反应时间为 18 h 时制备的木材表面生长 MoO_3 晶体的微观形貌。对比它们，可以发现，低倍电子显微镜下，反应时间为 3 h 时木材表面的

木纤维、导管等结构清晰可见，而反应 18 h 时木材表面的结构不是很清晰，被一层较厚的 MoO_3 薄膜紧紧覆盖。对比两组高倍电子显微镜照片，不难发现，组成它们薄膜的棒状结构十分类似，由一定长径比且不规则形状的六棱柱组成。图 6-20 是反应时间分别为 3 h 和 18 h 时制备的 MoO_3 薄膜的 XRD 曲线。在 2θ=16.45°和 22.10°出现两个宽峰，这是木材中纤维素的峰；在 2θ=17.03°，19.62°，25.90°，29.55°，31.18°，34.16°，35.61°，42.16°，43.31°，45.62°，46.81°，49.15°，50.15°，52.22°，

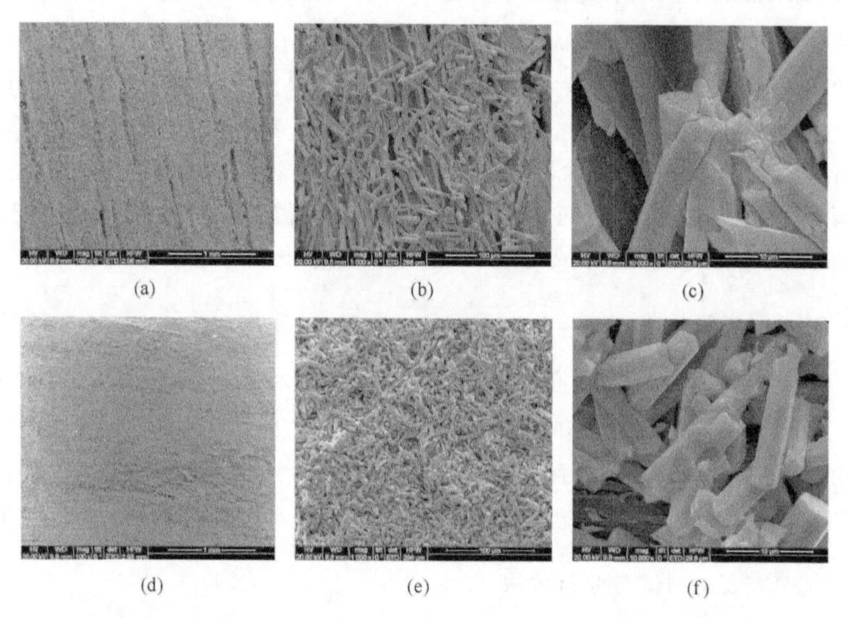

图 6-19　不同反应时间下[(a) 100 倍、(b) 1000 倍、(c) 10 000 倍：3 h；(d) 100 倍、(e) 1000 倍、(f) 10 000 倍：18 h]在木材表面生长 MoO_3 的扫描电镜图

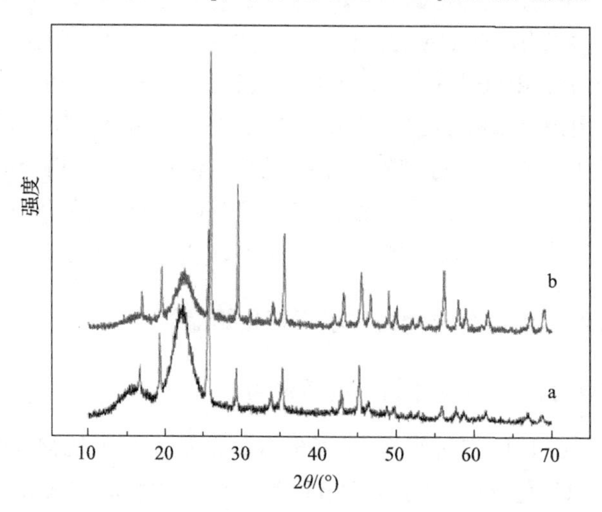

图 6-20　不同反应时间制备的 MoO_3 的 XRD 曲线：(a) 3 h；(b) 18 h

53.21°，56.25°，58.14°，59.08°，61.94°，67.35°、69.09°处的峰归结于六方相 *h*-MoO_3 的结晶面，分别为(110)，(200)，(210)，(300)，(204)，(220)，(310)，(224)，(320)，(410)，(404)，(408)，(500)，(330)，(420)，(218)，(334)，(420)，(430)，(610)，(524)结晶面(JCDS 卡号：21-0569)。此外，不难发现，在反应时间为 18 h 时制备的 MoO_3 薄膜的结晶度要高于反应时间为 3 h 时制备的 MoO_3 薄膜的结晶度。这个结果表明，随着反应时间的进行，MoO_3 纳米晶体薄膜生长得更好。

6.3.2.2　pH 对形貌与相结构的影响

在不同初始 pH 条件下，木材表面生长薄膜的扫描电镜图见图 6-21。从图 6-21(a)可以观察到，素材具有天然复杂且精细的多孔结构。在木材的弦切面，木纤维直径约 12.0 μm，导管直径约 80.4 μm，木射线是椭圆形结构，长度约 11.6 μm，宽度约 5.6 μm。这些独特的分级多孔结构为 MoO_3 晶核形成并长大创造了良好的条件。当素材被 MoO_3 微粒处理后，其表面被一层具有特殊结构的薄膜所覆盖。当七钼酸铵溶液 pH 调到 1.0 时，木材表面生长的 MoO_3 薄膜展现出棒状结构。高倍

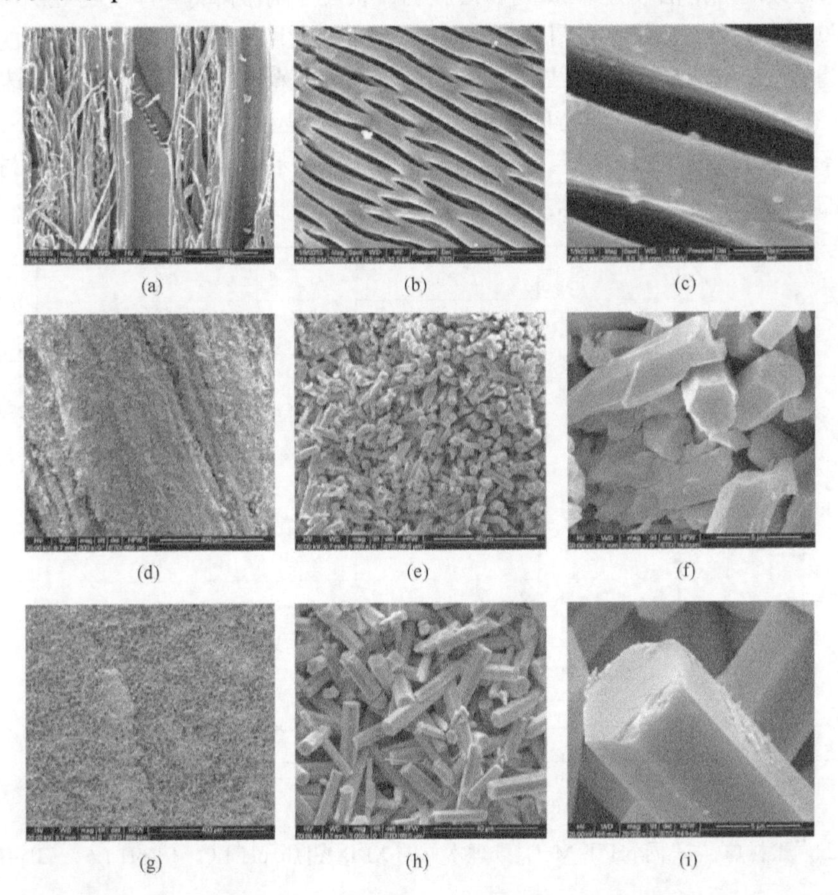

图 6-21　素材[(a)300 倍，(b)3000 倍，(c)20 000 倍]和不同 pH 下在木材表面生长薄膜的表面形貌[(d)300 倍、(e)3000 倍、(f)20 000 倍：1.0；(g)300 倍、(h)3000 倍、(i)20 000 倍：1.5；(j)300 倍、(k)3000 倍、(l)20 000 倍：2.0]

电子显微镜下，可以观察到 MoO_3 薄膜由不规则的六方体结构组成，此六方体直径约 2.7 μm，长度在几微米之内[图 6-21(e)、(f)]。随溶液 pH 增加至 1.5，棒状尺寸变大且均匀度更好[图 6-21(g)～(i)]。通过测量评估，棒状厚度约 7.5 μm。然而，当继续增加溶液 pH 到 2.0 时，薄膜的棒状尺寸稍微降低，厚度约 6.2 μm，但是薄膜表面变得更光滑。在图 6-21(l)中，可观察到生成了具有一定长径比的六方体结构的一维微米棒。这些结果表明，纯相 MoO_3 薄膜已成功生长在木材表面。这样，在木材表面构建了新奇的微纳结构。图 6-22 是素材和前驱体溶液中不同 pH 下制备的 MoO_3 的 XRD 曲线。当 MoO_3 晶体沉积在木材表面后，降低了木材中纤维素的峰强度。此外，随着溶液 pH 增加，MoO_3 晶体的结晶度增加。

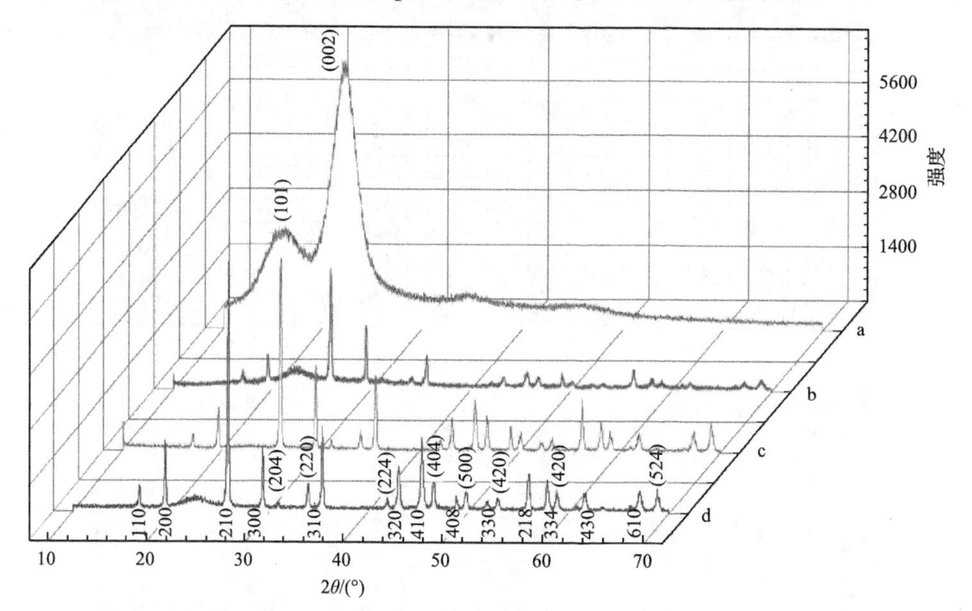

图 6-22　素材(a)与不同 pH 下 MoO_3 处理木材的 XRD 图[(b)pH 1.0、(c)pH 1.5、(d)pH 2.0]

6.3.2.3　成分分析

EDS 能够对样品进行面扫描，且扫描样品深度为 10 nm，能准确测出样品中元素及含量分布。为了揭示薄膜表面化学组成，采用 SEM 配带的 X 射线能谱对试件表面进行表征，图 6-23 右图红色包围区域是被扫描的区域，结果如图 6-23 左图所示。在 MoO_3 处理的木材表面，检测到大量的 Mo、O、Au 元素和少量的 C 元素。由于试件不导电，所以做电子显微镜扫描前，应对试样进行喷 Au 处理，以便清晰观察表面形貌；少量 C 元素来源于木材自身。通过分析 Mo 与 O 元素的原子比例，得出其比例为 34.55∶63.25，接近于 1∶2，而不是 MoO_3 的 1∶3 比例。这个结果表明在木材表面沉积 MoO_3 时，可能有 Mo 的其他氧化物 $MoO_x(x\neq3)$ 形成；也有可能是在 MoO_3 纳米晶体生长过程中，试件中的氧缺位能导致 Mo 与 O 原子比例改变[64]。试样的傅里叶变换红外光谱(FTIR)分析结果见图 6-24。与素材比较，MoO_3 处理木材的 FTIR 分析中，在能带 818cm^{-1} 处出现一个非常明显的峰，归结于 Mo—O—Mo 的伸缩振动，表明 MoO_3 薄膜成功生长在木材表面。

为了进一步剖析薄膜元素的存在形式及化合价态，采用 XPS 来表征试件表面。它的原理是用 X 射线去辐射样品，使样品中原子或分子的内层电子或价电子被激发出来，通过测量光子的能量，最终得出光电子能谱图。因此，XPS 技术能准确地测量元素的组成、存在形式及含量。所有 XPS 谱图中的峰位置都以标准 C 1s 的 284.6 eV 为基准。素材与 MoO_3 处理木材表面后的 XPS 宽谱扫描如图 6-25(a)所示。与素材的 XPS 谱图比较，MoO_3 处理木材后的谱图中，除了有 C 1s 和 O 1s 峰之外，还出现了明显的新峰，分别为 Mo 3s、Mo 3p、Mo 3d、Mo 4s、Mo 4p。此外，没有其他峰出现，表明 MoO_3 薄膜具有较高的纯度。对高分辨率下 Mo 3d 的 XPS 谱图分析[图 6-25(b)]，其展现出 Mo 的 5/2–3/2 的自旋-轨道双线，分别在结合能 232.48 eV(Mo $3d_{5/2}$)处和结合能 235.58 eV(Mo $3d_{3/2}$)处出现峰，归结于六

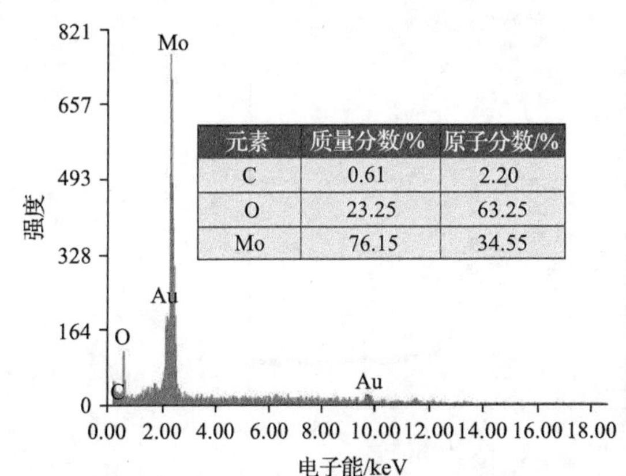

元素	质量分数/%	原子分数/%
C	0.61	2.20
O	23.25	63.25
Mo	76.15	34.55

图 6-23　MoO_3 处理木材表面后的 EDS 分析

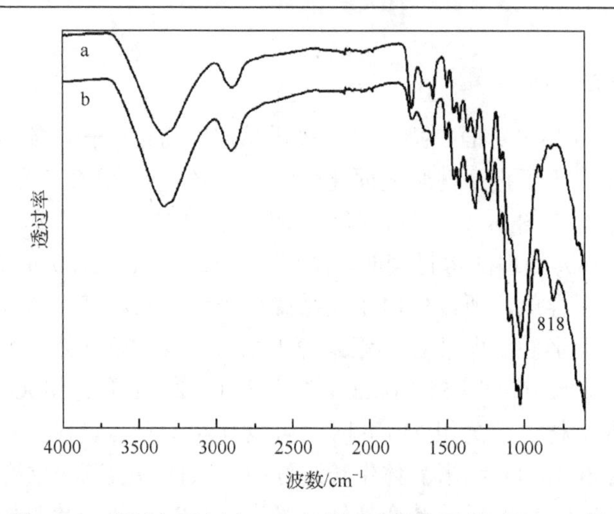

图 6-24　素材表面(a)与 MoO_3 处理木材表面(b)的 FTIR 图

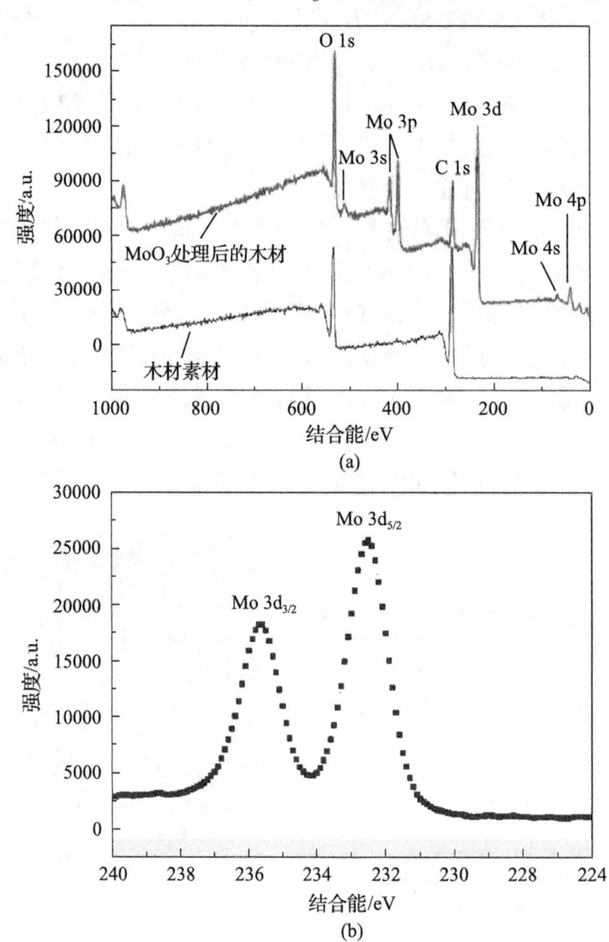

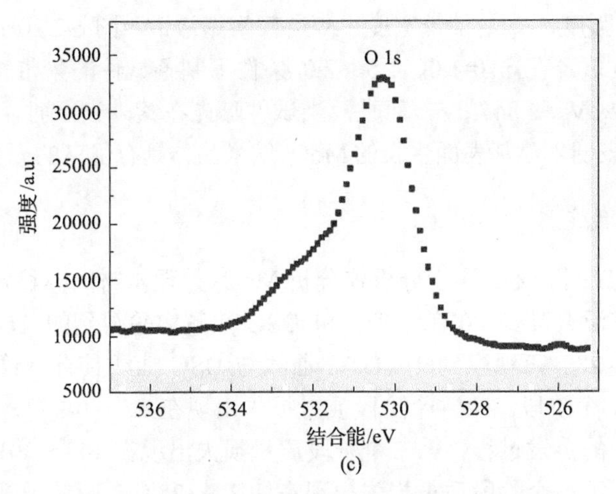

图 6-25　素材表面与 MoO_3 处理木材表面的 XPS 谱图(a)；
高分辨率下 Mo 3d(b)和 O 1s(c)的 XPS 谱图

价 Mo，与 MoO_3 中 Mo 的化合价相吻合[65]。高分辨率下 O 1s 的 XPS 谱图[图 6-25(c)]表明，在结合能 530.31 eV 处出现的峰与 MoO_3 中 O 1s 的结合能一致[65]。XPS 对 Mo 与 O 原子比例的定量分析见表 6-7。Mo 与 O 原子比例为 15.63∶45.46，接近 1∶3。这个结果充分证实了 MoO_3 薄膜成功生长在木材表面。

表 6-7　XPS 分析 C 原子、Mo 原子和 O 原子比例

元素	强度	半峰宽/eV	面积/(CPS·eV)	原子分数/%
C 1s	6 062.94	2.61	19 280.41	38.91
Mo 3d	28 460.58	1.42	76 028.66	15.63
O 1s	23 385.88	1.84	55 438.53	45.46

6.3.2.4　光学性能

图 6-26(a)是试件的紫外-可见吸收光谱。可以观察到，试件在 200～440 nm 范围内有一个宽峰。与素材比较，MoO_3 处理木材试件的阈值出现了红移，而且随着 pH 增加，红移现象增加。宽阔的光吸收范围能产生更多的光电子，这对光致变色应用具有重要作用。图 6-26(b)是试样的紫外-可见反射光谱，可清晰观察到所有试件在紫外光区域(＜350 nm)具有相对较低的反射，然而在约 385 nm 时，试件的反射迅速增加。此外，随着 pH 从 1.0 增加到 1.5，再到 2.0，在波长 420～620 nm 范围内，试件的反射强度越来越低。反射光谱结果与吸收光谱结果一致。半导体的禁带宽度用式(6-4)计算。

$$(\alpha h\nu)^{1/2}=K(h\nu-E_g) \tag{6-4}$$

其中，α 是吸收强度，E_g 是禁带宽度，K 是普朗克常量。图 6-26(c)表明半导体具有间接禁带宽度值。在 pH=1.0、1.5、2.0 条件下制备试件的禁带宽度 E_g 分别为 2.974 eV、2.932 eV、2.847 eV。而且，当试件曝光在紫外光下时，试件颜色迅速变蓝(图 6-27)，表明木质基表面生长的 MoO_3 纳米晶体具有优良的光变色响应功能。

6.3.2.5　热稳定性

采用 TG/DTG 和 DSC 同步分析仪分析 MoO_3 处理木材的热稳定性，在氮气保护下，温度从室温升高到 807℃。TG 和 DSC 热解实验得到的 TG、DTG、DSC 数据结果见图 6-28。可观察到 TG/DTG 曲线与 DSC 曲线具有一致性。样品的质量损失可分为 4 个阶段。第一个阶段质量损失出现在 25～143℃，归结于吸附在木材表面水分子的蒸发过程；第二个阶段质量损失出现在 143～301℃，是半纤维素的热解过程；第三个阶段质量损失出现在 301～375℃，归结于纤维素的降解，

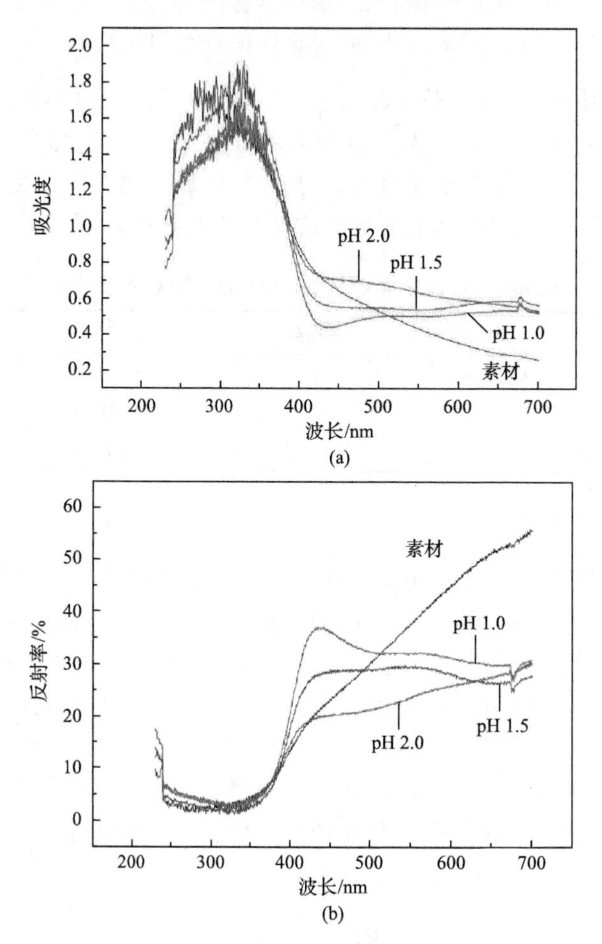

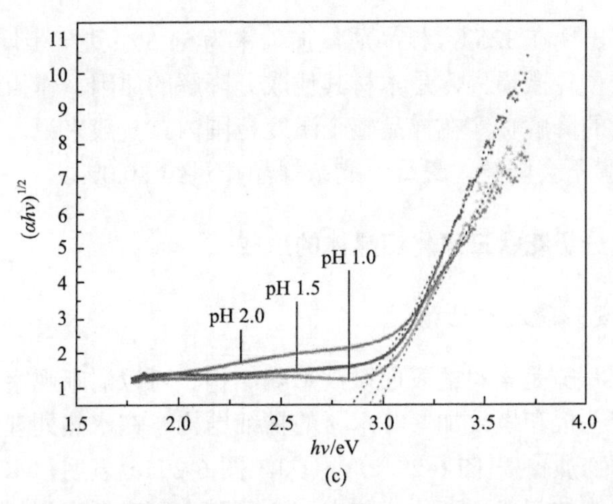

图 6-26　不同 pH 下制备试件的紫外-可见吸收光谱(a)、反射光谱(b)和$(\alpha h\nu)^{1/2}$-$h\nu$曲线(c)

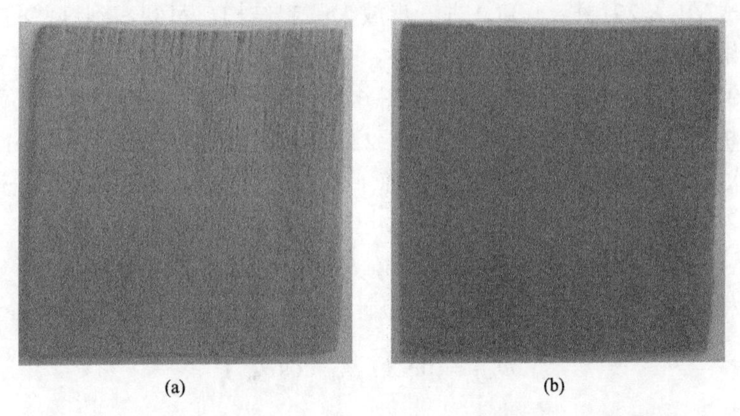

图 6-27　试件对紫外光的颜色响应：(a)激发前；(b)激发后

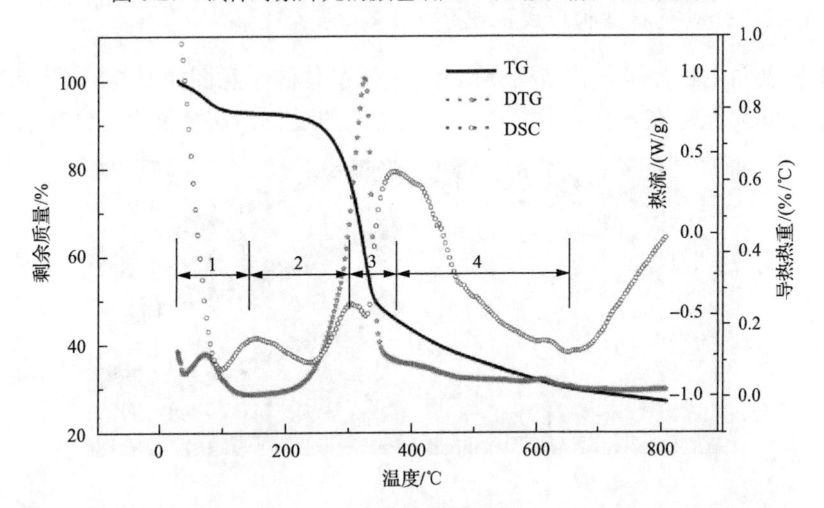

图 6-28　从 TG 与 DSC 热解实验得出的 TG、DTG 和 DSC 结果

其最大热解速率出现在325℃，样品质量损失率为54.5%；进一步增加温度至654℃时，导致另一质量轻微损失，是木材其他成分降解的原因。作为最难降解的聚合物之一，木质素的降解贯穿在样品整个温度范围内。一般来说，在低于 800℃温度下，MoO_3薄膜不会降解。最终，剩余样品质量约 30.0%。

6.3.3 木材表面分级花状三氧化钼晶体的形成

6.3.3.1 微观形貌及相结构

图 6-29(a)、(b)是素材的表面微观形貌结构。可以清晰观察到诸如导管、木纤维、射线、穿孔板和螺纹加厚等木材的精细结构。在水热处理后，木材原有表面被一层新奇的物质覆盖[图 6-29(c)～(f)]。图 6-29(c)表明，木材表面生长的物质随木材表面结构的起伏而变化。放大这个薄膜，可以观察到新表面是由许多凸状结构组成[图 6-29(d)、(e)]。进一步放大凸起结构，可观察到这些凸起是由许多微米棒组装成的花状结构构成。此外，合成棒状的横截面具有六边形结构，厚度接近 2.0 μm，长度在几微米之内。图 6-30 是素材与水热处理木材试件的 XRD 曲线。分析结果表明，在 2θ=16.07°和 22.31°处的峰归结于纤维素(101)和(002)结晶面。水热处理后，这两个峰强度迅速下降，出现一些其他新峰。经过查阅 XRD 标准卡片，得出这些衍射峰是六方相h-MoO_3结构，晶格参数值如下：a=b=10.528Å，c=14.787Å(PDF 卡号：21-0569，空间群 $P63$)。没有其他杂质峰出现，表明合成样品是纯相。晶粒尺寸大小根据式(6-5)计算，h-MoO_3晶粒尺寸为 65.6 nm。

$$D_{hkl} = (0.9\lambda / \beta_{hkl} \cos\theta_{hkl}) \tag{6-5}$$

6.3.3.2 分级花状结构形成机理分析

木材表面生长分级花状结构 h-MoO_3 纳米晶体的示意图如图 6-31 所示。第一阶段是 MoO_3 微粒在木材表面晶核形成且生长的过程，这个阶段发生在水热反应

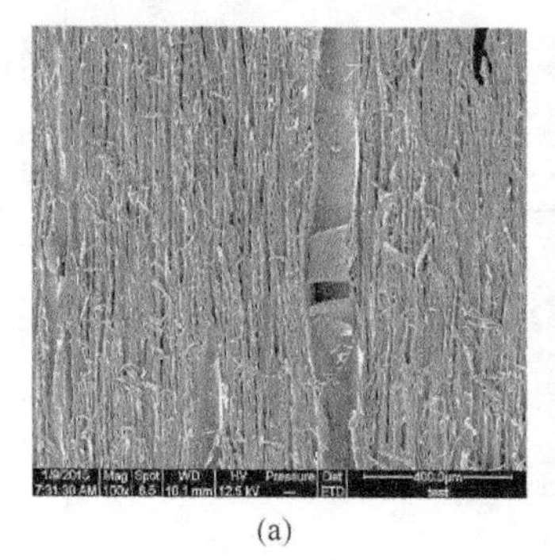

(a)

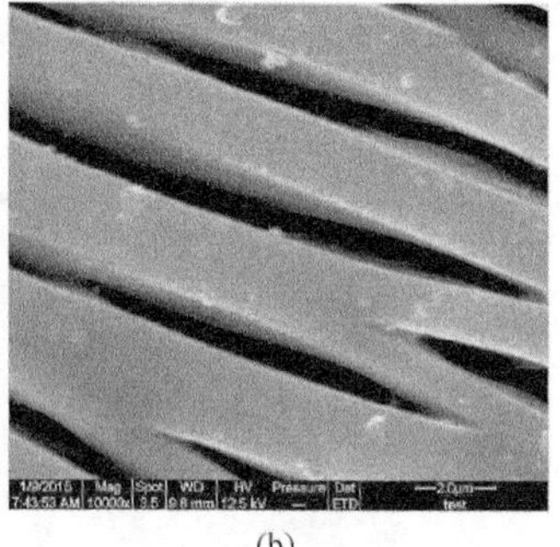

(b)

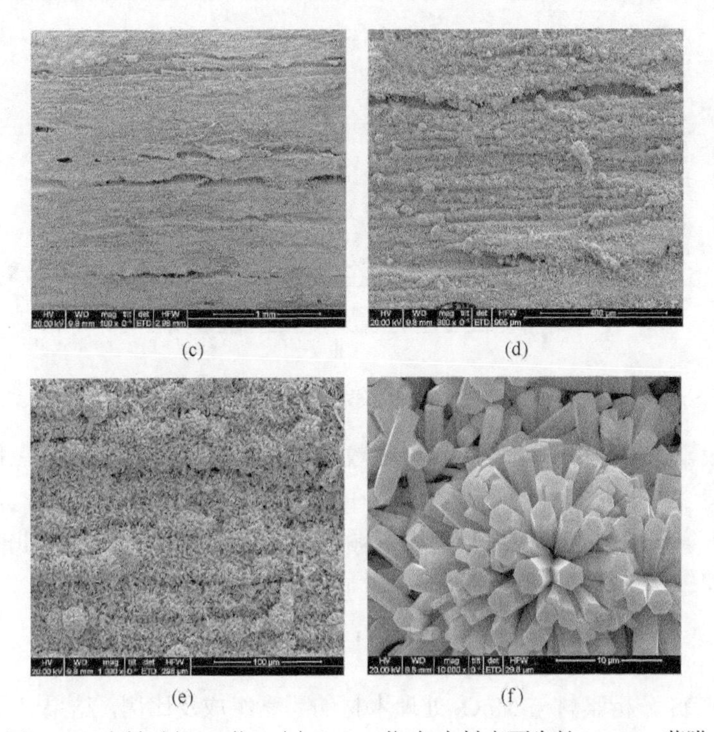

图 6-29　素材[(a) 100 倍，(b) 10 000 倍]与木材表面生长 h-MoO_3 薄膜[(c) 100 倍、(d) 300 倍、(e) 1000 倍、(f) 10 000 倍]的扫描电镜图

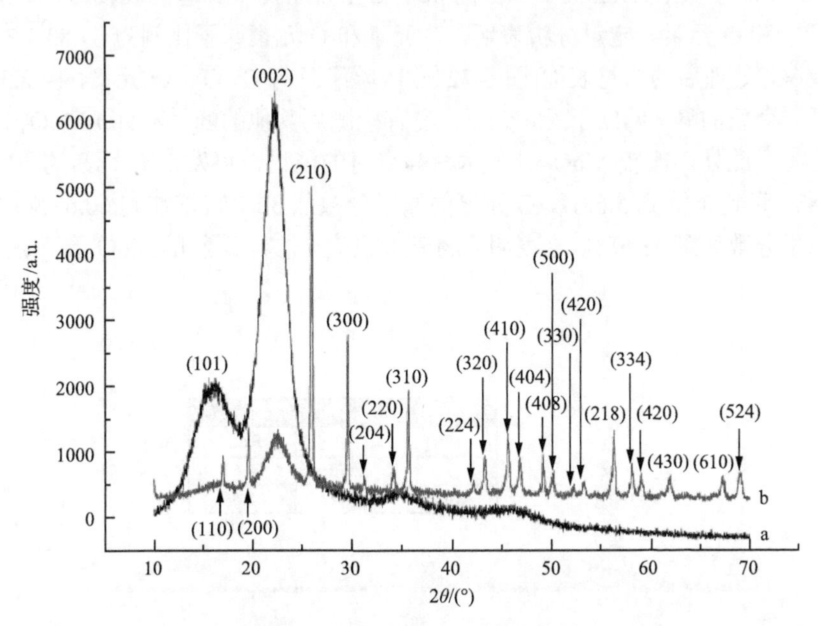

图 6-30　素材(a)与水热处理木材后(b)的 XRD 图

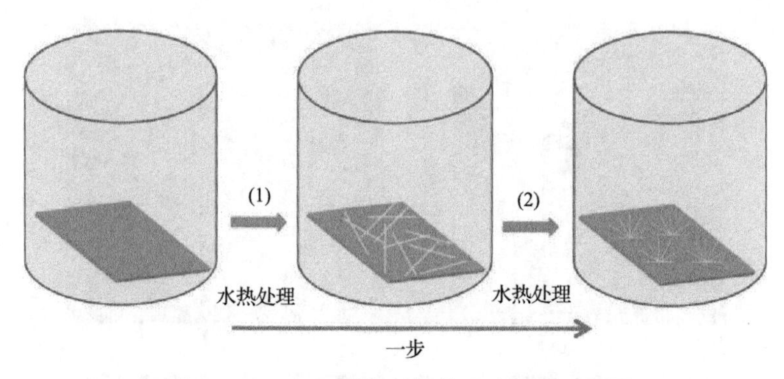

图 6-31　h-MoO_3 花状结构的形成机理示意图

的初始阶段，第二个阶段是 h-MoO_3 微粒在木材表面自组装成花状三维分级结构过程。值得注意的是，这两个过程发生在同一个水热反应釜中，是一个连续的过程。通过控制前驱物七钼酸铵的浓度、调节溶液 pH 和反应温度，即能实现在木材表面可控生长分级结构的 h-MoO_3 纳米晶体。

6.3.3.3　成分分析

采用 EDS 分析素材与 MoO_3 处理木材的元素组成及比例，结果见图 6-32。对于素材而言[图 6-32(b)]，除了在 2.2 keV 处出现 Au 的吸收峰(向试件表面喷金以便 SEM 观察)，还在 0.22 keV 和 0.53 keV 处出现了两个典型的吸收峰，分别对应于 C 元素和 O 元素。定量分析表明，C 元素和 O 元素原子比例为 67.83∶32.17。对于 MoO_3 处理后的木材表面[图 6-32(a)]，除了具有 C、O、Au 元素，在 2.30 keV 出现了一个新的峰，归结于 Mo 元素。没有检测到其他的峰，表明 h-MoO_3 含有较高的纯度。此外，比较 MoO_3 处理木材与素材的能谱，可发现 C 元素的原子分数从 67.83%迅速下降到 5.68%，O 元素的原子分数从 32.17%增加到 60.63%，Mo 元素的原子分数达到 33.68%。这表明素材表面已完全被一层新的 MoO_3 薄膜所覆盖。

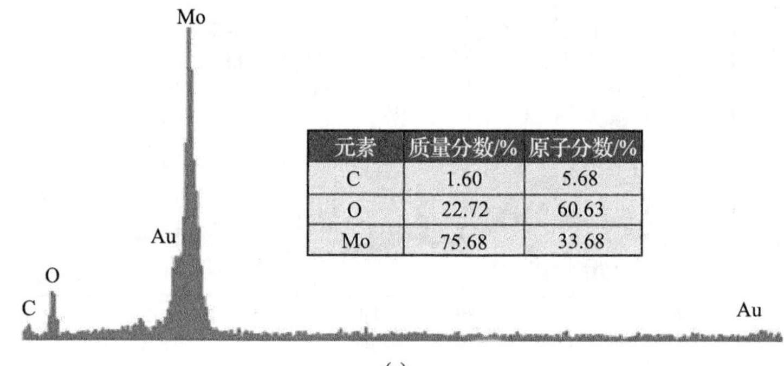

元素	质量分数/%	原子分数/%
C	1.60	5.68
O	22.72	60.63
Mo	75.68	33.68

(a)

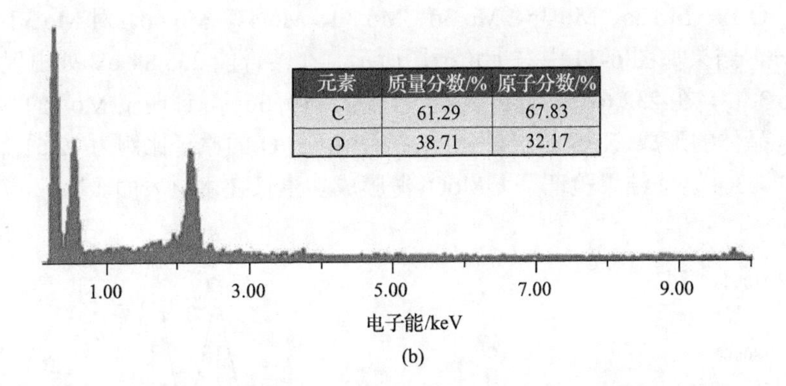

图 6-32　MoO_3 薄膜处理木材表面后(a)与木材素材(b)的 EDS 谱图

拉曼光谱是评估材料中分子结构的重要表征手段。实验中用到的拉曼光谱的激发波长为 532 nm。在室温下，h-MoO_3 处理木材的拉曼光谱呈现在图 6-33 中。在 100～1100 cm^{-1} 范围内，观察到许多清晰且单个拉曼光谱能带。在 122～250 cm^{-1} 处的峰来源于 MoO_4 四面体链结构的骨架模型；在 321 cm^{-1}、399 cm^{-1}、491 cm^{-1}、691 cm^{-1} 处的峰强很弱，归结于 O—Mo—O 振动；在 885 cm^{-1}、901 cm^{-1}、974 cm^{-1} 处的峰归结于 Mo═O 振动。这些结果与 Atuchin 等研究的 h-MoO_3 的数据一致[66]，确定了六方相 h-MoO_3 纳米晶体成功生长在木材表面。

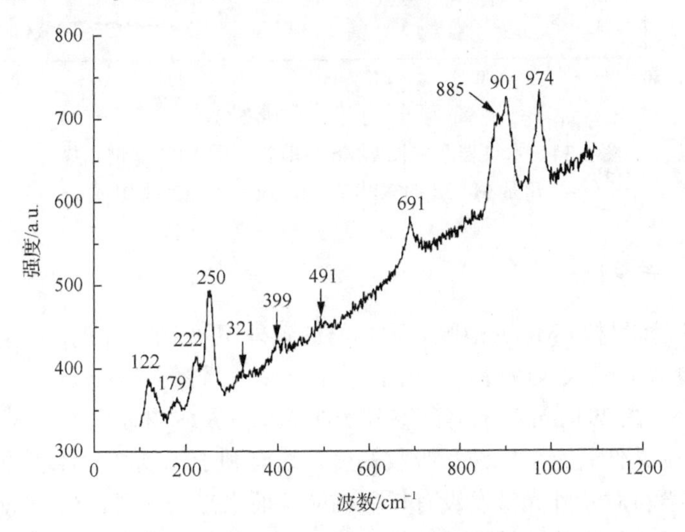

图 6-33　h-MoO_3 处理木材表面后的拉曼光谱

XPS 用于分析试件的表面，确定元素的组成及元素价态。对于导电材料和非导电材料，XPS 均能分析。生长在木材表面的 h-MoO_3 薄膜的 XPS 谱图见图 6-34。所有获取的光谱都是以 C 1s 在 284.6 eV 处的峰为基准。可以观察到出现许多峰，如 C 1s、O 1s、Mo 3s、Mo 3p、Mo 3d、Mo 3d、Mo 4s、Mo 4p。对 Mo 3d 的 XPS 卷曲积分，结果如图 6-34 中右上角插图所示。在结合能 235.84 eV 处出现的峰归结于 Mo $3d_{3/2}$，在 232.67 eV 处出现的峰归结于 Mo $3d_{5/2}$，证明了 Mo^{6+}的存在，表明 MoO_3 晶体的形成。XPS 的定量分析表明，Mo 与 O 的原子比例为 12.51∶42.99，接近于 1∶3。这些结果验证了 h-MoO_3 薄膜成功生长在木材表面。

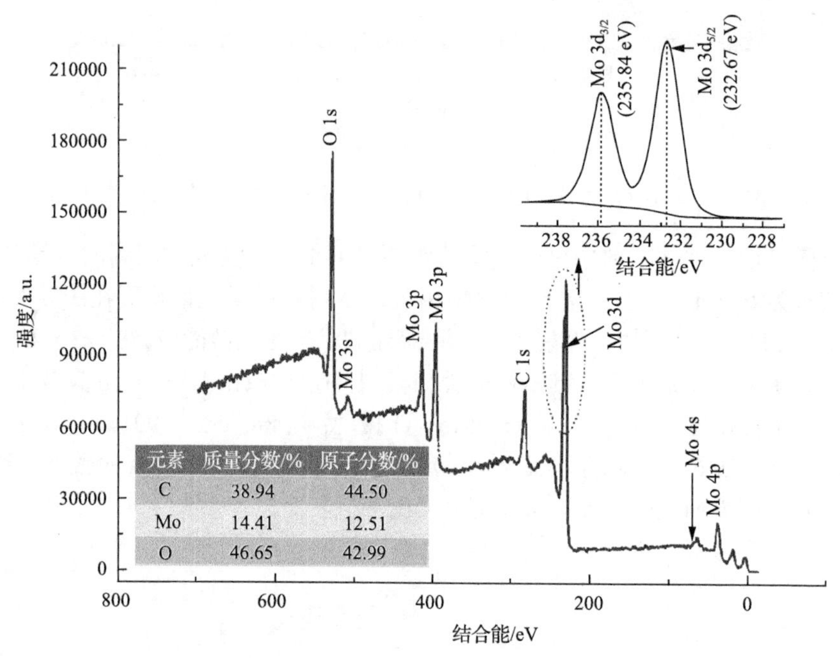

元素	质量分数/%	原子分数/%
C	38.94	44.50
Mo	14.41	12.51
O	46.65	42.99

图 6-34　木材表面生长 h-MoO_3 薄膜后的 XPS 宽谱扫描
（右上角是 Mo 3d 的 XPS 谱图，左下角是元素组成）

6.3.3.4　光学性能

图 6-35 是素材与 MoO_3 薄膜处理木材的紫外-可见吸收光谱。结果表明，素材在 291 nm 处具有最大吸收峰，归结于芳香烃 C—C 键的 π→π*跃迁。木材表面被 MoO_3 处理后，在 291 nm 处的峰红移到 307 nm，这是木材表面 Mo═O 键的缘故。红移现象表明试件具有更宽波长吸收幅度，这有利于优越光学性能的发挥。分析表明，木材素材对紫外光激发没有任何响应，而水热处理后，生长 MoO_3 的木材表面展现出良好的光响应性能，这是由于 MoO_3 的价带电子跃迁到导带所致。采用 Kubelka-Munk（K-M）模型评估生长在木材表面的 MoO_3 薄膜的禁带宽度，$(\alpha h\nu)^{1/2}$-$h\nu$（光电子能量）曲线如图 6-35 内左下角所示。延长曲线的直线部分，与 $h\nu$ 轴相交，得到 MoO_3 的禁带宽度。最终，生长在木材表面 MoO_3 薄膜的禁带宽度为 2.98 eV。

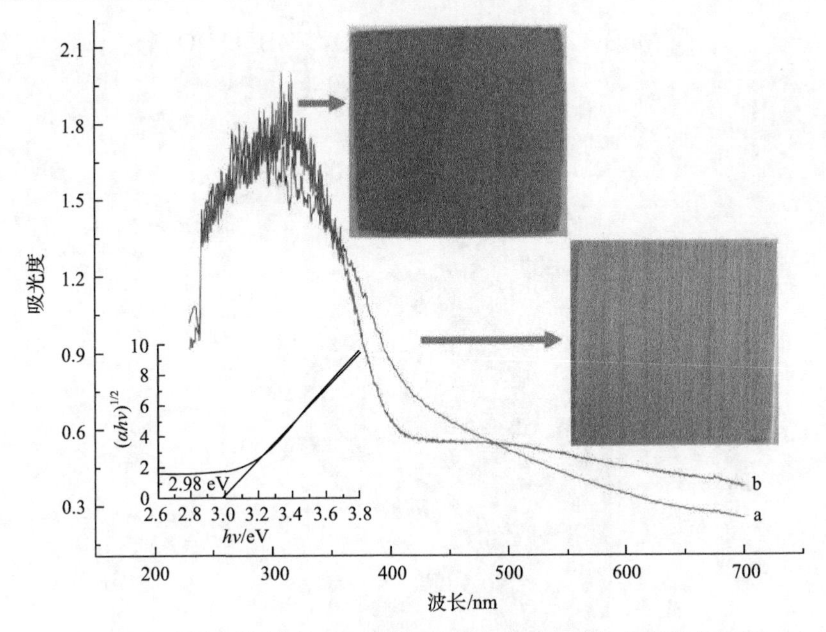

图 6-35　木材素材(a)与 MoO_3 薄膜处理木材后的紫外-可见吸收光谱
(左下角是评估木材表面 MoO_3 薄膜的禁带宽度)

6.3.4　光致变色三氧化钼/木材的机理分析

图 6-36 是 MoO_3 薄膜在紫外光激发时的电荷转移机理示意图。采用电子-离子在晶格内注入-抽出模型来解释。当木材表面的 MoO_3 薄膜受到紫外光激发时($h\nu \geqslant E_g$)，在价带(VB)中的电子被激发到导带(CB)，这样电子(e^-)与空穴(h^+)产生，见式(6-6)。由于吸附在木材表面或内层水分子存在，吸附水能与空穴发生反应，产生质子(H^+)，见式(6-7)。然后来自导带中的电子和质子与 MoO_3 反应，生成氢钼青铜($H_xMo_x{}^{V}Mo_{1-x}{}^{VI}O_3$)，见式(6-8)。由于相邻价态的 Mo^{5+}转化成 Mo^{6+}，MoO_3 薄膜变成蓝色[式(6-9)]。此外，式(6-10)是氢的变化，式(6-11)是光腐蚀反应，式(6-12)是空穴与电子的重新结合，这不利于 MoO_3 薄膜的光响应效率。

$$MoO_3+h\nu \longrightarrow MoO_3{}^*+e^-+h^+ \tag{6-6}$$

$$2h^++H_2O \longrightarrow 2H^++O \tag{6-7}$$

$$MoO_3+xH^++xe^- \longrightarrow H_xMo_x{}^{V}Mo_{1-x}{}^{VI}O_3 \tag{6-8}$$

$$Mo_A{}^{VI}+Mo_B{}^{V}+h\nu \longrightarrow Mo_A{}^{V}+Mo_B{}^{VI} \tag{6-9}$$

$$H^++e^- \longrightarrow 1/2H_2 \tag{6-10}$$

$$MoO_3+2h^++2H_2O \longrightarrow MoO_4^{2-}+4H^++1/2O_2 \quad (6\text{-}11)$$

$$h^++e^- \longrightarrow heat \quad (6\text{-}12)$$

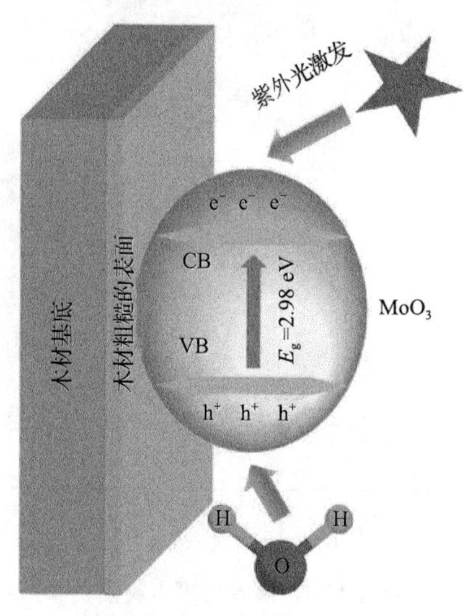

图 6-36　MoO_3 薄膜在紫外光激发时的电荷转移机理示意图

6.4　光致变色有机物/木材构建及性能分析

近年来，有机光致变色材料被应用到诸多领域[67-70]。其中，在木材表面构建有机变色薄膜来探讨复合木材的光响应，是一个很好的研究思路。目前为止，有机变色物质与其他材料复合取得了一定进展。如在玻璃基质上沉积有机变色化合物薄膜，探讨有机物/玻璃复合材料的光变色功能[71]；Svensson[72]将有机光致变色物质与有机凝胶掺杂，探讨复合材料的光响应功能；Irie 等[73]做了有机光致变色材料在信息存储方面的研究。但很少报道有机光变色物质与木材进行复合的研究。本节研究了有机光致变色物质与木材复合，揭示复合材料的光变色响应规律，并指出此材料在木材光开关、防伪、信息存储等高端智能领域的潜在应用。

6.4.1　光致变色有机物/木材形成方法

6.4.1.1　实验材料与设备

水曲柳试件，采自于黑龙江省哈尔滨市帽儿山林场，试件规格：50 mm×25 mm×5 mm，用 120 目的砂纸打磨以去除单板表面的细纤维。实验使用的化学试剂见表 6-8。此外，光致变色物质从国外代购。

表 6-8　实验使用的化学试剂

药品名称	分子式	纯度	试剂产地
糊精	$C_{18}H_{32}O_{16}$	99.7%	天津市科密欧化学试剂有限公司
聚乙烯醇	$(C_2H_4O)_n$	87.0%～89.0%	上海阿拉丁化学试剂有限公司
三氯甲烷	$CHCl_3$	25%	天津市科密欧化学试剂有限公司
乙醇	C_2H_5OH	99.7%	天津市科密欧化学试剂有限公司
丙酮	CH_3COCH_3	99.5%	天津市科密欧化学试剂有限公司
十八烷基三氯硅烷	$C_{18}H_{37}Cl_3Si$	95.0%	上海阿拉丁化学试剂有限公司

本节实验所使用的仪器与设备见表 6-9。

表 6-9　实验使用的仪器与设备

实验仪器与设备名称	型号	生产厂家
电子天平	FA2004	上海舜宇恒平科学仪器有限公司
超声波清洗机	SB-100DT	宁波新芝生物科技股份有限公司
真空干燥箱	DZF-6030A	上海一恒科学仪器有限公司
电热鼓风干燥箱	101-2AB	天津市泰斯特仪器有限公司
磁力加热搅拌器	HJ-4	常州普天仪器制造有限公司
电动搅拌机	D2004W	上海司乐仪器有限公司
双孔-恒温水浴锅	DZKW-C-2	上海树立仪器仪表有限公司

6.4.1.2　实验方法

配制质量分数为 4%的聚乙烯醇(PVA)与糊精(DT)溶液，溶剂为蒸馏水，按照聚乙烯醇与糊精 1∶1 配比，在 75℃下磁力搅拌 2 h；将一定质量的光致变色物质(PM)加入上述溶液，在 45℃下磁力搅拌 2 h，室温下超声分散 30 min，配制成均匀的浓度为 0%、1.5%、3.0%、4.5%、6.0%的光致变色物质溶胶；然后采用滴涂法将 1.0 mL 的上述溶胶滴涂在木材表面；室温下自然干燥 24 h，形成凝胶薄膜(图 6-37)。

6.4.1.3　实验原理

聚乙烯醇是优良的成膜物质，但是其成膜硬度差，所以添加糊精以调节薄膜硬度；利用聚乙烯醇与糊精表面的羟基改性光致变色物质，然后与木材复合，保证了结合的牢固性；复合材料的变色机理类似于现有螺吡喃的变色机理，见图 6-38。紫外光照射导致无颜色的螺吡喃生成有颜色的开环部花菁，在可见光的照射下又使螺吡喃浓度迅速增加，恢复至无色。

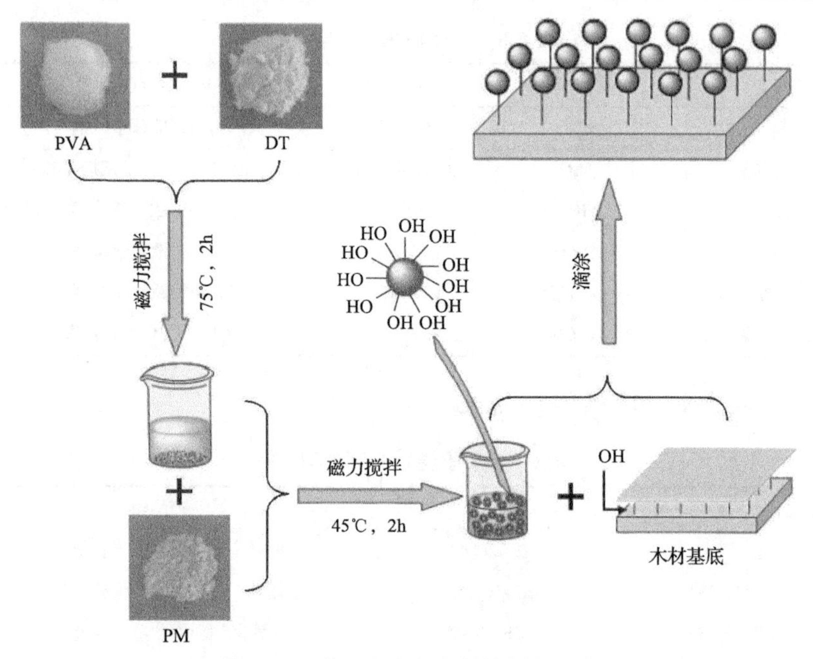

图 6-37　光响应变色木材的制备方法

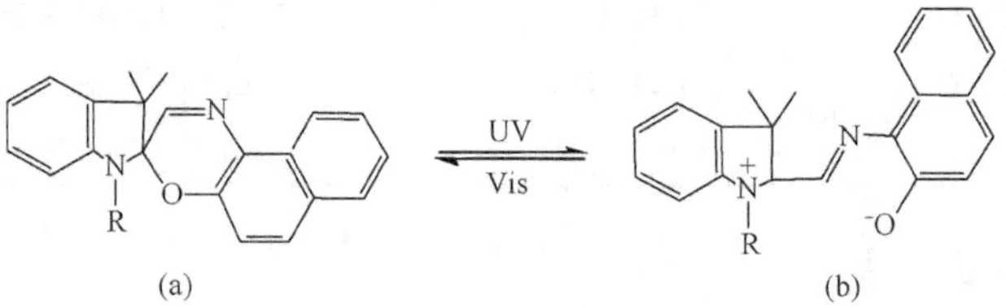

UV
Vis

(a)　(b)

图 6-38　典型的螺吡喃的光致变色机理：(a)闭环形式，无色；(b)开环形式，呈色

6.4.1.4　表征测试与分析方法

1)利用太阳光模拟器的太阳光与可见光激发下的色度变化

太阳光模拟器的外观照片见图 6-39。用数码相机(IXUS132，日本)记录试件在太阳光模拟器下太阳光与可见光的全过程，试件与激发光源的距离为 10 cm。将记录数据导入计算机。用图像处理软件，计算变色数值，L^*、a^*、b^*、ΔE^*，详细的计算公式见式(6-2)。

2)响应时间的测量

响应时间包括成色时间与消色时间，根据分析数码相机捕捉的照片计算而得。在不同激发光源照射下，颜色随响应时间的变化见图 6-40。a 段是在太阳光下的色差值变化，随着激发时间的延长，颜色变化明显增加，Δt_1代表成色时间；当持续延长照射时间，当成色基团达到饱和，色差值不再增加(b 段)；c 段是在可见光激发下试件逐渐消色的过程，消色时间记为 Δt_2。

图 6-39　太阳光模拟器设备

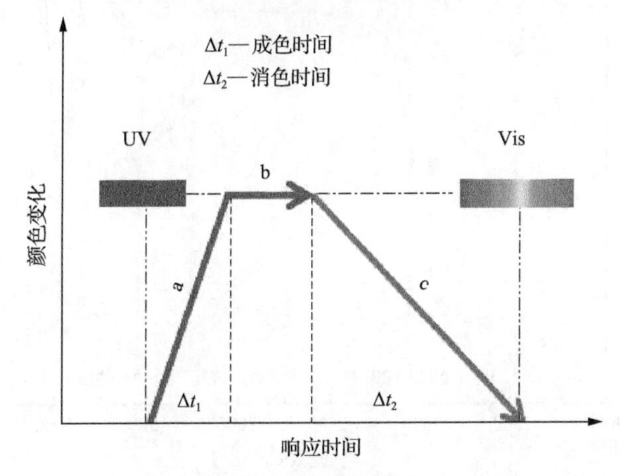

图 6-40　颜色随响应时间的变化示意图

3）表征

扫描电镜（SEM）、傅里叶变换红外光谱（FTIR）表征及疏水性能测试等见 6.2.1.4 节。太阳光模拟器（XES-40S2，L150SS，日本），太阳光的波长范围为 300～1100 nm，激发功率为 1000 W/m^2。通过控制 UV 滤光器（300～380 nm）来调节太阳光与可见光。

6.4.2　光致变色有机物/木材表面成分分析

图 6-41 是未处理木材、聚乙烯醇-糊精处理木材、光致变色物质/聚乙烯醇-糊精处理木材的 ATR-FTIR 波谱。这些波谱的变化预示着薄膜与木材成功结合。与未处理的素材[图 6-41（a）]相比，聚乙烯醇-糊精处理木材出现了一些新峰[图 6-41（b）]。3305 cm^{-1} 和 1091 cm^{-1} 处的峰归结于—OH 基团，2922 cm^{-1} 处的峰归结于聚乙烯

醇的 C—H 伸缩振动，1451 cm^{-1} 和 704 cm^{-1} 处的峰来源于糊精的—CH_2 的扭曲振动和摇摆振动，1150 cm^{-1} 处的峰归结于糊精的 C—O 伸缩振动。在覆盖光致变色物质后，出现了一些新峰。1736 cm^{-1} 和 1019 cm^{-1} 处出现的吸收峰归结于苯环 C═C 伸缩振动和 C—O—C 伸缩振动，1250 cm^{-1} 和 844 cm^{-1} 处出现的峰表示 Ar—H 面内键合与面外键合，2874 cm^{-1} 和 1375 cm^{-1} 处的峰是由于 C—H 伸缩振动与 C—H 扭曲振动。这个结果表明一个新的光致变色物质/聚乙烯醇-糊精薄膜已成功附着在木材表面。

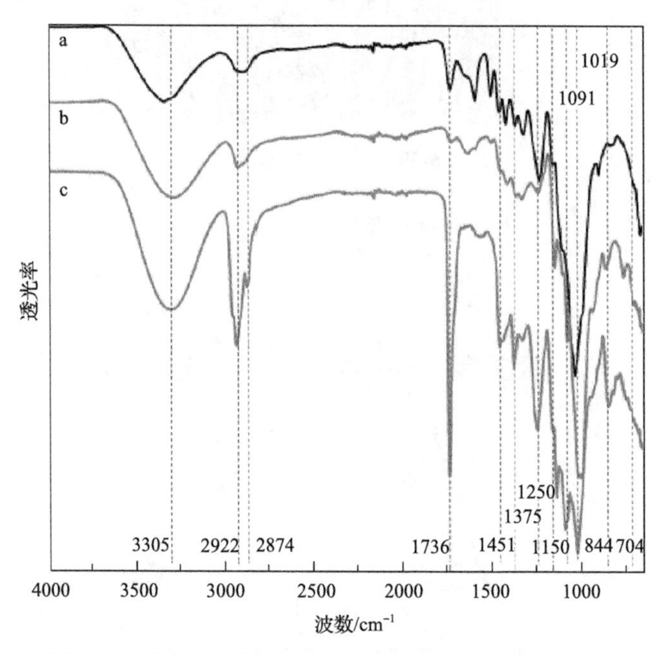

图 6-41　未处理木材(a)、聚乙烯醇-糊精处理木材(b)、光致变色物质/聚乙烯醇-糊精处理木材(c)的 ATR-FTIR 谱图

图 6-42 是未处理过的水曲柳和光致变色物质/聚乙烯醇-糊精处理木材后的低倍和高倍扫描电镜照片。可以观察到，木材细胞壁结构主要由导管、木射线、木纤维等构成。导管直径为 200～300 μm，木射线呈带状分布，垂直于导管方向，木纤维方向平行于导管且垂直于木射线[图 6-42(a)、(b)]。在覆盖光致变色物质/聚乙烯醇-糊精薄膜后，扫描电镜观察到所有的木材结构都已消失[图 6-42(c)]。但是实际上用肉眼可以发现，木材美观的纹理依然清晰可见，这是由于合成的薄膜具有高度透光性，说明聚乙烯醇与糊精具有优越的成膜性能。在高倍扫描电子显微镜下，可发现光致变色物质具有球状结构，直径为 2～5 μm，均匀且致密地沉积在木材表面[图 6-42(d)]。

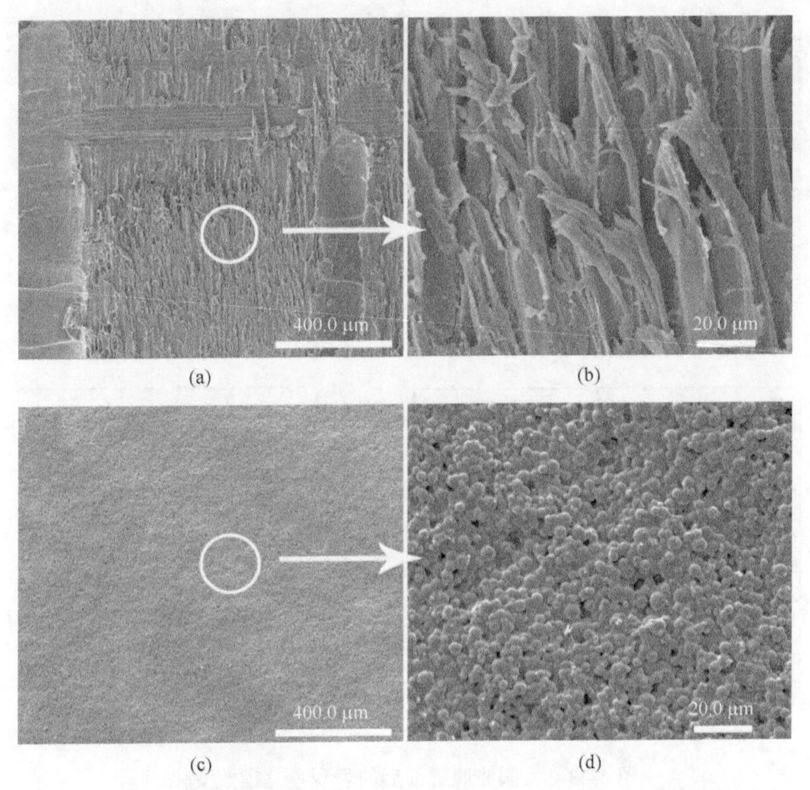

图 6-42　未处理过的水曲柳[(a)、(b)]和光致变色物质/聚乙烯醇-糊精处理木材后[(c)、(d)]的低倍和高倍扫描电镜图

6.4.3　光致变色有机物/木材性能分析

本节中，光致变色性能是关键性指标，影响着木材复合试件的实际应用。光响应变色薄膜的色差值变化与太阳光照射期间的生色团浓度有关。不同浓度光致变色物质下制备试件的色差值变化见图 6-43。随着光致变色物质浓度从 0 增加到 3.0%，明度指数 L^*从 84.0 降低到 60.5，表示木材表面颜色变暗；a^*值从 8.2 迅速增加到 47.3，表示颜色朝着深红色变化；b^*值从 33.0 降低至 4.4，表示表观色度指数变得更蓝，总色差值 ΔE^*从 3.7 升高到 58.2。然而，当光致变色物质浓度继续从 3.0%增加到 6.0%时，L^*、a^*、b^*、ΔE^*变化不大。解释如下：在一定光强下，当光致变色物质浓度达到 3.0%时，薄膜的变色达到最佳，换言之，此时光致变色物质在发挥变色性能方面处于饱和状态。因此，没有必要继续增加光致变色物质含量以求得到更优异的变色效果。经过证明，与木材素材相比，处理后的试件经过太阳光照射后展现出明显的光变色效果。

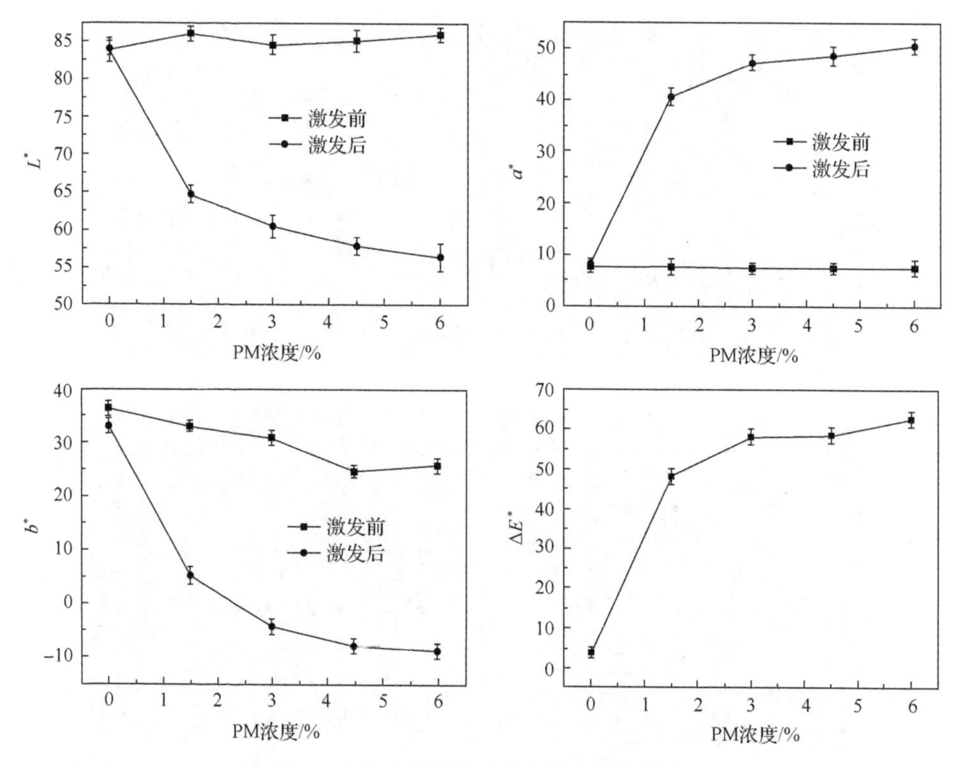

图 6-43　太阳光照射前后的表观色差指数变化

6.4.4　横切面、径切面、弦切面变色响应时间

光响应变色木材的响应时间(包括成色时间和消色时间)是一个重要的性能指标。为进一步探索光响应变色木材的机理，我们选取了试件的横切面、径切面、弦切面作为研究对象。如图 6-44(a)～(c)所示，横切面试件经太阳光照射后的成色时间是 2.2 s，在可见光照射后的消色时间为 6.3 s；对于径切面[图 6-44(d)～(f)]，试件的成色时间和消色时间分别为 1.8 s 和 5.5 s；对于弦切面[图 6-44(g)～(i)]，试件的成色时间和消色时间分别为 1.9 s 和 5.4 s。可以得出，横切面试件的成色时间与消色时间大于径切面与弦切面的成色时间与消色时间。解释如下：对于水曲柳，横切面的结构与径切面和弦切面的结构差异极大，如图 6-45 所示。在横切面，导管直径约 220 μm，这会使部分光致变色物质直接沉积在木材细胞壁内层孔隙而不是木材表面，使得试件的成色时间与消色时间发生延后。对于径切面与弦切面，它们表面结构十分类似，预示着相似的响应功能。通过比较太阳光照射前与可见光照射后的数码照片，试件的颜色几乎一致，说明试件的成色过程与消色过程完全可逆，试件可以重复循环利用。

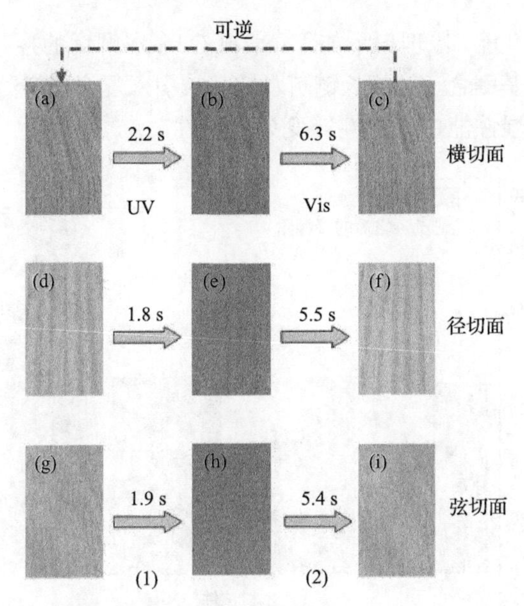

图 6-44　光响应变色木材的数码照片及响应时间：(1)在太阳光照射下的成色时间；(2)在可见光照射下的消色时间

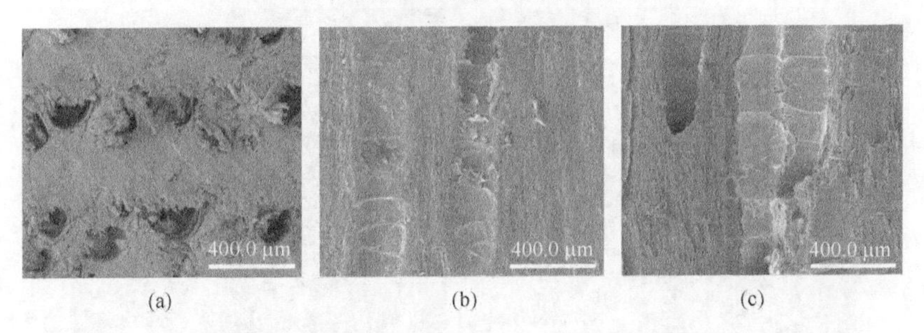

图 6-45　水曲柳的横切面(a)、径切面(b)、弦切面(c)的扫描电子显微镜图

6.4.5　光致变色有机物/木材润湿性调控

固体表面的润湿性可通过测量固体表面液体的接触角来评估。当固体表面的接触角大于 90°时，认为此材料具备疏水性能。接触角的测试结果见图 6-46。未处理木材的接触角为 70°，具有亲水性能；在聚乙烯醇-糊精或光致变色物质/聚乙烯醇-糊精覆盖木材后，表面接触角为 73°，这主要由于聚乙烯醇或糊精具有亲水基团羟基所致。亲水性能限制了光响应变色木材在实际中的应用。因此，对材料表面进行改性，以获取疏水性能亟须解决。本节选取十八烷基三氯硅烷(OTS)对木材-PM/PVA-DT 试件进行修饰，其微观形貌如图 6-47 所示，可观察到材料被一层薄膜所覆盖。通过 OTS 处理后，试件的润湿性显著改变，大大降低了吉布斯自由能，其表面接触角为 134°。此外，在 5 s 后，试件表面的接触角仍保持不变，

展现出良好的疏水性能。原理揭示如下：来自 OTS 水解后的羟基与光致变色物质/聚乙烯醇-糊精的羟基键合，这样长链疏水烷基被引入复合材料薄膜表面(图 6-48)，因而材料表面的润湿性能由亲水性转变为疏水性。

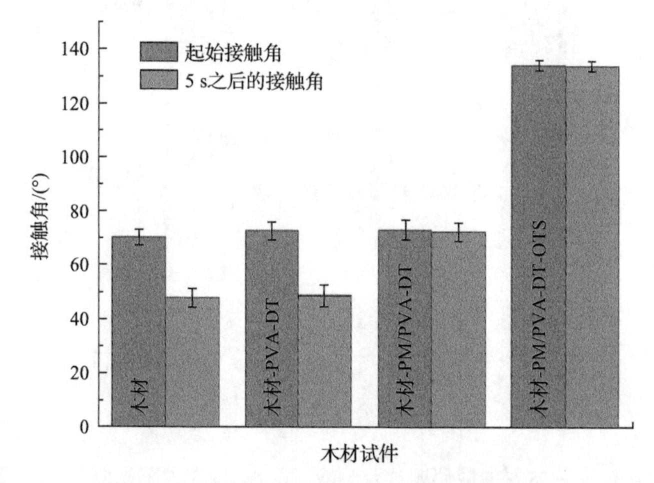

图 6-46　木材及合成木材试件对水的接触角

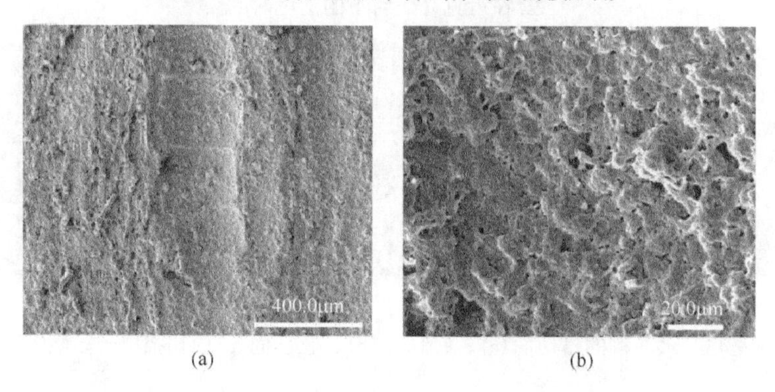

图 6-47　木材-PM/PVA-DT 试件经过 OTS 处理后扫描电子显微镜图：(a) 100 倍；(b) 1000 倍

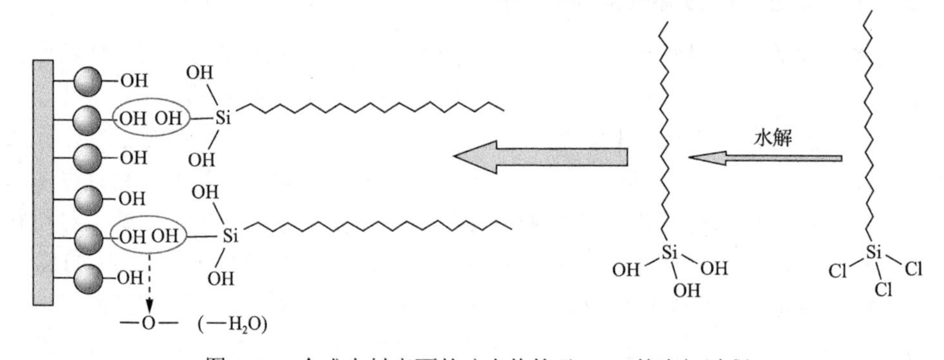

图 6-48　合成木材表面的疏水修饰及 OTS 的水解过程

6.5 本章小结

(1)乙醇诱导下，在木材基质表面上低温水热合成了片状 WO_3 微纳结构薄膜，并探讨了木材对光的响应功能。拉曼光谱(RS)、X 射线光电子能谱(XPS)与傅里叶变换红外光谱(FTIR)均证明 WO_3 已成功生长在木材表面；扫描电子显微镜(SEM)与相结构(XRD)分析表明前驱物中诱导剂乙醇浓度对 WO_3 生长形貌及结晶具有重要作用。WO_3 在木材表面先形成晶核再慢慢长大。高前驱物浓度下制备的试件具有更高的结晶度。在20%乙醇浓度下，木材表面生长的 WO_3 薄膜是由较高结晶度的二维纳米片组成。光响应测试表明20%乙醇浓度下制备的试件具有优良的光响应功能，在紫外灯(波长为365 nm)照射下，具有明显的光响应变色功能；润湿性结果表明 WO_3 处理木材的表面具有超亲水功能，在十八烷基三氯硅烷(OTS)处理后，该试件变为超疏水特性；原子力显微镜(AFM)分析表明，光响应和疏水特性均与木材表面原有的粗糙结构具有显著关系。

(2)采用低温水热合成法，通过调节前驱体溶液的 pH、控制反应时间，在木材表面成功合成了具有花状分级结构的 MoO_3 纳米晶体。采用多种表征手段探讨了 MoO_3 在木材表面生长机理及 MoO_3 薄膜的成分，并探索了 MoO_3 薄膜对光响应的变色机理。XRD 分析结果表明 MoO_3 具有六方相结构，晶体参数为 $a=b=10.528Å$，$c=14.787Å$；SEM 结果表明在木材表面合成了三维花状结构，这些花状结构是由厚度约2.0 μm、长约几微米的六棱柱棒所构成。能量色散X射线谱、拉曼光谱、傅里叶变换红外光谱、X 射线光电子能谱鉴定了薄膜成分，并证明了Mo∶O 原子比例接近1∶3。紫外-可见吸收光谱表明木材表面生长的 MoO_3 纳米晶体薄膜具有显著的光响应功能，其变色机理可用离子-电子在晶格内注入-抽出模型来解释。

(3)通过溶胶-凝胶法在木材表面构建了光响应和疏水性能智能薄膜。FTIR 和SEM 结果表明光致变色物质/聚乙烯醇-糊精紧紧地附着在木材表面。制备的木质基复合材料展现出良好的光响应变色功能，在太阳光下能迅速变色，在可见光下能迅速褪色。随着光致变色物质浓度从0增加至3.0%，总色差值 ΔE^* 从3.7增加到58.2。然而当继续增加光致变色物质浓度至6.0%时，ΔE^* 几乎不发生改变。在3.0%的光致变色物质浓度下，试件在太阳光照射下的成色时间为2.2 s，在可见光照射下的消色时间为6.3 s。试件横切面的成色时间与消色时间大于径切面或弦切面的时间。通过OTS 修饰后，试件从亲水性转换为疏水性(134°接触角)，拓展了光响应变色木材对环境的适应性能。

参 考 文 献

[1] Fritzsche J. Note sur les carbures d'hydrogène solides, tirés du gaudron de houille. Comptes Rendus Hebdomadaires des Seances de l'Acedemie des Sciences, 1867, (69): 1035-1037.

[2] Hirshberg Y. Reversible formation and eradication of colors by irradiation at low temperatures. A photochemical memory model. Journal of the American Chemical Society, 1956, 78(10): 2304-2312.

[3] Parthenopoulos D A, Rentzepis P M. Three-dimensional optical storage memory. Science, 1989, 245(4920): 843-845.

[4] Son S, Shin E, Kim B S. Light-responsive micelles of spiropyran initiated hyperbranched polyglycerol for smart drug delivery. Biomacromolecules, 2014, 15(2): 628-634.

[5] Chen Q, Zhang D, Zhang G, et al. Multicolor tunable emission from organogels containing tetraphenylethene, perylenediimide, and spiropyran derivatives. Advanced Functional Materials, 2010, 20(19): 3244-3251.

[6] Francis W, Dunne A, Delaney C, et al. Spiropyran based hydrogels actuators-walking in the light. Sensors & Actuators B Chemical, 2017, 250: 608-616.

[7] Long S, Chen M, Zhao Y, et al. Regulation of gemini surfactant on photochromic behavior of PVA dispersed spiropyran organogel thin film. Chemical Journal of Chinese Universities, 2018, 39(5): 1078-1083.

[8] Coleman S, Byrne R, Minkovska S, et al. Thermal reversion of spirooxazine in ionic liquids containing the [NTf$_2$]-anion. Physical Chemistry Chemical Physics, 2009, 11(27): 5608-5614.

[9] Fu Z S, Sun B B, Chen J, et al. Preparation and photochromism of carboxymethyl chitin derivatives containing spirooxazine moiety. Dyes & Pigments, 2008, 76(2): 515-518.

[10] Patel D G, Benedict J B, Kopelman R A, et al. Photochromism of a spirooxazine in the single crystalline phase. Chemical Communications, 2005, 17(17): 2208-2210.

[11] Schneider S, Baumann F, Klüter U, et al. Photochromism of spirooxazines II. CARS-investigation of solvent effects on the isomeric distribution. Berichte Der Bunsengesellschaft Für Physikalische Chemie, 1987, 91(11): 1225-1228.

[12] Irie M. Diarylethenes for memories and switches. Chemical Reviews, 2000, 100(5): 1685-1716.

[13] Irie M, Uchida K. Synthesis and properties of photochromic diarylethenes with heterocyclic aryl groups. Bulletin of the Chemical Society of Japan, 1998, 71(5): 985-996.

[14] 余荣华, 林家皇, 倪青玲, 等. 新型不对称双席夫碱化合物的合成及其晶体结构. 合成化学, 2016, 24(1): 35-38.

[15] Da Silva C M, da Silva D L, Modolo L V, et al. Schiff bases: A short review of their antimicrobial activities. Journal of Advanced Research, 2011, 2(1): 1-8.

[16] Chen Y, Wang C, Fan M, et al. Photochromic fulgide for holographic recording. Optical Materials, 2004, 26(1): 75-77.

[17] Ishibashi Y, Murakami M, Miyasaka H, et al. Laser multiphoton-gated photochromic reaction of a fulgide derivative. Journal of Physical Chemistry C, 2007, 111(6): 2730-2737.

[18] Beharry A A, Woolley G A. Azobenzene photoswitches for biomolecules. Chemical Society Reviews, 2011, 40(8): 4422.

[19] Mcelhinny K M, Huang P, Joo Y, et al. Optically reconfigurable monolayer of azobenzene-donor molecules on oxide surfaces. Langmuir, 2017, 33(9): 2157-2168.

[20] Agolini F, Gay F P. Synthesis and properties of azoaromatic polymers. Macromolecules, 1970, 3(3): 349-351.

[21] Todorov T, Tomova N, Nikolova L. High-sensitivity material with reversible photo-induced anisotropy. Optics Communications, 1983, 47(2): 123-126.

[22] Natansohn A, Rochon P. Photoinduced motions in azobenzene-based amorphous polymers: Possible photonic devices. Advanced Materials, 1999, 11(16): 1387-1391.

[23] Zhu J, Wei S, Alexander M, et al. Enhanced electrical switching and electrochromic properties of poly (*p*-phenylenebenzobisthiazole) thin films embedded with nano-WO_3. Advanced Functional Materials, 2010, 20(18): 3076-3084.

[24] Lin F, Cheng J, Engtrakul C, et al. In situ crystallization of high performing WO_3-based electrochromic materials and the importance for durability and switching kinetics. Journal of Materials Chemistry, 2012, 22(33): 16817-16823.

[25] Du W Q, Su Q L. Photochromic fabric of WO_3 and its *anti*-UV properties. Advanced Materials Research, 2011, 4: 156-157.

[26] Liu B, Wang J, Wu J, et al. Proton exchange growth to mesoporous $WO_3 \cdot 0.33H_2O$ structure with highly photochromic sensitivity. Materials Letters, 2013, 91: 334-337.

[27] Ding D, Shen Y, Ouyang Y, et al. Hydrothermal deposition and photochromic performances of three kinds of hierarchical structure arrays of WO_3 thin films. Thin Solid Films, 2012, 520(24): 7164-7168.

[28] Wang S, Fan W, Liu Z, et al. Advances on tungsten oxide based photochromic materials: Strategies to improve their photochromic properties. Journal of Materials Chemistry C, 2017, 6(2): 191-212.

[29] Shen Y, Yan P, Yang Y, et al. Hydrothermal synthesis and studies on photochromic properties of Al doped WO_3 powder. Journal of Alloys & Compounds, 2015, 629: 27-31.

[30] Adachi K, Tokushige M, Omata K, et al. Kinetics of coloration in photochromic tungsten(Ⅵ) oxide/silicon oxycarbide/silica hybrid xerogel: Insight into cation self-diffusion mechanisms. ACS Appl Mater Interfaces, 2016, 8(22): 14019-14028.

[31] Li N, Huo M, Li M, et al. Photochromic thermoplastics doped with nanostructured tungsten trioxide. New Journal of Chemistry, 2018, 42(13): 10885-10990.

[32] Popov A L, Zholobak N M, Balko O I, et al. Photo-induced toxicity of tungsten oxide photochromic nanoparticles. Journal of Photochemistry and Photobiology B: Biology, 2018, 178: 395-403.

[33] He T, Ma Y, Cao Y, et al. Enhanced visible-light coloration and its mechanism of MoO_3 thin films by Au nanoparticles. Applied Surface Science, 2001, 180(3-4): 336-340.

[34] Li N, Li Y, Sun G, et al. Enhanced photochromic modulation efficiency: A novel plasmonic molybdenum oxide hybrid. Nanoscale, 2017, 9(24): 8298-8304.

[35] Wang R, Lu X, Hao L, et al. Enhanced and tunable photochromism of MoO_3-butylamine organic-inorganic hybrid composites. Journal of Materials Chemistry C, 2016, 5(2): 427-433.

[36] Song J, Li Y, Zhu X, et al. Preparation and optical properties of hexagonal and orthorhombic molybdenum trioxide thin films. Materials Letters, 2013, 95(3): 190-192.

[37] Rouhani M, Yong L F, Hobley J, et al. Photochromism of amorphous molybdenum oxide films with different initial Mo^{5+} relative concentrations. Applied Surface Science, 2013, 273(19): 150-158.

[38] Faughnan B W, Crandall R S, Lampert M A. Model for the bleaching of WO_3 electrochromic films by an electric field. Applied Physics Letters, 1975, 27(5): 275-277.

[39] Zheng L, Xu Y, Jin D, et al. Novel metastable hexagonal MoO_3 nanobelts: Synthesis, photochromic, and electrochromic properties. Chemistry of Materials, 2009, 21(23): 5681-5690.

[40] Kraevskii S L. An alternative model for photochromism of glasses: Reversible injection of carriers from a microcrystal and its surface states into point defects of glass. Glass Physics & Chemistry, 2001, 27(4): 315-330.

[41] 沈庆月, 陆春华, 许仲梓. 光致变色材料的研究与应用. 材料导报, 2005, 19(10): 39-43.

[42] Volkan M, Stokes D L, Vo-Dinh T. A sol-gel derived AgCl photochromic coating on glass for SERS chemical sensor application. Sensors & Actuators B Chemical, 2005, 106 (2) : 660-667.

[43] Talebi R. Investigating multicolour photochromic behaviour of AgCl and AgI thin films loaded with silver nanoparticles. Physical Chemistry Chemical Physics, 2018, 20 (8) : 5734-5743.

[44] Shirif M A, Medhat M, El-Zaiat S Y, et al. Optical properties of silver halide photochromic glasses doped with cobalt oxide. Silicon, 2018, 10 (2) : 219-227.

[45] Guo X, Ge M, Zhao J. Photochromic properties of rare-earth strontium aluminate luminescent fiber. Journal of Textile Research, 2009, 12 (7) : 875.

[46] Zhou Z, Hu H, Yang H, et al. Up-conversion luminescent switch based on photochromic diarylethene and rare-earth nanophosphors. Chemical Communications, 2008, 39 (39) : 4786-4788.

[47] Qiwei Z, Haiqin S, Xusheng W, et al. Reversible luminescence modulation upon photochromic reactions in rare-earth doped ferroelectric oxides by *in situ* photoluminescence spectroscopy. ACS Applied Materials & Interfaces, 2015, 7 (45) : 25289-25297.

[48] Jin Y, Lv Y, Wang C, et al. Design and control of the coloration degree for photochromic $Sr_3GdNa(PO_4)_3F$:Eu^{2+} via traps modulation by Ln^{3+} (Ln=Y, La-Sm, Tb-Lu) Co-doping. Sensors &Actuators B Chemical, 2017, 245: 256-262.

[49] Lv Y, Jin Y, Wang C, et al. Reversible white-purple photochromism in europium doped $Sr_3GdLi(PO_4)_3F$ powders. Journal of Luminescence, 2017, 186: 238-242.

[50] Itoh K, Yamagishi K, Nagasono M, et al. Photochromic reaction of peroxopolytungstic acid thin films. Berichte der Bunsengesellschaft für Physikalische Chemie, 1994, 98 (10) : 1250-1255.

[51] Sushko N I, Tretinnikov O N. Structure and photochromic properties of poly (vinylalcohol) /phosphotungstic acid nanocomposite films. Journal of Applied Spectroscopy, 2010, 77 (4) : 516-521.

[52] Esteso M A, Gonzalez-Diaz O M. Activity coefficients for NaCl in ethanol-water mixtures at 25℃. Journal of Solution Chemistry, 1989, 24 (3) : 551-563.

[53] Daniel M F, Desbat B, Lassegues J C, et al. Infrared and raman study of WO_3 tungsten trioxides and WO_3, xH_2O tungsten trioxide tydrates. Journal of Solid State Chemistry, 1987, 67 (2) : 235-247.

[54] Patel K J, Panchal C J, Kheraj V A, et al. Growth, structural, electrical and optical properties of the thermally evaporated tungsten trioxide (WO_3) thin films. Materials Chemistry & Physics, 2009, 114 (1) : 475-478.

[55] He T, Yao J. Photochromism of molybdenum oxide. Journal of Photochemistry & Photobiology C Photochemistry Reviews, 2003, 4 (2) : 125-143.

[56] Jittiarporn P, Sikong L, Kooptarnond K, et al. Effects of precipitation temperature on the photochromic properties of h-MoO_3. Ceramics International, 2014, 40 (8) : 13487-13495.

[57] Tomás S A, Arvizu M A, Zelaya-Angel O, et al. Effect of ZnSe doping on the photochromic and thermochromic properties of MoO_3 thin films. Thin Solid Films, 2009, 518 (4) : 1332-1336.

[58] Patil R S, Uplane M D, Patil P S. Electrosynthesis of electrochromic molybdenum oxide thin films with rod-like features. International Journal of Electrochemical Science, 2008, 3 (3) : 259-265.

[59] Cai L, Rao P M, Zheng X. Morphology-controlled flame synthesis of single, branched, and flower-like α-MoO_3 nanobelt arrays. Nano Letters, 2011, 11 (2) : 872-877.

[60] Mariotti D, Lindström H, Bose A C, et al. Monoclinic β-MoO_3 nanosheets produced by atmospheric microplasma: Application to lithium-ion batteries. Nanotechnology, 2008, 19 (49) : 495302.

[61] Song J, Ni X, Gao L, et al. Synthesis of metastable h-MoO_3 by simple chemical precipitation. Materials Chemistry & Physics, 2007, 102 (2) : 245-248.

[62] Chen X, Lei W, Liu D, et al. Synthesis and characterization of hexagonal and truncated hexagonal shaped MoO_3 nanoplates. Journal of Physical Chemistry C, 2009, 113(52): 21582-21585.

[63] Xu Y, Xie L, Zhang Y, et al. Hydrothermal synthesis of hexagonal MoO_3 and its reversible electrochemical behavior as a cathode for Li-ion batteries. Electronic Materials Letters, 2013, 9(5): 693-696.

[64] Chithambararaj A, Bose A C. Hydrothermal synthesis of hexagonal and orthorhombic MoO_3 nanoparticles. Journal of Alloys & Compounds, 2011, 509(509): 8105-8110.

[65] Sian T S, Reddy G B. Optical, structural and photoelectron spectroscopic studies on amorphous and crystalline molybdenum oxide thin films. Solar Energy Materials & Solar Cells, 2004, 82(3): 375-386.

[66] Atuchin V V, Gavrilova T A, Kostrovsky V G, et al. Morphology and structure of hexagonal MoO_3 nanorods. Inorganic Materials, 2008, 44(6): 622-627.

[67] Berkovic G, Krongauz V, Weiss V. Spiropyrans and spirooxazines for memories and switches. Chemical Reviews, 2000, 100(5): 1741-1754.

[68] Choi H, Lee H, Kang Y, et al. Photochromism and electrical transport characteristics of a dyad and a polymer with diarylethene and quinoline units. Journal of Organic Chemistry, 2005, 70(21): 8291-8297.

[69] Fujita K, Hatano S, Kato D, et al. Photochromism of a radical diffusion-inhibited hexaarylbiimidazole derivative with intense coloration and fast decoloration performance. Organic Letters, 2008, 10(14): 3105-3108.

[70] Shallcross R C, Zacharias P, Anne Köhnen, et al. Photochromic transduction layers in organic memory elements. Advanced Materials, 2013, 25(3): 294-294.

[71] Kim C W, Oh S W, Kim Y H, et al. Characterization of the spironaphthooxazine doped photochromic glass: The effect of matrix polarity and pore size. Journal of Physical Chemistry C, 2008, 112(4): 1140-1145.

[72] Svensson S, Toratti T. Mechanical response of wood perpendicular to grain when subjected to changes of humidity. Wood Science and Technology, 2002, 36(2): 145-156.

[73] Irie M. Advances in photochromic materials for optical data storage media. Japanese Journal of Applied Physics, 1989, 28(S3): 215-219.

第 7 章　仿生磁致响应木材

7.1　引　　言

7.1.1　磁性材料概述

早在公元前 3 世纪就有记载“慈石召铁，或引之也”的自然磁性，磁性材料是指具有磁学性质的材料，中国四大发明之一的指南针就是利用磁性材料造成的。磁性材料的发展大致分为几个历史阶段：18 世纪，金属 Ni、Co 被提炼成功，这是 3d 过渡族金属磁性材料生产与原始应用阶段；20 世纪初期，FeNi、FeSi、FeCoNi 等磁性合金材料成功制备，并大规模地应用在电子工业、电机工业等行业；20 世纪后期，3d 过渡族磁性氧化物由于具有高电阻率、高频损耗低等特性，从而应用于无线电、雷达等工业；20 世纪后期至今，磁性材料已成为信息时代重要基础材料之一。按照化学组成分类，磁性材料可以分为金属(合金)、无机(氧化物)、有机化合物以及复合磁性材料。按照磁有序结构又可分为铁磁、亚铁磁、反铁磁、超顺磁材料。四氧化三铁(Fe_3O_4)又称磁性氧化铁、磁铁、磁石、吸铁石，其天然矿物为磁铁矿。铁在 Fe_3O_4 中有两种化合价，由于 Fe^{2+}与 Fe^{3+}在八面体位置上排列是无序的，电子可在两种氧化态之间迅速发生转移，所以 Fe_3O_4 呈现出良好的导电性，同时，磁性 Fe_3O_4 的制备方法多样化，受到了研究者的广泛关注[1-7]。此外，镍金属具有优异的力学、物理、化学性能，且杂原子镶嵌后可显著提高其抗氧化性、耐蚀性、耐磨性、耐高温性并改善自身物理性能。因此，以镍(Ni)为基添加其杂原子形成的磁性镍合金，被广泛应用在能源开发、化工、电子、航海、航空和航天等领域[8-14]。

7.1.2　仿生磁致响应木材的引出

人类通过观察大自然中候鸟迁徙、海龟万里洄游等现象，总结出其生物体内的磁性物质在地球磁场作用下，可精确“导航”至所向往的栖息地。受此启发，研究学家合成了一系列的磁性纳米材料，应用在新型导航仪、先进的通信设备等现代科技生活中。木材作为一种传统的环境属性材料，在建筑、家具、装饰等领域发挥出重要的作用，尤其木材作为结构建筑材料时，可发挥出调温调湿等智能功能。更值得关注的是，有研究表明，当人类长期居住在木结构房子中，可显著延长寿命。科学家一致认为，这可能与木材具有的“磁气”调节功能息息相关，可根据人体内的磁气进行“补充”与“释放”调节。因此，为了建立木材与地(或人为添加)磁场之间的构效关系，仿生制备磁性木材具有重要的科学意义，可探究木材在现代生活与高技术应用中的内在规律。近年来，随着对木材多级次微观结构解析和结构-功能关系研究的不断深入，已实现了磁性木质材料的制备与性能研究，形成的异质木质复合材在电磁吸波、磁性防伪等高端智能领域展现出良好的应用前景。

7.1.3 仿生磁致响应木材的制备方法

对于无机磁性纳米粒子与木材结合，研究者已经采取了诸多有效方法，例如水热法、磁控溅射法、原位共沉淀法、化学镀法等在基质表面构建磁性界面结构。

原位共沉淀法可简单高效地修饰木材基底，获取不同磁学性能的木材，备受关注。在本章关于 Fe_3O_4 与木材的复合研究中，我们用生物质壳聚糖修饰的木材作为模板，室温、常压下，在木材表面原位生长磁性 Fe_3O_4 纳米粒子。此过程易于操作、可控、成本低廉，生长的 Fe_3O_4 微粒与木材结合较牢固。制备的木质材料具有明显的“磁响应”功能，且可通过调节前驱体溶液中铁盐浓度来轻松实现“响应”强弱的控制。使用扫描电子显微镜(SEM)观察复合材料的表面形貌，能量色散 X 射线谱(EDS)分析试样成分，X 射线衍射(XRD)分析相结构，采用 X 射线光电子能谱(XPS)研究负载壳聚糖膜的木材表面原位生长磁性 Fe_3O_4 的机理，使用振动样品磁强计(VSM)表征不同前驱物浓度下木质材料的磁学性能等。

化学镀作为一种有效的表面处理方法，为构建磁性木材提供了另一种研究思路。化学镀也称无电解镀(electroless plating)或自催化镀(autocatalytic plating)，是指在无外加电流的情况下，借助合适的还原剂，使镀液中的金属离子还原成金属，并沉积到基体表面的一种镀覆方法。其确切含义是在金属或合金的催化作用下，通过控制金属的还原来实现金属的沉积。与电镀相比，化学镀无须提供电源，可对表面不规则的试件进行施镀，且获得的镀层具有均匀、致密、硬度高、耐腐蚀等特点，因此化学镀得到了广泛应用。目前的化学镀中，镀镍[15-17]和镀铜[18-21]最为常见，而镀镍铜磷三元合金或其他多元合金起步较晚，有研究表明，镍铜磷除了具有良好的热稳定性和电磁屏蔽效能外，还拥有较高的耐磨性和耐蚀性，不仅可用于耐腐蚀材料的表面保护，还能作为硬磁盘底镀层，前景巨大[22-28]。

对于非金属材料而言，因为缺乏催化核引发反应，所以施镀前一般需活化处理。在化学镀初期，由于胶体 Pd 具有较高的活性，常用作活化剂。但是 Pd 属贵金属，成本较高，且在材料表面易脱落；近年来，开发 Pd^{2+}以解决 Pd 易从基质脱落问题，但是其操作过程复杂。从低成本、简化过程的角度，研究者尝试了许多活化方法。目前主要有以下两种方法：将 Ni^{2+}负载在材料表面，高温下将其还原成单质 Ni^0，用作活化[29-31]；Ni^{2+}负载后，用 $NaBH_4$ 将其还原成 Ni^0[32-34]。在本章的 Ni-Cu-P 与木材复合的研究中，我们使用一个简单且低成本的高效方法，活化与施镀在同一个反应容器中进行，在木材表面施镀磁性 Ni-Cu-P 镀层。重点探讨镀液浓度、镀液 pH、温度对化学镀的影响，主要测试指标为金属沉积率、表面电阻率、化学成分、相结构、腐蚀电位和腐蚀电流、电磁屏蔽效能，以全面剖析木质表面化学镀原理及镀层耐腐蚀性机理研究。

7.2 磁致响应 Fe_3O_4/木材仿生制备与性能分析

7.2.1 磁致响应 Fe_3O_4/木材的制备方法

7.2.1.1 原材料和试剂

桦木试件，径切板，采自于黑龙江省哈尔滨市帽儿山林场，试件规格：25 mm×25 mm×0.6 mm，用 120 目的砂纸打磨以去除单板表面的细纤维。实验使用的化学试剂见表 7-1。

表 7-1 实验使用的化学试剂

药品名称	分子式	纯度	试剂产地
氯化铁	$FeCl_3 \cdot 6H_2O$	99.0%	天津市科密欧化学试剂有限公司
氯化亚铁	$FeCl_2 \cdot 4H_2O$	99.7%	天津市科密欧化学试剂有限公司
乙酸	CH_3COOH	99.5%	天津市科密欧化学试剂有限公司
氨水	$NH_3 \cdot H_2O$	25.0%	天津市科密欧化学试剂有限公司
乙醇	C_2H_5OH	99.7%	天津市科密欧化学试剂有限公司
丙酮	CH_3COCH_3	99.5%	天津市科密欧化学试剂有限公司
壳聚糖	$(C_6H_{11}NO_4)_n$	95.0%	上海阿拉丁化学试剂有限公司

7.2.1.2 实验仪器与设备

本节实验所使用的仪器与设备见表 7-2。

表 7-2 实验使用的仪器与设备

设备名称	型号	生产厂家
电子天平	FA2004	上海舜宇恒平科学仪器有限公司
超声波清洗机	SB-100DT	宁波新芝生物科技股份有限公司
pH 计	PHS-3C	上海伟业仪器厂
真空干燥箱	DZF-6030A	上海一恒科学仪器有限公司
电热鼓风干燥箱	101-2AB	天津市泰斯特仪器有限公司
磁力加热搅拌器	HJ-4	常州普天仪器制造有限公司

7.2.1.3　实验方法

实验方法如下所述。

(1) 将木材基质在蒸馏水、乙醇、丙酮溶液中分别超声处理 20 min，取出自然干燥后，待用；

(2) 试件在室温下浸渍于 0.35 mol/L 的壳聚糖溶液中 10 min，取出试件，其表面过多的溶液自然干燥，试件被壳聚糖修饰；

(3) 壳聚糖修饰的木材分别置于 0.4 mol/L、1.2 mol/L、2.0 mol/L 的铁盐溶液中 30 min，吸附饱和后取出木材，自然干燥，修饰的木材负载了铁盐溶液；

(4) 将上述木材分别置于 2.0 mol/L 的氨水溶液中 35 min，反应后试件被取出，用蒸馏水洗涤直至最后一次 pH 为 7；

(5) 将上述合成的复合材料在 65℃下真空干燥 24 h，成功制备了磁致响应 Fe_3O_4/木材复合材料。其形成示意图见图 7-1。

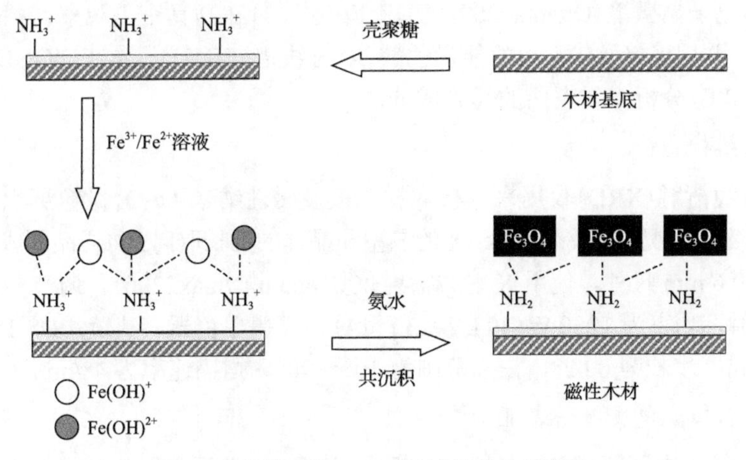

图 7-1　磁致响应 Fe_3O_4/木材的形成示意图

7.2.1.4　实验原理

甲壳素是一种天然有机高分子多糖，是自然界中产量仅次于纤维素的第二大天然有机化合物，广泛存在于虾蟹壳、昆虫外骨骼、真菌细胞壁等。本实验中用作功能性偶联剂的壳聚糖即是甲壳素的碱性脱乙酰化产物(图 7-2)，其拥有良好的生物相容性与生物降解性，纯度为 95%，黏度为 100～200 mPa·s。在本研究中，壳聚糖起到“桥梁”作用，其本身具有官能团氨基(—NH_2)和羟基(—OH)，一方面羟基与木材中的羟基发生氢键反应，另一方面通过氨基吸附金属离子，使得在随后的共沉积反应中纳米 Fe_3O_4 与木材结合牢固。Fe^{2+} 与 Fe^{3+} 在碱性环境下的共沉积反应如式(7-1)所示。

$$Fe^{2+} + 2Fe^{3+} + 8OH^{-} = Fe_3O_4 + 4H_2O \tag{7-1}$$

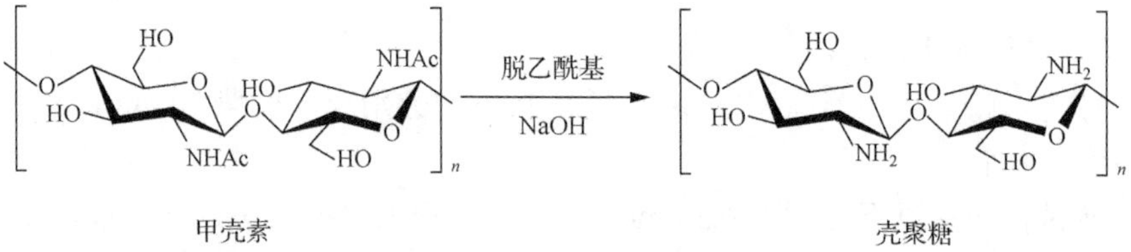

图 7-2　甲壳素脱乙酰后生成壳聚糖

7.2.1.5　表征测试与分析方法

1) 扫描电子显微镜及能量色散 X 射线谱表征

扫描电子显微镜(SEM)用于观察无机 Fe_3O_4 纳米晶体的微观形貌及其分布情况等。将样品制成 10 mm×10 mm×0.6 mm 尺寸，在真空下喷涂导电金膜，采用环境扫描电子显微镜(Quanta 200，美国 FEI 公司)在高真空下观察，扫描电压为 12.5 kV。并用连接 SEM 上的能量色散 X 射线谱(EDS，日本 ELIONIX 公司，ERA-8800FE)分析木材表面的元素成分。

2) 相结构表征

X 射线衍射(XRD)仪用来分析木材单板及磁性纳米 Fe_3O_4 微粒沉积木材表面后的结晶变化情况，以及纳米 Fe_3O_4 的晶型和晶体的生长取向。将样品制成 10 mm×10 mm×0.6 mm 尺寸，使用 X 射线衍射仪(Rigaku D/max2200)，调节参数为：Cu 靶 K_α 辐射，功率为 1200 W(40 kV×30 mA)，石墨单色器，狭缝：DS 1°，SS 1°，RS 0.3 mm；步长为 0.02°，扫描范围为 10°～90°，扫描速率为 4°/min。

3) X 射线光电子能谱表征

X 射线光电子能谱(XPS)用于分析木材表面化学元素组分及其元素价态。将试样制成尺寸大小为 5 mm×5 mm×0.6 mm，利用 X 射线光电子能谱仪(K_α射线源，美国赛默飞世尔公司)扫描试样表面。具体参数设置如下：单色化 Al 靶激发，电流为 6 mA，能量分辨率为 0.5 eV，分析室真空度为 10^{-8} Pa，步长为 0.1 eV，以标准样品中的元素 C 1s(284.62 eV)作为结合能校准，用于分析镀层成分。

4) 振动样品磁强计表征

磁性材料的磁学性能使用振动样品磁强计(VSM，MPMS-XL-7，美国 Quantum 公司)于室温下测量。

5) 结合强度

采用直拉法测试 Fe_3O_4 薄膜与木材基质的结合强度。使用万能力学实验机测试(AG-10TA，Shimadzu 公司)。使用熔化的胶黏剂附着在磁性木质基材料的表面，在其表面画圆，然后在其表面垂直方向均匀加载力，薄膜被剥离或破坏时的最大载荷即为试件结合强度(单位为 MPa)。

7.2.2　磁致响应 Fe_3O_4/木材的成分分析

图 7-3 是磁致响应 Fe_3O_4/木材的能谱图。修饰后的木材表面主要由 Fe 元素和 O 元素组成。此外，少量的 C 元素也被检测到，这是修饰木材后表面杂质所致。壳聚糖中 N 元素没有被发现，即并未检测到薄膜下的壳聚糖元素，表明 X 射线没有穿透薄膜，这个结果类似于 Sun 等研究的木材表面化学镀 Cu 的结果[18]。特别注意的是，在 Fe^{2+}与 Fe^{3+}和 $NH_3 \cdot H_2O$ 共沉积反应过程中，考虑到 Fe^{2+}容易部分被氧化成 Fe^{3+}，所以实际控制 Fe^{2+}与 Fe^{3+}比例不是 1∶2，而是 3∶5。

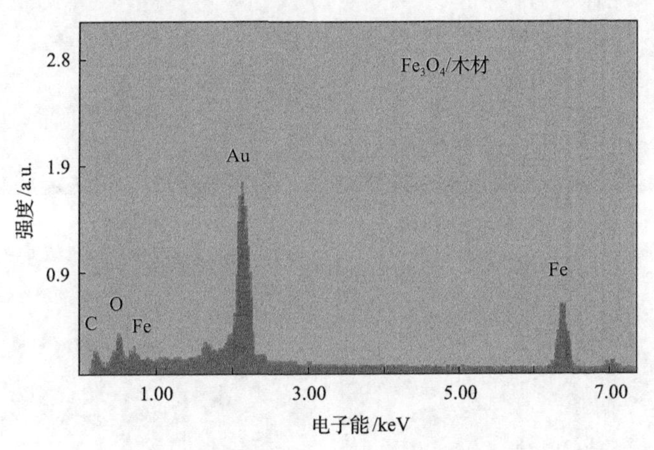

图 7-3　磁致响应 Fe_3O_4/木材的能谱图

7.2.3　磁致响应 Fe_3O_4/木材的形貌分析

图 7-4 是原位合成前后木材表面的微观与宏观形貌。可以观察到，未经处理过的木材具有微褐色[图 7-4(f)]，当纳米 Fe_3O_4 微粒处理木材后，木材颜色变暗，具有均匀一致类似铁锈的朱红色[图 7-4(e)]，表明木材表面被均匀、致密修饰。扫描电子显微镜分析表明，多尺度孔隙的整个木质表面被铁氧化物覆盖[图 7-4(c)、(d)]。同时，高分辨率电镜进一步揭露 Fe_3O_4 主要沉积在木材细胞壁的表面[图 7-4(g)]。因此，修饰后的木材仍然具有轻质、低密度的多孔属性，维持了木材本身原有结构和属性。此外，将合成后的试件与素材试件作对比，我们发现铁氧化物在木材表面进行原位锚定后，木材细胞壁的微观表面结构变得有些粗糙，预示着良好功能界面的形成。

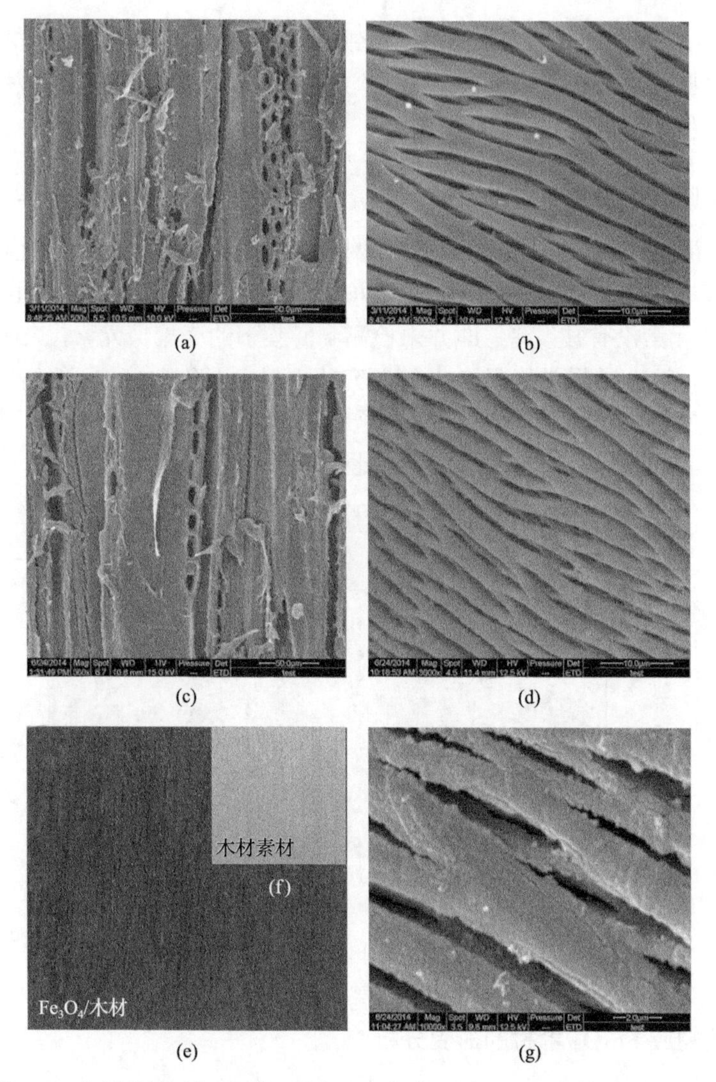

图 7-4　木材素材[(a) 500 倍、(b) 3000 倍]与 Fe_3O_4 处理木材[(c) 500 倍、(d) 3000 倍、(g) 10 000 倍]的扫描电镜图及它们的宏观可视图[(e)、(f)]

7.2.4　磁致响应 Fe_3O_4/木材的结晶分析

图 7-5 是木材素材与不同铁离子浓度下制备的磁致响应 Fe_3O_4/木材的 XRD 曲线。在 2θ=16.13°和 22.24°处的特征峰归结于木材中纤维素的峰。当溶液中铁离子浓度从 0.4 g/L 增加到 2.0 g/L 时，在 2θ=22.24°处的峰强从 1950 a.u.下降到 850 a.u.，表明薄膜厚度随着铁离子浓度增加而增加。此外，在 2θ=30.00°、35.30°、42.61°、53.44°、56.99°、62.56°处的峰对应于 Fe_3O_4 立方晶体结晶面，分别为 (220)、(311)、

(400)、(422)、(511)、(440)晶面(PDF 卡号：65-3107)。这个结果表明共沉积中形成了具有反式尖晶石结构 Fe_3O_4。而且，随着溶液中铁离子浓度增加，这些峰的相对强度逐渐增强，暗示着结晶度在提高。采用 Debye-Scherrer 公式定量评估微粒结晶尺寸大小。D 是平均晶粒尺寸大小(Å)，K 是 Debye-Scherrer 常量(0.89)，λ 是 X 射线波长(0.154 06 nm)，β 是半峰宽(FWHM)，θ 是布拉格角，见式(7-2)。基于对(311)结晶面的半峰宽，计算出 0.4 mol/L、1.2 mol/L、2.0 mol/L 下制备 Fe_3O_4 的结晶尺寸分别为 46.45 nm、25.18 nm、19.37 nm，呈现尺寸逐渐变小的趋势。不同晶粒尺寸可能影响到复合材料的磁学性能。

$$D=K\lambda/\beta\cos\theta \tag{7-2}$$

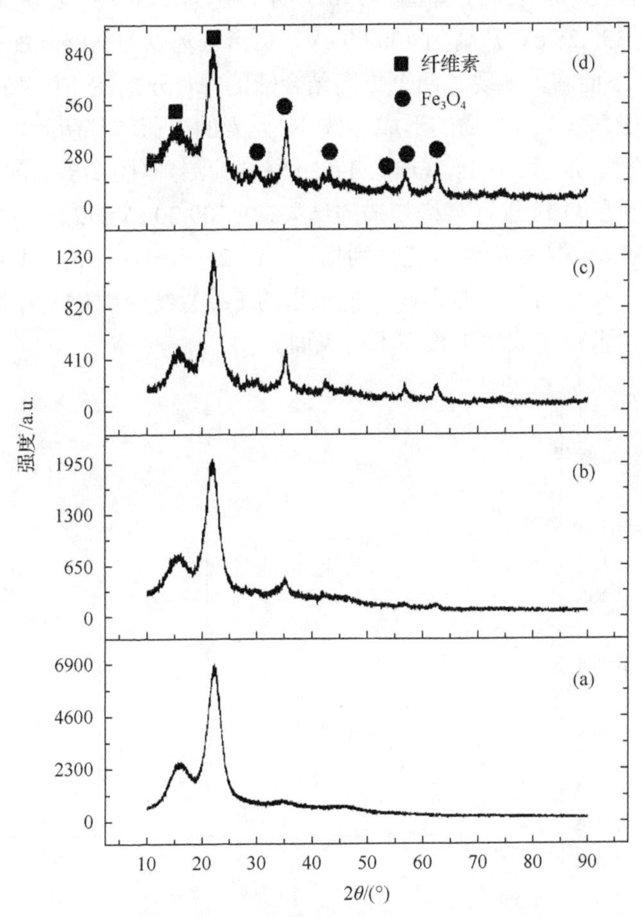

图 7-5　木材素材(a)与不同铁离子浓度下制备的 Fe_3O_4/木材的 XRD 曲线[(b) 0.4 mol/L；(c) 1.2 mol/L；(d) 2.0 mol/L]

7.2.5　磁致响应 Fe_3O_4/木材的形成机理

在纳米 Fe_3O_4 微粒沉积在木材表面过程中，经常伴随着 γ-Fe_2O_3 微粒生成，而且它们表现出相似的 XRD 衍射峰。为了进一步剖析产物结构与反应机理，用 XPS 技术追踪合成过程中的元素及其价态变化。图 7-6 是木材表面负载壳聚糖(CS)后的 XPS 宽谱扫描结果，C 元素、O 元素、N 元素被检测到，它们的质量分数分别为 49.02%、44.92%、6.06%(表 7-3)。其中 N 元素来源于壳聚糖，C 和 O 约占 94%，来源于壳聚糖与木材基质。此外，对 N 1s 进行窄谱扫描，在结合能 399.28 eV 处的峰归结于质子化的氨基基团，见图 7-7(a)。这个结果表明壳聚糖以氨基朝外的状态，成功键合在木材表面。如图 7-7(b)所示，在 Fe^{2+}和 Fe^{3+}吸附到上述表面后，N 1s 结合能从 399.28 eV 升高到 400.09 eV，暗指氨基以 N—Fe σ 配位键连接着铁离子。对于 N 1s 而言，出现了两个更高结合能的峰，分别在 401.3 eV 和 401.5 eV 处，这是 R-NH_3^+…Cl^-络合物的形成导致 N 元素的电荷转移所致。在纳米 Fe_3O_4 微粒沉积在木材表面后，C 1s、O 1s、Fe 2p 峰被检测到(图 7-8)。图 7-9 和图 7-10 是分别对 Fe 2p 和 O 1s 进行窄谱扫描的结果，在 709.20 eV、722.41 eV、711.14 eV、724.45 eV、530.61 eV 处的结合能分别指示 Fe^{2+} $2p_{3/2}$、Fe^{2+} $2p_{1/2}$、Fe^{3+} $2p_{3/2}$、Fe^{3+} $2p_{1/2}$、O 1s。这些结合能的数据与其他报道的 Fe_3O_4 结合能数据一致[35, 36]，证明了无机 Fe_3O_4 纳米粒子成功生长在木材表面。

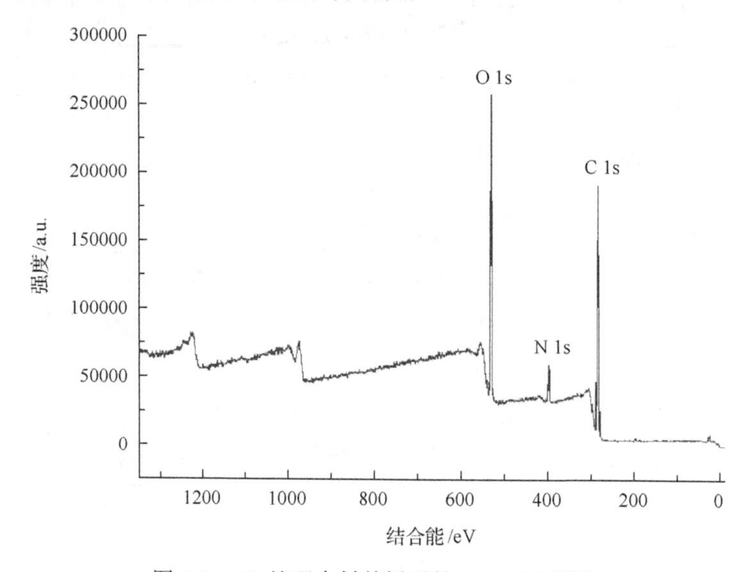

图 7-6　CS 处理木材单板后的 XPS 表面谱图

表 7-3　XPS 分析 CS 处理木材单板后的各元素质量分数

元素	质量分数/%
C	49.02
N	6.06
O	44.92

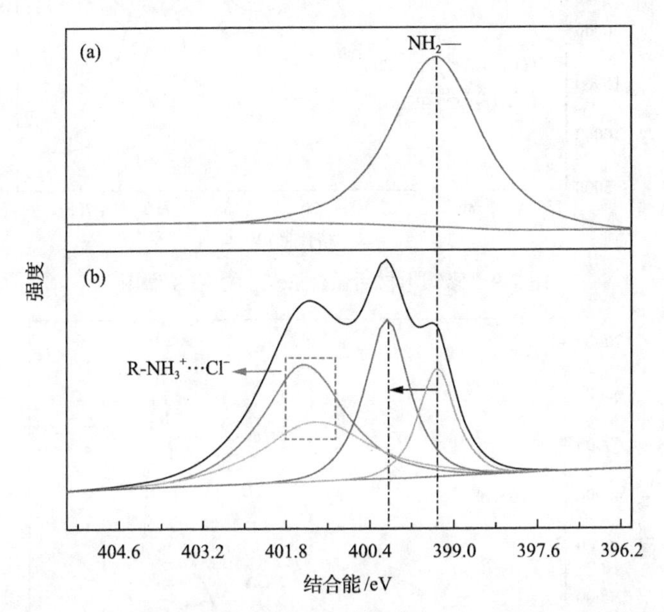

图 7-7　木材-CS(a)和木材-CS-Fe^{3+}/Fe^{2+}(b)的 N 1s 的 XPS 谱图

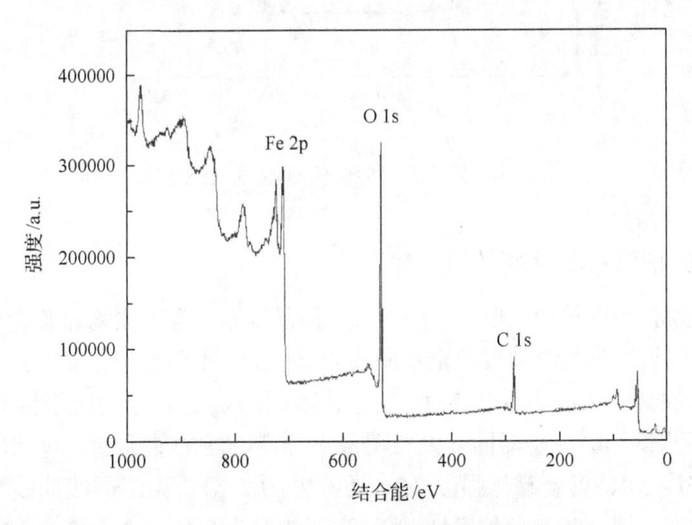

图 7-8　木材-CS-Fe_3O_4 的 XPS 谱图

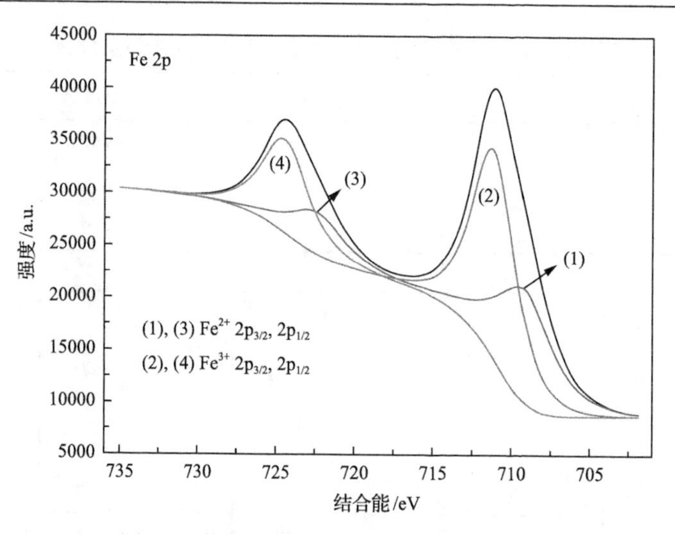

图 7-9　修饰木材后试件 Fe 2p 的 XPS 谱图

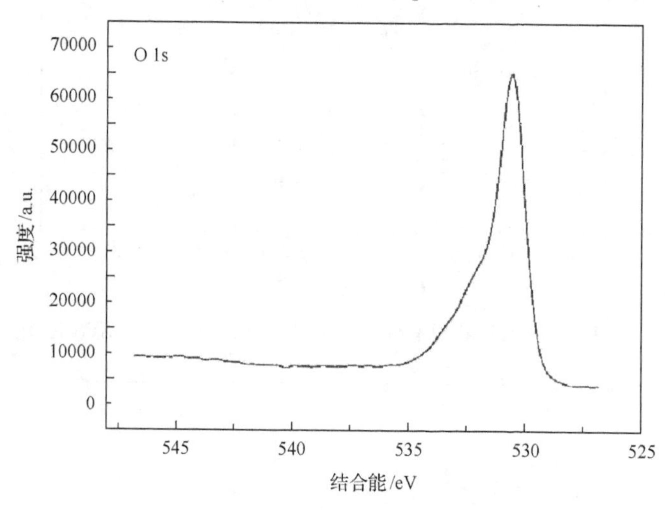

图 7-10　修饰木材后试件 O 1s 的 XPS 谱图

7.2.6　磁致响应 Fe_3O_4/木材的磁学性能

一般来说，不同结构、形状各向异性、结晶度差异等因素均显著影响着无机微纳结构，所以铁基材料经常表现出不同的磁学性能。本研究中，采用振动样品磁强计测量不同铁离子浓度下木材表面沉积无机纳米 Fe_3O_4 粒子的磁学性能。图 7-11 是在室温下测试样品的磁滞回线及低磁场下磁滞回线的放大图，包括以下参数：饱和磁化强度 M_s、剩余磁化强度 M_r、矫顽力 H_c。分析磁滞回线曲线，我们发现所有的试件在室温下都具备软磁性。当铁离子浓度为 0.4 mol/L、1.2 mol/L、2.0 mol/L 时，饱和磁化强度 M_s 逐渐升高，分别为 14.07 memu、54.05 memu、57.46 memu。

此外，当铁离子浓度越高时，复合材料 M_s 增加值越少，这主要是磁性复合材料中 Fe_3O_4 含量与 Fe_3O_4 微粒大小共同作用所致。当溶液中铁离子浓度很高时，沉积更接近于饱和状态，且生成的 Fe_3O_4 微粒尺寸更加精细。低磁场下磁滞回线的放大图表明，随着铁离子浓度从 0.4 mol/L、1.2 mol/L、2.0 mol/L 逐渐增加，剩余磁化强度 M_r 逐渐增加，分别为 0.57 memu、1.46 memu、2.77 memu；矫顽力 H_c 逐渐降低，分别为 17.02 Oe、14.54 Oe、14.29 Oe。图 7-12 表明磁铁能轻松吸引住此磁性复合材料，这些结果证明此磁性复合材料展现出良好的亚铁磁行为。

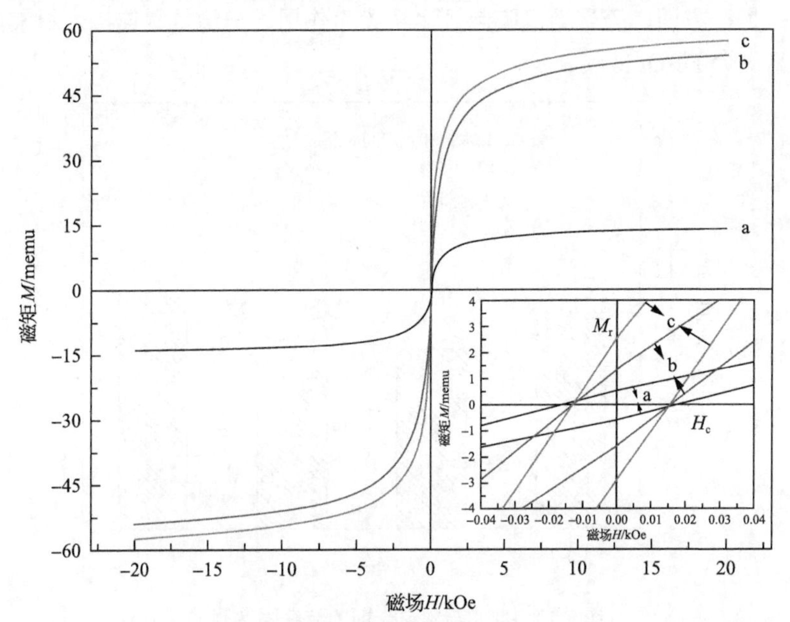

图 7-11　在不同铁离子浓度下[(a) 0.4 mol/L、(b) 1.2 mol/L、(c) 2.0 mol/L]制备的复合材料的磁滞回线和低磁场下磁滞回线的放大图

图 7-12　磁性复合材料在永久磁铁下被吸引的数码照片

7.2.7　磁致响应 Fe_3O_4/木材的界面结合强度

结合强度是复合材料一个重要的测试指标。Fe_3O_4 薄膜与木材表面结合强度测试结果见图 7-13。以下四个试件都是在 2.0 mol/L 铁离子浓度条件下所制备。由于实验均观察到木材断裂或者胶层破坏，所以很难精确确定 Fe_3O_4 薄膜与木材的实际结合强度数值。然而，这个结果足以表明 Fe_3O_4 薄膜与木材表面紧密结合。解释如下：一方面，木材本身具有天然的多孔分级结构，适合其他物质与其发生锁扣结合；另一方面，壳聚糖薄膜起到“桥梁”作用，一边紧紧连接木材表面，另一边紧紧键合 Fe_3O_4 薄膜。

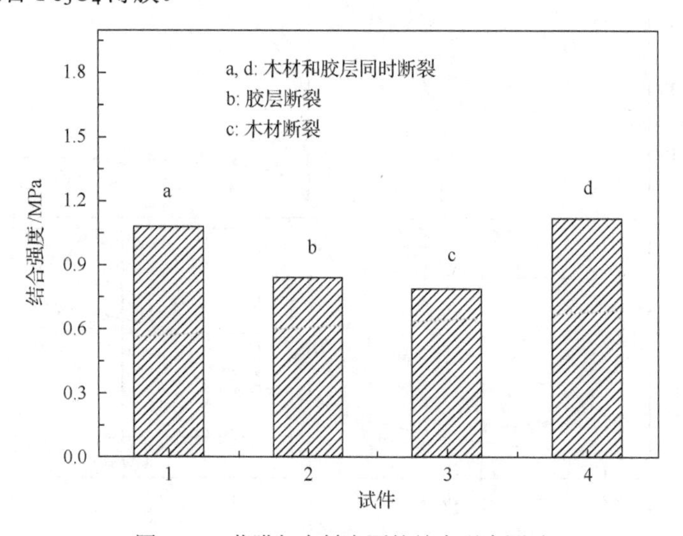

图 7-13　薄膜与木材表面的结合强度测试

7.3　磁致响应 Ni-Cu-P/木材的可控制备与性能分析

7.3.1　磁致响应 Ni-Cu-P/木材的制备方法

7.3.1.1　实验方法与原理

1)原材料和试剂

水曲柳试件，径切板，采自于黑龙江省哈尔滨市帽儿山林场，试件规格：50 mm×50 mm×0.6 mm，用 120 目的砂纸打磨去除单板表面的细纤维；用于电磁屏蔽测试的试件尺寸如图 7-14 所示，厚度为 0.6 mm，试件为外径 115 mm、内孔径 12 mm 的有孔圆盘[37]；实验所用化学试剂见表 7-4。

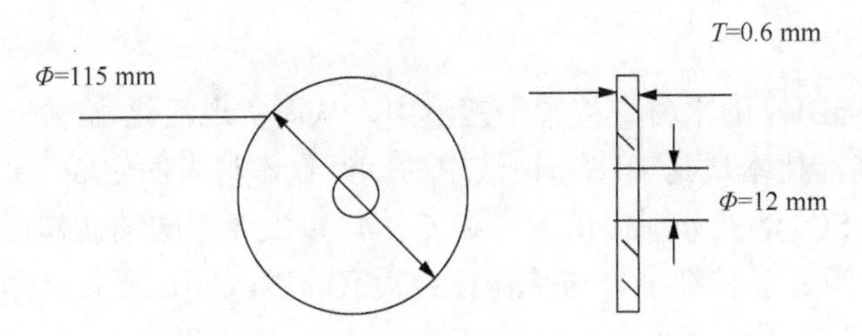

图 7-14　电磁屏蔽测试试件尺寸示意图

表 7-4　实验使用的化学试剂

药品名称	分子式	纯度	试剂产地
硫酸镍	$NiSO_4 \cdot 6H_2O$	98.5%	天津市科密欧化学试剂有限公司
硫酸铜	$CuSO_4 \cdot 5H_2O$	99.0%	天津市科密欧化学试剂有限公司
次亚磷酸钠	$NaH_2PO_2 \cdot H_2O$	98.0%	天津市科密欧化学试剂有限公司
柠檬酸三钠	$Na_3C_6H_5O_7 \cdot 2H_2O$	99.0%	天津市科密欧化学试剂有限公司
硼氢化钠	$NaBH_4$	98.5%	天津市科密欧化学试剂有限公司
乙酸铵	CH_3COONH_4	99.0%	天津市科密欧化学试剂有限公司
氢氧化钠	NaOH	99.0%	天津市科密欧化学试剂有限公司
氨水	$NH_3 \cdot H_2O$	25.0%	天津市科密欧化学试剂有限公司

2) 实验仪器与设备

本节实验使用的仪器与设备见表 7-5。

表 7-5　实验使用的仪器与设备

设备名称	型号	生产厂家
电子天平	FA2004	上海舜宇恒平科学仪器有限公司
超声波清洗机	SB-100DT	宁波新芝生物科技股份有限公司
pH 计	PHS-3C	上海伟业仪器厂
电热鼓风干燥箱	101-2AB	天津市泰斯特仪器有限公司
双孔-恒温水浴锅	DZKW-C-2	上海树立仪器仪表有限公司
磁力加热搅拌器	HJ-4	常州普天仪器制造有限公司

3) 实验方法

在化学镀中，配制镀液成分非常关键，直接影响到施镀发生与镀层成分。化学镀 Ni-Cu-P 镀液组成配制如下：$NiSO_4 \cdot 6H_2O$ 20～40 g/L，$CuSO_4 \cdot 5H_2O$ 0.2～2.5 g/L，$NaH_2PO_2 \cdot H_2O$ 10～50 g/L，$Na_3C_6H_5O_7 \cdot 2H_2O$ 20～60 g/L，CH_3COONH_4 20～50 g/L，镀液的 pH 用 $NH_3 \cdot H_2O$ 调至 7～11，采用 pH 计测定。将负载 $NaBH_4$ 溶液的木材直接置于一定温度的镀液中，活化与施镀在同一个浴池中进行，镀后水曲柳试件经多次水洗后置于烘箱中烘干，待测。

4) 实验原理

将载有 $NaBH_4$ 的木材直接置于镀液中，从而实现活化-施镀一浴法，示意图见图 7-15。其活化本质是 BH_4^-与镀液中的 Ni^{2+}在木材表面生成 Ni^0，利用镀液中的 $NiSO_4$、$CuSO_4$ 溶液分别提供 Ni^{2+}和 Cu^{2+}，以次亚磷酸钠盐作还原剂，在镀件表面沉积出平滑、晶粒细小、与基体结合紧密的 Ni-Cu-P 三元合金镀层，反应如式(7-3)～式(7-5)所述。

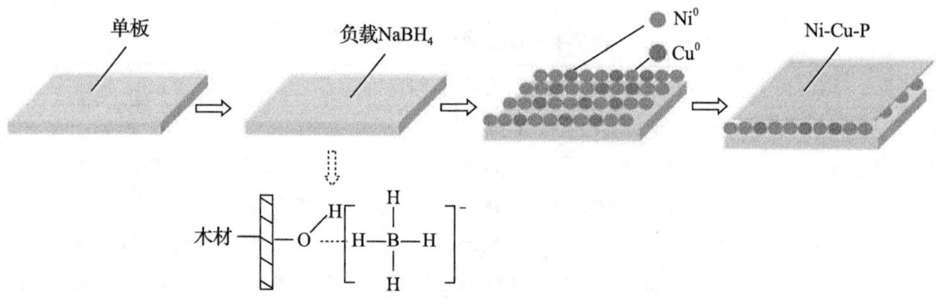

图 7-15　木材表面化学镀 Ni-Cu-P 示意图

镍沉积反应：

$$2H_2PO_2^- + 4OH^- + Ni^{2+} \longrightarrow 2HPO_3^{2-} + 2H_2O + Ni\downarrow + H_2\uparrow \tag{7-3}$$

铜沉积反应：

$$2H_2PO_2^- + 4OH^- + Cu^{2+} \longrightarrow 2HPO_3^{2-} + 2H_2O + Cu\downarrow + H_2\uparrow \tag{7-4}$$

磷沉积反应：

$$2H_2PO_2^- + 6H^+ + 4H^- \longrightarrow 4H_2O + 2P\downarrow + 3H_2\uparrow \tag{7-5}$$

副反应：

$$2H_2PO_2^- + 2H_2O \longrightarrow 2H_2PO_3^- + 2H_2\uparrow \tag{7-6}$$

7.3.1.2　表征测试与分析方法

1) 金属沉积率的测定

将木材素材在 103℃±2℃干燥到恒重，质量为 G_0；将沉积 Ni-Cu-P 后的木材单板在 103℃±2℃干燥到恒重，质量为 G_1，金属沉积率计算如下：

$$金属沉积率(g/m^2)=(G_1-G_0)/0.005 \tag{7-7}$$

其中，0.005 是单板的面积(m^2)。

2) 表面电阻率的测定

表面电阻率设备采用中国常州扬子电子有限公司生产的 YD5211A 型智能直流低电阻测试仪，其量程为 10^{-5}～10^{6} Ω。由于木材各向异性属性，其顺纹电阻和横纹电阻不同，被测试件在横纹与顺纹各取 5 个点，计算其平均表面电阻率，作为最终定量评估，公式如下：

$$R_s = R/(L \times 0.3) \tag{7-8}$$

式中，R_s 为表面电阻率，单位为 mΩ/cm^2；R 为所测电阻值，单位为 mΩ；L 为电极间距；0.3 为电极直径，单位 cm^2。

3) 电磁屏蔽效能测定

试件的电磁屏蔽效能根据我国军用标准 SJ 20524—1995《材料屏蔽效能的测量法》，用 Agilent E4402B 频谱仪和东南大学制造的标准夹具进行测量。在 9 kHz～1.5 GHz 频率范围内，测量仪器自身衰减量与屏蔽后试件的衰减值，此差值即是试件的电磁屏蔽效能(ESE)，单位为 dB，公式如下：

$$\text{ESE}(\text{dB}) = -10 \times \lg(P_{out}/P_{in}) \tag{7-9}$$

4) 镀层形貌与成分测定

利用环境扫描电子显微镜(SEM，Qunata 200，FEI 公司，美国)观察样品的微观形貌，采用能量色散 X 射线谱分析镀层元素组分。

5) 镀层 XRD 分析

XRD 分析利用 D/MAX2200 型 X 射线衍射仪，Cu 阳极，石墨单色器，狭缝：发散狭缝 1°，防散射狭缝 1°，接收狭缝 0.3 mm。

6) 镀层耐腐蚀性测定

镀层耐腐蚀测定根据 LK2005 电化学工作站 Tafel 曲线评估。采用三电极体系：饱和甘汞电极(SCE)作为参考电极，铂电极(Pt)用作对比电极，试件作为工作电极。测试前，为了建立开路电位，试件被浸在质量分数 3.5% NaCl 溶液中，最后从 Tafel 曲线中阳极与阴极的交叉点读出腐蚀电位与腐蚀电流密度。

7.3.2　镀液组成 $CuSO_4$ 对磁性镀层的影响

7.3.2.1　镀液 $CuSO_4$ 浓度对金属沉积率与表面电阻率的影响

镀液 $CuSO_4$ 浓度对于化学镀 Ni-Cu-P 三元合金是一个重要的内在因素，能够显著影响化学镀的反应速率及镀层成分。在 pH 为 9.5，温度 90℃下，镀液 $CuSO_4$ 浓度对金属沉积率与表面电阻率的影响见图 7-16。随着 $CuSO_4$ 浓度从 0.6 g/L

逐步增加到 2.2 g/L，金属沉积率从 98.72 g/m^2 下降到 49.52 g/m^2，表面电阻率从 294.6 $m\Omega/cm^2$ 升高到 601.7 $m\Omega/cm^2$。解释如下：在施镀过程中，Ni 作为施镀发生的活化剂，一旦 Ni 层形成后，反应能自发进行；镀液中 $CuSO_4$ 能抑制 Ni 沉积，阻碍活化过程，导致金属沉积率随 $CuSO_4$ 浓度增加而降低。金属沉积率越大，镀层越厚且更加致密，导致镀层表面电阻率越低。所以，表面电阻率随镀液中 $CuSO_4$ 浓度增加逐渐升高。因此，从金属沉积率与表面电阻率的角度分析，镀液中 $CuSO_4$ 浓度越低，越有利于沉积更优良的镀层。

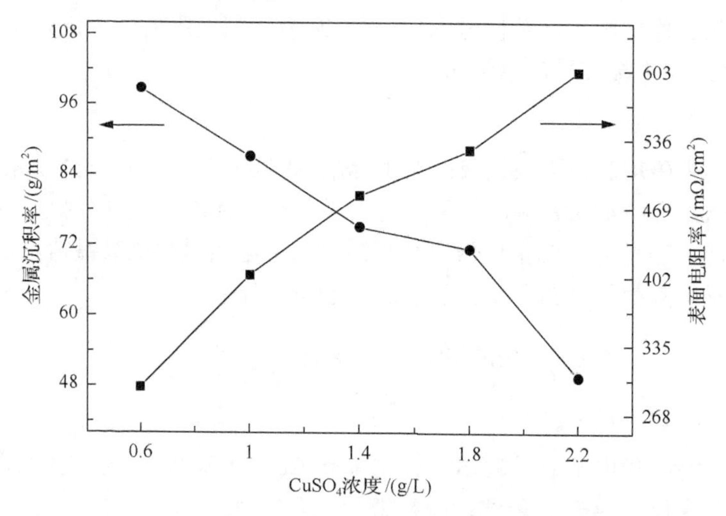

图 7-16 $CuSO_4$ 浓度对金属沉积率与表面电阻率的影响(pH 9.5；温度 90℃)

7.3.2.2 镀液 $CuSO_4$ 对镀层元素成分与耐腐蚀性的影响

图 7-17 是镀液 $CuSO_4$ 浓度对镀层化学组成的影响。随着 $CuSO_4$ 浓度从 0.6 g/L 增加到 1.4 g/L，镀层中 Cu 含量从 7.27%升高到 10.83%，Ni 含量轻微降低，从 78.58%降低到 77.52%，P 含量从 14.15%降低到 11.65%。Ni 含量与 P 含量的降低，是由于活化剂 Ni 沉积受到 Cu 沉积的抑制作用。因为 Cu 比 Ni 具有更强的还原电势[式(7-10)、式(7-11)]，因此 Cu 具有优先沉积的趋势。图 7-18 是镀层的 Tafel 曲线，表 7-6 是评估镀层的腐蚀电位 E_{corr} 与腐蚀电流密度 I_{corr}。一般来说，腐蚀电位越正，腐蚀电流密度越低，镀层耐腐蚀性越强。当 $CuSO_4$ 浓度从 0.6 g/L 增加到 1.4 g/L，镀层的腐蚀电位从–0.7746 V 正移到–0.6200 V；在 $CuSO_4$ 浓度为 1.4 g/L 时，腐蚀电流降低到最低值，为 2.20×10^{-9} A/cm^2，与 0.6 g/L 浓度比较，这个值下降了约 99%。所以，镀层的耐腐蚀性与 $CuSO_4$ 浓度呈正相关。对于镀层的腐蚀机理分析，一方面，它是由于镀层中 P 阻碍了 Ni 的溶解和 Ni^{2+} 向本体溶液的流失；另一方面，从热动力学的角度，Cu 比 Ni 更稳定[式(7-10)、式(7-11)]，更多 Cu

沉积有利于降低镀层的表面自由能。而且，Cu 也能通过增加过电位来抑制阴极反应[38]。通过比较化学组成，我们发现，随着 $CuSO_4$ 浓度增加，Cu 和 P 的总含量在增加，这个结果也验证了耐腐蚀机理的正确性。

$$Ni^{2+}+2e^- \longrightarrow Ni[E(NHE) = -0.257\ V] \tag{7-10}$$

$$Cu^{2+}+2e^- \longrightarrow Cu[E(NHE) = 0.340\ V] \tag{7-11}$$

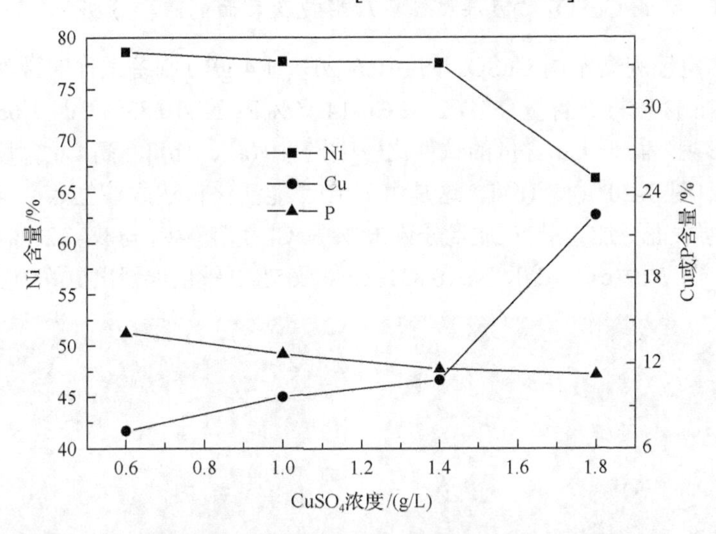

图 7-17　$CuSO_4$ 浓度对镀层化学组成的影响(pH 9.5；温度 90℃)

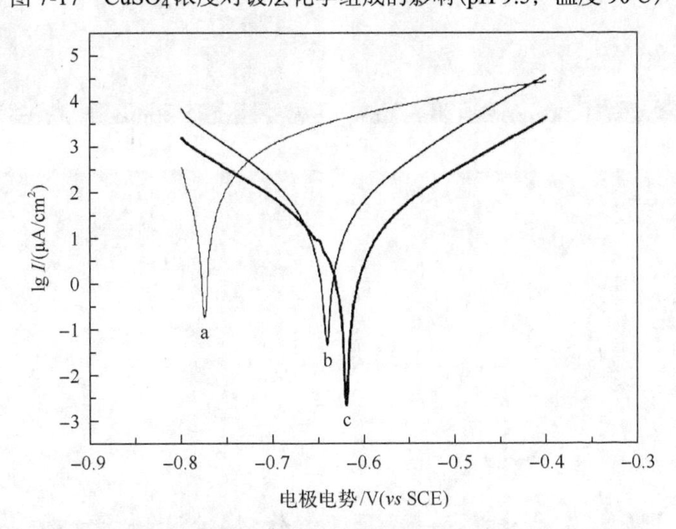

图 7-18　$CuSO_4$ 浓度[(a) 0.6 g/L，(b) 1.0 g/L，(c) 1.4 g/L]对耐腐蚀性的影响(pH 9.5；温度 90℃)

表 7-6　化学镀 Ni-Cu-P 的腐蚀行为

试件	扫描范围/V	E_{corr}/V (*vs* SCE)	I_{corr}/(A/cm^2)
a	−0.80～−0.40	−0.7746	2.00×10^{-7}
b	−0.80～−0.40	−0.6434	5.03×10^{-8}
c	−0.80～−0.40	−0.6200	2.20×10^{-9}

7.3.2.3　镀液 $CuSO_4$ 对镀层腐蚀前后形貌及表面电阻率分析

用扫描电镜观察不同 $CuSO_4$ 浓度(0.6 g/L、1.4 g/L)制备试件的微观形貌，并比较不同 Cu 含量与 P 含量(Ni-7.27% Cu-14.15% P；Ni-10.83% Cu-11.65% P)下镀层的表面形貌。与低 Cu 含量的试件比较[图 7-19(a)、(b)]，高 Cu 含量试件的表面更加光滑[图 7-20(a)、(b)]。这是由于 Cu^{2+}能活化自然成核位点，抑制结节增长，促使镀层表面更加光滑。在质量分数 3.5% NaCl 盐溶液中，与 Ni-7.27% Cu-14.15% P 镀层比较[图 7-19(c)、(d)]，Ni-10.83% Cu-11.65% P 镀层展现出更好的抗腐蚀性能

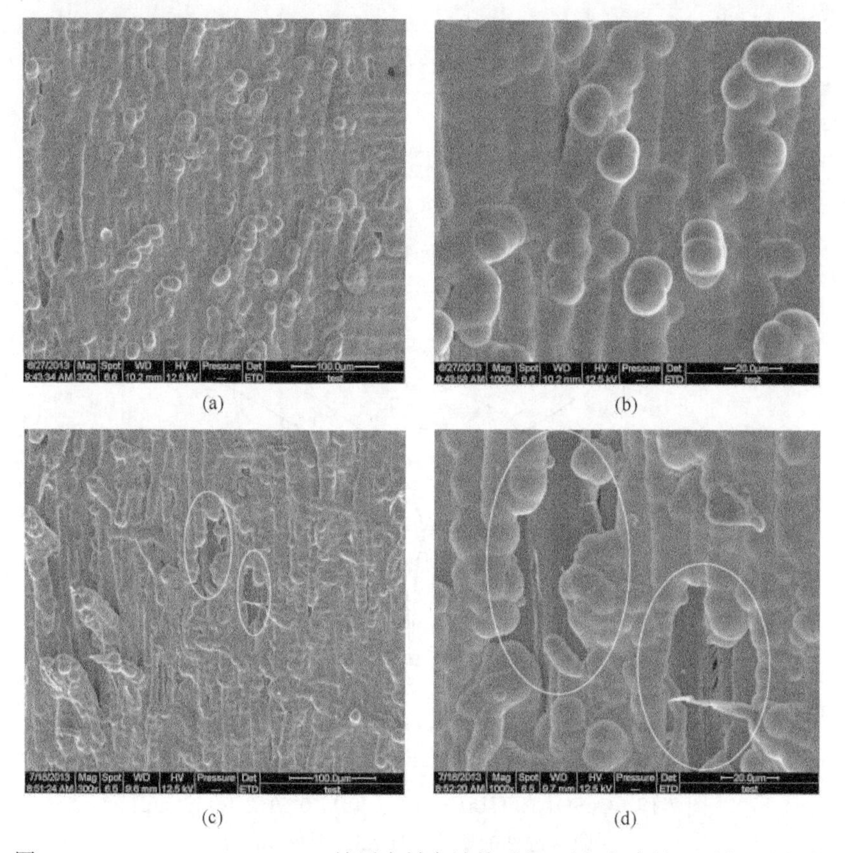

图 7-19　Ni-7.27% Cu-14.15% P 镀层木材腐蚀前[(a)、(b)]与腐蚀后[(c)、(d)]的表面形貌($CuSO_4$ 0.6 g/L；pH 9.5；温度 90℃)

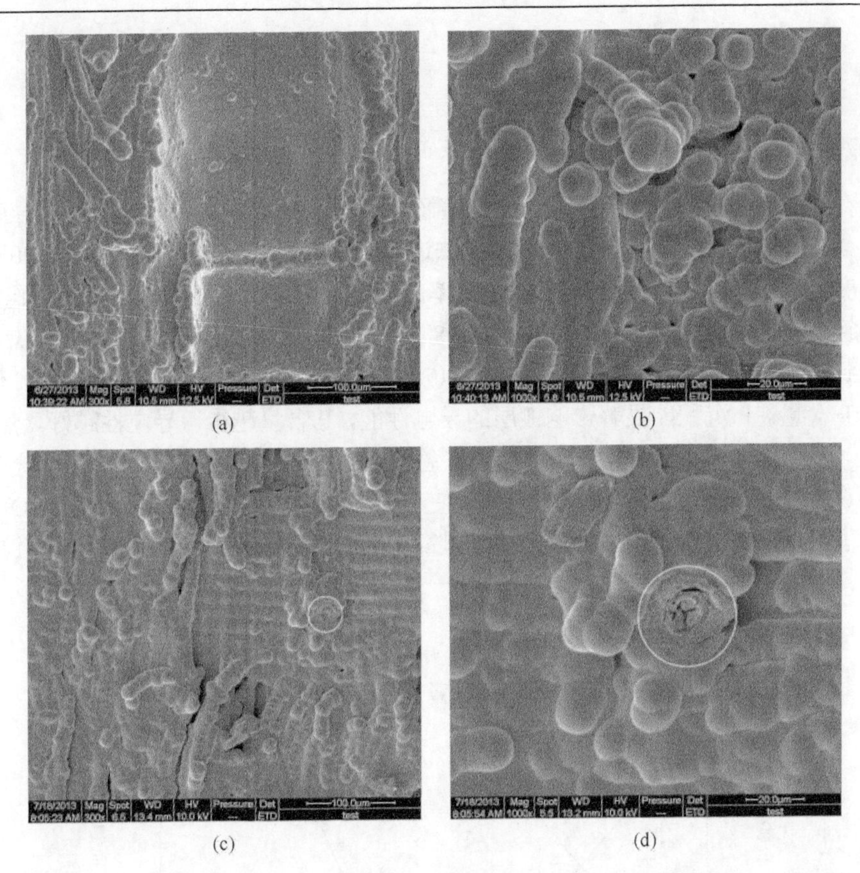

图 7-20　Ni-10.83% Cu-11.65% P 镀层木材腐蚀前[(a)、(b)]与腐蚀后[(c)、(d)]的表面形貌($CuSO_4$ 0.6 g/L；pH 9.5；温度 90℃)

[图 7-20(c)、(d)]，这是由于后者镀层具有更多的 Cu 与 P 总含量。为了进一步剖析抗腐蚀性能与表面形貌的关系，比较腐蚀前后镀层的表面电阻率。如表 7-7 所示，在 1.4 g/L 的 $CuSO_4$ 浓度下制备镀层的表面电阻率增加值为 161.4 mΩ/cm^2，在 0.6 g/L 的 $CuSO_4$ 浓度下制备镀层的表面电阻率增加值为 208.9 mΩ/cm^2，这个结果表明，高 $CuSO_4$ 浓度下制备镀层的抗腐蚀性更强。

表 7-7　腐蚀测试前后镀层的表面电阻率

表面电阻率/(mΩ/cm^2)	$CuSO_4$ 浓度/(g/L)	
	0.6	1.4
腐蚀前	294.6	481.3
腐蚀后	503.5	642.7
增加值	208.9	161.4

7.3.3 镀液 pH 对磁性镀层的影响

7.3.3.1 镀液 pH 对金属沉积率与表面电阻率的影响

在化学镀 Ni-Cu-P 过程中，pH 扮演了非常重要的角色。高 pH 的镀液导致镀液容易分解，低 pH 镀液导致化学镀无法进行。在 1.0 g/L 的 $CuSO_4$ 浓度与 90℃施镀温度下，pH 对金属沉积率与表面电阻率的影响见图 7-21。当 pH 从 8.5 增加至 9.5 时，金属沉积率从 71.00 g/m^2 增加到 99.98 g/m^2，相应的表面电阻率从 479.9 $m\Omega/cm^2$ 下降到 242.1 $m\Omega/cm^2$。根据式(7-3)～式(7-5)，pH 增加能生成更多 Ni 和 Cu，但是抑制 P 含量。P 沉积能显著影响镀层的导电性能，P 含量越少，导电性越好。然而，当进一步增加 pH 到 10.0 时，金属沉积率急剧降低到 76.58 g/m^2，表面电阻率突然增加到 679.7 $m\Omega/cm^2$。这主要是由于高 pH 使 Ni^{2+}与 Cu^{2+}转化成 $Ni(OH)_2$ 和 $Cu(OH)_2$，破坏了 Ni-Cu-P 镀层的连续性。因此，过高的 pH 不利于沉积优良的 Ni-Cu-P 镀层。

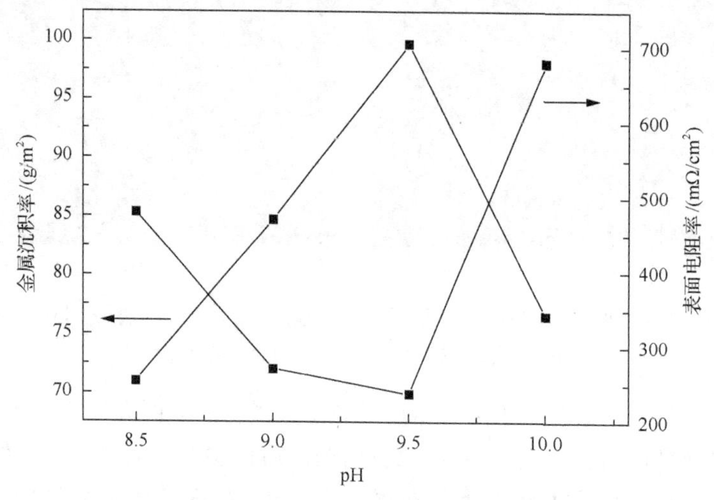

图 7-21　pH 对金属沉积率与表面电阻率的影响($CuSO_4$ 1.0 g/L；温度 90℃)

7.3.3.2 镀液 pH 对镀层元素成分与耐腐蚀性的影响

图 7-22 是 Ni-Cu-P 镀层的化学组成随 pH 的变化情况。当 pH 从 9.0 增加到 10.0 时，镀层中 Ni 含量从 77.37%增加到 82.76%；Cu 含量轻微增加，从 7.80%增加到 8.74%；P 含量从 14.83%下降到 8.50%。这个结果能用上述化学方程式(7-3)～式(7-5)解释，一定 OH^-浓度的增加能够加速反应，生成更多的 Ni 和 Cu，抑制 P 沉积。图 7-23 和表 7-8 表明，当 pH 为 9.0、9.5、10.0 时，腐蚀电位分别为–0.6330 V、–0.6420 V、–0.6938 V，出现了负移现象；腐蚀电流密度分别为 3.93×10^{-8} A/cm^2、5.50×10^{-8} A/cm^2、5.69×10^{-8} A/cm^2。从热动力学角度分析，电位越正，抗腐蚀能

力越强。因此，在 pH 为 9.0 或 pH 为 9.5 时制备的镀层抗腐蚀能力大于 pH 为 10.0 时制备镀层的抗腐蚀能力。抗腐蚀能力很有可能与镀层中 Cu 和 P 总含量相关。化学组成也表明，pH 为 9.0 或 pH 为 9.5 时制备的镀层中 Cu 和 P 总含量大于 pH 为 10.0 时制备的镀层中 Cu 和 P 总含量。

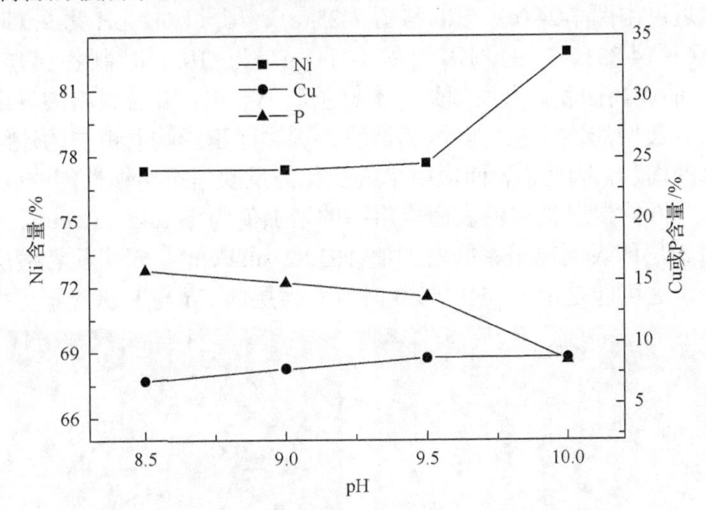

图 7-22　pH 对化学组成的影响（$CuSO_4$ 1.0 g/L；温度 90℃）

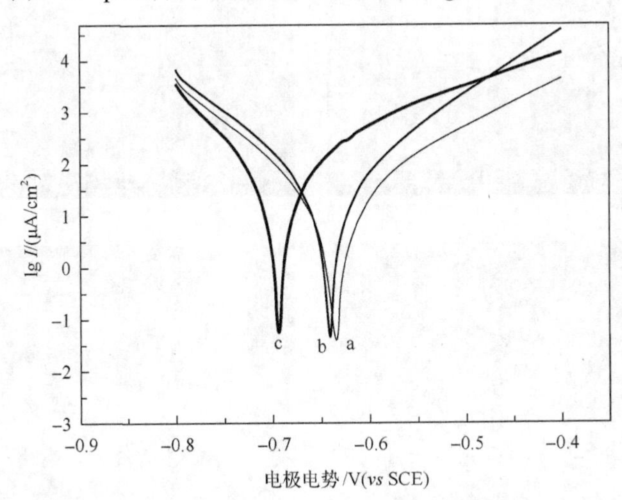

图 7-23　pH[(a) 9.0，(b) 9.5，(c) 10.0]对耐腐蚀性的影响（$CuSO_4$ 1.0 g/L；温度 90℃）

表 7-8　化学镀 Ni-Cu-P 的腐蚀行为

试件	扫描范围/V	E_{corr}/V (*vs* SCE)	I_{corr}/(A/cm^2)
a	−0.80～−0.40	−0.6330	3.93×10^{-8}
b	−0.80～−0.40	−0.6420	5.50×10^{-8}
c	−0.80～−0.40	−0.6938	5.69×10^{-8}

7.3.3.3　镀液 pH 对镀层腐蚀前后形貌及表面电阻率分析

在 pH 为 9.0 和 pH 为 10.0 时分别制备了两个试件。腐蚀前，它们对应的表面微观形貌相似，见图 7-24(a)、(b)和图 7-25(a)、(b)。这是由于此两个镀层中 Cu 含量非常接近。由图 7-24(c)、(d)与图 7-25(c)、(d)可知，pH 为 9.0 时制备镀层(Ni-7.80% Cu-14.83% P)的剥离面积小于 pH 为 10.0 时制备镀层(Ni-8.74% Cu-8.50% P)的剥离面积。众所周知，木材基质不导电，复合材料的导电性源于合金镀层并依靠镀层的连续性。腐蚀测试后，剥离面积影响着镀层的连续性，导致表面电阻率的增加。因此，表面电阻率的变化能反映出抗腐蚀性能的强弱。表 7-9 表明，pH 为 9.0 时制备镀层的表面电阻率的增加值为 111.43 mΩ/cm^2，小于 pH 为 10.0 时制备镀层的表面电阻率的增加值 163.82 mΩ/cm^2，表明前者镀层具有更强的耐腐蚀性。这可能是由于 pH 为 9.0 时制备镀层的 Cu 与 P 总含量更多。

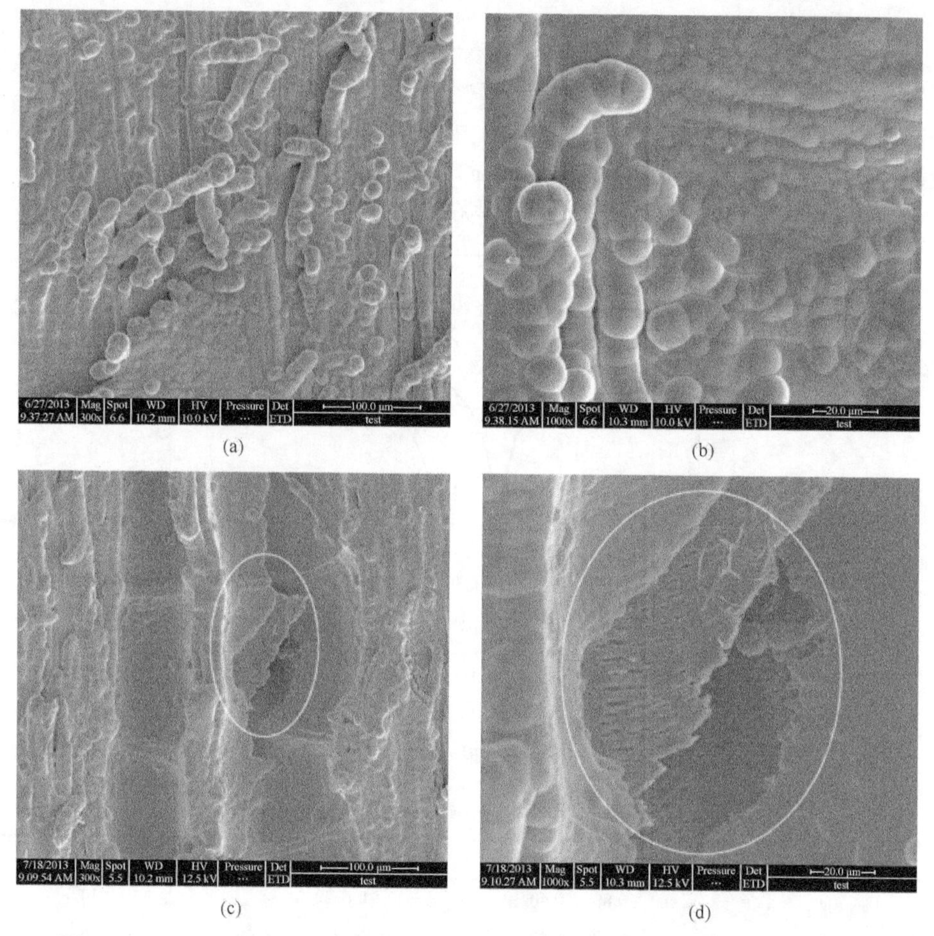

图 7-24　Ni-7.80% Cu-14.83% P 镀层木材腐蚀前[(a)、(b)]与腐蚀后[(c)、(d)]的表面形貌($CuSO_4$ 1.0 g/L；pH 9.0；温度 90℃)

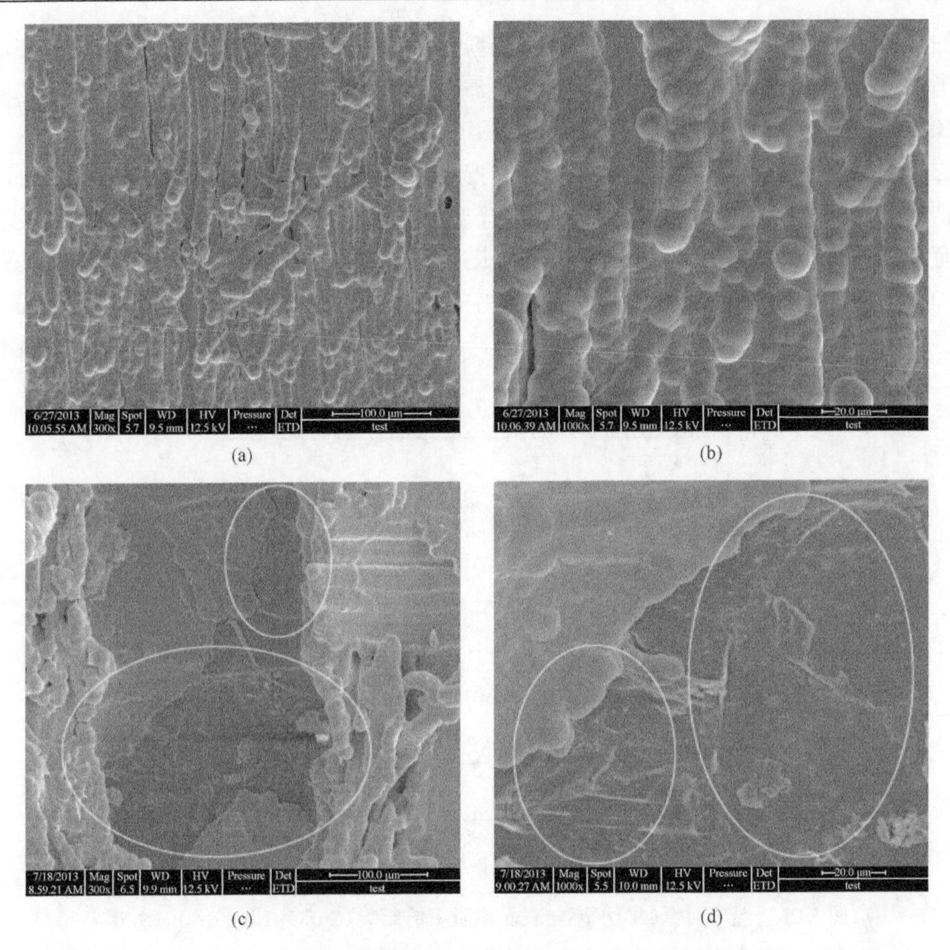

图 7-25　Ni-8.74% Cu-8.50% P 镀层木材腐蚀前[(a)、(b)]与腐蚀后[(c)、(d)]的表面形貌($CuSO_4$ 1.0 g/L；pH 10.0；温度 90℃)

表 7-9　腐蚀测试前后镀层的表面电阻率

表面电阻率/(mΩ/cm^2)	pH	
	9.0	10.0
腐蚀前	271.40	679.70
腐蚀后	382.83	843.52
增加值	111.43	163.82

7.3.4　镀液温度对磁性镀层的影响

7.3.4.1　施镀温度对金属沉积率与表面电阻率的影响

施镀温度能够改变化学反应速率，从而影响金属沉积率与表面电阻率。在 1.0 g/L

的 $CuSO_4$ 浓度和 pH 9.5 条件下，温度对金属沉积率与表面电阻率的影响见图 7-26。当温度分别为 75℃、80℃、85℃时，金属沉积率分别为 64.92 g/m^2、87.80 g/m^2、101.24 g/m^2，出现明显上升；表面电阻率分别为 404.5 mΩ/cm^2、333.9 mΩ/cm^2、232.6 mΩ/cm^2，出现明显下降。当继续升高温度到 90℃和 95℃时，金属沉积率分别为 99.68 g/m^2、100.3 g/m^2，表面电阻率分别为 238 mΩ/cm^2、248 mΩ/cm^2，并没有明显的变化。这是因为温度的提高能提高离子在溶液中的迁移速率，导致反应加速；然而，当温度已经很高时，溶液中的离子迁移速率达到饱和。并且在过高温度下，施镀溶液存在不稳定性。所以，合适的操作温度对于沉积一个优良的镀层是非常重要的。

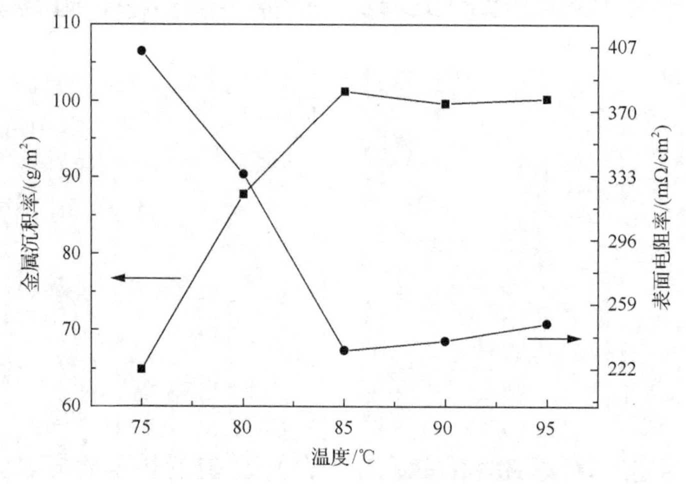

图 7-26　温度对金属沉积率与表面电阻率的影响（$CuSO_4$ 1.0 g/L；pH 9.5）

7.3.4.2　施镀温度对镀层元素成分与耐腐蚀性的影响

图 7-27 是镀层元素组成随施镀温度的变化情况。当温度从 80℃升高到 90℃时，镀层中 Cu 含量轻微增加，从 8.40%增加到 8.56%；P 含量从 9.39%增加到 14.54%；Ni 含量从 82.21%下降到 76.90%。解释如下：施镀温度增加时，镀液中 Cu^{2+} 和 $H_2PO_2^-$ 的迁移速率分别大于 Ni^{2+} 迁移速率，导致镀层 Cu 含量增加，P 含量增加，Ni 含量降低。图 7-28 和表 7-10 表明，随温度从 80℃、85℃、90℃逐渐增加时，镀层腐蚀电位发生正移，分别为–0.7116 V、–0.6927 V、–0.6406 V；腐蚀电流密度分别为 1.47×10^{-8} A/cm^2、5.90×10^{-8} A/cm^2、5.03×10^{-8} A/cm^2。此结果表明，镀层抗腐蚀性随温度的增加而增强。这是由于温度的增加，使得镀层中 Cu 与 P 总含量增加，抗腐蚀性增加。

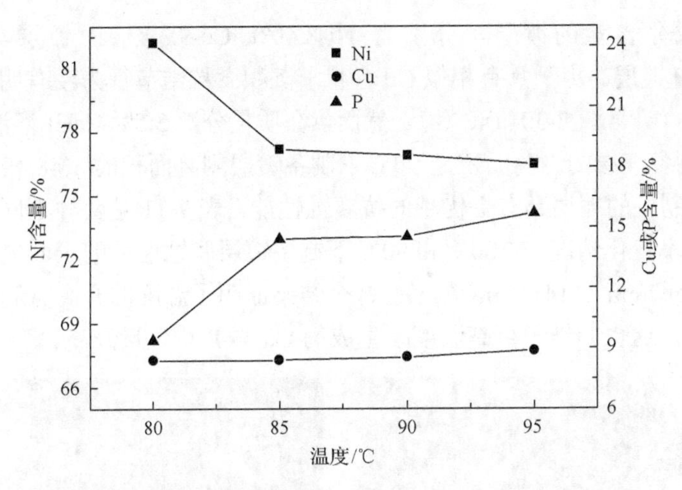

图 7-27　温度对化学组成的影响($CuSO_4$ 1.0 g/L；pH 9.5)

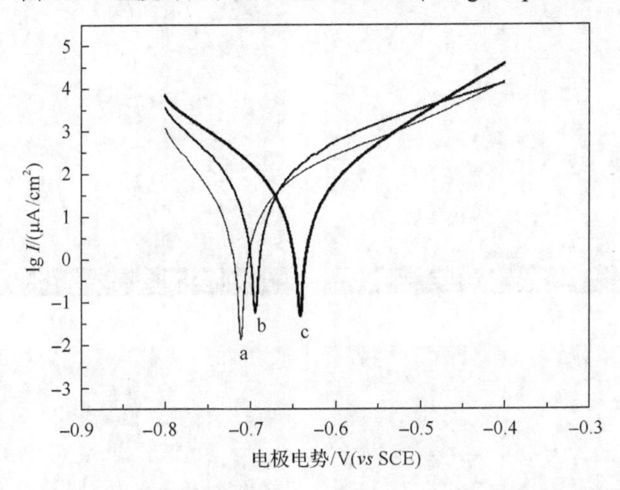

图 7-28　温度[(a)80℃、(b)85℃、(c)90℃]对耐腐蚀性的影响($CuSO_4$ 1.0 g/L；pH 9.5)

表 7-10　化学镀 Ni-Cu-P 的腐蚀行为

试件	扫描范围/V	E_{corr}/V(*vs* SCE)	I_{corr}/(A/cm^2)
a	−0.80～−0.40	−0.7116	1.47×10^{-8}
b	−0.80～−0.40	−0.6927	5.90×10^{-8}
c	−0.80～−0.40	−0.6406	5.03×10^{-8}

7.3.4.3　温度对镀层腐蚀前后形貌及表面电阻率分析

在 1.0 g/L 的 $CuSO_4$ 浓度、pH 为 9.5 的条件下，温度为 80℃、90℃时合成了

两种不同成分含量的镀层，分别为 Ni-8.40% Cu-9.39% P 镀层与 Ni-8.56% Cu-14.54% P 镀层。由于具有相似 Cu 含量，沉积微粒结节行为没有明显不同，见图 7-29(a)、(b)与图 7-30(a)、(b)。然而，在质量分数 3.5% NaCl 溶液中腐蚀后，在 80℃下制备镀层的剥离面积是 90℃下制备镀层剥离面积的 1.48 倍。此结果表明，90℃下制备的镀层具有更优越的抗腐蚀性能。表 7-11 是两种不同镀层腐蚀前后表面电阻率变化情况。在 80℃和 90℃下制备镀层腐蚀前后的表面电阻率变化分别为 162.7 mΩ/cm^2、148.3 mΩ/cm^2。这个结果证明了温度的升高有利于镀层耐腐蚀性的提高，这也归结于更高温度下生成的 Cu 与 P 总含量升高。

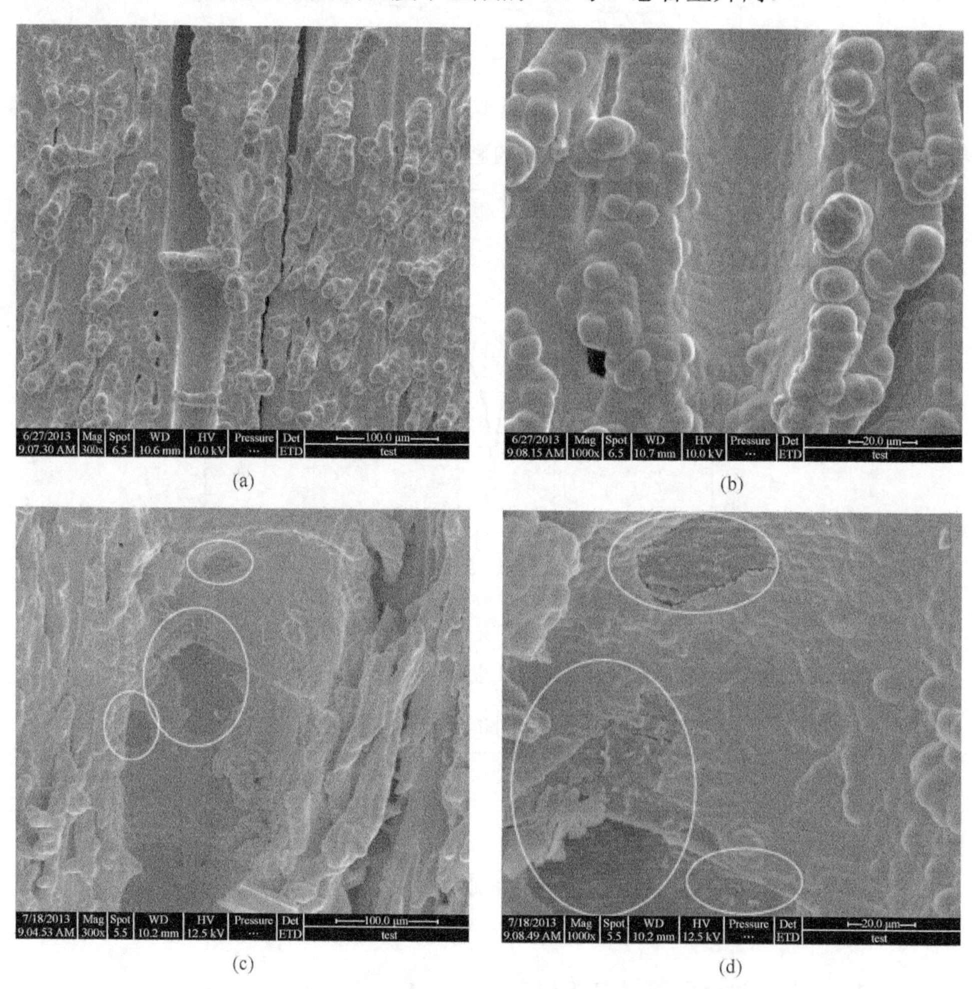

图 7-29　Ni-8.40% Cu-9.39% P 镀层木材腐蚀前[(a)、(b)]与腐蚀后[(c)、(d)]的表面形貌($CuSO_4$ 1.0 g/L；pH 9.5；温度 80℃)

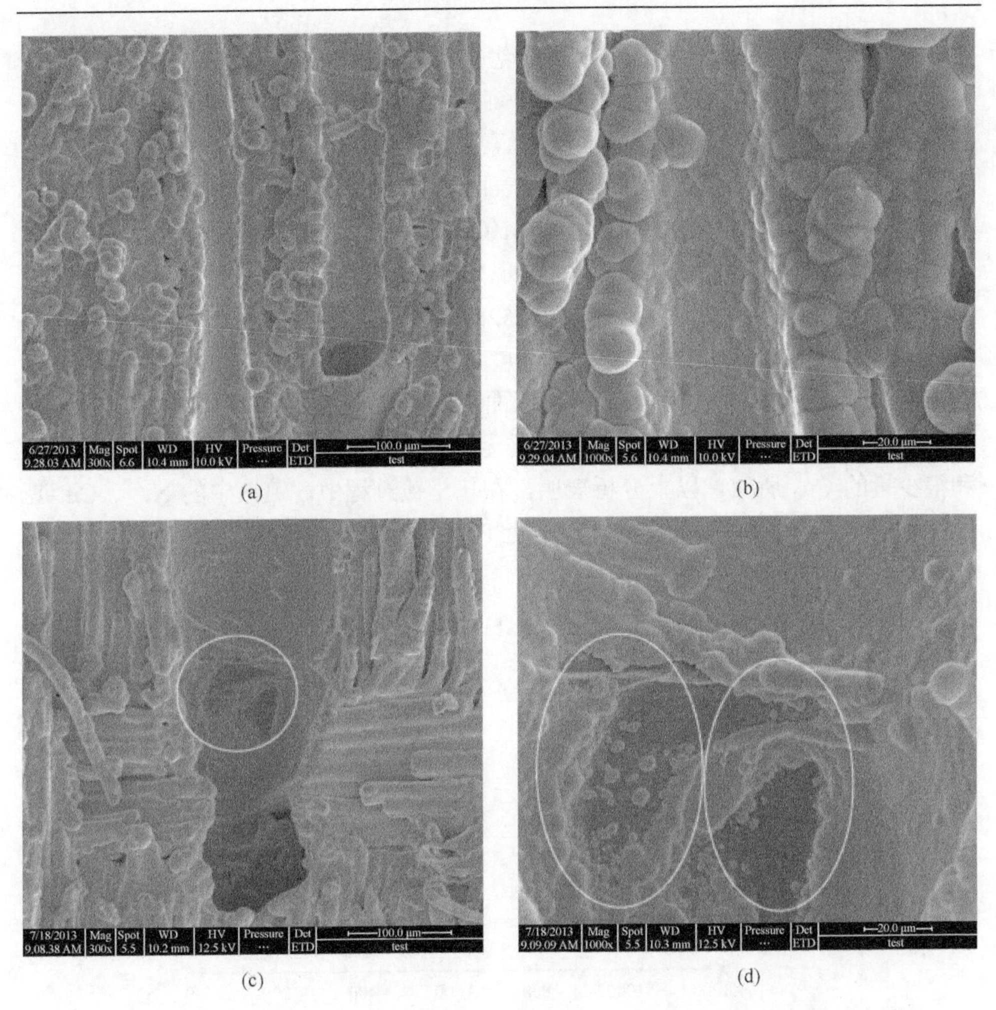

图 7-30　Ni-8.56% Cu-14.54% P 镀层木材腐蚀前[(a)、(b)]与腐蚀后[(c)、(d)]的表面形貌($CuSO_4$ 1.0 g/L；pH 9.5；温度 90℃)

表 7-11　腐蚀测试前后镀层的表面电阻率

表面电阻率/(mΩ/cm^2)	温度/℃	
	80	90
腐蚀前	333.9	238.0
腐蚀后	496.6	386.3
增加值	162.7	148.3

7.3.5　磁性镀层 Ni-Cu-P 成分分析

施镀木材表面刻蚀前后的 XPS 谱图见图 7-31，刻蚀前，在 932.38 eV、852.67 eV、

531.66 eV、285.76 eV、129.73 eV 处出现了 Cu、Ni、O、C、P 峰，其中 C、O 峰很强，其他峰很弱，经刻蚀后，C、O 峰强度明显减弱，而 Ni 和 Cu 的峰大幅增强，说明镀层主要由 Ni、Cu、P 三种元素组成，而 C、O 元素与表面污染有关。为了进一步确认镀层中元素的状态，对表面上 Ni 进行分峰并拟合，在 852.85 eV、856.66 eV 和 862.31 eV 处出现了 Ni^0、$Ni(OH)_2$、Ni^{2+}的 Ni $2p_{3/2}$ 的峰[图 7-32(a)]，经刻蚀后，在 852.49 eV 和 857.60 eV 处出现 Ni^0、$Ni(OH)_2$ 的 Ni $2p_{3/2}$ 的峰[图 7-32(b)]；对于 Cu 元素分峰并拟合，在 932.35 eV、952.12 eV 处出现了 Cu^0 的 Cu $2p_{3/2}$ 和 Cu $2p_{1/2}$ 的峰[图 7-33(a)]，经刻蚀后，相应峰强度大幅升高[图 7-33(b)]。镀层中 $Ni(OH)_2$ 是镀液 pH 局部过高所致；镀后木材表面依然多孔，可以吸附镀液中的一些成分而受到污染。镀层表面吸附了 Ni^{2+}，几乎无 Cu^{2+}，是因为镀液组成含有大量的 Ni^{2+} 和很少量的 Cu^{2+}所致。以上分析表明，在化学镀过程中，镀液中的 Ni^{2+}、Cu^{2+}已经被 $H_2PO_2^-$还原成单质 Ni^0 和 Cu^0，加上 P 元素共沉积在镀层中。

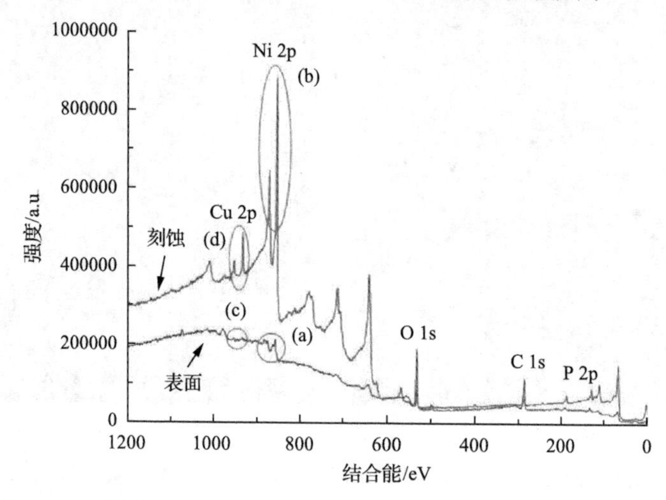

图 7-31 磁性镀层 Ni-Cu-P 的 XPS 谱图：(a、b) Ni 2p；(c、d) Cu 2p

7.3.6 磁性镀层 Ni-Cu-P 相结构分析

相结构对材料的性能具有决定性作用，是无机物表征的一个重要分析方法。对水曲柳单板镀前和镀后的 XRD 分析见图 7-34。在 2θ 为 16.17°和 22.34°处强的衍射峰是典型的木材中纤维素的峰。在 2θ 为 44.78°处的峰是 Ni-Cu(111)，可以确认出镀层为微晶态。与图 7-34(a) 比较，图 7-34(b) 中施镀木材纤维素的峰变弱。这个结果表明：木材表面被连续和致密的镀层所覆盖。此外，没有其他氧化物杂质峰，进一步证明了上述 XPS 分析结果的正确性。

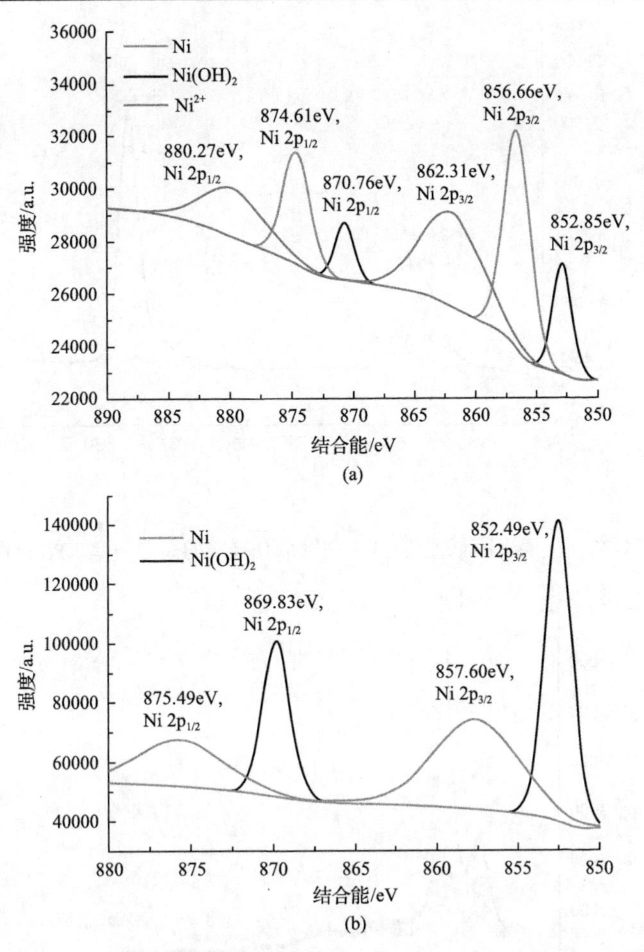

图 7-32　镀层表面刻蚀前(a)和刻蚀后(b)Ni 的高分辨率 XPS 谱图

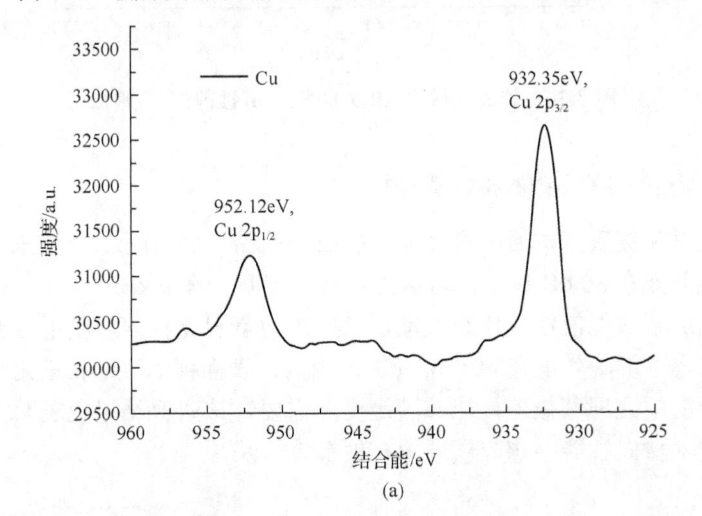

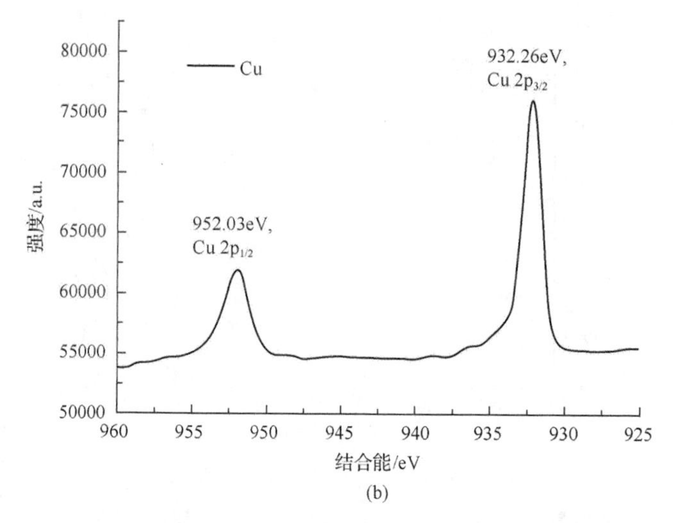

图 7-33　镀层表面刻蚀前(a)和刻蚀后(b)Cu 的高分辨率 XPS 谱图

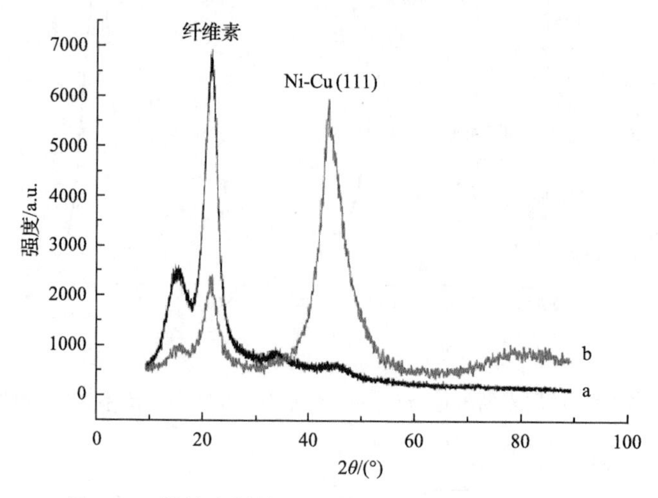

图 7-34　施镀木材的 XRD 曲线：(a)镀前；(b)镀后

7.3.7　磁致响应 Ni-Cu-P/木材性能分析

木材素材和镀后木材的电磁屏蔽效能曲线如图 7-35 所示。一般来说，电磁屏蔽材料屏蔽效能在 30 dB 以上，可认为是有效屏蔽。在 9 kHz～1.5 GHz 频段内，素材的电磁屏蔽效能值在 0 附近波动，表明木材素材无任何屏蔽电磁波的功能；镀后木材的电磁屏蔽效能在 60～65 dB 范围内，表面镀 Ni-Cu-P 三元合金后的木材具有优异的电磁屏蔽效能，能够满足实际需要。该研究结果也表明木材表面化学镀是拓展木材向智能磁响应领域的一种有效方法。

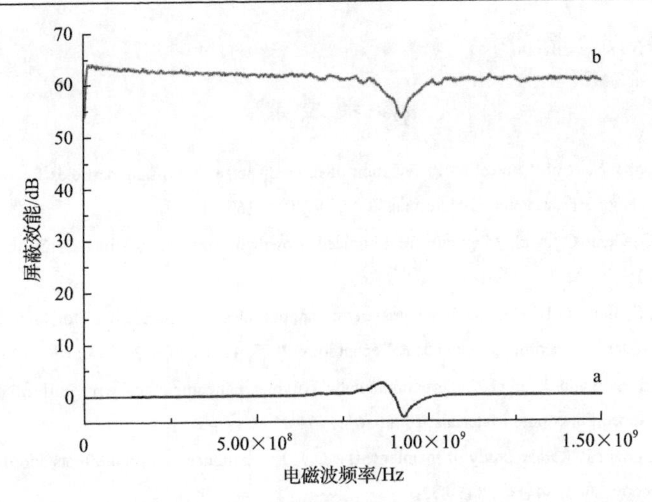

图 7-35 镀前(a)与镀后(b)木材的电磁屏蔽效能($CuSO_4$ 1.0 g/L；pH 9.5；温度 90℃)

7.4 本章小结

(1)基于制备磁响应木材和提高薄膜与基质的结合强度为出发点，使用室温原位共沉积法将纳米 Fe_3O_4 微粒生长在负载壳聚糖薄膜的木材表面。纳米 Fe_3O_4 微粒均匀一致地沉积在木材表面，形成的磁性复合材料仍然能保持木材本身的物理硬度、多孔、低密度等固有理化性质。XRD 分析表明 Fe_3O_4 微粒属于反式尖晶石结构，高铁离子浓度下制备出高结晶度的 Fe_3O_4。XPS 分析证明壳聚糖扮演了“桥梁”作用，连接木材基质与铁离子，致使 Fe_3O_4 薄膜紧紧沉积在木材表面。振动样品磁强计(VSM)分析结果表明，随着溶液中铁离子浓度的增加，复合材料的软磁性质在提高。同时，产品的磁学性能可以通过前驱体溶液中铁离子浓度进行调节，是本方法的一大优势。

(2)采用短流程化学镀方法，在木材表面化学镀磁性 Ni-Cu-P 三元合金，用于电磁屏蔽材料，合成的木质基 Ni-Cu-P 材料具有智能磁响应功能，拓展了木材向高端智能领域的应用。金属沉积率与镀液中 $CuSO_4$ 浓度呈负相关，与镀液 pH、温度呈正相关，表面电阻率与金属沉积率呈负相关；能谱分析表明，随着镀液中 $CuSO_4$ 浓度增加，镀层中 Cu 含量增加，Ni 与 P 含量在降低；随着 pH 增加，Ni 和 Cu 含量增加，P 含量降低；随着温度增加，Cu 与 P 含量在增加，Ni 含量在降低；镀层中 Cu 与 P 总含量的增加有利于抗腐蚀性的提高；在质量分数 3.5%的 NaCl 溶液腐蚀后，对于高 Cu 与 P 含量镀层，其相应的微观形貌更优越；从抗腐蚀性与电磁屏蔽的角度，优化了镀液配方及操作条件：$CuSO_4$ 1.0 g/L；pH 9.5；温度 90℃；XPS 分析表明此镀层主要以 Ni、Cu、P 单质共混存在；磁性 Ni-Cu-P 镀层相结构为微晶态；在 9 kHz～1.5 GHz 频段内，磁性单板的电磁屏蔽效能在 60～65 dB

范围内，能够满足实际需求。

参 考 文 献

[1] Xie J, Xu C, Kohler N, et al. Controlled PEGylation of monodisperse Fe_3O_4 nanoparticles for reduced non-specific uptake by macrophage cells. Advanced Materials, 2007, 19(20): 3163-3166.

[2] Wang J, Chen Q, Zeng C, et al. Magnetic-field-induced growth of single-crystalline Fe_3O_4 nanowires. Advanced Materials, 2004, 16(2): 22-24.

[3] Liu J F, Zhao Z S, Jiang G B. Coating Fe_3O_4 magnetic nanoparticles with humic acid for high efficient removal of heavy metals in water. Environmental Science & Technology, 2008, 42(18): 6949-6954.

[4] Gass J, Poddar P, Almand J, et al. Superparamagnetic polymer nancomposites with uniform Fe_3O_4 nanoparticle dispersions. Advanced Functional Materials, 2006, 16(1): 71-75.

[5] Shebanova O N, Lazor P. Raman study of magnetite (Fe_3O_4): Laser-induced thermal effects and oxidation. Journal of Raman Spectroscopy, 2003, 34(11): 845-852.

[6] Si S F, Li C H, Wang X, et al. Magnetic monodisperse Fe_3O_4 nanoparticles. Crystal Growth & Design, 2005, 5(2): 391-393.

[7] Merk V, Chanana M, Gierlinger N, et al. Hybrid wood materials with magnetic anisotropy dictated by the hierarchical cell structure. ACS Applied Materials & Interfaces, 2014, 6(12): 9760-9767.

[8] Ilayaraja M, Mohan S, Gnanamuthu R M, et al. Nanocrystalline zinc-nickel alloy deposition using pulse electrodeposition (PED) technique. Transactions of the Institute of Metal Finishing, 2009, 87(3): 145-148.

[9] Zhao Y, Yifeng E, Fan L, et al. A new route for the electrodeposition of platinum-nickel alloy nanoparticles on multi-walled carbon nanotubes. Electrochimica Acta, 2007, 52(19): 5873-5878.

[10] Ahmed J, Sharma S, Ramanujachary K V, et al. Microemulsion-mediated synthesis of cobalt (pure fcc and hexagonal phases) and cobalt-nickel alloy nanoparticles. Journal of Colloid & Interface Science, 2009, 336(336): 814-819.

[11] Khadom A A, Yaro A S, Kadum A A H. Corrosion inhibition by naphthylamine and phenylenediamine for the corrosion of copper-nickel alloy in hydrochloric acid. Journal of the Taiwan Institute of Chemical Engineers, 2010, 41(1): 122-125.

[12] Ban I, Drofenik M, Makovec D. The synthesis of iron-nickel alloy nanoparticles using a reverse micelle technique. Journal of Magnetism & Magnetic Materials, 2006, 307(2): 250-256.

[13] Pushpavanam M, Natarajan S R, Balakrishnan K, et al. Corrosion behaviour of electrodeposited zinc-nickel alloys. Journal of Applied Electrochemistry, 1991, 21(7): 642-645.

[14] Subramanian M, Dhanikaivelu N, Prabha R R. Pulsed electrodeposition of cobalt and nickel alloy. Transactions of the Institute of Metal Finishing, 2013, 85(5): 274-280.

[15] Yang L, Li J, Zheng Y, et al. Electroless Ni-P plating with molybdate pretreatment on Mg-8Li alloy. Journal of Alloys & Compounds, 2009, 467(1): 562-566.

[16] Srinivasan K N, John S. Electroless nickel deposition from methane sulfonate bath. Journal of Alloys & Compounds, 2009, 486(1-2): 447-450.

[17] Jiang S Q, Guo R H. Effect of polyester fabric through electroless Ni-P plating. Fibers and Polymers, 2008, 9(6): 755-760.

[18] Sun L, Li J, Wang L. Electromagnetic interference shielding material from electroless copper plating on birch veneer. Wood Science and Technology, 2012, 46(6): 1061-1071.

[19] Lee Y-F, Lee S-L, Chuang C-L, et al. Effects of SiC_p reinforcement by electroless copper plating on properties of Cu/SiC_p composites. Powder Metallurgy, 1999, 42(2): 147-152.

[20] Wei S, Yao L, Yang F, et al. Electroless plating of copper on surface-modified glass substrate. Applied Surface Science, 2011, 257(18): 8067-8071.

[21] Liao Y C, Kao Z K. Direct writing patterns for electroless plated copper thin film on plastic substrates. ACS Applied Materials &Interfaces, 2012, 4(10): 5109-5113.

[22] Krasteva N. Thermal stability of Ni-P and Ni-Cu-P amorphous alloys. Journal of the Electrochemical Society, 1994, 141(10): 2864-2867.

[23] Aal A A, Aly M S. Electroless Ni-Cu-P plating onto open cell stainless steel foam. Applied Surface Science, 2009, 255(13-14): 6652-6655.

[24] Armyanov S. Electroless deposition of Ni-Cu-P alloys in acidic solutions. Electrochemical and Solid-State Letters, 1999, 2(7): 323-325.

[25] Guo R H, Jiang S Q, Yuen C W M, et al. Effect of copper content on the properties of Ni-Cu-P plated polyester fabric. Journal of Applied Electrochemistry, 2009, 39(6): 907-912.

[26] Liu Y, Zhao Q. Study of electroless Ni-Cu-P coatings and their *anti*-corrosion properties. Applied Surface Science, 2004, 228(1): 57-62.

[27] Hsu J C, Lin K L. The effect of saccharin addition on the mechanical properties and fracture behavior of electroless Ni-Cu-P deposit on Al. Thin Solid Films, 2005, 471(1-2): 186-193.

[28] Larhzil H, Cissé M, Touir R, et al. Electrochemical and SEM investigations of the influence of gluconate on the electroless deposition of Ni-Cu-P alloys. Electrochimica Acta, 2007, 53(2): 622-628.

[29] Qian S, Yang Y X, Sheng-Song G E, et al. Study on electroless nickel plating activated without palladium on the surface of cenospheres. Journal of Functional Materials, 2007, 38(12): 2001.

[30] Li L, An M, Wu G, et al. A new electroless nickel deposition technique to metallise SiC_p/Al composites. Surface & Coatings Technology, 2006, 200(16-17): 5102-5112.

[31] Li L, An M. Electroless nickel-phosphorus plating on SiC_p/Al composite from acid bath with nickel activation. Journal of Alloys & Compounds, 2008, 461(1-2): 85-91.

[32] Lai D Z, Chen W X, Yao Y F, et al. Novel activation method using chemical plating on the fabric. Journal of Textile Research, 2006, 27(1): 34-37.

[33] Hu G H, Wu H H, Yang F Z. Electroless nickel plating on carbon nanotube with non-palladium activation procedure. Electrochemistry, 2006, 1: 25-28.

[34] Gao G Q, Huang J T. The effect factor analysis of the nickel activation techniques on the uniformity of the plating layer in wood electroless nickel plating. Journal of Inner Mongolia Agricultural University, 2007, 28: 95-98.

[35] Huan D G, Liu Z L, Lu Q H, et al. Fe_3O_4/CdSe/ZnS magnetic fluorescent bifunctional nanocomposites. Nanotechnology, 2006, 17(12): 2850-2854.

[36] Qu J, Liu G, Wang Y, et al. Preparation of Fe_3O_4-chitosan nanoparticles used for hyperthermia. Advanced Powder Technology, 2010, 21(4): 461-467.

[37] Wang L, Jian L, Liu H. A simple process for electroless plating nickel-phosphorus film on wood veneer. Wood Science and Technology, 2011, 45(1): 161-167.

[38] Georgieva J, Armyanov S. Electroless deposition and some properties of Ni-Cu-P and Ni-Sn-P coatings. Journal of Solid State Electrochemistry, 2007, 11(7): 869-876.